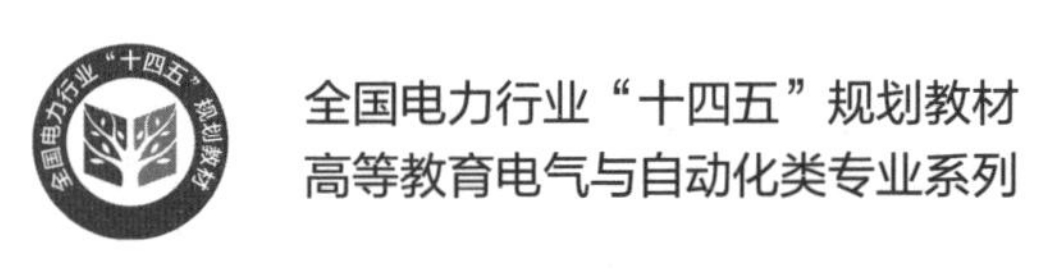

全国电力行业“十四五”规划教材
高等教育电气与自动化类专业系列

河南省一流本科课程配套教材

电气工程基础

（第二版）

编　著　张文忠　和　萍

主　审　何致远　冯建勤　李秋燕

中国电力出版社
CHINA ELECTRIC POWER PRESS

内 容 提 要

本书为全国电力行业“十四五”规划教材。

本书以复杂工程问题“如何建设电力系统向社会供电”为主题，以电力系统建设设计为主线，结合工程教育专业认证要求构建了相关知识框架。主要内容有能源发展趋势与电力系统概述，电气一次设备，电网规划设计基础，电气一次系统，简单电力系统短路电流计算，电气设备选择，导体导线与电缆选择，过电压、绝缘配合、接地与电气安全，电力信息化背景下的电气二次系统，电力工程的环境与社会影响等。

本书基于以学生为中心与产出导向的理念，体例安排采用问题引导的研讨式学习模式，明确了各章的学习产出目标，注重培养学生的工程意识、问题意识与设计能力，内容通俗易懂，便于自学与自测。本书贴近工程实际，与时俱进，参照近年来的国家及电力行业新标准、新规范的要求，结合电力新技术与新方法，删旧增新，资料丰富实用，参考性强。

本书主要作为普通高等学校电气工程及其自动化、智能电网信息工程等电气类专业的教材，或其他非电气类专业相关课程教材，还可作为职业教育、继续教育等相关专业教材，同时也可以作为电力及相关行业工程技术人员的参考书。

图书在版编目（CIP）数据

电气工程基础/张文忠，和萍编著．--2版．--北京：中国电力出版社，2025.2

ISBN 978-7-5198-9268-5

Ⅰ．TM

中国国家版本馆CIP数据核字第2024BB7807号

出版发行：中国电力出版社

地　　址：北京市东城区北京站西街19号（邮政编码100005）

网　　址：http://www.cepp.sgcc.com.cn

责任编辑：乔　莉（010-63412535）

责任校对：黄　蓓　常燕昆　张晨荻

装帧设计：赵姗姗

责任印制：吴　迪

印　　刷：廊坊市文峰档案印务有限公司

版　　次：2010年2月第一版　2025年2月第二版

印　　次：2025年2月北京第一次印刷

开　　本：787毫米×1092毫米　16开本

印　　张：22.25

字　　数：554千字

定　　价：59.80元

前 言

随着电力行业与相关领域科学技术的快速发展，以及电力系统运行管理水平的不断提高，许多电力新技术、新设备的应用日趋成熟，体现新理论、新理念的国家与行业新标准与新规范不断涌现，电力信息化变革不断深入，部分传统的电气设备与工程设计方法已不再使用。同时，近年来体现工程教育专业认证要求的教学改革不断深入，强调信息化、智能化与多学科交叉的新工科成为高等工程教育发展的新方向。本书结合电力行业的实际发展、工程教育专业认证要求以及新工科建设的高等教育教学改革需要，参考国内外部分经典教材的体例，全面进行了内容完善与结构体例优化。

本书的主要特色有以下几方面。

（1）聚焦复杂工程问题，主题突出，体系新颖全面。本书以复杂工程问题“如何建设电力系统向社会供电”为主题，构建了全新的内容体系。新体系以电力系统建设设计为主线，探索建立解决复杂工程问题“如何建设电力系统向社会供电”所需的整体知识框架。新框架包含了能源发展趋势、电力系统规划、发电厂变电站电气部分、电力系统分析、电力系统继电保护、高电压技术、接地与电气安全、电力信息化背景下的电气二次系统、电力工程的环境与社会影响等方面的相关内容，尽量避免了与其他专业课程主干内容的重复，有利于学生从整体上理解电力系统的发展与建设问题，安排更趋合理。

（2）以学生能力与工程素养的发展为中心，体例设计体现产出导向理念。本书在每章首页列出本章学习产出目标；产出目标设置注重学生解决实际问题的能力；围绕学习产出目标组织内容；减少理论推导，尽量做到通俗易懂；在重点小节前列出思考问题，引导学生基于问题与产出目标进行研讨式学习；在相关章节后设置讨论，引导学生思考电力行业的发展问题，关注对学生分析与解决复杂工程问题的能力要素与工程意识、创新意识的培养；在重点与难点部分结合工程应用设置例题与练习，章后设有习题。为便于教师教学和学生自学与复习自测，本书配套的数字化教学资源中给出了教学大纲、每章问卷与小结、测验与练习题、部分习题参考答案、阶段测验参考题等学习辅助材料与课程设计课题与附图示例。

（3）内容与时俱进，贴近工程实际。本书按照近年来的国家及电力行业新标准、新规范的要求，结合电力新技术与新方法，重新梳理了教学内容。补充了世界能源发展趋势、电网规划设计基础、高压直流输变电主要设备、全生命周期效益最优原则、我国电价结构与机制、电力系统绝缘配合、电力信息化、电力工程与社会、电力工程环境保护等方面的基本内容；删去了与其他专业课程内容重复或相对陈旧、次要的内容。

（4）资料新颖丰富，参考性强。本书内容基于近年来的国家与行业标准及规范，参考了近期的电力行业典型设计与电力工程设计手册等工具书，附有较丰富的电力工程设计常用技术资料，可作为课程设计、毕业设计中有关电力工程设计教学环节的简洁工具书。附录中还给出了电气常用文字符号、角标符号与电气设备图形符号以供参考。

本书中加 * 的内容为选讲。各院校可以结合本校专业特色与课程设置选择学习内容。课程主要内容建议按 48 学时进行教学。讲授应以帮助学生建立工程意识、问题意识和设计思维、梳理知识框架、拓展解决思路为主，每次授课建议先围绕问题与产出目标梳理知识框架，如问题的背景、目标、解决思路、具体方法、应用评价等，然后对重难点进行研讨式学习并进行练习，一般性内容可由学生自学。

郑州轻工业大学张文忠负责全书的框架与体例设计，各章及附录、教学资料的编写与全书统稿，郑州轻工业大学和萍教授参与了第 5 章编写。浙江科技大学何致远教授和郑州轻工业大学冯建勤教授从教学角度审阅本书，国网河南经研院李秋燕高级工程师从工程实际知识需求角度审阅本书，均提出宝贵修改意见，在此表示衷心感谢。

本书在编写过程中参阅了大量国家及行业标准、规范、电力工程设计手册、典型设计、著作等参考文献与电气设备厂家技术资料及网络资料，并得到了郑州轻工业大学季玉琦、杨小亮、梁伟华、赵琛等老师的许多帮助。在此，一并向相关人士表示由衷的感谢。

本书是我校落实工程教育专业认证模式、建设一流课程的阶段性成果，是迎接新时期挑战、深化高等教育教学改革的一个探索尝试。成果相关内容已在郑州轻工业大学试用四届，并根据试用情况进行了优化调整。

限于编著者的学识水平与资源条件，书中难免存在疏漏与不足之处，敬请读者批评指正，将使用中发现的问题与建议反馈给我们。张文忠电子邮箱：2003009@zzuli.edu.cn。

作者

2024 年 8 月

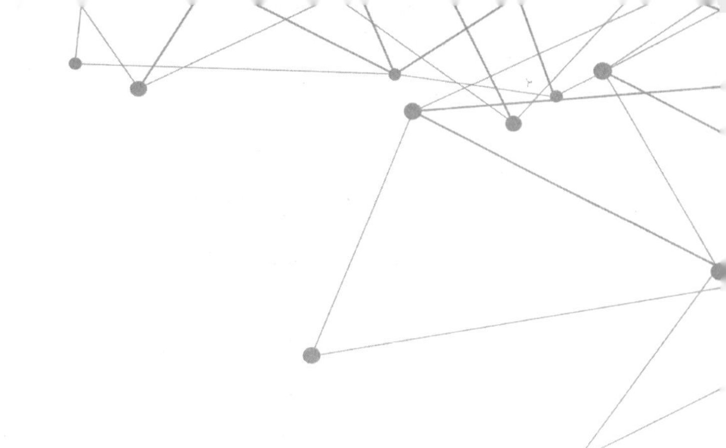

目 录

第1章　能源发展趋势与电力系统概述

学习目标

（1）了解能源问题发展的主要趋势，认识电能与电气化的优点，初步理解提高社会电气化水平的社会意义与主要措施。

（2）了解电力系统供电模式的主要类型与主要影响因素，了解电力负荷、电源、电网的种类与特点，会初步预测与计算电力负荷。

（3）理解电力系统的特点与电力系统总体目标的主要内涵，能答出电力系统的基本组成环节与表征参量。

（4）认识电力系统的电压等级，会确定主要电气设备的额定电压。

（5）理解电能质量的指标要求，会针对性提出提高电能质量的措施。

（6）了解中国电力工业的现状，能答出我国新型电力系统的特征与发展重点。

（7）了解并初步分析实现电力系统总体目标的关键环节。

1.1　能源问题及其发展趋势

1.1.1　能量与能源

思　考　能量是什么？具有哪些形式？能源有哪些种类？对环境有什么影响？

一般认为，能量是物质运动的量化转换。具体来说，能量是产生某种效果（变化）的能力。人类的生存与发展离不开能量的利用。

1. 能量的形式

目前，人类认识的能量有六种形式。

（1）机械能：包括动能与势能。动能是指系统或物体由于做机械运动而具有的做功能力。势能与物体的空间状态有关，包括重力势能、弹性势能、表面张力能。

（2）热能：是构成物质的微观粒子运动的动能与势能之和。这种能量的宏观表现是温度的变化。热能是能量的一种基本形式，所有其他形式的能量都可以完全转换为热能。

（3）辐射能：物体以电磁波形式发射出的能量，如阳光。

（4）化学能：物质进行化学变化时发出的物质结构能，如燃烧碳和氢、食物消化。

（5）电能：与带电粒子的流动与积累有关的能量，通常由其他能量形式转换得到。

（6）核能：原子核聚变或裂变时，发出的原子核内部的物质结构能。

2. 能源及其分类

能源可以理解为含有能量的资源。能源是人类生存与发展的基本资源，是国民经济的命脉，在社会可持续发展中发挥着举足轻重的作用。

自然界中的能源资源包括煤炭、石油、天然气、水能、风能、太阳能、生物质能、地热能、海洋能、核能资源等。

人们把从自然界直接取得而不改变其基本形态的能源称为一次能源，如原煤、原油、天然气。一次能源经过加工或转换形成的更符合使用要求的高品质能源，称为二次能源，如焦炭、汽油、柴油、电能、蒸汽、热水等。开发利用时间长、技术成熟、已经被广泛使用的能源被称为常规能源，开发利用较少或需要使用新的先进技术才能加以广泛使用的能源通常被称为新能源。在自然界中可以不断再生并有规律地得到补充的能源，称为可再生能源；经过亿万年形成的、在短时期内无法恢复的能源称为不可再生能源。

能源的分类情况见表 1 - 1。

表 1 - 1　　能源的分类

<table>
<tr><td rowspan="5">能源</td><td rowspan="4">一次能源</td><td rowspan="2">常规能源</td><td>可再生能源：水能</td></tr>
<tr><td>不可再生能源：煤炭、石油、天然气</td></tr>
<tr><td rowspan="2">新能源</td><td>可再生能源：风能、太阳能、生物质能、地热能、海洋能</td></tr>
<tr><td>不可再生能源：核能、油页岩</td></tr>
<tr><td>二次能源</td><td colspan="2">电能、氢能、焦炭、煤气、汽油、煤油、柴油、沼气、蒸汽、热水等</td></tr>
</table>

3. 能源的利用

能源的利用应与社会发展、环境保护相协调。能源在生产、加工和利用过程中会对土地、空气和水资源产生不利的影响，一定条件下甚至会造成严重的环境污染与生态破坏。

对环境无污染或污染很小的能源称为清洁能源，如太阳能、风能、水能、天然气等。对环境污染较大的能源称为非清洁能源，如煤炭、石油等。核裂变产生的核废料与核事故的放射性核污染将持续若干万年。

使能源利用与社会发展、环境保护相协调是全人类的共同责任。

1.1.2　世界能源发展的主要趋势

思　考　**为什么说电能是现代社会最重要、最方便、使用最洁净的能源？**

1. 电能与电气化的优点

与其他形式的能量相比，电能有着突出的优点，是现代社会最重要、最方便、使用最洁净的能源。电能与电气化的主要优点有：

（1）所有的一次能源都可以转换为电能，电能也可以较方便地转换为机械能、热能、化学能、辐射能等其他形式的能源。

（2）电能可以较方便且经济地大规模生产、长距离传输、分散使用。

（3）电能的使用更清洁、高效、便捷，易于精确控制与调节。用电能替代其他能源可以显著降低能源强度（即单位 GDP 产值的能源消耗量），节约能源、减少污染。

(4) 电能有利于使用可再生清洁能源，实现能源的清洁转型。

(5) 电气化为提高现代社会的生活水平及文明程度奠定了物质基础。照明、家用电器、医疗器械、高层建筑、供水供暖、交通运输、计算机与通信技术等都离不开电能的使用。

电气化是实现工业自动化、农业现代化的基础。电能的广泛使用不但可以提高劳动生产率和产品质量、改善劳动条件、节约原材料与燃料，而且为促进工农业转型升级提供了基础。

思考 世界能源发展的主要趋势是什么？如何衡量一个国家或地区的电气化水平？

2. 世界能源发展的主要趋势

随着人口的增长和生活水平的不断提高，世界对能源的需求快速增加。世界人口总数从公元1600年的5.8亿，增长到1960年的30亿、2012年的70亿，预计到2100年达到100亿。有研究预测，21世纪末的世界人均能耗将超过20世纪中期的3倍。综合考虑，21世纪末的世界能源消耗总量将是20世纪中期的10倍以上。

(1) 世界能源发展的主要趋势是实现清洁低碳、电气化转型。据统计，2015年世界煤炭、石油和天然气的消耗约占世界能源消耗的86%，而煤炭、石化能源的使用带来了较大的环境污染。满足人类的能源需求和解决使用能源产生的环境污染是人类社会未来发展面临的两个重要问题。

当前国际社会逐渐形成了大力发展可再生能源、新能源、清洁能源的共识。提高社会电气化水平，促进能源清洁转型成为世界能源发展的主要趋势。

世界各国或地区的GDP与其用电量一般为正比关系。一个国家或地区的电气化水平通常用两个指标来衡量：发电用能源占一次能源消费的比重与电能占终端能源消费的比重。

一次能源如煤炭、生物质等被直接用于终端直接燃烧时，会产生较大的污染，能源利用效率也不高。大型火电厂一般采用先进的燃烧技术和完善的除尘、脱硫、脱硝装置，煤炭利用率高，有效减少了污染物排放。

随着社会的发展，越来越多的一次能源通过各种方式转化为电能在终端使用，社会电气化水平逐渐升高。国内外研究统计表明，随着社会电气化水平的提高，单位GDP产值的能耗将不断下降。

(2) 主要国家和地区的能源发展规划。欧盟2019年通过了欧洲清洁能源一揽子法令，设定了到2030年欧盟能源结构中可再生能源占比达到32%的目标，并允许家庭、社区和企业利用清洁能源发电。2023年修订后的欧盟可再生能源指令将具有约束力的2030年的欧盟可再生能源占比目标提高到至少为42.5%。

日本2019年能源白皮书提出，今后要尽量降低对核电站的依赖度，到2030年时将可再生能源发电占比提高到22%以上，同时大力发展燃料电池。印度承诺到2030年，其国内的清洁能源装机容量将达到40%。巴西2019年的能源规划提出，到2027年，47%的能源供应将来自可再生能源。

我国2020年提出了努力争取在2030年前实现碳达峰，2060年前实现碳中和（即排出的与吸收处理的二氧化碳达到平衡）的目标。“双碳”目标是我国的重大战略目标，是中国对人类命运共同体和人与自然生命共同体的责任与义务，也是人类可持续发展的客观需要。

推进能源绿色低碳转型既是中华民族复兴大业的内在要求，也已经成为全球经济竞争的关键。

我国能源问题的发展方向是实施“两个替代”，即电能替代和清洁替代。电能替代方面，重点任务是推进“以电代煤、以电代油”战略，提升社会电气化水平。清洁替代方面，主要是利用清洁能源替代煤炭、石化能源。

要达到世界先进水平，我国能源清洁化、电气化的任务依然艰巨。

1.1.3 提高社会电气化水平的措施

思 考 世界主要国家和地区近年来推出了哪些提高社会电气化水平的措施？制约社会电气化水平提高的主要因素有哪些？

1. 我国大力推进电能替代

2016年，我国国家发展改革委、国家能源局等部门联合发布了《关于推进电能替代的指导意见》，提出实施电能替代对于推动能源消费革命、落实国家能源战略、促进能源清洁化发展意义重大，是提高电煤比重、控制煤炭消费总量、减少大气污染的重要举措。电能替代的阶段总体目标是：2016～2020年，实现能源终端消费环节电能替代散烧煤、燃油消费总量约1.3亿t标煤，带动电煤占煤炭消费占比提高约1.9%，促进电能占终端能源消费占比约达到27%。

电能替代涉及居民采暖、工业与农业生产、交通运输、电力供应与消费等众多领域，方式多样，以分布式应用为主。我国电能替代的四个重点领域及任务为：

（1）居民采暖领域。在推进建筑节能的基础上，进一步推广蓄热式电锅炉、热泵、分散电采暖设施，研究高效供暖模式，提高采暖电气化率。

（2）生产制造领域。在相关行业中，逐步推进蓄热式与直热式工业电锅炉应用；试点蓄热式工业电锅炉替代集中供热管网覆盖范围以外的燃煤锅炉；在有条件地区推广电窑炉、电制茶、电烤烟等。

（3）交通运输领域。积极发展电动汽车及其充电设施、高铁和地铁等电力交通工具，逐步限制与降低燃油汽车的使用，推动交通领域的“以电代油”。

（4）电力供应与消费领域。在可再生能源装机比重较大的电网，推广应用储能装置，提高系统调峰调频能力，更多消纳可再生能源，促进电力负荷移峰填谷。

通过推广高能效空调、电热水器、电磁炉、电厨具等家电，合理设置电价，促进居民生活电气化水平不断提升。

2. 欧洲绿色新政提出促进欧盟经济转型

欧洲委员会2019年的政策文件《欧洲绿色新政》（欧洲委员会第2019/640号决议）中，提出为可持续的未来促进欧盟经济转型。相关意见与具体举措有：

提供清洁、可负担的、安全的能源。必须将提高能效放在首位，建设一个主要依靠可再生能源的电力部门，同时快速淘汰煤炭，并对天然气进行脱碳处理。清洁能源转型应让消费者参与进来并从中受益，推动工业向清洁循环经济转型。

加快向可持续与智慧出行转变。交通运输所产生的温室气体排放量占欧盟温室气体总排放量的四分之一，而且其所占比重还在持续上升。实现可持续交通运输意味着要将消费者放在首位，提供更易负担的、方便易得、健康清洁的出行方式。

3. 多国开始限制燃油汽车

英国2020年宣布，英国计划将禁售燃油车的时间节点从原定的2040年提前至2030年。具体计划为2030年禁止销售传统汽油车和柴油车，并于2035年禁售混动车。

日本经济产业省2020年提出，从2035年起停止销售纯内燃机驱动的传统汽车，转而销售混合动力汽车和电动汽车。

荷兰、德国、以色列、爱尔兰、丹麦、冰岛、斯洛文尼亚等国提出从2030年起禁售燃油车。法国、西班牙提出从2040年起禁售燃油车。

我国工业和信息化部2019年提出，支持有条件的地方和领域开展城市公交、出租车行业的电动汽车先行替代、设立燃油汽车禁行区等试点，在取得成功的基础上统筹研究制定燃油汽车退出时间表。有研究预测，今后中国节能汽车与新能源汽车将并举发展，到2035年实现节能汽车与新能源汽车各占一半，有望在2050年以前实现传统燃油车的全面退出。

4. 多国开发建设新型电力系统，改善供电模式，改进电力市场

传统的电力系统与供电模式消纳风能与太阳能发电的能力较弱，容易造成弃风弃光现象，对电动车的使用支持及对用户参与电力市场的支持力度也不足。通过开发建设智能电力系统、改善供电模式、改进电力市场，可以充分利用清洁可再生能源，有效实施电能替代，促进能源清洁转型。

新型电力系统与供电模式将有效消纳大规模的新能源发电、促进家庭与建筑物的小规模光伏发电与储能发展、促进电动汽车充换电设施建设、促进多方参与电力市场、提高偏远贫困地区的用电水平，从而提高全社会的用电水平与效率，为实现能源的清洁低碳与电气化转型提供必要的基础。

1.2 供电模式及其基本要素

1.2.1 供电模式

思考 如何选择向社会供电的供电模式？需要考虑哪些制约因素？未来的供电模式是什么样的？

社会的电力需求千差万别，需要思考如何选择合理的供电技术方案，有效向社会供电。供电技术方案的选择应当考虑技术、经济、社会与环境等方面的制约因素，根据不同条件具体分析。

1. 供电模式的发展

随着用户对电力的需求不断提高，电力系统向社会供电的供电模式也经历了多个发展阶段。

最早的供电模式是小型直流发电厂孤立运行，直配供电给少量用户。发电机功率仅几

百至几千千瓦，电压仅几千伏，供电距离仅几千米。其特点是供电不稳定，可靠性较低，效率低。随着用电需求的增长，供电商将多个发电机组通过电力线路连接起来，当一台发电机出现故障或检修时，其他机组也能保证对重要用户的供电，从而有效提高了供电的可靠性。

供电距离与输送功率的不断增加，使电力线路的电压损耗与功率损耗越来越大。三相交流电力系统能够方便地实现升压与降压，从而大大降低了线路损耗，提高了输电距离，并能有效保证末端电压，因此在19世纪末击败了直流供电模式成为电力系统的标准。

当世界在20世纪全面进入电气时代后，用电需求迅速增长。同时由于大型发电机组的效率较高，而且发电所需的煤炭、水能集中地与用电负荷中心的距离一般较远，所以发电机组的额定功率、电力输送距离与电力系统的电压等级也不断提高，很快就出现了高压电网互联集中供电模式。各发电厂的发电机组并联组成大型同步电力系统运行，通过高压输电网向各地的用户供电。目前发电机组的最大功率已达135万kW；供电距离发展到几千公里；输电线路电压发展到交流特高压1000kV，直流特高压±1100kV。

大机组大电网互联集中供电模式是当前世界上绝大多数地区的主体供电模式。大机组的效率更高，环保性能更好，建立结构合理的大型电力系统不仅便于电能生产与消费的集中管理、统一调度和分配，减少电力系统运行备用容量与总装机容量，节省动力设施投资，而且有利于地区能源资源的合理开发利用，更大限度地满足地区国民经济发展与社会生活日益增长的用电需要，从而提高电力系统的整体效益。但随着系统功率的不断提高，保持交流同步并联电力系统运行稳定性的难度越来越高，系统安全的潜在危险巨大。

随着电力电子直流变换技术的进步，长距离高压直流输电又以其经济性较高、不需要同步并联等优点被用于大型交流同步电力系统之间的联络与长距离大容量输电，但其需要配套建设换流设施。

为了实现能源的清洁化、电气化转型，充分利用风能、太阳能等清洁可再生能源发电，目前出现了大型集中式与小型分布式供电系统混合、交直流供电混合、储能等多种技术应用形式。未来的电力系统供电模式特征见1.3.6节。

2. 供电模式的主要技术因素

选择供电模式应当考虑的主要技术因素有电力负荷、电源与电网。

（1）电力负荷的大小、性质、地点、需求变化、重要性等。

（2）电源的大小、类型、地点、特性、在电力系统中的地位等。

（3）电网的输送功率、距离、电压、交直流、路径、电网方案、变电站、换流站设置方案等。

3. 供电模式分类

根据电力用户的负荷大小与使用环境等情况，供电模式目前大致可以分为以下几种模式。

（1）大机组大规模联网集中供电模式，即绝大多数地区的主体供电模式。

（2）小型独立网格供电模式，如海岛、偏远村庄等。

（3）微型电网供电模式，如分布式新能源发电等场合。

（4）移动设施的供电模式，如飞机、卫星、舰船、高铁、地铁、汽车等。

（5）特殊与应急条件下的供电模式，如矿井下、救灾等场合。

在提高清洁可再生能源利用水平、实现能源清洁转型的要求下，随着新技术的发展，微电网等新型供电模式越来越受到重视，成为研究与发展的热点。

4. 影响供电模式选择的其他因素

目前供电模式的选择不仅要考虑电力负荷、电源与电网的种类及特性等技术因素，还必须考虑经济、社会、环境、法律等方面的制约因素。需要结合当地的社会与环境因素，如经济发展水平、环境保护要求、社会政策等，进行技术方案分析比较，通过电力系统规划与设计来完成。例如，为履行社会责任，对偏远地区小村庄的供电就不能仅考虑经济性；为实现能源的清洁转型，需要大力发展清洁可再生能源发电，限制成本较低但污染较大的燃煤发电。

1.2.2 电力负荷

思考 **电力负荷的种类有哪些？电力负荷的主要技术指标含义与使用场合是什么？**

电力负荷是指电力系统中所有用电设备消耗的功率总和。

电力负荷是电力系统规划、设计、运行管理的主要依据，可以根据需要按不同的方法进行分类，并采用一些特性指标与方法进行描述与分析计算。

1. 电力负荷分类

电力负荷一般可根据需要按物理性能、用电设备、所属行业、电能生产供给和销售过程及重要性等特征进行分类。

（1）按物理性能分类，可分为有功负荷与无功负荷。有功负荷是把电能转化为其他形式的能量、直接做功的功率，是在用电设备中实际消耗的功率。有功负荷也称为有功功率，用符号 P 表示，常用单位有 kW、MW 等。

无功负荷一般由交流电路中的电感或电容元件引起，不直接做功，但其建立除纯电阻负荷之外的设备做功所必需的电磁场，并影响交流电路中的电压与负荷的总功率。无功负荷也称为无功功率，用符号 Q 表示，常用单位有 kvar、Mvar 等。

有功功率与无功功率一般同时存在，它们的合成总功率称为视在功率，用符号 S 表示，常用单位有 kVA、MVA 等。其中 P、Q、S 满足以下关系式

$$S = P + \mathrm{j}Q \tag{1-1}$$

负荷的有功功率 P 与视在功率 S 的比值称为负荷的功率因数，用 $\cos\varphi$ 表示，即 $\cos\varphi = P/S$。

（2）按用途分类，可分为电动机、照明、电热、电解电镀设备、整流设备负荷等，不同类型设备的电气特性不同。电力总负荷中，电动机的负荷约占 70%。

（3）按所属行业分类，可分为城乡居民生活用电和国民经济行业用电负荷。国民经济行业用电负荷分为 7 大类：农、林、牧、渔、水利业，工业，地质普查和勘探业，建筑业，交通运输业，商业、公共饮食业、宾馆、广告、物资供销和仓储业，其他事业负荷。

我国发布的年度统计报告中常按第一、二、三产业和居民生活用电统计年度用电量。中国电力企业联合会发布的 2022 年中国社会各产业用电量统计数据见表 1-2。

表 1-2　　2022年中国社会各产业用电量

产业类别	用电量（亿kWh）	占比（%）	同比增长情况（%）	备　注
第一产业	1146	1.3	10.4	农、林、牧、渔业
第二产业	57001	66.0	1.2	采矿业、制造业、电力、热力、燃气及水生产和供应业、建筑业
第三产业	14859	17.2	4.4	农、林、牧、渔专业及辅助性活动、开采专业及辅助性活动、金属制品、机械和设备修理业、批发和零售业、交通运输、仓储和邮政业、住宿和餐饮业、信息传输、软件和信息技术服务业、金融业、房地产业、租赁和商务服务业、科学研究和技术服务业、水利、环境和公共设施管理业、居民服务、修理和其他服务业、教育、卫生和社会工作、文化、体育和娱乐业、公共管理、社会保障和社会组织、国际组织
城乡居民生活	13366	15.5	13.8	
社会用电量合计	86372	100	3.6	

（4）按电能生产、供给和销售过程分类。从电能生产、供给和销售过程的角度，负荷可分为发电负荷、厂用电负荷、供电负荷与用电负荷。

发电负荷是指某一时刻电力系统内各发电厂实际发电功率的总和。发电负荷减去各发电厂的厂用电负荷后就是系统的供电负荷，它表示由发电厂供给电网的电力。供电负荷减去电网中线路和变压器的损耗后，就是系统的用电负荷，也就是电力系统中全部用户在某一时刻所消耗电力的总和。

（5）按重要性分类。根据对供电可靠性的要求及意外中断供电在政治经济上所造成的损失或影响的程度，可将电力负荷分为一级负荷、二级负荷与三级负荷，见表1-3。

表 1-3　　负荷重要性分类

类别	说明
一级负荷	中断供电将造成人身伤亡
	中断供电将在政治经济上造成重大损失
二级负荷	中断供电将在政治经济上造成较大损失
	中断供电将影响重要用电单位的正常工作
三级负荷	不属于一级和二级负荷的一般电力负荷

2. 负荷曲线与负荷特性指标

负荷的变化特性一般通过负荷曲线及负荷特性指标反映。

（1）负荷曲线。负荷随时间变化的曲线称为负荷曲线。负荷曲线主要用于确定电网运行方式、区间潮流交换等。负荷曲线主要有日负荷曲线、周负荷曲线、年负荷曲线以及年持续负荷曲线。

1）日负荷曲线。日负荷曲线表示电力系统在一天（0时至24时）内负荷变动的情况，负荷曲线下所包围的面积表示一天24h内所消耗的电能，如图1-1所示。

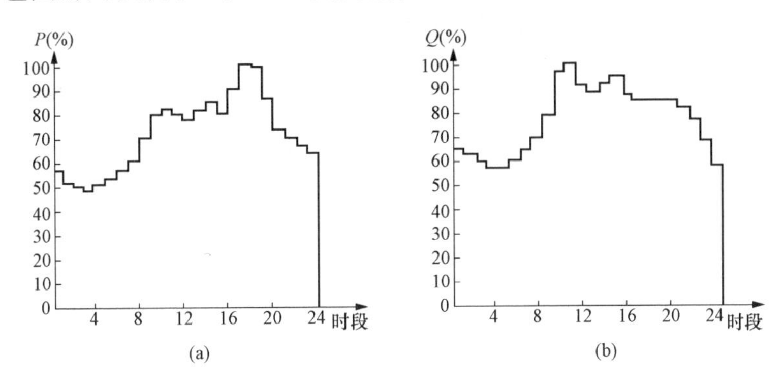

图1-1 电力系统的日负荷曲线

(a) 有功功率负荷；(b) 无功功率负荷

对不同类型的用户进行供电设计时，应当了解其负荷曲线的特点。不同类型的负荷，其负荷曲线各不相同，如图1-2所示。

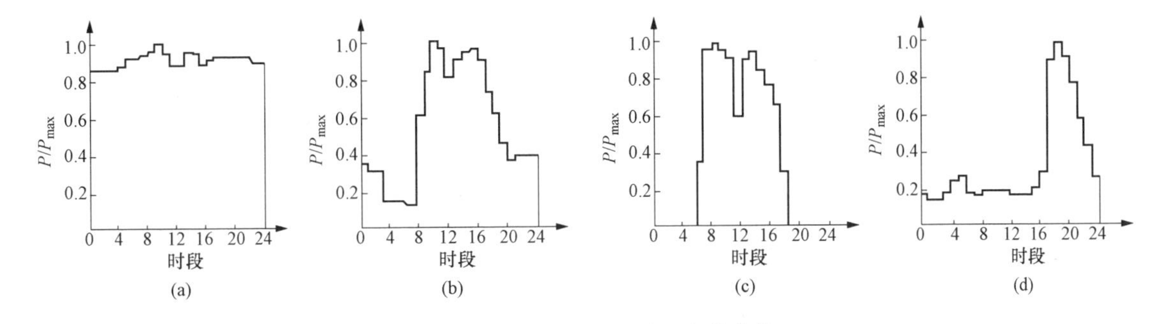

图1-2 不同类型用户的日负荷曲线

(a) 钢铁工业负荷；(b) 食品工业负荷；(c) 农村加工负荷；(d) 市政生活负荷

影响负荷大小的因素主要有季节性波动、居民生活与工作规律、行业特点、气候等。

电力系统的日负荷曲线主要用于电力电量平衡和调峰、调压及无功功率补偿平衡计算，以及安排发电计划等。

图1-1（a）中日负荷曲线的最大值称为最大负荷 P_{max}，又称峰荷；日负荷曲线的最小值称为最小负荷 P_{min}，又称谷荷。这两个负荷反映了一天内负荷变化的极限，是分析电力系统运行情况的重要数据。

应当注意，电力系统中各用户的最大负荷一般不会出现在同一时刻。因此，全系统的最大负荷总是小于各用户的最大负荷之和。

2）周负荷曲线。周负荷曲线表示一周内每天最大负荷的变化情况，如图1-3所示。其主要用于电力电量平衡计算。

3）年负荷曲线。年负荷曲线表示一年内各月最大负荷的变化情况，如图1-4所示。年负荷曲线可以用于系统的装机容量规划、发电机组扩建或新建，以及全年的机组检修计划制定。

4）年持续负荷曲线。年持续负荷曲线是由一年中电力系统负荷按其功率数值大小顺序及持续时间由大到小排列而成的。即全年中以最大负荷值 P_1 运行共计 t_1(h)，次大负荷值

P_2运行共计t_2(h)，…，以最小负荷值P_4运行共计t_4(h)，绘制折线如图1-5所示。年持续负荷曲线主要用于发电计划制定、电网能量损耗计算与可靠性估算。

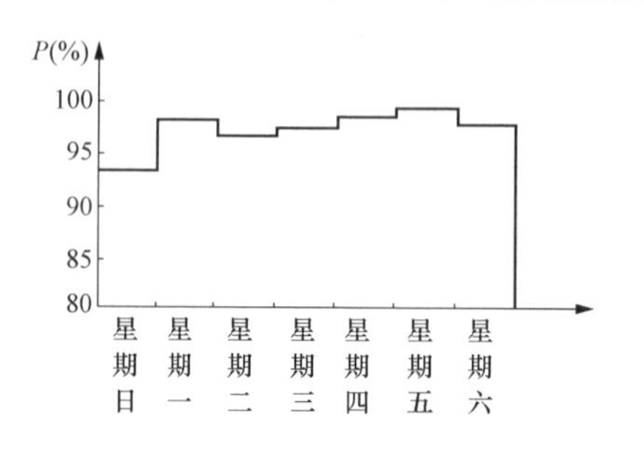

图1-3　电力系统的周负荷曲线

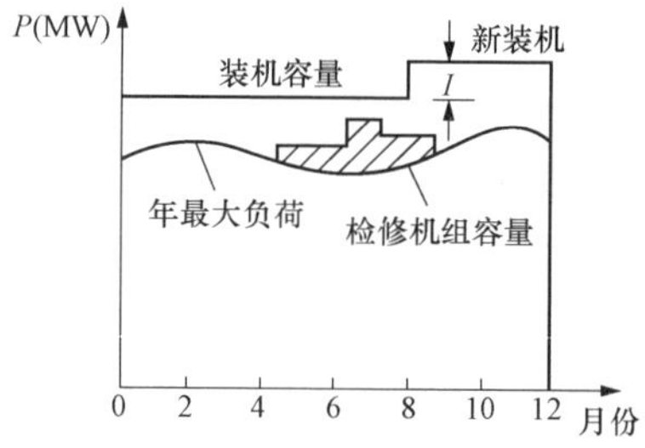

图1-4　电力系统的年负荷曲线

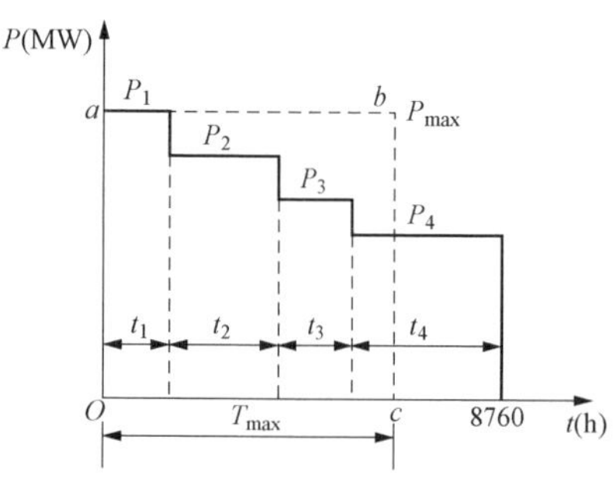

图1-5　电力系统的年持续负荷曲线

(2) 负荷特性指标。根据负荷曲线得到的某些特征值称为负荷特性指标。

1) 最大负荷P_{max}。最大负荷P_{max}即有功负荷曲线上的最高值，年最大负荷P_{max}为年持续负荷曲线的最高值。

2) 年最大负荷利用小时T_{max}。假设负荷以年最大负荷持续运行一段时间消耗的电能恰好等于该电力负荷全年实际负荷消耗的电能。这段时间就是年最大负荷利用小时T_{max}。

以W表示全年实际消耗的电能，则有

$$T_{max}=\frac{W}{P_{max}}=\frac{1}{P_{max}}\int_0^{8760}P\mathrm{d}t \tag{1-2}$$

年最大负荷利用小时T_{max}是电力系统规划与设计中的一个重要参数。根据电力系统实际运行经验，各类负荷的T_{max}有一个典型数值，见表1-4。

表1-4　常见行业负荷的年最大负荷利用小时数T_{max}

负荷性质	T_{max} (h)	负荷性质	T_{max} (h)	负荷性质	T_{max} (h)
火力发电厂	5000	水力发电厂	3200	城市生活	2500
煤炭工业	6000	食品工业	4500	农业排灌	2800
黑色金属工业	6500	造纸工业	6500	农村照明	1500
有色金属采选	5800	纺织工业	6000	农村工业	3500
有色金属冶炼	7500	机械制造工业	5000	交通运输	3000
电解铝	8200	建筑材料工业	6500	电气化铁路	6000
化学工业	7300	原子能工业	7800	—	—
石油工业	7000	其他工业	4000	—	—

3) 平均负荷P_{av}。平均负荷是指在某一时间段内负荷的平均值，等于某一确定时间段内总的用电量W除以小时数t。例如，日平均负荷为一天内的总用电量除以24，年平均负荷为一年内的总用电量除以8760。其计算公式为

$$P_{av}=W/t \tag{1-3}$$

4）年负荷率 δ。年平均负荷与年最大负荷的比值称为年负荷率。其计算公式为

$$\delta=P_{av}/P_{max}=T_{max}/8760 \tag{1-4}$$

类似的，日平均负荷与日最大负荷的比值称为日负荷率。

3. 社会电力负荷预测

思考 电力负荷预测的作用是什么？负荷预测的主要方法及其特点是什么？

对某一区域的社会电力负荷进行预测时，需要考虑多种因素对电力需求水平和负荷特性的影响，宜采用多种方法进行预测，然后将几种方法的预测结果选取适当的权重进行加权平均，并考虑高中低多个方案。下面简单介绍几种常用的负荷预测方法。

（1）负荷年平均增长率法。通过计算预测对象历史年时间序列的平均增长率，并假定在规划的各年中，预测对象仍按该平均增长率发展，从而得到预测对象各年的负荷预测值。负荷年平均增长率法计算简单，可以用于预测近期电量、负荷、人均用电量等，使用广泛。其预测步骤为：

1）使用 t 年历史时间序列数据计算年平均增长率 α_t

$$\alpha_t=(Y_t/Y_1)^{\frac{1}{t-1}}-1 \tag{1-5}$$

式中：Y_t 为历史期末年的负荷数据；Y_1 为历史期首年的负荷数据；t 为历史期统计年限。

2）根据历史规律测算规划期末年（第几年）的预测值 y_n

$$y_n=y_0(1+\alpha_t)^n \tag{1-6}$$

式中：y_0 为预测基准值；n 为预测年限。

【例1-1】 某地区过去9年的最大负荷数据见表1-5，试预测5年后该地区的最大负荷。

表1-5　　某地区过去9年的最大负荷数据

时间序列年	1	3	4	5	6	7	8	9
最大负荷（MW）	352	499	564	636	736	855	996	1106

解： 采用负荷年平均增长率法预测该地区5年后的最大负荷。

第一步，根据历史数据计算最大负荷的年平均增长率

$$\alpha_t=(Y_t/Y_1)^{\frac{1}{t-1}}-1=\alpha_9=(Y_9/Y_1)^{\frac{1}{9-1}}-1=(1106/352)^{\frac{1}{8}}-1=0.154$$

第二步，根据历史规律测算5年后最大负荷的预测值。

取预测基准值为1106MW，则5年后最大负荷为

$$y_n=y_0(1+\alpha_t)^n=y_5=1106\times(1+0.154)^5=2264(\text{MW})$$

练习1.1 若只有［例1-1］后5年的最大负荷历史数据，试再计算5年后的最大负荷。（年平均增长率14.8%，5年后最大负荷预测值为2205MW）

比较上述例题与练习题的结果，你得到什么推论？

(2) 回归分析法。回归分析法是根据历史数据的变化规律求出预测对象因变量与时间自变量之间的回归方程式，从而确定模型参数，再根据模型进行预测。回归分析法的方程式有一元线性回归、指数回归、多项式回归等类型，一般要求使用10年及以上的历史数据，才能得到较好的拟合效果。

(3) 电力弹性系数法。电力弹性系数是指电力总消费量年均增长率与同一时期国内生产总值年均增长率的比值，用以评价电力与经济发展之间的总体关系。电力弹性系数法是根据预测年限内国内生产总值年均增长率与电力弹性系数，反推计算出总用电量的方法。

从国内外的发展过程看，电力弹性系数的变化与社会发展阶段之间有着一定规律。在工业化中期，电力弹性系数一般大于1；随着工业化的发展，电力弹性系数逐渐降低到小于1。当出现去工业化时，电力弹性系数将变为负数。

(4) 最大负荷利用小时数法。最大负荷利用小时数法是指在未来年份用电量预测值 W_t 已知的情况下，根据历史数据外推得到该地区最大负荷利用小时数 T_{max}，从而得到该年的年最大负荷 P_{max} 的方法。具体计算式为

$$P_{max} = W_t / T_{max} \tag{1-7}$$

(5) 单位指标法。单位指标法是根据单位产值或产量所耗用的电量乘以预测期生产的产品产值或产量得到预测期的用电量的方法。具体计算式为

$$W = \alpha N \tag{1-8}$$

式中：W 为总用电量；α 为单位产品用电量指标；N 为产品产值或产量。

单位指标法较为简单，一般用于对有单耗指标的产业负荷进行预测，如对煤炭、石油、冶金、机械、化工、纺织、造纸等工业用电比重较大的地区。单位指标法适用于近、中期负荷预测。

(6) 人均用电量法。人均用电量法是指根据地区人口乘以每个人的平均年用电量来推算年用电量的方法。该方法计算简单，主要受人口、经济社会发展水平因素影响，适用于近、中期负荷预测。当采用人均用电指标法或横向比较法预测城市总用电量时，GB/T 50293—2014《城市电力规划规范》中给出规划人均综合用电量指标，见表1-6。

表1-6　　规划人均综合用电量指标

城市用电水平分类	人均综合用电量[kWh/(人·a)]	
	现状	规划
用电水平较高城市	4501～6000	8000～10000
用电水平中上城市	3001～4500	5000～8000
用电水平中等城市	1501～3000	3000～5000
用电水平较低城市	701～1500	1500～3000

注　当城市人均综合用电量现状水平高于或低于表中规定的现状指标最高或最低限值的城市。其规划人均综合用电量指标的选取，应视其城市具体情况因地制宜确定。

我国1990～2022年，年人均用电量由536kWh上升到约6000kWh，达到世界中等水平。

(7) 空间负荷密度法。在城市控制性详细规划已确定的地区，根据各个地块的用地性质、用地面积、容积率等指标，采用空间负荷密度法进行负荷预测。对于居住地与公共建筑

一般采用单位建筑面积负荷密度指标，对工业用地一般采用单位占地面积负荷密度指标。GB/T 50293—2014《城市电力规划规范》中规定的规划单位建设用地负荷指标见表1-7。

表1-7 规划单位建设用地负荷指标

城市建设用地类别	单位建设用地负荷指标（kW/hm²）
居住用地（R）	100～400
商业服务业设施用地（B）	400～1200
公共管理与公共服务设施用地（A）	300～800
工业用地（M）	200～800
物流仓储用地（W）	20～40
道路与交通设施用地（S）	15～30
公用设施用地（U）	150～250
绿地与广场用地（G）	10～30

当采用单位建筑面积负荷密度法时，负荷密度指标宜采用表1-8中规定。

表1-8 规划单位建筑面积负荷指标

建筑类别	单位建筑面积负荷指标（W/m²）
居住建筑	30～70 4～16（kW/户）
公共建筑	40～150
工业建筑	40～120
物流仓储建筑	15～50
市政设施建筑	20～50

4. 用户电力负荷计算

对某一企业或建筑物等用户进行配电负荷计算时，可以根据相关条件采用需要系数法、单位指标法等方法。

（1）需要系数法。电气设备工作时的实际容量不一定是其额定容量。用电设备数量较多时，实际工作容量总是小于各设备的额定容量之和。为得到多个设备的总计算负荷，可以引入需要系数K_d计算用电设备组的有功功率。

需要系数是负荷曲线上最大有功功率P_{max}与设备额定有功功率P_N的比值，用K_d表示

$$K_d = P_{max}/P_N \tag{1-9}$$

式中：K_d为需要系数。

对于同样类型的用电设备组，其需要系数非常接近。但是不同类型的用电设备组之间，需要系数差别较大。实际计算时应参考根据统计数据得到的不同用电设备组的需要系数典型数值。

需要系数法比较简便，计算结果较符合实际，在国际上被广泛使用，适用于配电变压器的负荷计算。对于接入配电变压器的多个用户，还要引入有功功率同时系数$k_{\Sigma P}$和无功功率同时系数$k_{\Sigma Q}$来计算负荷。

$$\begin{cases} P_c = k_{\Sigma P} \sum (K_d P_N) \\ Q_c = k_{\Sigma Q} \sum (K_d P_N \tan\varphi) \end{cases} \tag{1-10}$$

式中：P_c为有功功率计算负荷；Q_c为无功功率计算负荷；P_N为设备的额定有功功率；$k_{\Sigma P}$为有功功率同时系数，取值范围为0.8～1.0；$k_{\Sigma Q}$为无功功率同时系数，取值范围为0.93～1.0；φ为用电设备组的功率因数角。

（2）单位指标法。单位指标法是根据单位用电指标乘以用户数量或总面积得到用电负荷的方法。

GB/T 36040—2018《居民住宅小区电力配置规范》中给出每套住宅的用电负荷和电能计量表的选择，见表1-9。

表1-9　　用电负荷和电能计量表的选择

套型	建筑面积S（m^2）	用电负荷（kW/户）	电能计量表（单相）（A）
A	$S \leqslant 60$	6	5（60）
B	$60 < S \leqslant 90$	8	5（60）
C	$90 < S \leqslant 140$	10	5（60）

注　当每套住宅面积大于140m^2时，超出的建筑面积可按照30～140W/m^2的标准计算用电负荷。

当户数较多时，还应当考虑需要系数。相关数值见表1-10。

表1-10　　住宅建筑用电负荷需要系数

按单相配电时连接的基本户数	按三相配电时连接的基本户数	需要系数
1～3	3～9	0.90～1
4～8	12～24	0.65～0.90
9～12	27～36	0.50～0.65
13～24	39～72	0.45～0.50
25～124	75～372	0.40～0.45
125～259	375～777	0.30～0.40
260～300	780～900	0.26～0.30

注　住宅公用照明及公用电力负荷需要系数，一般可按0.8选取。

1.2.3　电源

思　考　电力系统的电源有哪些种类？其特点分别是什么？

电力系统中的电源是指能够持续对外提供一定规模电能的厂站与设备，如各种发电厂、小容量的发电机组与燃料电池、太阳能发电板、蓄电池组等。

电能是由各种一次能源按不同方式转换而得到的。按一次能源的不同，可以将电力系统的电源分为传统能源发电与新能源发电。传统能源发电包括火力发电（燃煤、燃油、燃气等）与水力发电。新能源发电包括核电、风力、太阳能、地热发电与燃料电池等。

下面介绍主要发电形式的基本结构与特点，其他新能源发电的内容可参考其他资料。

1. 火力发电

(1) 火力发电的分类。火力发电厂可分为只承担发电任务的电厂、既发电也供热的热电厂，以及刚出现不久的热电冷联产发电厂。前者使用凝汽式汽轮机以提高发电效率；热电厂使用抽气式或背压式汽轮机同时发电与供热；热电冷联产发电厂除发电外，冬季供暖，夏季供冷，其冷能由溴化锂吸收式制冷机等设备将来自汽轮机排汽、抽汽或燃气轮机排出的余热转换制冷提供。

按原动机不同，火电厂可分为蒸汽轮机、燃气轮机、蒸汽-燃气轮机联合循环发电厂。

按使用的燃料，火力发电可以分为：燃煤发电，包括常规燃煤发电、煤矸石发电；燃气发电，包括常规燃气发电、煤层气发电与其他燃气发电；燃油发电，包括燃油锅炉发电、柴油机发电；其他形式发电，包括余热发电、生物质能发电与垃圾焚烧发电。其中，我国常规燃煤发电厂的装机容量占火力发电装机容量的比值约为85%。

规模以上燃煤发电机组的单机容量有6、12、25、50、100、200、300、600、800、1000MW等。由于大容量发电机组的效率更高、环保性能更好，300、600、800MW成为当前的主流容量。

高效、清洁是燃煤发电的发展方向。提高蒸汽参数是提高燃煤发电机组效率的重要手段。水的临界压力和温度是22.115MPa和347.15℃，此时水的密度与蒸汽的密度相同。火电厂按锅炉内主蒸汽压力和温度可分为：

中低压电厂：蒸汽压力一般为3.92MPa、温度450℃，发电机单机功率不大于25MW；

高温高压电厂：蒸汽压力一般为9.9MPa、温度540℃，单机功率不大于100MW；

超高压电厂：蒸汽压力一般为13.83MPa、温度540℃，单机功率不大于200MW；

亚临界压力电厂：蒸汽压力一般为16.77MPa、温度540℃，单机功率不大于300MW；

超临界压力电厂：蒸汽压力大于22.115MPa、温度550℃，单机功率600MW及以上；

超超临界压力电厂：蒸汽压力大于25MPa、温度600℃及以上，单机功率600MW及以上。

(2) 主要火力发电技术。常规燃煤发电、循环流化床锅炉CFB发电、燃气发电、蒸汽-燃气联合循环发电、燃油发电等是目前主流的几种火力发电技术。

1) 常规燃煤发电。燃煤发电厂的生产过程如图1-6所示。常规燃煤发电厂生产系统主要由燃烧系统、汽水系统、电气系统、控制系统组成。其中：燃烧系统由输煤、磨煤、粗细分离、排粉、给粉、锅炉、除尘、脱硫等部分组成；汽水系统由锅炉、汽轮机、凝汽器、高低压加热器、凝结水泵和给水泵等组成；供水系统用于给凝汽器提供循环冷却水、给锅炉提供补给水、给其他设备提供冷却水、为水力除灰、生活消防提供用水等。凝汽器循环冷却需要大量的冷却水，其供水方式分为直流供水和循环供水。

直流供水是从江河或海洋直接取水，吸收汽轮机乏汽的热量后再返回江河或海洋。由于冷却水的排水温度远高于水源温度，会造成水源的热污染。因此，许多国家都禁止使用直流供水系统。循环供水方式需设置巨型冷却塔，从冷凝器出来的冷却水，在冷却塔内被空气冷却后，再由循环水泵送入凝汽器循环使用。冷却塔一般采用自然通风。

发电系统由励磁机、发电机、变压器、配电装置等组成。

2) 循环流化床锅炉CFB发电。常规燃煤电厂的煤粉锅炉对原煤的发热值有较高的要求

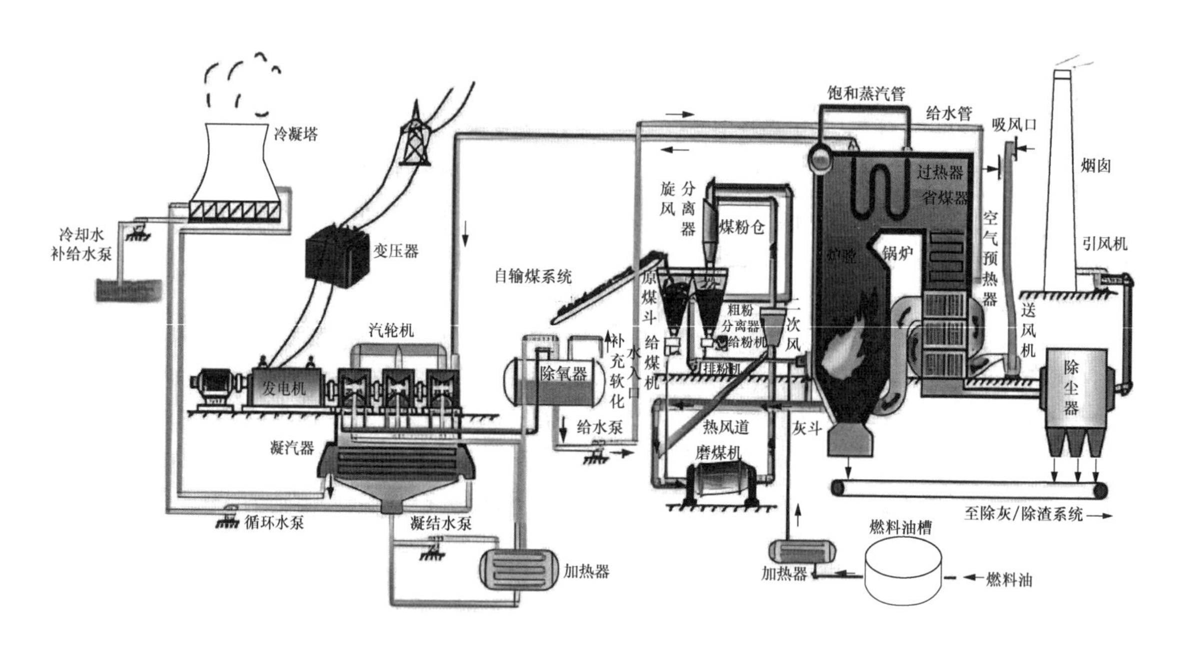

图 1-6　常规燃煤发电厂生产过程示意图

标准。为充分利用发热值较低的劣质煤、煤矸石、煤泥与生物质，采用了循环流化床锅炉CFB发电技术。

循环流化床锅炉炉膛中存在大量由不可燃与可燃固体颗粒构成的床料。当流速达到一定值时，所有固体颗粒表现出类似流体状态。均匀粒度的固体颗粒（床料）、流体（流化风）以及完成流态化过程的设备称为流化床。与煤粉锅炉相比，其燃料的制备破碎系统大为简化。循环流化床锅炉具有能够稳定燃烧各类劣质燃料、燃烧效率高、高效脱硫、NO_x 排放低、结构简单、负荷调节范围广等诸多优势，保护环境，节约能源，是高效、清洁利用劣质燃料的主要手段。

3）燃气发电。燃气发电使用天然气为燃料。空气经压缩后送入燃烧室，与被燃料泵打入的天然气混合燃烧，产生的高温高压气体进入燃气轮机做功，推动燃气轮机旋转，带动发电机发电。尾气经烟囱排出或再利用。单纯使用燃气轮机发电的发电厂，热效率只有35%～40%。

燃气发电具有启动快、清洁环保、建设周期短、占地面积小等优点，可作为调峰电源承担日负荷曲线上的尖峰负荷。

4）蒸汽-燃气联合循环发电。蒸汽-燃气联合循环发电目前多为天然气-蒸汽联合循环NGCC，具有燃气与蒸汽两套汽轮机与发电机。通过将燃气轮机做功后的排气引入余热锅炉，加热其中的给水产生高温高压蒸汽，再送入蒸汽轮机做功，带动发电机发电。此方式可将热效率提高到56%～80%，同时具有燃气发电建设周期短、启动快、清洁环保的优点。

5）燃油发电。燃油发电可分为燃油锅炉发电和内燃机发电两类。前者功率较大，适用于燃油资源较丰富、方便的地区，如北美的燃油发电装机容量约4000万kW。后者有柴油发电机组与汽油发电机组两种，其中柴油发电机因更安全、省油而使用广泛。内燃机发电机功率较小，仅几千瓦到几百千瓦，一般作为保安备用电源或临时性小容量供电电源。

燃油锅炉发电过程与燃气发电类似。内燃机发电是在内燃机汽缸内，将通过空气滤清器过滤后的洁净空气与喷油嘴喷射出的高压雾化柴油充分混合。在活塞上行的挤压下，混合气体体积缩小，温度快速升高，达到柴油的燃点。柴油被点燃，混合气体剧烈燃烧，体积迅速膨胀，推进活塞下行做功驱动发电机运转，将柴油的化学能量转化为电能。

2. 水力发电

水能利用是一项巨大的系统工程。河流的开发除建设水电站外，还具有防洪、灌溉、航运、供水、旅游、水产等多种水利经济效益。水力发电不需要经过热能转换，直接把水的机械能转换成电能，具有技术成熟、运行成本低、能源可再生、无污染的特点，是各国优先发展的能源。按取水方式的不同，水电站一般可分堤坝式、引水式与抽水蓄能式。

(1) 堤坝式水电站。在河道上适当位置拦河筑坝，形成水库，抬高上游水位，使坝上下游形成较大的水位差（水头）后建设的水电站称为堤坝式水电站。根据坝基地形、地质条件的差别，坝和电站的相对布置也不同。

在河流中上游的峡谷中，由于淹没区域相对较小，坝可以建得较高，以获得较大的水头。此时上游水的压力大，厂房重量不足以承受水压，因此将厂房移到坝后，称为坝后式水电站，如图1-7所示。坝后式水电站有利于发挥发电、防洪、灌溉、水产等多方面的效益，因此是我国目前采用最多的水电站厂房布置方式。

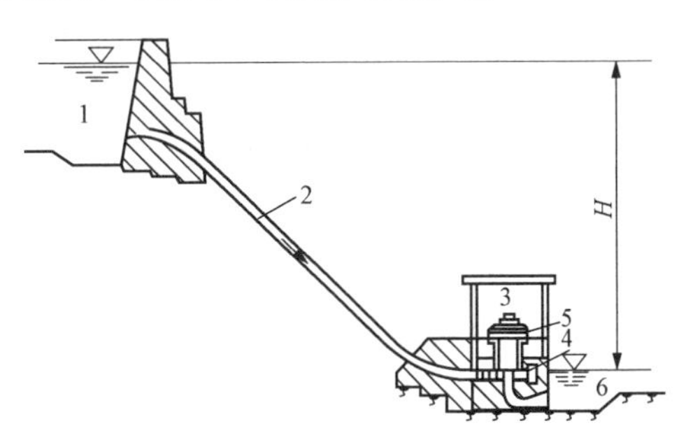

图1-7　坝后式水电站示意图

1—水库；2—压力水管；3—厂房；4—水轮机；5—发电机；6—下游

在中下游平原地区、河床纵向坡度较平坦、流量较大的河段上，为避免淹没面积过多，只能修筑不高的拦河坝。由于水头不高，电站的厂房可以直接和大坝并排建在河床边或大坝内，厂房本身足以承受上游的水压力。这种电站称为河床式水电站，如图1-8所示。我国的葛洲坝水电站就是河床式水电站。

图1-8　河床式水电站示意图

1—水轮机；2—进水口；3—发电机；4—厂房；5—溢流坝

(2) 引水式水电站。在地势险峻、水流湍急的河流中上游或坡度较陡的河段上，采用人工修建的引水建筑物（如明渠、隧道、管道等）引水发电的水电站称为引水式水电站，如图1-9所示。

引水式水电站不存在淹没区域，多建在山区河道上，甚至可以利用两条河流的高程差跨河引水发电，但受天然径流限制，发电引水量不会太大，多为中小型水电站。

(3) 抽水蓄能式电站。抽水蓄能式电站是一种特殊的水电站。它具有高低两个水池，当电网中负荷处于低谷时（深夜），它利用电网的富余电能，机组采用电动机运

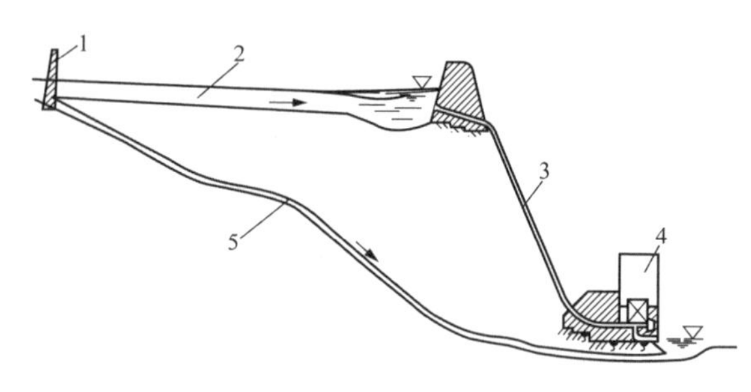

图 1-9　引水式水电站示意图

1—堰；2—引水渠；3—压力水管；4—厂房；5—自然河道

行，将低水池的水抽送到上游高水池蓄能；当电网处于负荷高峰时，机组为发电机运行，将高水池中的水用来发电，如图 1-10 所示。抽水蓄能式电站既是负荷高峰时的电源，也是负荷低谷时的负荷，可以起到调峰填谷、调节系统频率与相位、系统备用的作用，有效提高电力系统运行的稳定性与经济性，受到各国的重视，得到了较快的发展。

3. 核能发电

核能发电与火力发电的主要区别是热源不同，将热能转换为机械能再转换成电能的装置基本相同。核电站是靠反应堆中的冷却剂将核燃料裂变链式反应所产生的热量带出。

(1) 核电厂的类型与特点。核电厂的类型主要以反应堆的种类来区别，目前采用的有压水堆、沸水堆、重水堆、快堆等。

1) 压水堆。使用加压轻水（普通水）作为冷却剂和慢化剂，水在堆内不沸腾；燃料采用低浓铀。压水堆具有功率密度高、结构紧凑、安全易控、技术成熟、造价和发电成本较低等特点，目前在核电厂中应用最广泛，占比 60%以上，如我国的秦山核电站。压水堆的一回路与二回路系统分开，汽轮机系统无放射性工质，设计制造维护较简单。压水堆核电厂如图 1-11 所示。

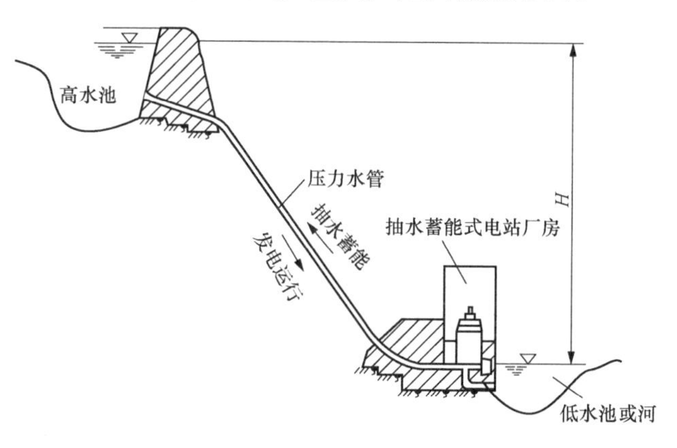

图 1-10　抽水蓄能式电站示意图

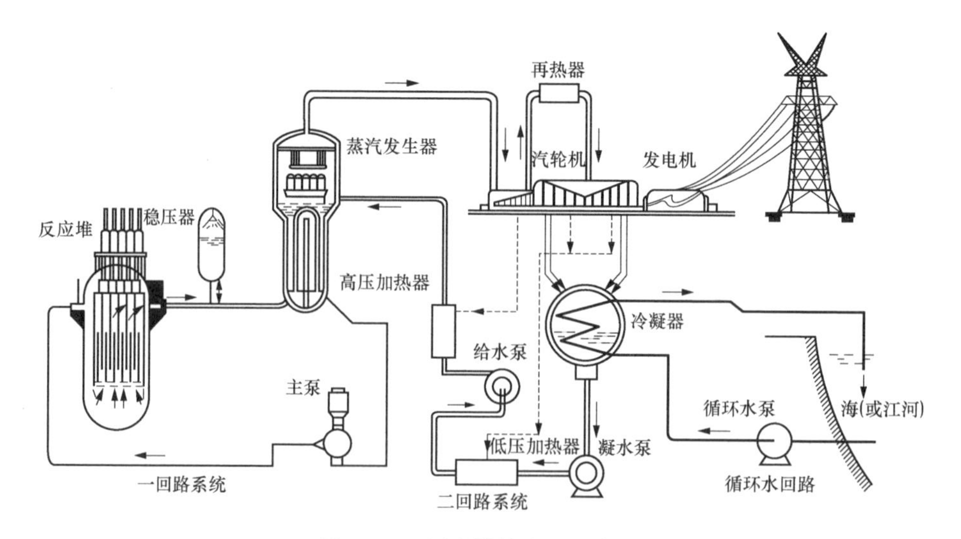

图 1-11　压水堆核电厂示意图

2）沸水堆。使用沸腾轻水作为冷却剂和慢化剂，在反应堆压力容器内直接产生饱和蒸汽而省略了蒸汽发生器，但一回路蒸汽直接进入汽轮机，相关设计制造与维护均比压水堆复杂。沸水堆应用占比约20%，如日本福岛核电厂。

3）重水堆。采用重水作为冷却剂和慢化剂，可以直接使用天然铀作燃料，结构复杂、尺寸较大，重水需消耗较多的能源与成本，目前唯一商业化运行的是加拿大的坎杜堆。

4）快堆。快堆是快中子反应堆的简称。快堆在运行中既消耗裂变材料，又产生新的裂变材料，而且产生可以多于消耗。快堆只在启动时需要投入核燃料，还可以利用贫铀、乏燃料等，是核反应堆的重要发展方向。

快堆功率密度大，冷却剂不能对中子产生大的慢化作用，因此冷却剂必须传热能力强、慢化作用弱。目前的快堆冷却剂主要有液态金属钠、氦气等，对应的反应堆分别称为钠冷快堆与气冷快堆。

(2) 核电厂的运行。由于核电厂是由核反应堆供热，因此其运行与火电厂相比有一些新的特点：

1）核电厂必须对反应堆堆芯一次装料，定期停堆换料。

2）反应堆内构件和压力容器等因受中子辐照而活化，所以反应堆不管是运行中还是停闭后都有很强的放射性。

3）压水堆中进入蒸汽发生器的二回路水只被加热成饱和蒸汽进入汽轮机做功，热效率仅为33%左右，小于大型火电厂。因此核电厂汽轮机比相同功率机组的火电厂汽轮机的体积和质量大得多，多采用半速（1500r/min）运行，发电机极数也相应为四级。同时，相应的凝汽器尺寸也增大，循环冷却水需求量比常规火电厂大得多。

4）反应堆停闭后，在运行过程中存在的衰变反应将继续使堆芯产生余热，因此停堆后还需继续冷却至余热排尽。此外，核电厂还必须设计为在任何事故工况下都能对反应堆进行紧急冷却。

5）核电厂在运行过程中会产生气态、液态和固态的放射性废物，对这些废物必须按照核安全的规定进行妥善处理，以保证人身与环境安全。

4. 风力发电

风能是流动的空气具有的能量，是由太阳能转化而来的。风能是清洁、可再生的能源。地球上可开发的风能能源是可利用的水能的10倍，但风能间歇性强、规律不明显、不稳定且难以调节的特点给风力发电的大规模应用增加了难度。

风力发电通常有两种运行方式。一种是建立风力发电厂，由几十到几百台风力发电机发电并入常规电网运行。二是风力发电与其他发电方式（如柴油机发电与蓄电池）结合形成离网小型配电网络，向几户、一个村庄或一个海岛供电。

风力机单机容量向巨型与微型发展。目前我国大型风力机单机容量达到8MW，微型的仅几千瓦。风力机通常分为水平轴式与垂直轴式两类。目前应用广泛的是水平轴式。

典型的并网水平轴风力发电机如图1-12所示。风力机由风轮、升速齿轮箱、发电机、偏航调向系统、控制系统与塔架组成。

为了使风力机能够有效利用风能并稳定地工作，大中型风力机设置较高的塔架与具有2～3个很长叶片的风轮；低速转动的风轮通过传动系统由升速齿轮箱升速以与发电机需要的转速匹配；偏航控制系统控制风力机舱始终对准来风方向；运行控制系统根据风力大小控制发电机的运行状态。

5. 太阳能发电

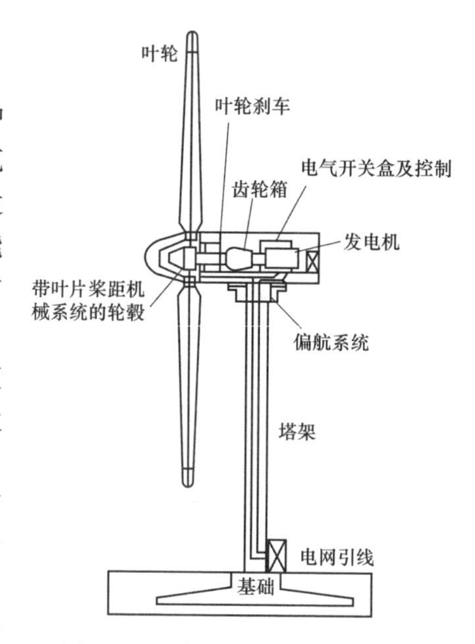

图 1-12 典型并网风力机剖面图

太阳能是取之不竭的清洁能源，可以转换成多种其他形式的能量，应用非常广泛。世界多国正努力克服太阳能的能流密度低、具有间歇性与不稳定性、发电成本高的缺点，大力发展太阳能发电应用，太阳能发电成本快速下降。目前，太阳能发电的主要形式有光伏发电与光热发电。

(1) 光伏发电。光伏发电是通过能产生光伏效应的晶硅电池或薄膜电池直接将太阳能转换为电能。太阳能光伏发电系统如图 1-13 所示。

光伏发电有地面集中式电厂、建筑分布式发电两种主要形式。阳光充沛的荒地非常适合建设地面集中式大规模光伏发电厂。

建筑分布式发电按应用对象分为住宅和非住宅式，按应用形式分为建筑附着光伏系统（BAPV）和建筑一体化光伏系统（BIPV）两种，按是否并入电网又分为并网型与离网型。

建筑一体化光伏系统（BIPV）是将太阳能发电产品集成到建筑应用的技术，可以在平屋顶、斜屋顶、幕墙、天棚等位置安装使用。其发电可以自用，从而减少电力输送损耗，多余的电能还可以送入电网。

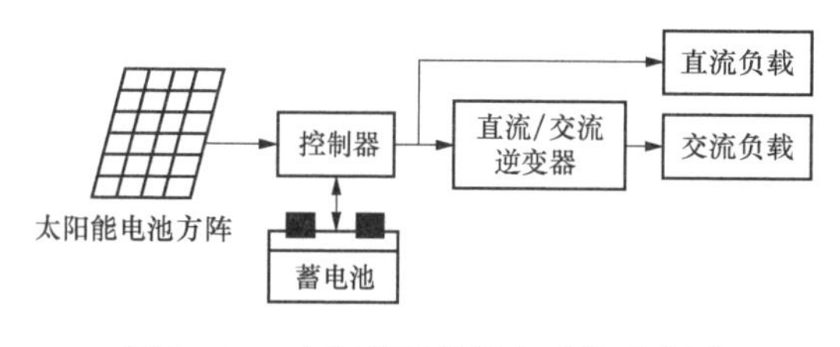

图 1-13 太阳能光伏发电系统示意图

光伏发电的其他利用形式还有太阳能路灯、太阳能充电设施，以及与风力发电、小水电及蓄电池组成的互补微电网系统等。

新一代的高聚光太阳能电池（HCPV），利用光学元件将太阳光汇聚在一个狭小的区域，使太阳能电池面积大幅度减小，发电效率与经济性显著提高。

(2) 光热发电。光热发电是利用太阳能集热器吸收的热能产生蒸汽，驱动汽轮机并带动发电机发电。根据集热形式不同分为塔式、槽式、碟式等种类。与光伏发电相比，光热发电能够将太阳的热量保存在工质中进行存储，在阴天和晚上释放出来，以实现连续发电，一年将有超过 5000h 的满发运行时间，可以在电网中作为一个基础电源来承担调节作用，但光热发电技术还不够成熟，成本较高。

1.2.4 电网与变电站

电源通过电力网向电力负荷供电。电力网简称电网，一般包括输电线路与变电站、换流站。电网按其在电力系统中的作用可分为输电网、配电网和微电网。输电网与配电网的划分如图 1-14 所示。

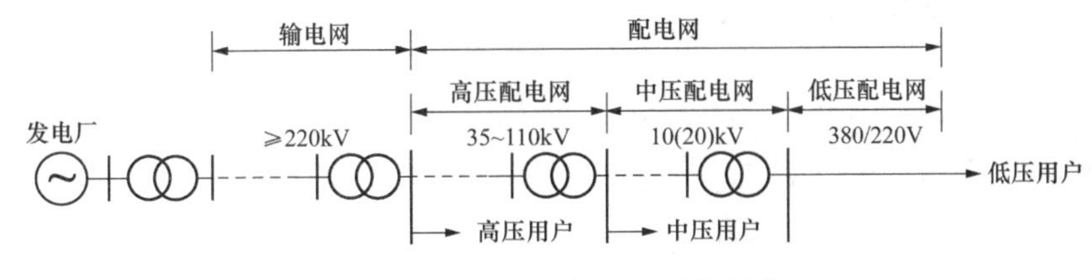

图1-14 输电网与配电网的划分

思考 我国电网的基本结构是什么样的？交、直流输电分别具有哪些特点？

1. 输电网

输电网是以高压（交流220kV、直流±160kV）、超高压（交流330、500、750kV，直流±320、±500kV）、特高压（交流1000kV，直流±800、±1100kV）输电线路将发电厂、变电站连接起来的输电网络，是电网的主干网络。

电力的输送方式主要有交流输电与直流输电两种。根据我国能源和负荷的分布特点，我国的电力系统逐渐形成强交流、强直流联合运行、互相补充、互相支撑的交直流混合电网格局，充分发挥两种输电方式的功能与优势，保证电网的安全性与经济性。特高压交流输电服务于主网架建设和跨大区联网输电，同时为直流输电提供重要的支撑；特高压直流输电用于大型能源基地的大容量、远距离输电。

交流输电中，发电厂发出的交流电能通过升压变压器和高压、超高压、特高压交流输电线路以及降压变压器被送到负荷中心地区。交流输电中间可以根据电源布局、负荷发布等需要构成电网络，满足电力的输送和交换。

直流输电系统需要通过整流站把交流电变换为直流电，经过高压、超高压、特高压直流输电线路，送到负荷中心，再通过逆变站把电能变换为交流后接入变电站。整流站与逆变站统称为换流站。

直流输电系统有端对端直流输电、多端直流输电、背靠背直流输电、柔性直流输电系统等类型。端对端直流输电中间不能落点，不具备网络构建功能。多端直流输电与交流系统有三个或三个以上连接端口，即换流站，可实现多落点的电力传输。背靠背直流输电是指没有直流输电线路的直流输电工程，其整流站和逆变站通常均设于同一个换流站内，可实现非同步电网的联网，提高电网运行的可靠性与经济性。柔性直流输电无需交流侧提供换相电流，可以向无源电网供电，为电网提供必要的电压和频率支持，主要适用于小型发电厂并网、偏远地区供电、海上采油平台供电等。

2. 配电网

配电网是从输电网和各类发电设施接受电能，并通过配电设施就地或逐级分配给各类用户的110kV及以下的电力网络。目前，部分大城市中的220kV电网也开始作为高压配电网的组成部分。

按照电压等级的不同，配电网一般可以分为高压配电网（220、110、66、35kV）、中压配电网（20、10、6kV）和低压配电网（220/380V）。按照供电区域或服务对象不同，可分为城市配电网和农村配电网、企业配电网。

配电网是电力系统的重要组成部分，直接面向电力终端用户，是社会的重要基础设施。随着新能源、分布式电源和多元化负荷的大量接入，以及电力市场化改革的深入、需求侧管理思想的发展，配电网的功能、形态与配电服务模式发生了深刻变化。

3. 微电网

微电网是一种新型的微电力系统，集成了多种分布式发电、配电线路、分布式储能设施和不同类型的用电负荷。微电网的结构示意图如图 1-15 所示。

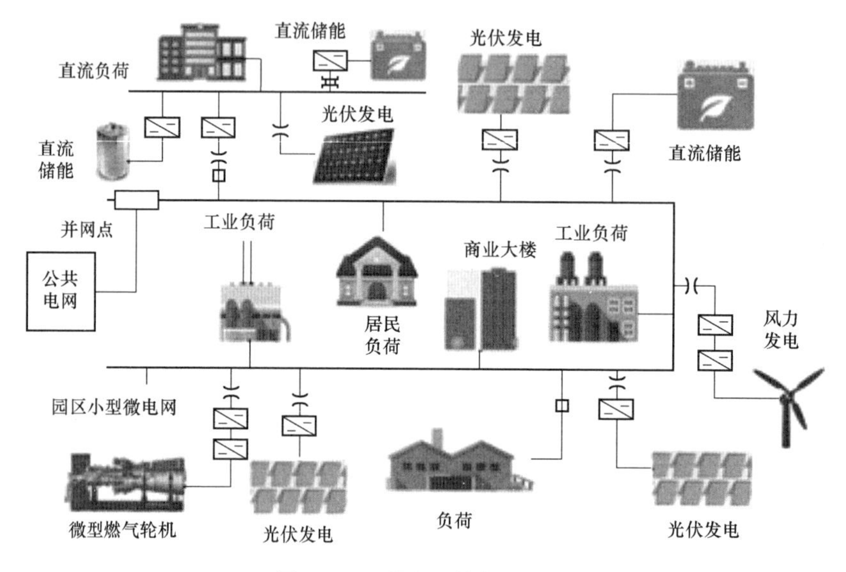

图 1-15　微电网结构示意图

微电网可分为直流微电网、交流微电网、交直流混合微电网等形式。微电网作为大电网的补充，能够有效利用新能源如风能、太阳能发电等，降低输送损耗，同时提高了电力系统的可靠性与灵活性。

思　考　变电站的种类有哪些？分别具有什么特点？

4. 变电站

变电站是电网的节点，连接电源、用户与输配电线路，起升高或降低电压等级、交换功率、分配电能的作用。根据变电站在电力系统中的地位，一般可分为枢纽变电站、区域变电站、地区变电站和终端变电站。

（1）枢纽变电站。枢纽变电站处于电力系统的枢纽位置，一般连接电网的最高电压，汇集多个电源和多回大容量联络线或连接不同的电力系统，作为下一级电压电网的主要电源。全站停电时，会引起电力系统解列，甚至崩溃。

（2）区域变电站。区域变电站是向数个地区或大城市供电的变电站。在电网变电站最高电压的变电站中，除少数为枢纽变电站外，其余均为区域变电站。区域变电站发生事故时将可能损失较大的负荷，因此其可靠性要求较高。

（3）地区变电站。地区变电站是向一个地区或大、中城市供电的变电站。它通常将 110～220kV 降压至 10～35kV 后向电力负荷供电。地区变电站为提高供电可靠性，要求有两个供电电源。这两个电源通常从区域变电站和地区发电厂引接，也可以从同一电源的不同母线段上引接。

（4）终端变电站。终端变电站是处于电网变电站末端，包括分支线末端的变电站，电压为110kV及以下。终端变电站只向本地负荷供电，不承担负荷转供任务。终端变电站接线简单、占地少，有时不设高压母线。

另外，除常规变电站外，电力系统中的变电站还包括开关站与串补站。开关站是为提高电网稳定性或便于分配电力而在线路中间设置的，只有同一电压等级的电气设备，没有主变压器的电力设施。串补站是电力系统输电线路串联电抗器，实现无功功率补偿功能的电力设施。

大中型企业一般建有企业变电站，其具有终端变电站的特点，为企业专属专用。

5. 换流站

换流站实现高压交、直流电能形式的转换，包括整流站与逆变站。

换流站中包括的主要设备或设施有换流阀、换流变压器、平波电抗器、交流开关设备、交流滤波器及交流无功补偿装置、直流开关设备、直流滤波器、站外接地极以及控制与保护装置、远程通信系统等。

1.3 电力系统与电力工程

1.3.1 电力系统的特点

思考 电力系统具有哪些特点？这些特点对电力系统的运行提出了什么要求？

电力系统是由发电、输电、变电、配电、用电设施组成的进行电能生产、传输、分配、消费的电气一次部分与保证一次部分正常运行所需的监控、继电保护和安全自动装置、计量装置、调度自动化、电力通信等设施组成的电气二次部分构成的统一整体。

电力系统的特点及其对电力系统运行提出的要求主要有：

1. 电能不能大规模储存，其生产与消费具有同时性

电能目前尚不能大量储存，电能的生产、传输、变换、分配和用户的使用需同时完成，这是电力系统根本性的特点。电力系统的运行必须满足电能从生产到消费的同时性的要求，即实现电能生产与消费实时、连续的动态平衡。

而实现电能生产与消费的动态平衡，需要考虑因自然资源分布等条件限制造成的发电厂与负荷中心的空间分布差异，以及电能的连续供应与负荷的随机变化等因素。同时，发电容量和输变电设备都需要一定的备用容量，以保证电力系统可靠稳定运行及电能质量。

2. 运行状态的过渡过程非常短暂，传导极快

电力系统运行状态的过渡过程非常短暂，一般为几个周期（一个周期为20ms）。同时电以电磁波的形式传播，每秒约30万km。电力系统中任何一点发生故障，瞬间对电力系统造成的影响和波及面很广。而电力系统运行中的各种扰动是无法避免的，故障也难以预测。为保证安全稳定运行，电力系统必须设置较完善的监视与快速自动控制及保护系统。

3. 规模庞大，具有实时系统整体性

电力系统的规模庞大，跨越数千公里，有众多的发电机、变压器、输电线路和各种电气

设备。电力系统与用户（负荷）之间存在相互影响、相互制约的关系。为满足电能从生产到消费同时性的要求，电力系统中电能生产、传输、变换、分配、使用等环节，必须由实时监控调度来协调，作为一个整体运行。

4. 关系国计民生，供电可靠性要求高

电力系统是现代社会的重要基础设施，电能是现代社会生产生活的必需品。供电中断与供电不足，会影响社会生产与人民生活。系统严重故障时大面积、长时间的供电中断，会造成重大的经济损失与社会秩序混乱。因此，电力系统必须保证很高的供电可靠性。

5. 具有一定危险性，对社会、生态环境有一定影响

电力系统中的电压远远高于安全电压，同时在发电厂发电与电网运行中存在多种危险及影响健康与环境的因素，可能影响人员健康、造成人身伤亡或生态环境破坏，如高噪声、高振动、高辐射的工作环境，出现事故或误操作时可能发生的人身伤害与设备损失，火力电厂生产过程中产生的大量气体、液体、固体排放物，核电厂的核废料，大型水电站建设造成的淹没区及生态影响等。

为了维护社会利益与保护环境，在电力系统规划设计、建设施工、运行管理等各阶段，都应严格遵守相关法律法规，采取必要的措施保证人员安全、健康，减少对社会和环境的不利影响。

1.3.2 电力系统的总体目标

思 考 电力系统的总体目标及其内涵是什么？各目标相互之间有冲突时，应该如何选择？

基于电力系统的上述特点与科学技术的发展，电力系统的总体目标可以归纳为以下几方面：安全、可靠、优质、经济、环保、智能。

1. 安全

电力系统中的高危险因素很多，如电压从几百伏到几百千伏甚至上千千伏，电厂内使用高温高压锅炉与蒸汽系统、核电厂具有的放射性核燃料与核废料、电力运行操作复杂，高空作业、雷电过电压大电流等。电力系统必须从电力工程设计、装备制造、施工、运行、检修试验、管理等各方面采取措施保证人员与设备的安全。

2. 可靠

电力系统的可靠性主要包括两个方面，首先是充足，其次是供电的持续稳定。

（1）充足。我国正处于工业化进程中，电力系统是国民经济各行业发展的重要基础条件，应当优先发展。随着生活水平提高与经济发展，社会年人均用电量不断增长。2023 年我国的社会年人均用电量约 6500kWh，接近中等发达国家水平。但我国的居民户均生活用电量相对较低，提高社会电气化水平还有较大的发展空间。同时，电力负荷需求具有鲜明的季节性，从整体、发展的角度看，充足性仍然是我国电力系统的重要目标。

（2）持续稳定供电。故障、检修、限电都会造成供电中断。重要场所如矿井、医院、冶炼厂、机场、火车站等供电中断可能会造成严重的后果，如人身伤亡、重大财产损失或社会混乱。

供电可靠性可以通过工程设计、设备制造、安装调试、运行管理、维护检修等多方面的措施加以保证。数十年来，我国电力系统的可靠性已取得了巨大进步，全国供电系统平均供电可靠率达99.896%，用户平均停电时间为9.10h/户，优于绝大多数发展中国家。

3. 优质

电力系统不仅要给用户提供电能，还要保证电能具有良好的质量，否则可能会造成工厂的产品质量下降或产品报废，使电气设备的损耗增加、寿命降低甚至损坏，从而给用户造成损失。电能质量的主要指标有电压、频率和波形，具体内容见1.3.5节。

4. 经济

电力系统的投资与运行成本巨大，每年消耗巨量的一次能源，电价直接影响社会生产与生活。提高电力系统的经济性，降低电价，能够增加所在地区经济的竞争力，促进电气化水平提升，进而提高全社会生活水平。

5. 环保

火电厂燃烧的煤炭石化能源会排放大量烟尘与CO_2等有害气体，核电厂产生的核废料会残留核辐射，大型水电站可能对环境与生态造成不利影响。我国作为发电量世界第一的国家，应当承担相应的环保责任。电力系统必须遵循可持续发展原则，严格环保要求，发展清洁可再生能源发电。

6. 智能

随着科学技术的发展，世界已进入信息时代。信息化、智能化是产业升级的要求，也是国家竞争力的体现。智能化是电力系统发展的重要目标与必然趋势。

智能电力系统发展的远景目标是具有多指标、自趋优运行能力。多指标就是指表征智能电力系统安全、清洁、经济、高效、兼容、自愈、互动等特征的指标体现。自趋优是指在合理规划与建设的基础上，依托完善统一的基础设施和先进的传感、信息、控制等技术，通过全面的自我监测和信息共享，实现自我状态的准确认知，并通过智能分析形成决策和综合调控，使得电力系统状态自动自主趋向多指标最优。

1.3.3 电力系统的基本结构与表征参量

思 考 电力系统基本结构是什么？电力系统基本表征参量是什么？

1. 电力系统的基本结构

电力系统是由发电厂、变电站、各种电压的输配电线路和电力用户连接而成的实物环节，加上监控调度环节后形成的包含电能的生产、传输、变换、分配、使用和调度全过程的统一整体。

广义的电力系统结构示意图如图1-16所示，包含了从发电厂到用户的全部设备。

专业术语中把广义电力系统划分为动力系统、电力系统与电网，如图1-17所示。只包括变电站与输配电线路的部分称为电网；加上发电机与用户用电设备后称为电力系统；再加上发电厂的锅炉、汽轮机、水轮机等动力部分后称为动力系统。

2. 电力系统的基本表征参量

(1) 总装机容量：电力系统中所有发电机额定有功功率的总和，通常以MW、GW、万

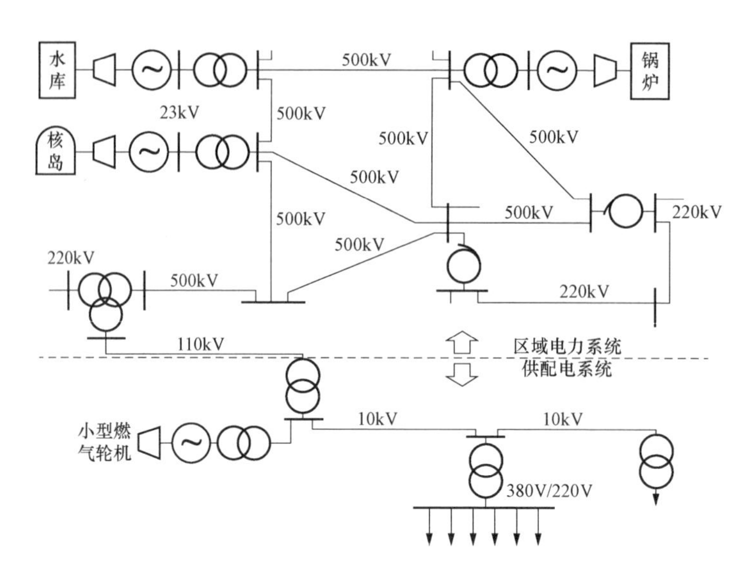

图 1-16　广义电力系统结构示意图

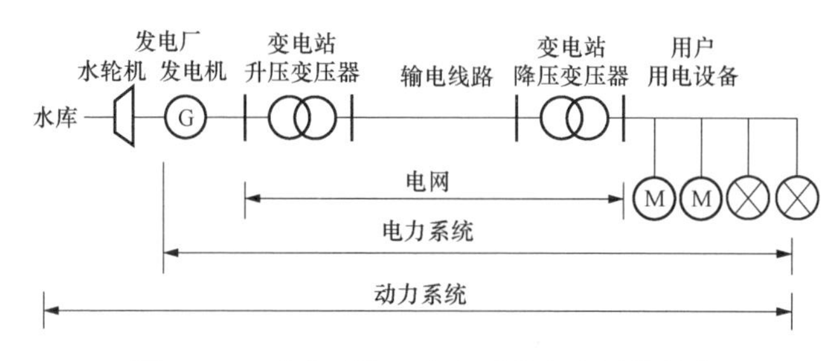

图 1-17　动力系统、电力系统与电网的划分

kW、亿 kW 计。

(2) 年发电量：系统中所有发电机全年所发电能的总和，通常以 MWh、GWh、万 kWh、亿 kWh 计。

(3) 最大负荷：规定时间内电力系统总有功功率负荷的最大值，通常以 MW、GW、万 kW、亿 kW 计。

(4) 年用电量：接在系统中所有用户全年所用电能的总和，通常以 MWh、GWh、万 kWh、亿 kWh 计。

(5) 额定频率：指电力系统中规定的 1s 内交流电变化的周期数，单位为 Hz。我国和大多数国家均采用 50Hz，美国、加拿大、古巴、韩国等国以及日本的部分地区采用 60Hz。

(6) 最高电压等级：指电力系统中最高电压等级的标称电压，通常以 kV 计。

1.3.4　电力系统标准电压等级与电气设备额定电压

思　考　标准电压就是额定电压吗？电力系统电压与电力设备的电压之间有何关系？

电力系统的电压选择与系统功率大小及电能输送距离有关。输电线路的损耗与电压的平方成反比，与系统的电阻成反比。提高电压等级，可以有效降低输电线路损耗，但是会提高系统绝缘要求，增加如杆塔、变压器、断路器等设备的投资。通过技术经济分析比较，各国家和地区在自身电力系统发展的基础上分别确定了一系列标准电压等级，适用于不同功率与输送长度等级的电力系统。

采用标准电压等级还有利于实现电气设备的规模化生产，便于电力设备维修与更换。

1. 电力系统的标称电压与电压等级

（1）电压基本术语。GB/T 156—2017《标准电压》中定义了多个电压术语。

1）系统标称电压：用以标志或识别系统电压的给定值。

2）系统最高电压：系统正常运行的任何时间，任何一点上所出现的最高运行电压值。

3）系统最低电压：系统正常运行的任何时间，任何一点上所出现的最低运行电压值。

4）设备额定电压：由制造商对电气设备在规定的工作条件下所规定的电压。

5）设备最高电压：规定设备的最高电压是用以表示绝缘及与设备最高电压相关联的其他性能，设备只能用于电力系统最高电压不高于其设备最高电压的系统中。

（2）电力系统的电压等级。我国 220V 及以上交流电力系统及相关设备的标准电压见表 1-11。标准电压作为供电系统标称电压的优选值和电气设备与系统设计的参考值。

表 1-11　　我国交流电力系统及相关设备的标准电压　　kV

分类	系统标称电压	设备最高电压	备注
低压	0.22/0.38	—	相电压/线电压
	0.38/0.66	—	相电压/线电压
	1.00（1.14）	—	1.14kV 仅限于某些应用领域的系统
中压	3（3.3）	3.6	括号内数值为用户有要求时使用，不得用于公共配电系统
	6	7.2	
	10	12	
	20	24	
高压	35	40.5	
	66	72.5	
	110	126	
	220	252	
超高压	330	363	
	500	550	
	750	800	
特高压	1000	1100	

注　未说明的均为三相交流系统线电压。

高压直流输电系统的标准电压中规定的优选系统标称电压为±160、±320、±500、±800、±1100kV，非优选电压有±200、±400、±600kV。

低于直流 1500V 的电气设备的额定直流电压优选值有 6、12、24、36、48、60、72、96、110、220、400V。

世界主要国家及地区的交流电压等级序列见表 1-12。

表 1-12　　世界主要国家及地区交流电压等级序列　　kV

电网分类	输电网		配电网	
中国	1000/500/220	750/330（220）	110/66//35/10（20）	
美国	765/345	500/230	138/33	161/115
欧洲大部	380/220	400/225	110/20	110/6
俄罗斯	500/220	750/330	110	
日本	500/275	500/154	66/22	22/6.6
巴西	750/525/500/440/345/230/138		—	
印度	765/400/220/132		—	
非洲	765/500/400/330/225/132		—	

注　我国电压 330kV 仅用于西北电网，66kV 仅用于东北电网。

2. 电气设备的额定电压

电气设备的额定电压是其制造商规定工作条件下的规定电压。电气设备在额定电压下运行具有最佳的性能，但电气设备上的实际电压可能不等于其接入电力系统的标称电压。

电力系统的标称电压是标明电压等级的规定值，电网的实际运行电压一般允许在不超过标称电压 10%的范围内波动。

同一标称电压的电力系统中的实际电压，由于线路与负载的阻抗作用，从电源侧到负荷末端通常是逐渐下降的。相关规范规定电力线路正常运行时的电压降落不超过 10%，因此，一般使线路首端的电压比系统标称电压高 5%或 10%，以补偿线路电压降，使线路末端电压符合要求，如图 1-18 所示。

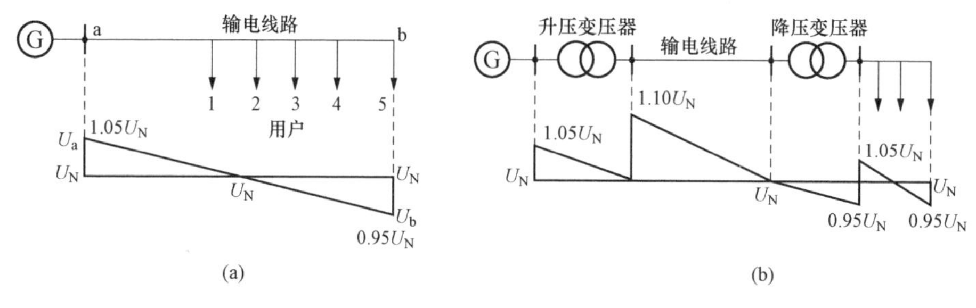

图 1-18　电力系统中各部分的电压分布示意图

（a）线路 ab 沿线的电压分布；（b）连接变压器的系统中电压分布

电力系统各环节中的电气设备如发电机、变压器、配电设备与用电设备的额定电压选择也具有各自的方法。

（1）发电机的额定电压。发电机由于绕组散热与绝缘等技术条件限制，电压不能做得很高。发电机直接带负荷时，考虑到线路电压降落，发电机的额定电压一般为系统标称电压的 105%或特制。发电机的额定电压还与发电机机组额定容量有关。大中型发电机常见的额定电压有 6.3、10.5、13.8、15.75、18、20、22、24、26kV 等。

（2）电力变压器的额定电压。电力变压器一次侧接电源，相当于用电设备；二次侧向负荷供电，相当于电源。同时电力变压器还有升压、降压两种不同的用途。

升压变压器的一次侧为低压侧，与发电机直接相连，其额定电压需要与发电机额定电压相配合，一般为系统标称电压的105%。

降压变压器的一次侧为高压侧，额定电压等于线路末端的电压，取为系统标称电压。

变压器二次侧额定电压的定义为一次侧加额定电压时，二次侧空载情况下的电压。由于带负荷时，变压器内部绕组将产生一定的电压降落，所以变压器二次侧的额定电压应考虑补偿此部分的电压降落。

升压变压器二次侧额定电压一般为系统标称电压的110%，可认为其中5%为补偿变压器内部阻抗压降，5%为补偿线路压降。

降压变压器的二次侧为低压侧，其额定电压有系统标称电压的110%和105%两种。当变压器阻抗较小（$U_k\%<7.5$）或二次侧通过较短线路与用电设备相连时，采用后一种，即105%系统标称电压。

电力变压器高压侧一般设计有主抽头和围绕主抽头上下比例对称的多个分接头，以适应电力系统运行电压调节的需要。

（3）配电设备的额定电压。配电设备是指配电装置中的断路器、隔离开关等设备。其额定电压为系统标称电压等级下，正常运行时的最高工作电压，见表1-10。

（4）用电设备的额定电压。用电设备的额定电压不应低于电网的标称电压。

> 练习1.2　同为220kV电压的升压电力变压器与降压变压器主抽头的额定电压分别是多少？为什么？（答案：升压变242kV，降压变220kV）
>
> 练习1.3　10kV与110kV电力系统中高压断路器的额定电压分别是多少？为什么？（答案：12kV，126kV）

【例1-2】 某电力系统接线如图1-19所示，图中标明了各级电力线路的系统标称电压，试求各变压器绕组的额定电压。

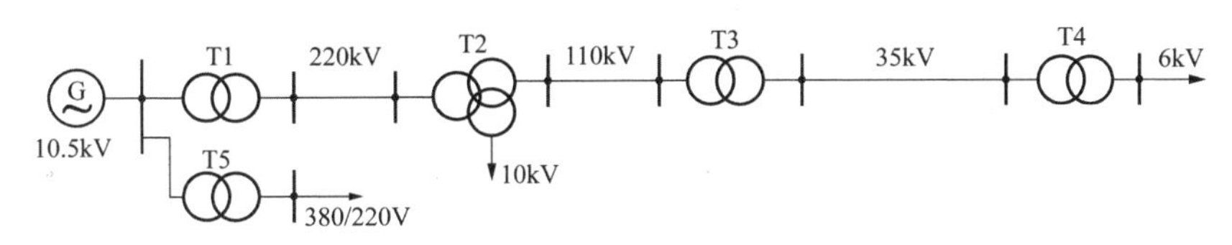

图1-19　例1-2电力系统接线示意图

解： 变压器T1：高压侧绕组额定电压242kV，低压侧绕组额定电压10.5kV。

变压器T2：高压侧绕组额定电压220kV，中压侧绕组额定电压121kV；低压侧绕组额定电压一般为10.5kV，需要时可为11kV。

变压器T3：高压侧绕组额定电压110kV，低压侧绕组额定电压38.5kV。

变压器T4：高压侧绕组额定电压35kV，低压侧绕组额定电压一般为6.3kV，需要时可为6.6kV。

变压器T5：高压侧绕组额定电压10.5kV，低压侧绕组额定电压400V。

> 练习1.4　某台降压变压器连接110kV与10kV系统，变压器的额定电压为（　　）？
>
> A. 110/10kV　　B. 110/10.5kV　　C. 121/10kV　　D. 121/10.5kV
>
> （答案：B）

1.3.5　电能质量指标及质量控制

思　考　电能的质量指标是什么？如何控制电能质量？

理想状态的交流电力系统应该以恒定的频率、正弦波形和三相对称的标准电压向用户供电，但由于电力系统中的发电机、变压器、输电线路和用电设备的非线性或不对称，以及负荷波动、外部干扰和各种故障等原因而难以达到理想状态。为了保证用户的用电质量，国家相关标准规定了交流电力系统的电能质量指标。

1. 电能质量指标

衡量交流电能质量的基本指标是电压、频率和波形。

（1）交流电压质量一般用电压偏差、电压波动和闪变、三相电压不平衡度三个指标来衡量。

1）电压偏差。电压偏差是指用电设备的实际电压偏离系统标称电压的幅度，一般用占标称电压的百分数表示，即

$$\Delta U\% = \frac{U - U_N}{U_N} \times 100\% \tag{1-11}$$

式中：$\Delta U\%$为电压偏差百分数；U 为实际电压；U_N 为系统标称电压。

电压偏差分为正偏与负偏。电压正偏指实际电压高于系统标称电压，易使设备绝缘加速老化甚至破坏；电压负偏使设备产生过热，照明负荷降低照度。电压正偏与负偏均会增大电网的电压损耗。

GB/T 12325—2008《电能质量 供电电压偏差》规定的我国供电电压偏差限值，见表1-13。

表1-13　供电电压偏差限值

系统标称电压	供电电压偏差范围
35kV及以上	正负偏差绝对值之和不超过10%
20kV及以下三相系统	±7%
220V单相供电	+7%，−10%

2）电压波动和闪变。电压波动是指电压有效值在系统中连续、快速的变化。它是由于负荷急剧变动引起的。电动机的启动、电焊机的工作、电弧炉及轧钢机工作等冲击负荷都会引起电压波动。电压波动用电压变动和电压波动频度衡量。

电压闪变是电压波动在一段时间内的累计效果，它通过灯光照度不稳定造成的视觉感受来反映。

电压变动 d 是以电压有效值变动的时间特性曲线上相邻两个极值电压最大值 U_{max} 与最小值 U_{min} 之差，与系统标称电压 U_N 比值的百分数表示，即

$$d = \frac{U_{max} - U_{min}}{U_N} \times 100\% \tag{1-12}$$

电压波动频度 r 是指单位时间内电压波动的次数，一般以次/h为单位。同一变动方向的若干次变动，如间隔时间小于30ms，则算为一次变动。

GB/T 12326—2008《电能质量　电压波动和闪变》规定了电压波动和闪变的限值。

3）三相电压不平衡。三相电压不平衡会引起电机的附加发热和振动，增大变压器损耗，对通信系统产生干扰等。由各种原因造成的三相电压不平衡都可以用对称分量法分解为正序、负序和零序电压分量后进行分析。

三相电压不平衡度一般用负序电压基波分量有效值U_2与正序电压基波分量有效值U_1的百分比表示，即

$$\varepsilon_U = \frac{U_2}{U_1} \times 100\% \tag{1-13}$$

GB/T 15543—2008《电能质量　三相电压不平衡》规定：正常运行时，电力系统公共连接点的负序电压不平衡度不超过2%，短时不得超过4%；接于公共连接点的每个用户，引起该点的负序电压不平衡度不超过1.3%，短时不超过2.6%。

（2）频率的质量指标是频率偏差。GB/T 15945—2008《电能质量 电力系统频率偏差》规定了我国电力系统频率偏差的限值：电力系统正常运行条件下，频率偏差限值为±0.2Hz。当系统容量较小时，偏差限值可以放宽到0.5Hz。实际运行中，我国目前各省级电力系统的频率允许偏差都保持在±0.1Hz内。

（3）波形的质量指标为电压（电流）总谐波畸变率和谐波电压（电流）含有率。

电力系统中各种非线性元件，如变压器、感应电动机、整流设备、变频调速设备等工作时会产生大量谐波，造成电压（电流）波形的畸变。

谐波电压含有量U_H可表示为

$$U_H = \sqrt{\sum_{n=2}^{\infty} U_n{}^2} \tag{1-14}$$

谐波总畸变率（Total Harmonics Distortion，THD）是谐波含量与基波分量比值的百分数，即

$$THD_U = \frac{U_H}{U_1} \times 100\% \tag{1-15}$$

2. 控制电能质量的措施

通过对影响电能质量指标的原因的分析，可以提出控制电能质量的对应措施。电能质量主要指标的影响因素、后果及可采取的措施见表1-14。

表1-14　电能质量主要指标的影响因素、后果及可采取的措施

指标类型		产生原因	后　果	采取措施
电压	电压偏差	线路与变压器上产生的电压损耗	影响电动机、电气设备及电子设备的工作性能	合理减小系统电抗；采用各种调压措施及无功功率补偿
	电压波动和闪变	电动机启动，电弧炉等波动性负荷	刺激人的双眼，影响电动机、电子设备的正常工作	采用合理的接线方式；采用专用线或专用变压器供电
	三相电压不平衡	负荷不平衡、系统三相阻抗不对称等	发电机利用率、变压器寿命降低；用电设备性能变坏	将不对称负荷分配到不同的供电点或合理分配到各相上
频率	频率偏差	电力系统的规划、运行调度不合理	对用户、发电厂和系统本身都有不同程度的影响	采用调频机组跟踪调节；增加装机容量；采用系统互联等

续表

指标类型		产生原因	后　果	采取措施
波形	总谐波畸变率和谐波含有率	各种非线性元件的存在	产生附加损耗；电子设备、通信设备的工作受到影响；继电保护误动；设备过热	限制接入系统的变流设备及直流调压设备的容量；加装交流滤波器，采用有源电力滤波器

1.3.6　我国电力工业及其发展

1. 电力工业、电力系统与电力工程

(1) 电力工业。电力工业（Electric Power Industry）是把煤炭、石油、天然气、水、核、风、光等一次能源转换成电能向社会供电的国民经济基础性产业，包含电力系统规划研究、装备制造、项目施工、系统运营、试验维护、勘察设计等电力相关方面。

(2) 电力系统。电力系统（Power System 或 Power Grid）是由发电厂、输电网、配电网、电力用户和电力监控调度组成的电能生产与消费的运行整体，从技术上可以认为是实现一次能源转换成电能并输送和分配到用户的一个实时生产系统。

(3) 电力工程。电力工程（Electric Power Engineering）主要是指与电能的生产、输送、分配有关的工程建设，即如何通过建设各种具体的发电厂、变电站、换流站、输电线路、配电网、调度站等工程项目来实现电力系统的目标。

电力工程关注的是如何建设电力系统，其核心是电力工程设计。

2. 我国电力工业的现状

目前，我国电力系统发电装机总容量、非化石能源发电装机容量、远距离输电能力、电网规模等指标均稳居世界第一；全国形成以东北、华北、西北、华东、华中、南方六大区域电网为主体、区域间有效互联的电网格局；电力可靠性指标持续保持较高水平，城市电网用户平均供电可靠率约 99.9%，农村电网供电可靠率达 99.8%。电力工业技术水平居于世界先进行列，新技术、新方法、新工艺和新材料得到广泛应用，信息化水平显著提升。

国家统计局发布的《中华人民共和国 2023 年国民经济和社会发展统计公报》数据显示，至 2023 年底，全国发电装机容量 291965 万 kW。其中，火电装机容量 139032 万 kW，占 47.6%；水电装机容量 42154 万 kW，占 14.4%；核电装机容量 5691 万 kW，占 1.9%；并网风电装机容量 44134 万 kW，占 15.1%；并网太阳能发电装机容量 60949 万 kW，占 20.9%。2023 年底我国各类发电装机容量占比如图 1-20 所示。

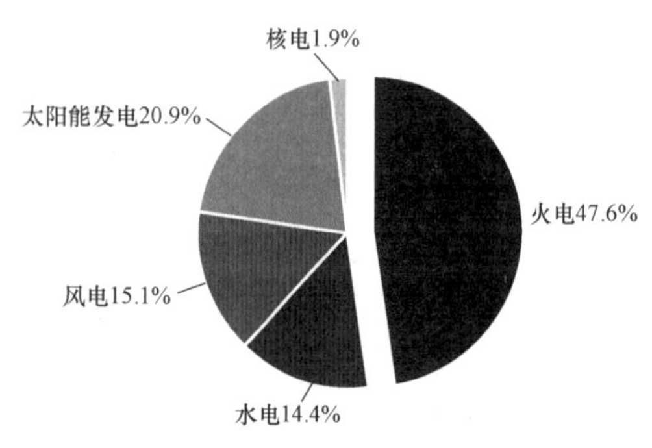

图 1-20　2023 年底我国各类发电装机容量占比

国家能源局发布的 2023 年全社会用电量等数据显示，2023 年我国全社会用电量 92241 亿 kWh，人均年用电量约 6500kWh；其中城乡居民生活用电量 13524 亿 kWh，人均年生活用电量约 950kWh。

3. 构建新型电力系统

由国家能源局组织编写，2023年发布的《新型电力系统发展蓝皮书》阐述了新型电力系统发展理念、内涵特征，描绘了新型电力系统的发展阶段及显著特点，提出了我国建设新型电力系统的总体架构和重点任务。

电力系统必须立足新发展阶段、贯彻新发展理念、构建新发展格局，主动实现“四个转变”。一是电力系统功能定位由服务经济社会发展向保障经济社会发展和引领产业升级转变；二是电力供给结构以化石能源发电为主体向新能源提供可靠电力支撑转变；三是电力系统形态由“源网荷”三要素向“源网荷储”四要素转变，电网多种新型技术形态并存；四是电力系统调控运行模式由源随荷动向源网荷储多元智能互动转变。

新型电力系统具备安全高效、清洁低碳、柔性灵活、智慧融合四大重要特征。

1.3.7 实现电力系统目标的关键环节

思考 实现电力系统目标的关键环节包括哪些方面？

电力系统目标的实现，需要从电力系统规划、设计到建设、运行、生产管理等多方面一系列的环节来支撑。下面将各关键环节的主要内容简述如下，详细内容可参考相关资料。

1. 电力系统规划

合理的电力系统规划是实现电力系统目标的基础。电力系统规划主要包括电力系统负荷预测、电源规划、电网规划、电力系统无功规划、电力系统自动化规划、电力系统规划的经济评价等方面的内容。

(1) 电力系统负荷预测。电力负荷预测包括对未来电力最大需求功率的预测和对未来用电量的预测，以及对负荷特性（如负荷曲线）的预测。

负荷预测的主要任务是预测未来一定期限内电力负荷的时间分布与空间分布，为电力系统规划和运行提供可靠的决策依据。基于准确的负荷预测，可以经济合理地安排电力系统内部发电机组的启停，保持系统运行的安全稳定性，减少不必要的旋转备用容量，合理安排机组检修计划，有效降低发电成本，提高经济效益。

(2) 电源规划。任务是确定在何时、何地兴建何种类型及规模的发电厂，在满足负荷需求和达到各种技术经济指标的条件下，确保规划期内电力系统能安全运行且投资经济合理。发电厂建设投资巨大，建设周期长，因此，电源规划对国民经济的发展有重大影响。

(3) 电网规划。包括输电网规划和配电网规划。电网规划是以负荷预测和电源规划为基础，确定在何时、何地建设何种类型的线路及其回路数，以达到在满足各种技术指标的条件下，使系统的费用最小。其主要内容有电网的电压等级选择、电力电量平衡、变电站的站址及容量选择、电网结构规划等。

(4) 电力系统无功规划。电力系统的无功补偿与无功平衡是保证电压质量的基本条件，对电力系统的安全稳定与经济运行起着重要作用。为此，需要对电网作无功电源规划，合理安排无功电源，制定无功补偿方案。

(5) 电力系统自动化规划。电力系统要实现其功能，需要在发电－输电－变电－配电－用电－调度各个环节和不同层次设置相应的信息与自动控制系统，以便对电能的生产和输运过程进行测量、调节、控制、保护、通信和调度，确保用户获得安全、可靠、经济、优质的电能。

电力系统自动化规划主要包括电力通信系统规划、电网调度自动化系统规划、发电厂自动化系统规划、变电站自动化系统规划、配电自动化系统规划、电力信息一体化规划等。

（6）多适应性电力系统规划。主要包括大规模风电规划、分布式发电与配网适应性规划、微电网多适应性规划、面向智能电网的多适应性规划等。

（7）电力系统规划的经济评价。经济评价包括财务评价、国民经济评价、不确定性分析和方案比较四个方面，可参考有关资料。在方案比较中常用的全生命周期成本评价方法简述如下。

全生命周期成本（Life Cycle Costs，LCC）经济评价方法需要考虑系统及设备全生命周期成本、系统成本和环境成本。它不仅仅考虑系统设备规划初期的一次性投入成本，更要考虑设备在整个生命周期内的支持成本，包括安装、运行、维修、改造、更新直至报废的全过程，分析范围包括建设项目的规划、设计、施工、运营维护和残值回收，其目的是在多个可替代方案中，选定一个全生命周期内成本最小的方案。

电力系统建设项目的全生命周期成本经济评价可采用以下的计算模型

$$LCC = CI + CO + CM + CF + CD \qquad (1-16)$$

式中：LCC 为全生命周期成本；CI 为投资成本（Investment Costs）；CO 为运行成本（Operation Costs）；CM 为维护成本（Maintenance Costs）；CF 为故障成本（Outage or Failure Costs），因发生故障不能正常使用所造成的损失；CD 为废弃成本（Disposal Costs）。

2. 电力新技术开发与装备制造

电力新技术开发与装备制造促进了电力系统发展，是实现电力系统发展目标的重要环节。

大容量发电机组具有高效、清洁的优势，已成为电力系统的主流机组。目前我国采用超超临界机组的火力发电机单机容量达 1200MW，核电机组达 1750MW，水电机组单机容量达 1000MW。

风力、太阳能发电技术与装备的发展与应用大幅提高了清洁可再生能源的利用率。

火电机组的高效除尘、脱硫、低氮燃烧脱硝等技术显著降低了火电厂的污染物排放。

交直流特高压输电系统及相关设备技术的应用，使电力系统的结构更为坚强，大容量电能输送的成本降低。

高压断路器类型从多油式、少油式发展到真空式、六氟化硫式与气体绝缘金属全封闭式，尺寸大为减小，检修周期从几个月提高到数十年，可靠性大为提高。

继电保护与自动装置从电磁式发展到微机式，传统的需要大量人员值班的常规二次系统发展到发电厂自动化、变电站自动化、配电自动化、电网调度自动化等各种自动化系统，电能计量与收费从人工方式发展到网络自动方式等。电力新技术与装备的进步极大提高了工作效率与系统可靠性。

3. 电力工程勘察设计

（1）电力工程设计的作用、原则与设计阶段。设计是一门涉及科学、技术、经济、方针政策等方面的综合性的应用技术科学，是将先进技术转化为生产力的纽带。电力工程设计的任务是贯彻国家方针政策，做出切合实际、安全适用、技术先进、综合效益好的设计。设计对工程项目建设的工期、质量、投资、运行安全可靠性，项目的经济、环境、社会效益起着关键性的作用，对实现电力系统目标非常重要，可以说设计是工程建设的灵魂。

电力工程设计工作需遵循的主要原则为：遵守国家法律、法规，贯彻建设资源节约型、环境友好型社会的国策，执行提高综合经济效益、促进技术进步的方针及产业政策和基本建设程序。用系统工程的方法从全局出发，妥善处理各种相关因素，参考典型设计与已有设计成果，采用先进的设计工具。

电力工程设计应当根据国家规程、行业规范及有关规定，结合工程实际，合理确定设计标准，以项目全生命周期内效益最大化为根本目标，做到可靠、适用、先进、经济、环保。

电力工程项目的一般设计阶段、基本程序及任务见表1-15。

表1-15　电力工程项目的一般设计阶段、基本程序及任务

设计阶段	基本程序	任　务
设计前期工作阶段	可行性研究	编写可行性研究报告，明确建设目的、依据、规模、条件，提出设计原则方案，进行综合技术经济分析和方案比较，提出环境影响报告、投资估算和建设进度等
设计工作阶段	初步设计	完成初步设计说明书和有关图纸，确定设计原则和建设标准，进行设计方案的比较选择和确定，编制主要设备材料清册，确定总概算，进行施工准备
	施工图设计	完成说明书、各项图纸和设备及主要材料清册，作为订货、施工、运行和工程结算的依据
施工运行阶段	配合施工	解释设计文件，及时解决施工中设计方面出现的问题
	运行回访或总结反馈	总结设计上的经验教训以改进设计

（2）电力工程设计的基本步骤。电力工程的设计必须按照一定的步骤流程进行，并通过项目管理中的质量控制措施，尽可能保证每一步的数据可靠、方案合理，以提高设计的效率和设计质量。以降压变电站电气一次系统设计为例，电力工程设计的一般步骤是：

1）确定设计任务与设计依据，收集与分析原始资料。

2）确定站址与电力系统接入方案。

3）确定各电压等级负荷与出线回路情况。

4）进行变电站负荷分析与计算，确定主变压器选择。

5）进行电气主接线的方案拟定、比较与选择。

6）变电站站用电源的引接。

7）短路电流计算。

8）电气设备与导体的选择与校验。

9）电气设备的布置（配电装置）设计。

10）变电站防雷与接地设计。

11）绘制图纸，编写设计说明书、设备及主要材料电缆清册等设计文件。

大学里的相关课程设计与毕业设计大致相当于初步设计阶段，可以选择上述内容中的一部分进行设计。

（3）电力工程一次系统设计中常见的图纸与文件种类。电气工程一次系统设计中电气部分常见图纸及文件可分为以下几类：

1）说明书及卷册目录、电气总图、设备及主要材料清册。

2）电气主接线图、厂用电接线图及其他系统接线图、短路电流计算及等效阻抗图。从电气主接线图中可了解各种电气设备的规格、数量、连接方式和作用，以及各电气回路的相互关系和运行条件等。电气主接线图在各设计阶段均需要，但详细程度不同。

3）电气总平面图、配电装置平、剖面图，主变压器安装图、发电机引出线布置图等。总平面图及各种平、剖面图的作用是将电气主接线图中的所有电气设备按实际关系布置并表示出来。图纸应按比例绘制出各电气设备及设施的形状、位置及相互关系。平面布置图、剖面图中的设备及其相互关系应与电气主接线图一致，不得疏漏或互相矛盾。本类图纸一般在初步设计阶段开始需要。

4）设备安装及制作图。这是具体到单个电气设备在基础或支架上的安装图和安装所需非标准零件的制作图，也应按比例绘制。设备安装及制作图只有到施工图阶段才需要。

5）防雷保护及接地装置图。避雷针保护范围计算，防雷图应标明避雷针高度、位置、保护范围、被保护物外形；接地装置图显示接地电阻计算、接地网的布置及要求等。

6）电缆敷设图及电缆清册。电缆敷设图应标明电缆的编号、敷设方式及要求、起止点及路径。电缆清册按生产环节统计并汇总电缆的型号规格与数量。

（4）对电气工程设计各阶段设计图纸及文件的基本要求。设计图纸及文件应符合各设计阶段的内容及深度要求；符合有关标准规范；采用的原始资料、数据及计算公式正确、合理，计算完整，步骤齐全，结果正确；设计文件内容完整、正确，文字简练，图面清晰，签署齐全。

4. 电力工程建设施工

电力建设工程项目指通过基本建设和更新改造形成固定资产的项目，一般分为发电建设项目和电网建设项目。电力工程项目建设一般分为以下三个阶段。

（1）前期工作阶段：主要包括提出项目建议书、进行可行性研究、初步设计与施工图设计、建设准备、设备订货等。

（2）施工阶段：从工程开工到设备安装结束。

（3）竣工验收、移交生产及项目后评价阶段：设备与系统调试、竣工验收、工程后评价。

工程建设项目一般通过工程项目管理方式进行。工程项目管理的目的是：从项目决策阶段开始至项目实施完成，通过一系列项目管理方法以提高项目综合效益，保证项目质量，实现项目目标。

工程建设项目管理的主要内容有：项目组织与协调管理、项目策划与决策、项目采购管理与招投标、项目合同管理、设计与技术管理、项目进度管理、项目质量控制与管理、项目成本与费用管理、职业健康与安全管理、项目环境管理、项目资源管理、项目信息与知识管理、沟通管理、项目风险管理、项目竣工验收与投产管理。

5. 电力系统运行调度与生产管理

（1）电力系统运行调度管理。电力系统运行必须同时满足频率稳定、电压稳定、同步运行稳定，并尽量提高经济性。

电力系统是复杂的大系统。对其进行优化控制时可采用分解－协调法，即将复杂大系统分解为多个相对简单的子系统，并分别求解各子系统的局部最优控制，在各子系统局部最优化的基础上进行协调，从而实现大系统的全局最优化。

实现目标的基本思路是：按分解 - 协调法，对电力系统的频率、电压、同步运行稳定、经济性要求分别考虑实现方案，再进行协调，并通过运行调度实现。

电力系统调度的任务是：监视与调节控制整个电力系统的运行方式，使整个电力系统在正常状态下能满足安全、可靠、优质、经济、环保运行；在事故状态下能迅速消除故障的影响，恢复正常供电。

（2）电力企业生产管理。不同作用的电力企业分别承担电力系统各环节生产任务，如发电企业，电网公司，电力建设公司，电力勘察设计、试验、检修企业等。

电力企业生产管理的任务是：依据电力生产技术的特点，充分利用企业资源，高效完成电力系统相应生产任务，同时争取更大的经济与社会效益。发电、供电、用电企业生产管理的主要内容见表 1 - 16。

表 1 - 16　　发电、供电、用电企业生产管理的主要内容

发电生产管理	供电生产管理	用电生产管理
（1）生产运行管理 （2）生产计划管理 （3）安全管理 （4）可靠性管理 （5）设备管理 （6）燃料管理 （7）环境管理	（1）供电计划管理 （2）供电质量管理 （3）安全管理 （4）设备运行与检修管理 （5）线损管理	（1）用电监察：计划用电、节约用电、安全用电 （2）营业管理：业务扩充、电能计量、电费管理、日常营业 （3）电价管理

1 - 1　电能与电气化的优点是什么？提高社会电气化水平的社会意义是什么？相关措施有哪些？

1 - 2　电力系统的特点与目标是什么？试分析实现电力系统目标的主要环节。

1 - 3　电能质量指标有哪些？试分析保证电能质量的基本措施。

1 - 4　图 1 - 21 为系统全年平均日负荷曲线，试作出系统年持续负荷曲线，并求出年平均负荷 P_{av} 和最大负荷利用小时数 T_{max}。

1 - 5　某地区过去 10 年的最大负荷年均增长率为 12%，预测基准年最大负荷为 680MW，试预测该地区 5 年后的最大负荷。

1 - 6　某栋多层住宅楼有建筑面积 60m^2 户型 24 户，90m^2 户型 20 户，130m^2 户型 12 户，170m^2 户型 4 户。试计算：

（1）该楼的三相电力负荷 P_{c1}（考虑需要系数）。

（2）同样的住宅楼四栋的三相总电力负荷 P_{c2}（考虑需要系数）。

1 - 7　确定图 1 - 22 所示电力系统中发电机和各变压器的额定电压（图中标示出的是电力系统的标称电压）。

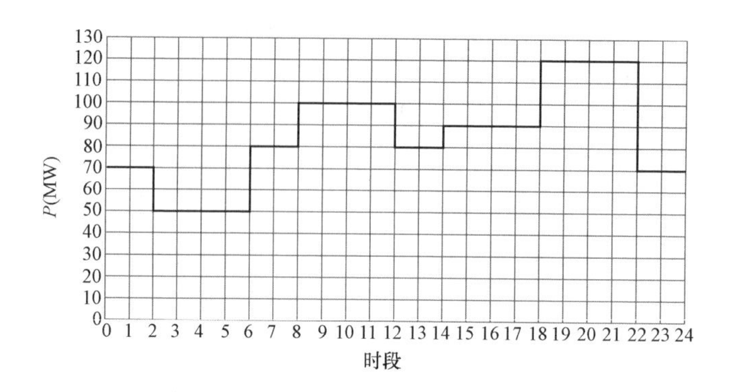

图 1-21　习题 1-4 的典型负荷曲线

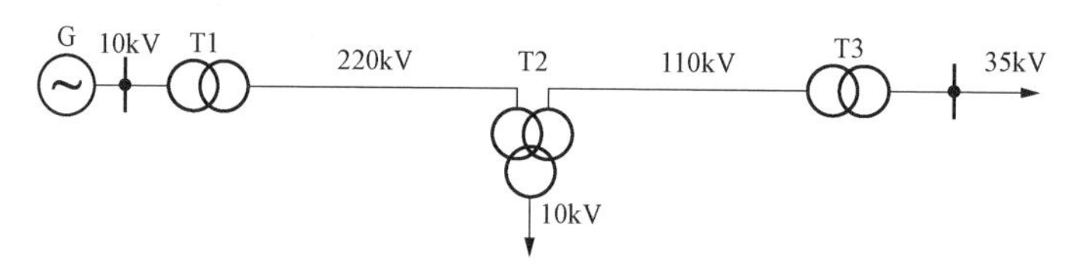

图 1-22　习题 1-7 电力系统

讨论

你认为核能是清洁能源吗？为什么？在什么条件下应该继续发展核能发电？

第2章　电气一次设备

学习目标

（1）了解并能答出常见电气一次设备的功能及其类型。

（2）了解并会选择适合的电力线路等效电路模型，能答出电力线路基本参数的物理意义，能够查附表计算出电力线路相应参数。

（3）了解并能答出架空线路电晕的产生原因及消除措施。

（4）了解并能答出开关电器中电弧产生的原因与熄灭的条件，能够分析解决开关电器中电弧问题的思路与基本方法。

（5）了解并能答出断路器、隔离开关、负荷开关的特点与用途并画出其文字与图形符号。

（6）了解并能答出电流互感器、电压互感器的原理、类型、图形符号、文字符号及电流、电压互感器使用时的安全要求。

（7）了解并能答出避雷器、高压熔断器、电抗器的作用、主要类型及表示符号。

2.1　概　　述

思　考　什么是电气一次系统与一次设备？电气一次设备主要有哪些？

1. 电气一次系统与电气一次设备

直接担负电能生产、变换、输送、分配与使用任务的系统称为电气一次系统或一次回路。电气一次系统中的所有电气设备，如发电机、变压器、断路器、隔离开关、互感器、避雷器等，称为电气一次设备。输电线路也是重要的电气一次元件。电气一次设备（避雷器除外）的额定电压不应低于其安装处的系统最高工作电压。电气一次设备的工作电压高，电流大。

2. 电气二次系统与电气二次设备

对电气一次系统进行测量、监视、控制和保护的系统称为电气二次系统或二次回路。

电气二次系统中的所有电气设备，如电压表、电流表、电能表、继电器、保护自动装置等，称为电气二次设备。电气二次设备的额定电压较低，电流较小。

常规电压互感器、电流互感器属于电气一次设备，其一次侧接电气一次系统，二次侧接电气二次系统。

3. 电气一次设备的分类

按照功能的不同，电气一次设备一般可划分为如下几类：

（1）电能生产与变换设备。电能生产与变换设备是按照电力系统要求实现其他形式能量与电能的转换或不同形式电能之间变换的设备，如发电机、电力变压器、换流阀、常规互感器等。

（2）开关电器。开关电器是按照系统工作要求接通或者断开一次回路的设备，如断路器、隔离开关、负荷开关、重合器、分段器等。

（3）保护与限制电器。保护与限制设备是限制大电流与故障电流、防御过电压等的设备，如限流电抗器、熔断器、避雷器等。

（4）无功补偿设备。无功补偿设备是用来补偿系统中无功功率、提高系统功率因数与维持系统电压的设备，如电力电容器、静止补偿器、并联电抗器、同步调相机等。

发电机、同步调相机与电力变压器的介绍可参考电机学课程。

练习 2.1　请将以下电气设备与其对应的分类相连接：

1　电力变压器	A 电能生产与变换设备
2　断路器	B 开关电器
3　继电保护装置	C 保护与限制电器
4　常规电压互感器、电流互感器	D 无功补偿设备
5　电能表	E 电气二次设备
6　避雷器	
7　隔离开关	
8　各种发电机	

2.2　输　电　线　路

2.2.1　架空输电线路的分类、特点与结构

思　考　输电线路的分类、结构与特点分别是什么？

输送电能的电力线路称为输电线路。输电线路联络各发电厂、变电站与用户，是电网的主要组成部分。

1. 输电线路的分类与特点

（1）根据电流性质，输电线路分为交流线路与直流线路。三相交流输电线路的中间可以落点，电力功率的接入、传输和消纳灵活，在电力系统中被广泛应用。两端直流输电的线路中间没有落点，不能形成网络，适用于大容量远距离点对点输电；多馈入、大容量的直流输电系统必须有稳定的交流电压才能正常运行，需要依托坚强的交流电网。

（2）根据架设方式，输电线路分为架空线路和电缆线路。架空线路的建设费用低，便于架设与维护，但需要一定宽度的线路走廊，且线路处于外部自然环境中，运行中易受大风、冰雪、雷电、污秽等外部条件影响，故障概率较高。电缆线路一般在电缆沟、电缆隧道及电缆桥架中、地下直埋或穿管敷设，占地面积小，安全美观，不易受外力破坏，可靠性高，但敷设与维修不便，成本相对较高。

（3）按电压等级，电力线路可分为低压、中压、高压、超高压、特高压线路。电压越高，电网的结构越强，承受系统扰动的能力越强，输送的电能容量越大，输送距离越远。相邻电压等级的大小一般相差 2～3 倍。

（4）按杆塔上的回路数，架空输电线路分为单回路、双回路和多回路线路，即线路的杆塔上分别设有一回、两回、三回及以上的各相导线。

（5）按相导线之间的距离，架空输电线路分为常规型线路与紧凑型线路。紧凑型线路在保证安全的前提下，尽量缩小相间距离，优化导线结构与排列方式，可提高线路的自然输送功率，减少线路走廊宽度。

2. 架空输电线路的结构及各主要部分作用

架空输电线路是由线路杆塔、导线、避雷线、绝缘子、金具、杆塔基础、接地装置等部分构成，架设在地面上用于两地之间传输电能的设施。常见的三相交流架空输电线路结构示意图如图2-1所示，主要部分及其作用如下：

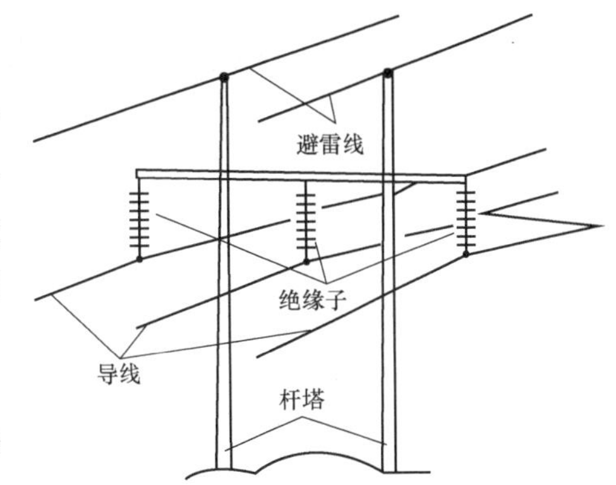

图2-1　架空线路结构

（1）导线：传导电流。

（2）避雷线：又称为地线，防止雷电直接击在导线上。

（3）绝缘子（串）：保持导线对地与相间绝缘距离。

（4）金具：安装于杆塔上的金属附件，连接导线和绝缘子等。

（5）杆塔：支撑导线，使导线对地及其各相之间均有安全距离。

（6）杆塔基础：埋入地下，承受线路与杆塔的拉力、压力与水平荷载。

（7）接地装置：有效连接避雷线与土壤，把雷电流引入地下。

另外，架空线路相邻杆塔之间的水平距离，称为线路的档距，用字母 l 表示；在档距中导线距地最低点和两个悬挂点连线之间的垂直距离，称为导线的弧垂，用字母 f 表示。

3. 导线与避雷线

（1）常用导线的材料。导线主要使用的材料有铜、铝、铝合金、钢。

铜：导电性能最好，机械强度大，但价格高，除特殊要求外，架空线不采用铜线。

铝：导电性能仅次于铜，密度小，价格低，但机械强度较低，抗腐蚀性一般。

铝合金：导电性能与铝接近，机械强度接近铜，具有较好的抗腐蚀性，价格低于铜。不足之处是受振动易断股。

钢：导电性能差，磁性大，感抗强，集肤效应显著，抗腐蚀性较差，但机械强度大，故一般不宜单独作导线材料，而是作为铝绞线中的钢芯，还可以作避雷线使用。

常用导线材料的主要物理性能见表2-1。

表2-1　主要导线材料的物理性能

材料	20℃时的电阻率（$10^{-6}\Omega\cdot m$）	密度（kg/m^3）	抗拉强度（N/mm^2）
铜	0.018	8960	390
铝	0.029	2700	160
钢	0.103	7860	1200
铝合金	0.033	2700	300

（2）常用架空线的结构与型号。架空导线与地线均采用多股绞线形式，包括单一金

属绞线与多种材料绞线。单一金属绞线有铜绞线、铝绞线与钢绞线，多种材料绞线多采用钢芯铝绞线，以获得好的导电性能与高机械强度。电力常用架空线导体的结构如图 2-2 所示。

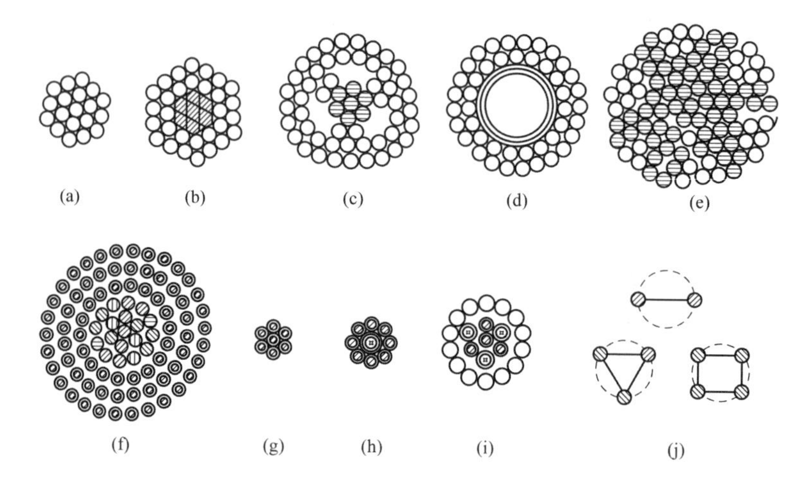

图 2-2 常用电力架空线的结构

（a）单金属绞线；（b）钢芯铝绞线；（c）扩径钢芯铝绞线；（d）空心导线；（e）钢铝混合绞线；（f）钢芯铝包钢绞线；（g）铝包钢绞线；（h）OPGW 型光纤复合地线（中心束管式）；（i）OPGW 型光纤复合地线（层绞式）；（j）分裂导线

1）目前关于导线的国家标准 GB/T 1179—2017《圆线同心绞架空导线》中，导线的型号规格表示方法为型号、标称截面、绞合结构。如钢芯铝绞线 JL/G1AF-400/28-45/7 中，J，表示同心绞合；L/G1A，表示外层为铝绞线，内层为镀锌钢绞线（镀锌钢绞线有 G1A、G1B、G2A、G2B、G3A 五种类型，数字 1，2，3 分别表示普通、高、特高强度级别；A 表示普通、B 表示加厚镀锌层厚度）；F，表示防腐型导线，用于需要较高抗腐蚀性导线的场合；400/28，分别表示铝/钢绞线的标称截面积，mm^2；45/7 表示绞合结构，由 45 根铝线和 7 根钢线绞合而成。

同一导线型号与铝绞线标称截面下，可能有不同的钢绞线的标称截面积与绞合结构，适用于不同的允许拉力场合，如 JL/G1AF-400/50-54/7 中，其铝/钢绞线的标称截面积为 400/50mm^2；由 54 根铝线和 7 根钢线绞合而成。

2）按之前的国家标准生产的导线目前还在大量应用中。旧国家标准 GB 1179—1983《铝绞线与钢芯铝绞线》中导线的型号规格表示方法由材料、结构、标称截面积三部分构成。几种常用导线型号规格示例分别表示如下：钢芯铝绞线，如 LGJ—150；钢绞线，如 GJ—50；铝绞线，如 LJ—120。

3）架空绝缘导线又名架空电缆，适用于中低压架空配电线路，主要型号有 JKLYJ 铝芯交联聚乙烯绝缘架空电缆、JKLGYJ 铝芯交联聚乙烯绝缘钢芯加强型架空电缆等。

其他架空线的型号规格含义可查阅相关资料。

4. 杆塔

架空线路杆塔根据材料可分为钢筋混凝土杆、钢管杆、铁塔与木杆几种。其中钢筋混凝土杆应用广泛，机械强度较高、节约钢材；铁塔分为拉线塔与自立塔两类，其坚固可靠，但消耗钢材较多，工艺复杂，维护工作量大，主要用于超高压、大跨越的线路（一般 220kV

以上），及某些受力较大的耐张力、转角杆塔上；木杆目前较少采用；钢管杆占地面积小，美观大方，但加工工艺复杂，成本较高，多应用于市区高压架空输电线路。

根据使用目的和受力情况不同，架空线路杆塔可分为直线杆塔、耐张杆塔、转角杆塔、跨越杆塔和终端杆塔五种。各种杆塔在架空线路上的应用示意如图2-3所示。

（1）直线杆塔：又称为中间杆塔，用于线路的直线段，数量最多。正常情况下，直线杆主要承受导线、地线、绝缘子串与金具等的重量，其绝缘子串呈悬垂状态。

（2）耐张杆塔：主要承受正常运行和断线事故情况下顺线路方向的架空线张力，长线路一般由许多耐张段组成，以减小线路导线张力，确保不出现倒杆，以限制事故范围的扩大。耐张杆的绝缘子串方向与导线方向一致。

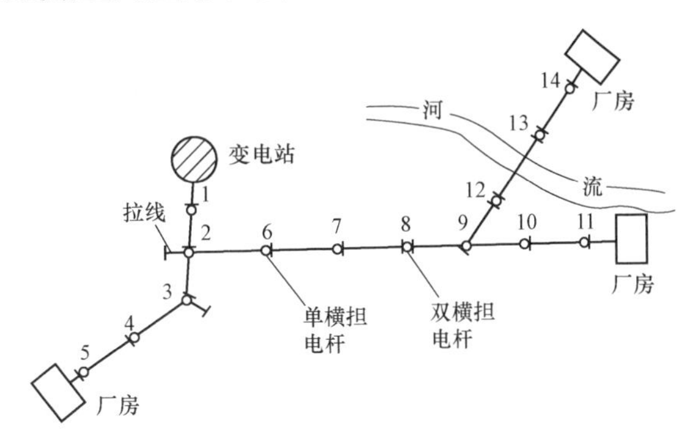

图2-3 各种杆塔在架空线路上的应用示意图

1、5、11、14—终端杆塔；2、9—分支杆塔；3—转角杆塔；4、6、7、10—直线杆塔；8—耐张杆塔（分段杆）；12、13—跨越杆塔

（3）转角杆塔：用于线路的转角处，主要承受两侧不同方向架空线拉力产生的角度力。转角杆塔也是耐张杆塔，其绝缘子串方向与导线方向一致。

（4）跨越杆塔：线路跨越河流、湖泊、山谷与主要道路两侧的杆塔，其跨距大于正常档距，导线悬点高，杆塔承受荷载大，结构复杂。我国长江江阴段的输电线路大跨越，跨宽2303m；浙江舟山大跨越档距2756m，两个跨越塔高370m，质量达6000t。

（5）终端杆塔：是线路进出线的第一基杆塔，一侧承受架空线的正常张力，另一侧承受较小的松弛张力，杆塔因受力不平衡而承受的荷载较大。

5. 绝缘子和绝缘子串

架空输电线路常用的绝缘子有针式绝缘子、盘形悬式绝缘子、瓷横担绝缘子、棒形绝缘子和复合绝缘子等，如图2-4所示。

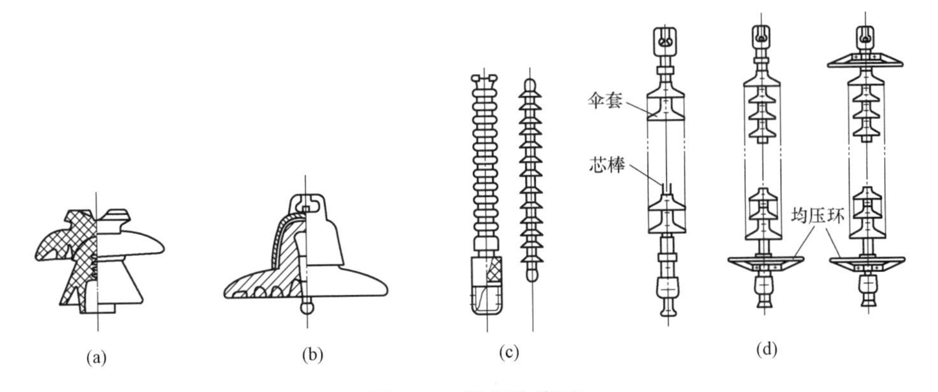

图2-4 常用绝缘子

（a）针式绝缘子；（b）盘形悬式绝缘子；（c）瓷横担绝缘子与棒形瓷绝缘子；（d）复合绝缘子

（1）针式绝缘子。用金属线将导线绑扎在绝缘子顶部的槽中，其制造工艺简单，价格

低，但耐雷水平不高，主要用于电压不超过 35kV，导线拉力不大的直线杆塔和小转角杆塔上。

（2）盘形悬式绝缘子。导线用金具固定在圆盘状绝缘子下方。绝缘子材料一般用氧化铝陶瓷或钢化玻璃制造。盘形悬式绝缘子机械强度高，电气性能好，抗老化，其中钢化玻璃绝缘子在故障时自爆破碎，易于发现，维护方便。多个盘形悬式绝缘子成串使用。

标准盘形悬式绝缘子适用于清洁地区，耐污式分为多伞、钟罩、球面、草帽形等多种结构，增大了绝缘子的爬电距离和自洁能力，适用于不同的气象条件下。

（3）瓷横担绝缘子与棒形瓷绝缘子。采用实心不可击穿的瓷件与金属附件胶装而成，前者可以同时起到横担与绝缘子作用，后者相当于若干悬式绝缘子组成的悬垂绝缘子串，但质量较轻，长度短，还可以降低杆塔高度。瓷绝缘子的绝缘水平较高，自洁性好，维护简单，造价低，运行可靠，但机械抗弯强度和抗拉强度较低，易发生脆断。其一般应用于 110kV 及以下的线路。

（4）复合绝缘子。复合绝缘子由伞裙、护套、芯棒和端部金具组成。其中，伞裙护套由有机合成材料高温硫化硅橡胶制成，具有良好的憎水性，抗污能力强，免清扫，运行维护方便。芯棒一般由环氧树脂作基体、玻璃纤维作增强材料的玻璃钢制成，具有很高的抗拉强度和良好的减震性、抗蠕变性及抗疲劳断裂性。其端部金具用外表面有热镀锌层的碳素钢制成，两端可以制作均压环。复合绝缘子尤其适用于污秽地区，可有效防止污闪的发生，其广泛应用于从中压到特高压的线路中。

为保证线路的绝缘水平，需要将数只悬式绝缘子串接起来，与金具配合组成绝缘子串。在直线杆塔上组成悬垂串，在耐张杆塔上组成耐张串。为减少悬垂串的风偏，可采用“V”形或“人”字形等悬垂串，如图 2－5 所示。

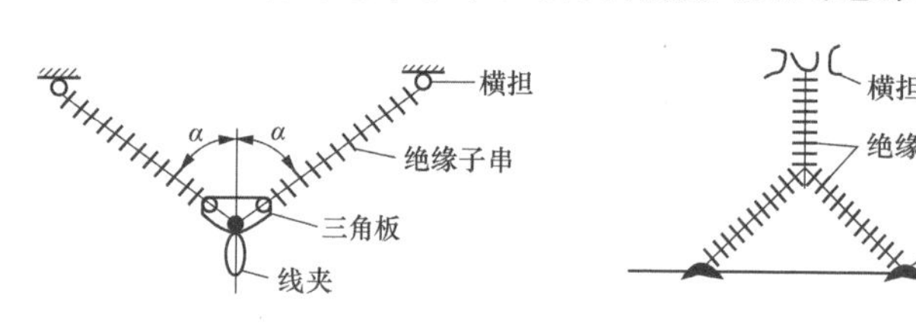

图 2－5　“V”形与“人”字形悬垂串组装方式

每串中绝缘子的数目与线路的标称电压有关，高压线路悬式绝缘子串中使用的最少绝缘子个数见表 2－2。超高压与特高压线路绝缘子数量需根据使用条件计算确定。

表 2－2　高压线路悬式绝缘子串的绝缘子最小用量表

系统标称电压（kV）	35	63	110	220
每串绝缘子的最少片数	3	5	7	13

耐张串承受正常和断线情况下顺线路方向的架空线张力。当架空线张力很大时，应采用双联或多联耐张绝缘子串。杆塔两边的耐张串上导线通过跳线连接，如图 2－6 所示。

考虑到耐张串承受的张力较大，绝缘子易劣化，所以每联耐张串的绝缘子片数应在悬垂串的基础上增加，35～330kV 线路加 1 片，500kV 线路加 2 片，750kV 及以上线路不增加。

6．金具

将杆塔、导线、地线和绝缘子连接起来的金属零件，统称为输电线路金具。按其性

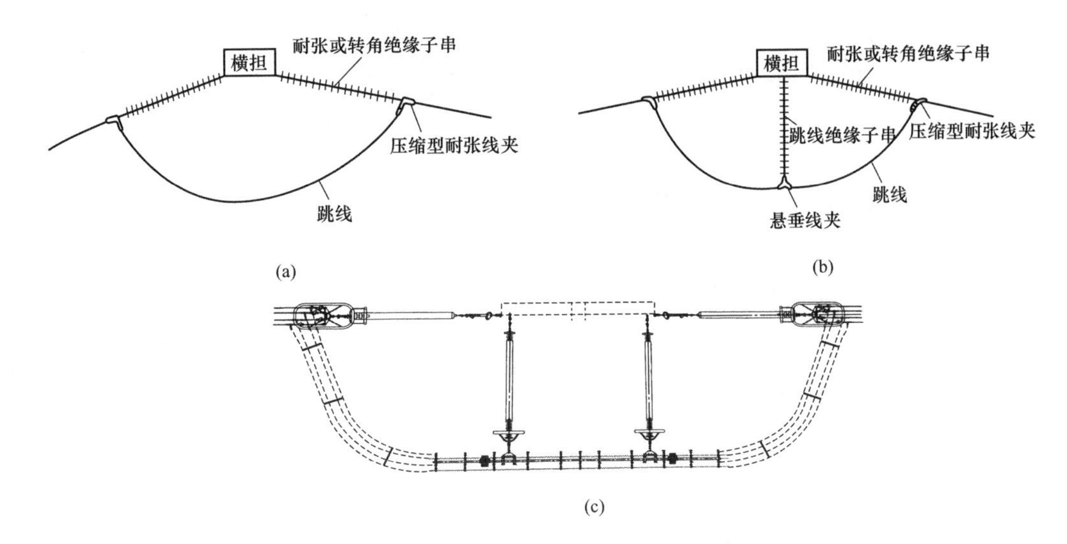

图 2-6　跳线与耐张串的连接方式

（a）软跳线组装；（b）加装跳线绝缘子串的软跳线组装；（c）硬跳线组装

能、用途大致可分为悬垂线夹、耐张线夹、连接金具、接续金具、保护金具等。

（1）悬垂线夹。悬垂线夹主要用于将导线固定在直线杆塔的悬式绝缘子串或将避雷线固定在直线杆塔上，其使用可参考图 2-6（b）中示例。悬垂线夹使用时必须根据导线或地线的直径及其荷载大小选配合适的型号。

（2）耐张线夹。耐张线夹主要将导线或避雷线固定在非直线杆塔的耐张绝缘子串上。

导线用耐张线夹分为螺栓型耐张线夹和压缩型耐张线夹两类。螺栓型耐张线夹只承受导线全部拉力，无导电用途，施工安装方便，质量较轻，广泛适用于中小截面的导线。压缩型耐张线夹采用液压或爆压方式将导线与线夹部件压在一起，线夹除承受拉力外还是导电体，适合于安装大截面导线。导线用耐张线夹如图 2-7 所示。

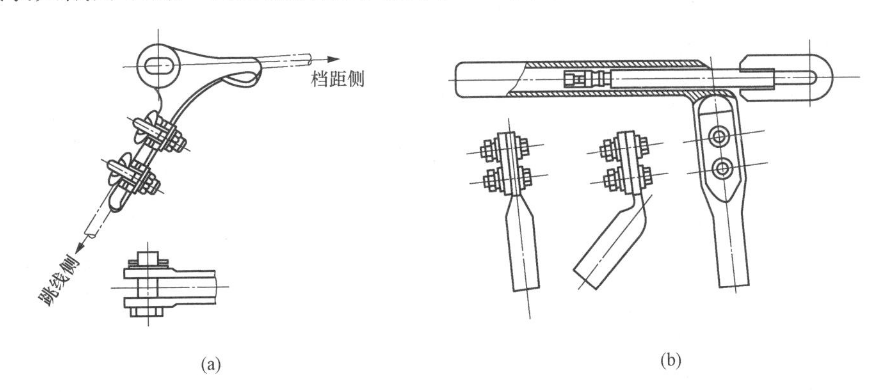

图 2-7　导线用耐张线夹

（a）螺栓型耐张线夹；（b）压缩型耐张线夹

地线用耐张线夹按结构分为楔形和压缩型耐张线夹两类，如图 2-8 所示。经验证明：楔形线夹一般用于安装截面积 70mm^2 及以下钢绞线，截面积 70mm^2 以上钢绞线宜采用压缩型耐张线夹。

（3）接续金具。接续金具主要用于导线或避雷线的两个中断的连接处或导线修补处，如

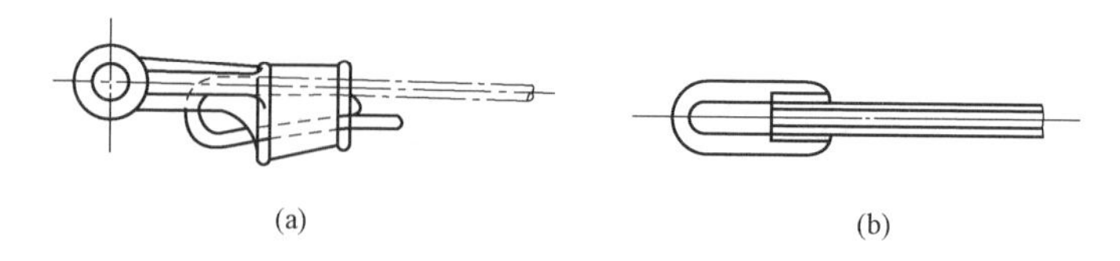

图 2-8　地线用耐张线夹
（a）楔形；（b）压缩型

图 2-9 所示的压接管、钳接管等。按结构与施工方法的不同，接续金具分为液压、钳压、爆压、螺栓、预绞式五种。

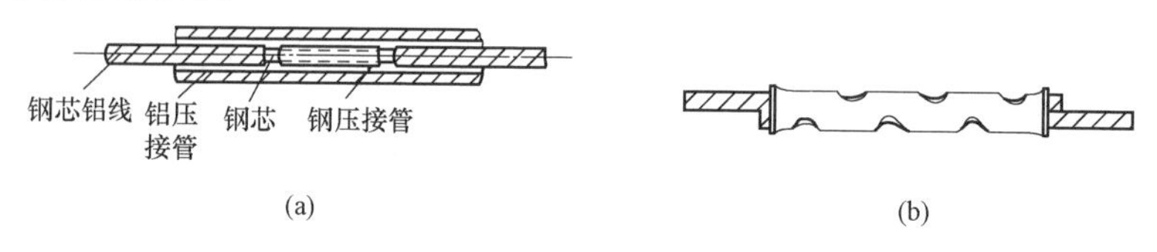

图 2-9　接续金具
（a）压接管；（b）钳接管

（4）连接金具。连接金具用于将绝缘子组成串或将线夹、绝缘子串、杆塔横担等相互连接。分为专用连接金具与通用连接金具两大类。前者如球头挂环、碗头挂板，后者有 U 形螺栓、U 形挂环、直角挂环、延长环、三角联板、调整板等。

（5）保护金具。保护金具用于导线、地线机械防护与绝缘子电气防护。机械防护金具包括防振锤、间隔棒、悬重锤、护线条、铝包带等；电气保护金具有均压环与屏蔽环等。

防振锤、护线条可以吸收导线或地线因风而引起的周期性振动产生的振动能量，消除或降低导线或地线因振动而造成的疲劳、断股与磨损等损坏。

间隔棒主要用于保持分裂导线之间的几何形状及限制其子导线之间的相对运动。我国输电线路的间隔棒目前可分为二、三、四、六、八分裂导线用等五种。分裂导线间隔棒如图 2-10 所示。按间隔棒的工作特性可分为阻尼型与非阻尼型间隔棒。阻尼型间隔棒在活动关节处利用橡胶作为阻尼材料来消耗导线的振动能量，主要应用在易产生振动地区（开阔地带）的线路；非阻尼型间隔棒适用于不易产生振动地区的线路。

均压环、屏蔽环与均压屏蔽环：超高压、特高压线路中靠近导线的高压绝缘子承受极高的电压，导致绝缘子劣化严重；特高压线路的金具表面可能产生电晕放电现象。根据需要在绝缘子串端部加装金属均压环可以改善绝缘子串中绝缘子的电压分布，如图 2-4（d）中所示；或加装屏蔽环形成均匀电场，以有效避免金具表面产生电晕放电现象。特高压线路大量采用一个环兼作均压屏蔽环，如图 2-11 所示。

7. 架空线路导线的排列方式

导线的排列方式与线路的回路数、运行的可靠性、杆塔荷载分布的合理性有关，并应使塔头部分结构简单，施工安装与带电作业方便。单回线路的导线通常为三角形、上字形和水平排列；双回路的导线有伞形、倒伞形、六角形和双三角形排列，如图 2-12 所示。

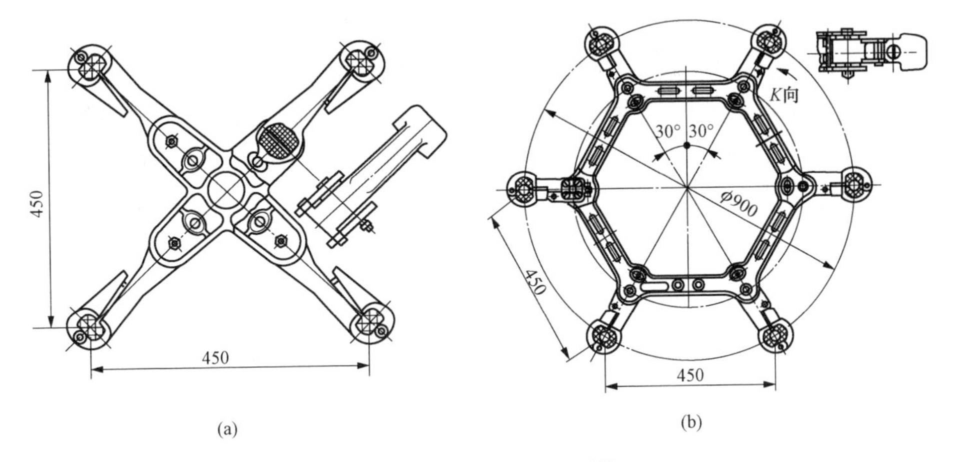

图 2-10 分裂导线间隔棒

(a) 四分裂间隔棒；(b) 六分裂间隔棒

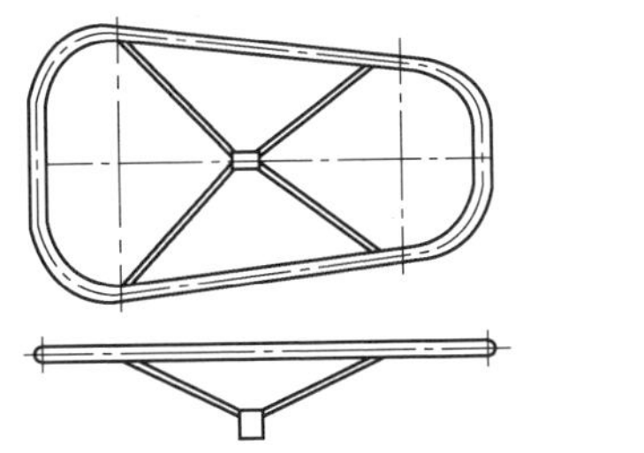

图 2-11 均压屏蔽环

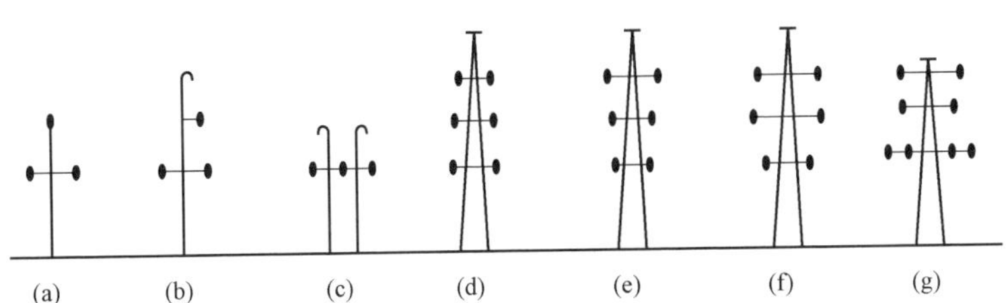

图 2-12 架空线路导线的常见排列方式

(a) 三角形；(b) 上字形；(c) 水平排列；(d) 伞形；
(e) 倒伞形；(f) 六角形；(g) 双三角形

单回线路水平排列的运行可靠性优于三角形排列，但相对造价高，线路走廊较大。由于伞形排列不便于维护检修，倒伞形排列防雷性能较差，因此双回路同杆架设时多采用六角形排列。

2.2.2 电力电缆及附件

1. 电力电缆的结构

电缆的基本结构一般包括导体、绝缘层和保护层三部分。6kV 及以上的电缆，一般还在导体外和绝缘层外用半导体或金属材料制成屏蔽层。

(1) 电缆导体。电缆导体用于传输电能，通常采用铜芯或铝芯线。1kV 及以下电缆有 1～5 芯；中、高压电缆有 3 芯与单芯两种。单芯电缆导体由一根导线构成，一般为圆形，大截面时采用扇形等分割线芯。多芯电缆采用紧压绞合导体，截面有圆形、扇形、瓦形等几种。绞合线经紧压后提高了结构稳定性，缩小了导体外径，降低了电缆质量和成本。

(2) 绝缘层。绝缘层主要承受电压作用，既要保证多芯导体之间及导体与保护层之间在工频电压和冲击电压下不会被击穿，又要保证电缆在正常施工时绝缘层不会受到机械损坏。绝缘层的介质损耗低，并具有一定的耐热性能和稳定的绝缘质量。

绝缘层决定着电缆的可靠性、安全性及使用寿命。目前，电力电缆按绝缘材料的分类主要有油浸纸绝缘电缆、塑料绝缘电缆、橡胶绝缘电缆和矿物绝缘电缆。

（3）屏蔽层。屏蔽层是将电场、磁场限制在电缆内，并保护电缆免受外电场、磁场影响的材料层。6kV及以上的电缆，在芯线导体表面和绝缘层之间加一层半导体屏蔽层，称为导体屏蔽层或内半导体屏蔽层。在绝缘层表面和保护层之间加一层半导体屏蔽层，称为绝缘屏蔽层或外半导体屏蔽层。没有金属护套的挤包绝缘电缆，在外半导体屏蔽层外需用铜带或铜丝绕包作为金属屏蔽层。

（4）保护层。保护层包括内保护层和外保护层，保护电缆绝缘不受损坏，并能适应各种使用环境的要求。内保护层用于防止绝缘层受潮、机械损伤和化学侵蚀，有金属护套和非金属护套。外保护层包覆在电缆内保护层外面，主要能增加电缆受拉、抗压的机械强度，保护电缆绝缘层在敷设和运行过程中免遭机械损伤和各种环境因素等的破坏。

电缆保护层主要分为金属护层、橡塑护层和组合护层三大类。金属护层完全不透水，常用材料为铝、铅和钢。橡塑护层柔软、轻便、弹性大，在移动式电缆中应用广泛。组合护层通常由薄铝带和聚乙烯护套组合而成，既有塑料电缆柔软轻便又有金属带防水性能好的特点，质量轻、尺寸小，但其抗外力破坏性脆弱。

中压三芯电力电缆与低压五芯电力电缆的典型结构如图2-13、图2-14所示。

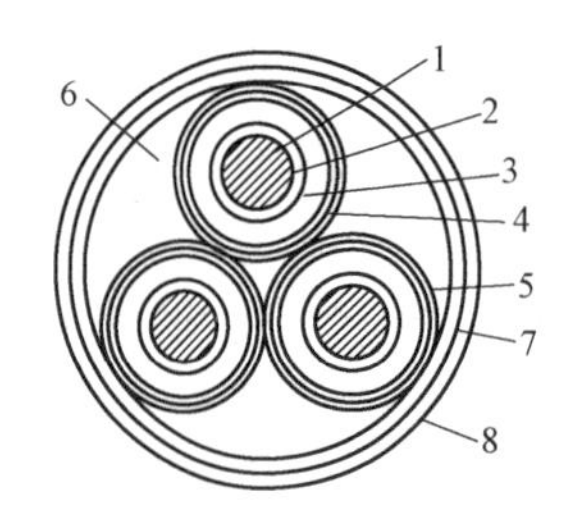

图2-13 中压三芯交联聚乙烯绝缘电力电缆结构示意图
1—导体（铜或铝）；2—内半导体屏蔽；3—交联聚乙烯绝缘；
4—外半导体屏蔽层；5—铜带屏蔽；
6—填充；7—钢包带；8—聚氯乙烯外保护套

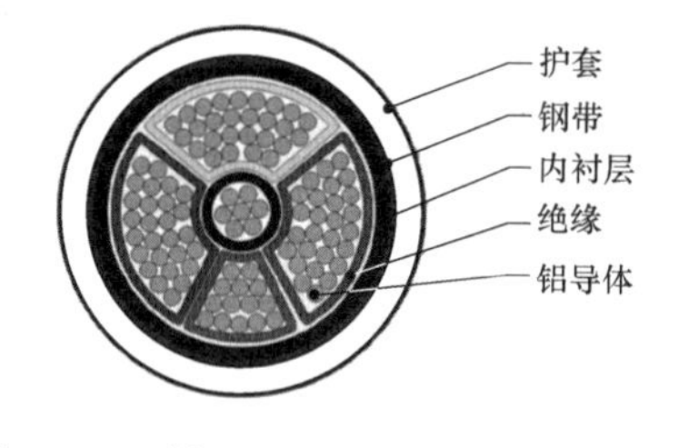

图2-14 低压五芯电力电缆结构示意图

2. 电力电缆附件

电力电缆的各种中间接头和终端头统称为电缆附件，电缆附件是电缆线路中必不可少的组成部分。电缆附件结构形式多样，制作工艺不同。据统计，多数电缆事故发生在电缆中间接头和终端头上。电缆与不同的电器连接所采用的电缆终端不同。当电缆与SF_6全封闭电气设备直接连接时，一般采用封闭式终端。电缆与高压变压器直接连接时一般采用象鼻式终端，与其他电器或导体连接时，一般采用敞开式终端。

3. 电力电缆的型号

我国电力电缆的完整命名比较冗长复杂，通常用电缆型号作为简明表示。电力电缆型号由拼音及数字依次组成代号，表示电缆绝缘种类、线芯材料、结构特征等。其中数字表示铠装及外护套材料等。有特殊使用要求时，可以将电缆的特殊使用场合代号写到电缆型号的最前面，如ZR-阻燃、NH-耐火、WDZ-无卤低烟、TH-湿热地区、FY-防白蚁等。电力电缆型号各部分代号及其含义见表2-3。

表2-3　电力电缆型号各部分代号及其含义

绝缘种类	导体材料	内护层	结构特征	铠装层	外护套
V-聚氯乙烯 X-橡胶 Y-聚乙烯 YJ-交联聚乙烯 Z-纸 E-乙丙橡胶	L-铝芯 铜芯时不表示	V-聚氯乙烯护套 Y-聚乙烯护套 L-铝套 LW-皱纹铝套 Q-铅套 GW-焊接皱纹铝套 T-铜套 TW-焊接皱纹铜套 H-橡胶护套 F-氯丁橡胶护套 A-金属塑料复合护套	D-不滴流 E-分相 CY-充油 P-屏蔽 Z-直流 A-综合护层	0-无 1-连锁钢带 2-钢带铠装 3-细圆钢带 4-粗圆钢带 5-皱纹钢带 6-非磁性金属带 7-非磁性金属丝 8-铜（或铜合金）丝编织 9-钢丝编织	0-无 1-纤维 2-聚氯乙烯 3-聚乙烯 4-弹性体 5-聚烯烃

2.2.3　输电线路的电气参数与等效电路

思考　输电线路基本电气参数的物理意义是什么？如何选择线路的等效电路模型？

输电线路的基本电气参数是指其电阻、电抗、电导和电纳。这些参数主要取决于导线的种类、尺寸和排列方式等因素。线路参数通常是沿线路均匀分布的，精确计算时应采用分布参数。但工程上认为，长度不超过300km的架空线路和长度不超过100km的电缆线路，用集中参数代替分布参数所引起的误差很小，一般可以满足工程计算的要求。电力系统稳态运行时，输电线路的等效电路是三相对称的，可以用一相的等效电路表示。每千米（单位长度）线路的电阻、电抗、电导和电纳分别以 r_1、x_1、g_1、b_1 表示。

1. 电阻

电阻反映了线路通过电流时产生的有功功率损耗。

导线单位长度的直流电阻为

$$r_1 = \frac{\rho}{S} \tag{2-1}$$

式中：ρ 为导线材料的电阻率，$\Omega \cdot mm^2/km$；S 为导线的截面积，mm^2。

由于电力系统中的导线大多为多股绞线，导线的实际长度比标称长度略长，实际截面积略小于标称截面积，且交流电具有集肤效应和邻近效应，使导线内电流分布不均匀，截面积得不到充分利用等原因，用式（2-1）计算时的电阻率都应略大于相应材料的直流电阻率。在电力系统实际计算时，修正的导线材料电阻率采用下列数值：铝为 $31.5\Omega \cdot mm^2/km$，铜为 $18.8\Omega \cdot mm^2/km$。

导线的单位长度电阻 r_1 通常可以从手册或产品目录中查出。手册中给出的都是按环境温度为20℃时的电阻值，当需要精确计算时，若线路运行的温度不等于20℃时，温度为 θ 时的电阻值应按下式进行修正

$$r_\theta = r_{20}[1+\alpha(\theta-20)] \tag{2-2}$$

式中：r_{20}、r_θ 分别为温度在20℃和 θ℃时的电阻值，Ω/km；α 为电阻的温度系数，对于铝，$\alpha=0.0036/℃$，对于铜，$\alpha=0.00382/℃$。

2. 电抗

电抗反映了载流导体周围产生的磁场效应。

线路的电抗是由于导线中交流电流流过时，在导线周围产生磁场形成的。对于三相电路，每相线路都存在有自感和互感，当三相线路对称排列或经过完全换位后，每相单导线线路单位长度的电抗 x_1 为

$$x_1 = \omega L = 0.1445\lg\frac{D_{av}}{r} + 0.0157\mu \tag{2-3}$$

式中：μ 为导体的相对导磁率，铜和铝为 1；r 为导线半径，m；D_{av} 为三相导线的线间几何均距，m。

若三相导线的线间距离分别为 D_{ab}、D_{bc}、D_{ca}，则三相导线间的几何均距 $D_{av}=\sqrt[3]{D_{ab}D_{bc}D_{ca}}$。当三相导线三角形对称排列，距离均为 D 时，$D_{ab}=D_{bc}=D_{ca}$，$D_{av}=D$；当三相导线水平排列，两个边相导线的距离为 $2D$ 时，$D_{av}=1.26D$。

由式（2-3）可知，由于导线的几何均距、导体半径之间成对数关系，因此导线在电杆上的布置方式及导线的截面积对线路电抗的影响不大。通常单位长度架空线的电抗值在 0.4Ω/km 左右，6～10kV 三芯电缆线路的电抗值在 0.08Ω/km 左右。工程近似计算中可以采用这些值。

长距离高压输电线路三相导线排列不对称时，各相导线的电抗和电纳不相等会造成三相电流不平衡，引起负序电流和零序电流，并对附近的弱电线路产生不良影响。通过各相导线在空中均衡换位可使长距离高压输电线路的三相电气参数基本对称。

GB 50545—2010《110kV～750kV 架空输电线路设计规范》中规定：在中性点直接接地的电网中，长度超过 100km 的架空输电线路宜换位。换位循环长度不宜大于 200km。中性点非直接接地的电网，通过线路换位可以平衡不对称电容电流，降低中性点长期运行中的电位。换位的原则是使各相导线在空间各处的长度总和相等，架空线路换位循环示意图如图 2-15 所示。

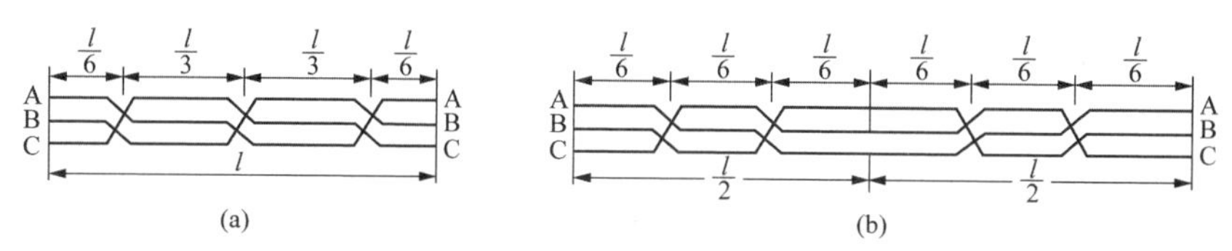

图 2-15　架空线路换位循环示意图

（a）单换位循环；（b）双换位循环

常见的换位方式有直线杆塔换位（滚式换位）、耐张杆塔换位和悬空换位，如图 2-16 所示。直线杆塔换位利用三角形排列的直线杆塔实现，在换位处导线有交叉，一般用于覆冰厚度不超过 10mm 的地区。耐张杆塔换位需要特殊的换位杆塔，造价较高，但导线间距稳定，运行可靠性高。悬空换位仅在每相导线上增加一组绝缘子串，通过交叉跳线，实现导线换位。但增加的绝缘子串承受的是线路线电压，其绝缘强度一般为相对地绝缘的 1.3～1.5 倍。

对超高压及以上线路，采用分裂导线结构是国内外广泛应用的方法，如图 2-17 所示。将每相导线分裂为若干根子导体，并将它们均匀布置在半径为 r_D 的圆周上，这时决定每相导线电抗的导线半径将不再是每根子导体的半径 r，而是比 r 大得多的分裂导线外圆半径 r_D，这样就等效地增大了导线半径，而减小了导线的电抗。而当导线分裂根数大于 4 时，电

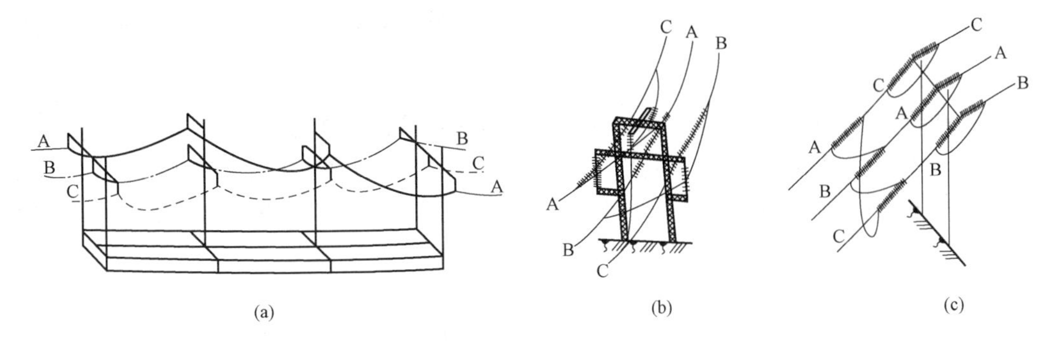

图2-16　架空线路导线的换位方式

(a) 直线杆塔换位；(b) 耐张杆塔换位；(c) 悬空换位

抗的减小就不太明显了。常见的分裂导线有2、3、4、6、8分裂五种。

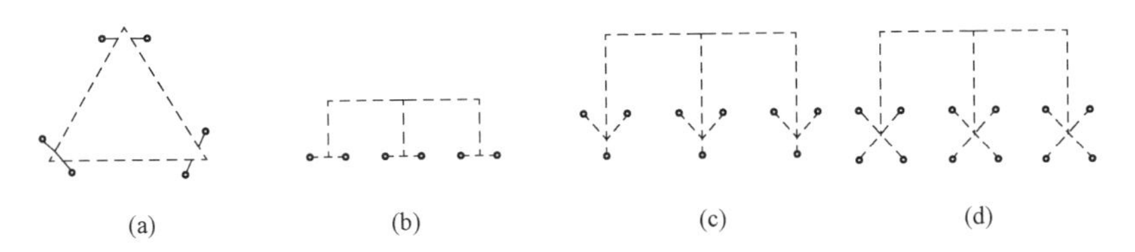

图2-17　分裂导线示意图

(a) 双分裂三角形布置；(b) 双分裂水平布置；(c) 3分裂；(d) 4分裂

分裂导线的单位长度电抗 x_1 为

$$x_1 = 0.1445\lg\frac{D_{av}}{r_D} + \frac{0.0157}{n}(\Omega/\text{km}) \tag{2-4}$$

式中：n 为每相线的分裂根数；r_D为分裂导线的等值半径，m。

具体规格分裂导线的电抗可参考有关资料计算或查阅设计手册。分裂导线所对应的等值半径 r_D通常比单根导线的半径 r 大一个数量级，因此分裂导线的电抗值比单根导线的小。估算时，单导线架空线路单位长度的电抗值一般取为0.40Ω/km，而2、4、6分裂导线的单位长度的电抗值分别约为0.31、0.29、0.28Ω/km。

3. 电纳

电纳反映了载流导线周围产生的电容效应。

三相导线的相与相之间及相与大地之间具有分布电容，当线路上施加有三相对称的交流电压时，这时电容将形成相应的电纳。

三相导线对称排列，或虽不对称排列但经过完全换位后，三相导线单位长度的电纳分别相等，可用下式计算

$$b_1 = \omega C_1 = 2\pi fC_1 = \frac{7.58}{\lg\frac{D_{av}}{r}} \times 10^{-6}(\text{S/km}) \tag{2-5}$$

式中：C_1为每相导线单位长度的电容，F/km。

由于 D_{av}远大于导线半径 r，不论什么型号的导线，其电纳一般取 2.80×10^{-6}S/km。

对于分裂导线线路，仍可用式（2-5）计算电纳，只是这时式中导线半径 r 应由等值半径 r_D代替，显然，分裂导线的电纳将会增大。

思 考 电晕是什么？有什么危害？解决电力线路电晕问题的思路与措施是什么？

4. 电导

电导是反映带电线路电晕损耗与绝缘介质中泄漏电流产生的有功损耗的参数。

架空线的电导主要与线路电晕损耗以及绝缘子泄漏有关。通常前者起主要作用，而后者因线路绝缘水平较高，往往可以忽略不计。只有在雨天或严重污秽情况下，泄漏电阻才会有所增加。

当高压输电线路导线表面的电场强度超过周围空气的击穿强度（一般情况下约为 30kV/cm）时，导线周围的空气被电离而产生局部放电的现象，称为电晕。电晕放电会产生蓝紫色的荧光、可听噪声、无线电杂音、导线振动，以及臭氧和其他生成物。这些现象要消耗有功损耗，称为电晕损耗。电晕损耗是导线几何尺寸、导线电场强度、电压和线路所处地区气象条件的函数，非常复杂，难以准确预计。测试发现，超高压线路电晕损耗可以从好天气时的每千米几千瓦增大到最恶劣天气时的每千米几百千瓦。

电晕产生的条件与导线表面的电场强度、导线的结构及导线周围的空气情况有关，而与导线的电流无关。从电场理论可知，当导线截面积越小，其表面电场越高。所以，目前一般采用增大导线截面积的方法降低导线表面电场强度，以达到减低电晕损耗和抑制电晕干扰的目的。限制和避免高压线路产生电晕的基本措施，就是对 60kV 以上电压等级的架空线路限制其导线外径，即导线截面积不小于某个临界值或采用分裂导线。

因为在输电线路设计时已避免在正常天气下产生电晕，故一般计算时可以不计线路电导的影响，即 $g_1=0$。

5. 电力线路的等效电路

输电线路的参数实际上是沿线路均匀分布的，可以用分布参数等效电路表示，如图 2-18 所示。

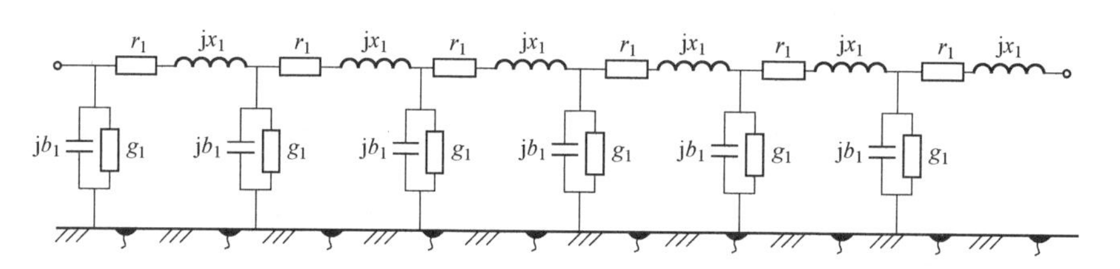

图 2-18 输电线路分布参数等值电路

用分布参数等效电路计算很不方便。在实际应用时，300km 以上的长距离架空线路不能忽略分布参数作用，需使用分布参数等效电路。300km 以下的输电线路，可以使用下列近似简化等效电路。

(1) 短线路的一字形等效电路。对于长度不超过 100km 的架空线路和电压在 10kV 及以下的电缆线路，线路的电导和电纳可以忽略不计，于是线路的等效电路就成为一个具有电阻 R 和电抗 X 串联的电路，如图 2-19 所示。用于短路电流计算时还可以忽略电阻。

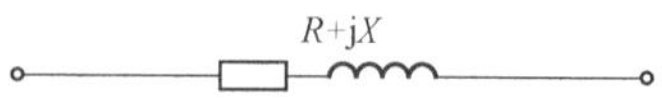

R+jX

图 2-19 短线路一字形等效电路

图 2-19 中，线路阻抗为

$$Z=r_1L+\mathrm{j}x_1L=R+\mathrm{j}X \tag{2-6}$$

式中：L 为线路长度，km。

(2) 中等长度线路的 π 形和 T 形等效电路。长度在 100～300km 的架空输电线路和长度不超过100km的电缆线路（电压高于10kV）可忽略电导影响，但电纳已不可忽略。此时可用π形和T形等效电路，如图2-20所示。

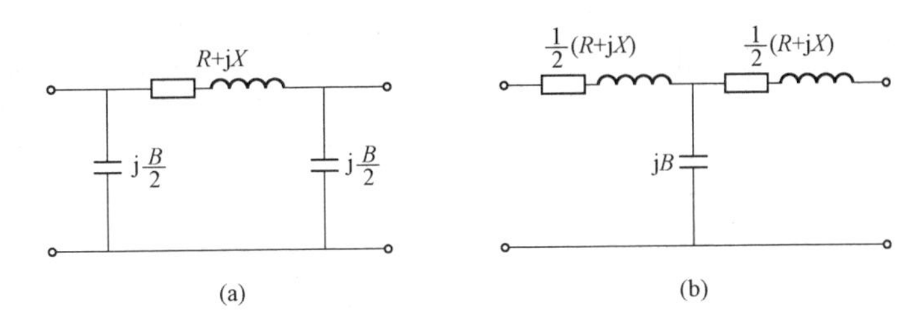

图2-20　中等长度线路的π形和T形等效电路

（a）π形等效电路；（b）T形等效电路

由于T形等效电路中间增加了一个节点，计算工作量会有所增加，所以一般使用π形等效电路。

【例2-1】 估算110kV电力架空线路LGJ-300长度为120km，环境温度20℃时的等效电路参数。

解： 110kV电力架空线路长度L大于100km时一般采用π形等效电路，查附录表D-3，20℃时，LGJ-300线路单位长度的电阻与电抗分别为$r_1=0.105\Omega$，$x_1=0.395\Omega$。

等效电路中电阻与电抗分别为$R=r_1\times L=0.105\times 120=12.60(\Omega)$，$X=x_1\times L=0.395\times 120=47.40(\Omega)$。

线路等效电路中电纳为$B=b_1\times L=2.80\times 10^{-6}\times 120=336\times 10^{-6}$（S）。

2.3　高压直流输变电主要设备

高压与特高压直流输电系统由两端的换流站与中间的直流输电线路组成；还有一种只有两个换流站、不含中间直流输电线路的称为“背靠背”直流输电，简称BTB，用于两个大系统间的互联，或联系两个不同频率或非同步运行的电力系统。直流输电系统的原理接线如图2-21所示。

换流站中的主要设备有换流器、换流变压器、平波电抗器、直流滤波器、交流滤波器、无功补偿设备、直流避雷器、交流避雷器、直流互感器、控制与保护装置、远程通信设备等。下面介绍其中的关键设备。

1. 换流器

换流器是高压直流系统的核心设备，是能够实现交直流相互转换的大功率半导体器件的组合，一般接成三相全控式整流或逆变电路。换流器在一个工频周期内的换相次数称为脉动数。单桥换流器是6脉动的，两个单桥串联成双桥换流器，是12脉动的。双桥换流器的最低谐波次数高，谐波总含量少，优于单桥换流器。

典型的双极换流站采用12脉动桥。每个单桥的换流阀为双重阀结构，双重阀的阀臂由数个阀组件构成。阀组件由多个晶闸管及其触发控制单元、均压回路、电抗器等构成。

2. 换流变压器

换流变压器用于隔离交直流，提供换流阀所需的可控交流电压，对12脉动阀的两个串

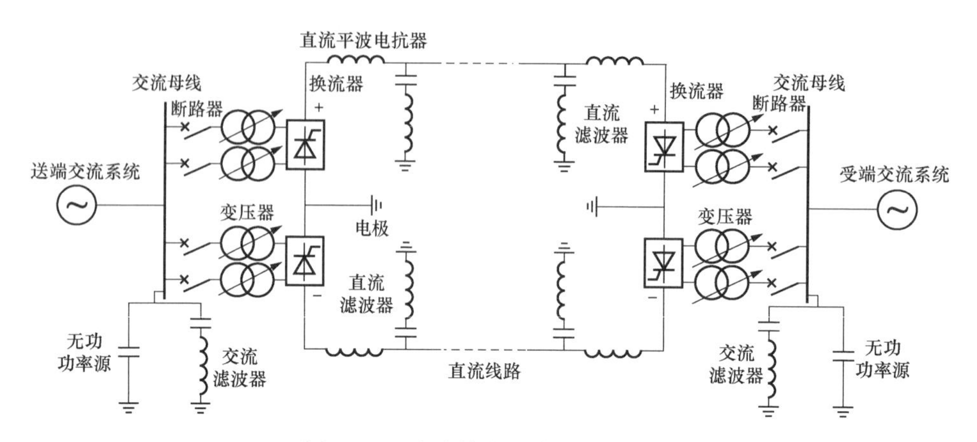

图 2-21 直流输电系统原理接线图

联 6 脉动阀提供相差 30°电气角的电源，并除去 5 次与 7 次谐波，限制短路电流。

换流变压器的阀侧绕组工作在交流和直流电压的共同作用下，还要考虑直流极性反转，致使换流变压器的绝缘结构比交流变压器更加复杂；其短路阻抗、有载调压范围、短路电流耐受能力均高于交流变压器。

3. 平波电抗器

平波电抗器的主要作用是抑制直流电流变化时的上升速度，减少换相失败的可能；减小直流线路中电压和电流中的谐波分量；限制短路电流的峰值；平滑直流电流中的纹波，避免在低直流功率传输时电流的断续。

4. 交、直流滤波器

在换流站交流母线上安装滤波器，分别滤除 5、7、11、13 次谐波，采用高通滤波器吸收高次谐波；在直流侧用直流滤波器吸收平波电抗器后端的 6、12、18 等次残余谐波分量。

5. 直流断路器

直流断路器用于直流高压回路的断开与闭合操作。由于直流电流不存在交流电的过零点，其电弧难以熄灭，限制了超高压直流断路器的性能。

2.4 开关电器中的电弧

思考 电弧产生和熄灭的原理是什么？解决开关电器中电弧问题的思路与措施有哪些？

在空气中开断电路时，如果被开断的电流大于 0.25～1A，电路开断后触头上的电压超过 12～20V，在触头间隙中通常会产生电弧。电弧的温度极高，发出强光，并能够导电，还可用于焊接、冶炼（电弧炉）、产生强光源等。

开关电器在开断或接通电路过程中，其触头间电弧的产生是不可避免的。在机械触头开断后，电弧的持续使电路中的电流继续流通，直到电弧熄灭后，电路才真正被断开。电压越高，电流越大，电弧燃烧越剧烈。强烈的电弧使电路不能断开，其高温可能会烧损触头，严重时可能会引起着火和爆炸。开关电器必须采取措施尽快熄灭电弧。

2.4.1 电弧的产生和熄灭

气体通常是不导电的。但是，如果气体中含有大量的带电粒子（电子、正离子、负离子），就成为能够导电的电离气体了。气体由绝缘状态变为导电状态称为气体放电。电弧就是气体放电的一种形式。触头间电弧燃烧的区域称为弧隙。弧隙中带电粒子不断增多的过程称为游离。游离的方式有强电场发射、热电子发射、碰撞游离和热游离。

1. 电弧的产生与维持

电弧可分为形成和维持两个阶段。电弧的形成依赖于强电场发射和碰撞游离，电弧的维持主要靠热游离。

（1）强电场发射。加有电压的动、静触头分离的最初，触头间的距离极小，其间的电场强度很大。当电场强度超过 30kV/cm 时，在强电场作用下，阴极触头表面的自由电子就会被拉出，在电场的作用下向正极发射，这种现象称为强电场发射。

（2）热电子发射。当开关电器的金属动、静触头开始分离时，由于动静触头间的接触压力及接触面积不断减少，使接触电阻迅速增加，电流通过使接触点处的温度急剧升高，金属阴极表面的电子在获得足够的热能后从阴极表面向四周发射，形成热电子发射。

（3）碰撞游离。触头间的自由电子受电场力的作用，向阳极触头加速运动，能量逐渐增加。在此过程中电子不断与介质（如空气）发生碰撞，使介质中的中性质点游离为正、负离子，这种现象称为碰撞游离。碰撞游离使触头间带电粒子剧增，达到一定条件时，就会使介质击穿，形成电弧。

（4）热游离。高温时，气体分子热运动加快。在温度足够高时，气体分子相互碰撞会产生离子和电子，这种现象称为热游离。一般气体分子热游离所需的温度在 10000K 以上，而金属蒸气热游离只需 4000～5000K。电弧的温度可能在几微秒内达到 4000～50000K，炽热燃弧的温度范围在 6000～20000K，电弧趋于熄灭时，温度在 3000～4000K。在高温作用下，金属电极表层部分被气化形成金属蒸气，在介质中持续产生热游离，使电弧得以维持和发展。

2. 电弧间隙的去游离

实际电弧发生后，介质中同时存在着游离与去游离两个相反作用的过程。去游离是指弧隙中带电粒子减少的过程，主要分为复合与扩散两种方式。

（1）复合。弧隙中的电子与正离子的运动方向是相反的。在运动中电子与正离子相互吸引结合成中性质点的现象称为复合。

（2）扩散。弧隙中温度高，离子浓度大，所以离子将向温度低、离子浓度小的周围介质中扩散，从而降低弧隙中离子的浓度。

当游离作用强于去游离作用时，电弧会发生并加剧燃烧；若游离与去游离达到平衡，电弧会稳定燃烧；当去游离作用大于游离作用时，电弧将减弱并最终熄灭。

3. 电弧的熄灭

（1）交流电弧的特性。交流电流的瞬时值随时间作周期性变化，因而电弧的温度、电阻及电弧电压也随时间而变化。由于电弧的热惯性，电弧温度的变化总是滞后于电流的变化。

由于交流电流每半个周期要经过零值一次，因而电流过零时电弧将暂时熄灭，对于稳定燃烧的电弧，在电弧电流过零熄灭后，在下半周又会重新燃烧。显然，电弧电流过零点是熄灭电弧的有利时机。直流电流没有过零点，其电弧熄灭比交流困难得多。

（2）近阴极效应。在交流电流过零后，由于弧隙的电极性发生了转换，弧隙中带电介质的运动方向也随之变化，质量轻的自由电子立刻反向运动，而正离子由于质量大几乎不动；于是，在新的阴极附近便形成缺少导电的自由电子而充满正离子的正电荷空间，呈现出一定的介质强度。交流电弧过零的瞬间，阴极附近在微秒级的时间内立即出现 150～250V 的介质强度。当触头两端外加交流电压小于 150V 时，电弧将会熄灭。

这种在阴极附近的薄层空间介质强度突然升高的现象，称为近阴极效应，其示意图如图 2-22 所示。近阴极效应对低压电器的灭弧作用较大。

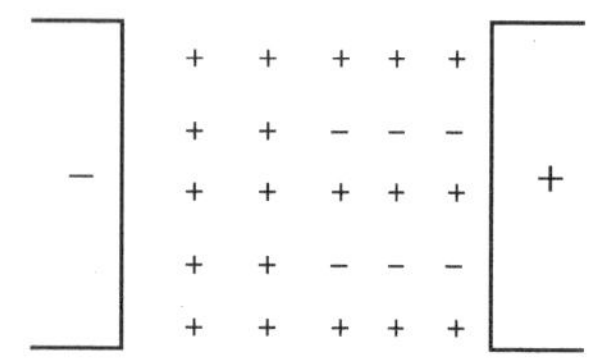

图 2-22　近阴极效应示意图

（3）弧隙介质强度恢复与电压恢复过程。当交流电流幅值减小时，输入弧隙的能量也相应减少，弧隙温度开始降低，游离过程也开始减弱。当电流自然过零时，弧隙的温度迅速下降，去游离过程加强，弧隙间介质的绝缘电阻急剧增大。

在电弧电流过零、电弧熄灭的短时期内，弧隙的绝缘能力在逐步恢复，称为弧隙介质强度的恢复过程，用弧隙介质耐受电压 $u_j(t)$ 表示。与此同时，加在弧隙触头间的电压也由较低的弧隙电压恢复到换向后的电源电压，称为电压恢复过程，以 $u_h(t)$ 表示。如果恢复电压 $u_h(t)$ 在某一时刻高于介质强度（耐受电压）$u_j(t)$，弧隙即被击穿，电弧重燃；反之则电弧不重燃，直接熄灭。

弧隙介质耐受电压 $u_j(t)$ 主要由灭弧介质的性质及断路器的结构决定。图 2-23 所示为不同类型断路器介质强度恢复过程曲线。在 $t=0$ 电流过零瞬间，介质强度突然出现 Oa（Oa'或 Oa''）升高的现象，就是近阴极效应的表现。其后介质强度的恢复过程，则取决于介质特性、冷却强度及触头分离速度等条件。

恢复电压 $u_h(t)$ 的上升一般情况下是一种振荡的过渡过程，取决于系统的参数及短路条件。会引起电弧重燃的恢复电压如图 2-24 中曲线 1 所示。如果在断路器断口处并联适当的电阻，可以减缓恢复电压振荡第一波陡度，使 $u_h(t)<u_j(t)$，则电弧不会重燃，如图 2-24 中的曲线 2 所示。

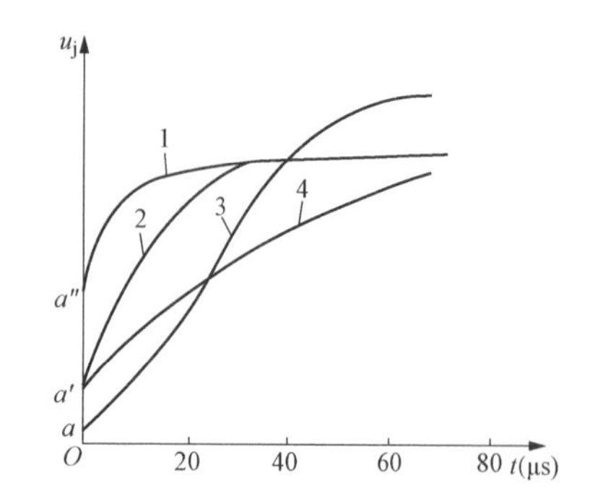

图 2-23　不同类型断路器介质强度恢复过程曲线
1—真空；2—SF_6；3—空气；4—油

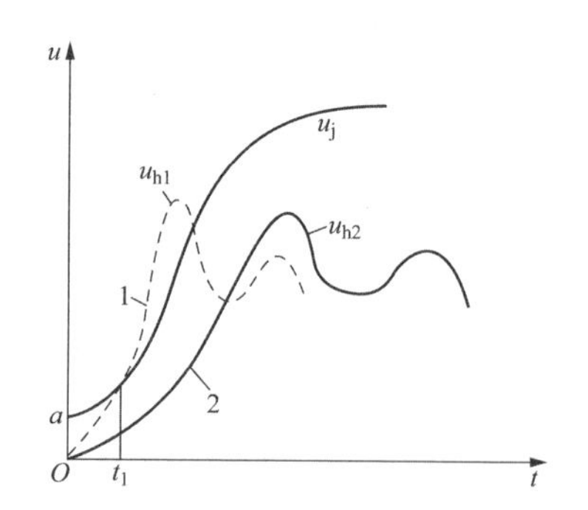

图 2-24　弧隙介质强度与恢复电压曲线
1—电弧重燃；2—电弧不重燃

2.4.2　快速熄灭电弧的思路与方法

思　考　**快速熄灭电弧的思路与方法有哪些？目前主要使用哪些？为什么？**

开关的额定电压等级与规格越高，需要的灭弧能力越强。采取合理措施减弱热游离，加强去游离（复合与扩散），就能够加速熄灭电弧。

复合的快慢与电场强度、电弧的温度和截面积有关。采用多断口串联拉长电弧，可以使电场强度下降，电子运动速度减慢，复合的可能性增大。采用强力分闸弹簧提高触头分离速度，快速拉长电弧，是低压开关的主要灭弧手段。还可以采取加强电弧冷却的方式来加速灭弧。另外，还利用外力（如气流、油流或电磁力）来吹动电弧，加速电弧的冷却，同时拉长电弧，使电弧变细，降低电弧中的电场强度，使带电质点的复合和扩散增强，最终加速电弧的熄灭。电弧冷却按外力的性质来分，有气吹、油吹、磁吹等方式。

使用难以游离的特殊气体介质，加大气体介质的压力，可以减少游离，使带电质点的密度增大，自由行程减少，从而加强复合过程。

降低气体的密度，如采用真空为介质，可以减少介质中的粒子数，减少游离。

采用耐高温的特殊金属材料作为触头，可以减少游离过程中的金属蒸气，抑制游离。

采用触头并联电阻，抑制电弧燃烧及自然熄弧后恢复电压的上升陡度，有利于电弧的熄灭。

现代开关电器一般需要采用多种灭弧方法，提高灭弧能力。

高压断路器中目前广泛采用的灭弧介质有真空与SF_6气体，环保型绝缘气体正逐渐被推广。

真空的绝缘强度比绝缘油、1个大气压下的SF_6气体、空气都大（比空气大15倍），广泛用于中压断路器中。加压的SF_6气体具有优良的绝缘性能和灭弧性能，其灭弧能力比空气强100倍，绝缘强度约为空气的3倍，广泛用于高压及以上开关电器中作为绝缘与灭弧介质。

2.5　高压开关电器

2.5.1　高压断路器

高压断路器是接通和断开高压电路的关键设备，具有专门的灭弧装置，能开断工作电流与短路电流。

高压断路器应当工作可靠，具有足够的开断能力和尽可能短的开断时间，具有自动重合闸功能、足够的机械强度与稳定性。在满足安全、可靠性的同时，高压断路器还应具有经济性，要综合考虑设备购置、安装维护等的全生命周期成本。

1. 高压断路器的类型、特点与型号

根据灭弧介质的不同，断路器主要分为油断路器、SF_6断路器与真空断路器。

（1）油断路器。早期的高压断路器为多油断路器和少油断路器。与多油断路器相比，少油断路器的总重及用油量大为减少，如 220kV SW7 少油断路器三相总重 3t，其中油重 0.8t。少油断路器曾经广泛用于电力系统中，但有许多缺点，如绝缘油增加了爆炸与火灾危险，不宜频繁操作，需要定期检验与更换绝缘油，检修与运行成本较高，可靠性一般。因此少油断路器已基本被 SF_6 断路器和真空断路器所取代。

（2）SF_6 断路器。SF_6 断路器采用灭弧性能好的 SF_6 气体作灭弧介质，其断流能力强，灭弧速度快，绝缘性能好，无火灾与爆炸危险，体积小，质量轻，维护工作量小，检修周期 20 年以上，结构简单，但工艺与密封要求严格，价格稍高。目前 SF_6 断路器在高压电力系统中应用广泛。

纯净的 SF_6 气体为无色、无味、无毒、不可燃且不助燃的惰性气体，其密度在常温常压下约为空气的 5 倍。SF_6 的化学性质稳定，热稳定性很好。在电弧或电晕放电过程中，SF_6 被分解，由于金属蒸气参与反应，生成金属氟化物和硫的低氟化物。当气体含有水分时，还可能生成 HF（氟化氢）或 SO_2，它们对绝缘材料、金属材料都有很强的腐蚀性，需要正确地使用、管理与回收、再生处理。

（3）真空断路器。真空断路器采用真空作为断路器触头间的绝缘与灭弧介质，绝缘强度很高，可连续多次灭弧，灭弧时间短，其触头开距小，电弧电压低，触头表面烧损轻微。真空断路器结构简单，体积小、质量轻，成本适中，寿命长、操作噪声小、安全可靠、便于维护，广泛用于中压电力系统。

（4）环保型气体断路器。SF_6 气体具有优良的绝缘和灭弧性能，但作为一种强温室效应气体被国际限制使用。近年来多国研究人员在寻求替代 SF_6 环保型气体、开发环保型气体断路器方面取得了一定进展。SF_6/N_2、SF_6/CF_4 混合气体断路器已在高海拔低温高寒地区应用。环保气体如 C_4F_7N 的电气性能与 SF_6 相当，温室效应系数远低于 SF_6，但存在液化温度较高的问题，通常需要与 N_2、CO_2 等液化温度较低的常规气体混合使用。

（5）高压断路器的型号与符号。高压断路器的型号含义下：

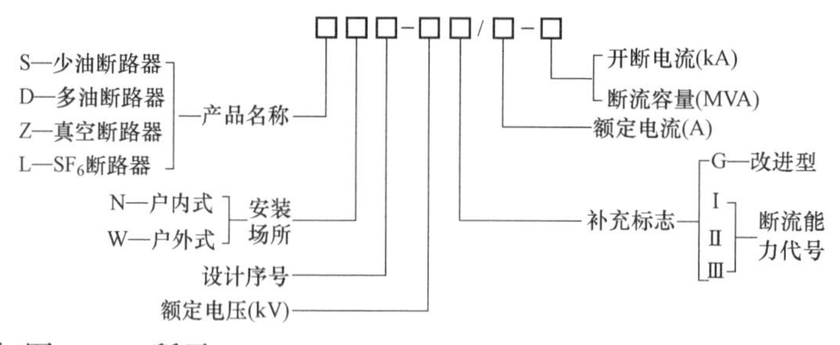

其图形符号如图 2-25 所示。

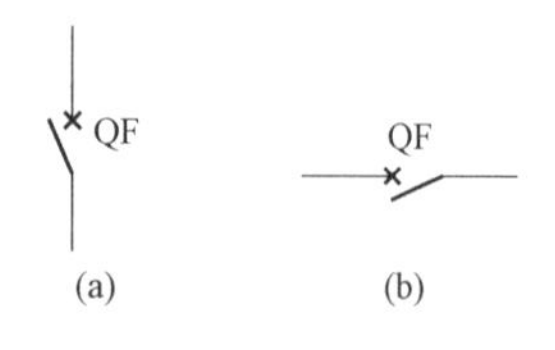

图 2-25　断路器图形符号和文字符号

（a）竖向；（b）横向

2. 高压断路器的技术参数

（1）额定电压 U_N。额定电压是保证高压断路器在规定的工作条件下长期工作的线电压，我国高压断路器的额定电压有 3.6、7.2、12、40.5、126、252、363、550kV 等。

（2）额定电流 I_N。额定电流是指在规定的条件下，可以长期通过的最大工作电流。高压断路器额定电流的大小决定了断路器触头及导电部分的尺寸。我国高压断路器的额定电流规格有 200、400、630、1000、1250、1600、2000、2500、3150、4000、5000、6300、8000、10000、12500、16000、20000A。

（3）额定开断电流 I_{Nbr}。在额定电压下，断路器能可靠开断的最大短路电流，称为额定开断电流。额定开断电流是表征断路器开断能力的参数。我国高压断路器的额定开断电流规格为 1.6、3.15、6.3、8、10、12.5、16、20、25、31.5、40、50、63、80、100kA 等。

（4）热稳定电流 I_t。热稳定电流又称为额定短时耐受电流，是保证断路器不损坏的条件下，在规定的时间（秒）内允许通过断路器的最大短路电流有效值。它反映了断路器承受短路电流热效应的能力。

（5）动稳定峰值电流 i_{es}。动稳定峰值电流是断路器在闭合状态下，允许通过的最大短路电流峰值。它表明断路器承受短路电流电动力效应的能力。当断路器通过这一电流时，不会因电动力作用而发生任何机械上的损坏。

（6）额定关合短路电流 I_{Nd}。额定关合短路电流是指断路器在额定电压下能闭合的最大短路电流，其数值大小等于动稳定峰值电流 i_{es}。电气设备或线路可能在投入运行前已存在绝缘故障，甚至处于短路状态。当断路器关合有短路故障的线路时，在关合过程中触头间会产生短路电流。这时产生的电动力对关合会造成很大的阻力，导致触头间持续燃弧，可能导致断路器损坏或爆炸。为防止此类情况发生，断路器应具有足够的关合短路故障的能力。

（7）全开断时间。全开断时间包括断路器固有分闸时间和燃弧时间。固有分闸时间是指断路器从接到分闸命令起到触头分离的时间；燃弧时间是指从触头分离到各相电弧熄灭的时间间隔。为提高电力系统的稳定性，要求断路器有较高的分闸速度，即全开断时间越短越好。

（8）合闸时间。合闸时间是指断路器从接收到合闸命令到所有触头都接触瞬间的时间间隔。

（9）使用寿命。使用寿命包括电气寿命与机械寿命。高压断路器操作中的电弧对触头有一定烧蚀，多次操作的累积作用可能会影响断路器的电气性能。因此规定了断路器保证电气性能时的操作次数，称为电气寿命，一般只有几十次。当断路器操作达到电气寿命次数时，高压断路器必须进行维护与更换。机械寿命主要指断路器弹簧、转轴等机械传动系统的整体正常使用次数，一般可达万次以上。

2.5.2　隔离开关

1. 隔离开关的作用与要求

隔离开关没有灭弧装置，不能断开额定工作电流和短路电流。其作用主要是隔离电源，使电源和设备之间有明显的断开点，确保检修安全；与断路器配合使用完成倒闸操作；接通和断开小电流电路，如避雷器、电压互感器回路等。

隔离开关在分闸位置时，触头间有符合规定的绝缘距离和明显的断开标志；合闸位置时，能承载正常回路电流及规定时间内的短路电流，动作应可靠。

2. 隔离开关的分类

隔离开关按安装地点可分为户内式和户外式，按绝缘支柱的数目分为单柱式、双柱式、三柱式和五柱式，按动触头的运动方式分为水平旋转式、垂直旋转式、摆动式和插入式等，按有无接地开关分为单接地、双接地、不接地三种，按极数分为单极、双极、三极三种，按操动方式分为手动式、电动式。

户内隔离开关有单极和三极式两种，一般为闸刀式结构。户外型隔离开关分单柱式隔离开关、双柱式隔离开关和三柱式隔离开关。典型双柱式隔离开关如图 2 - 26 所示。

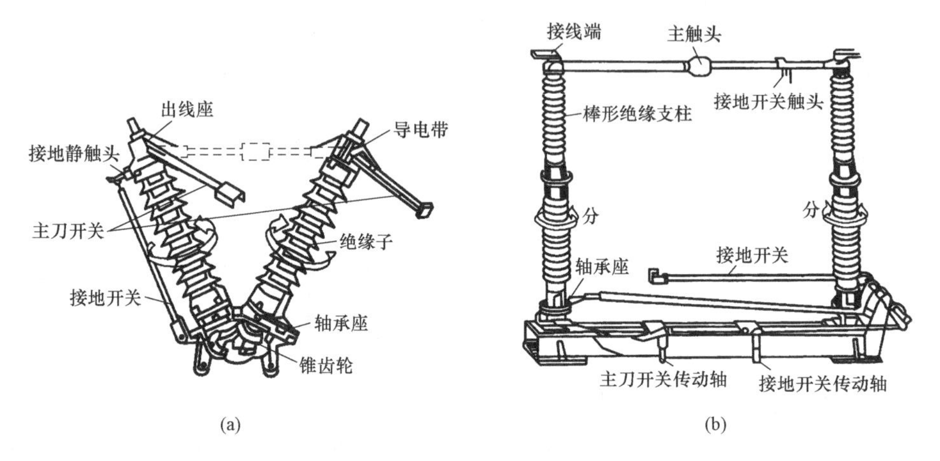

图 2 - 26　户外隔离开关外形

（a）GW5 - 126D 型；（b）GW4 - 126D 型

3. 隔离开关的型号与符号

隔离开关的型号含义如下：

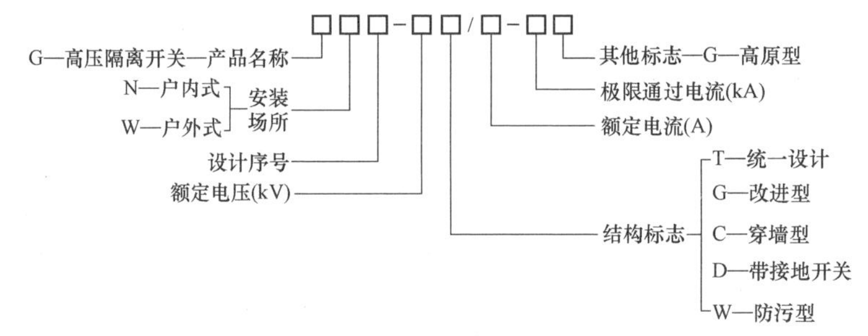

其图形与文字符号如图 2 - 27 所示。

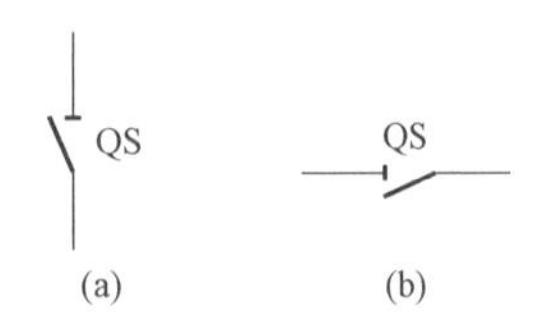

图 2 - 27　隔离开关的图形与文字符号

（a）竖向；（b）横向

2.5.3　高压负荷开关

1. 高压负荷开关的作用

高压负荷开关具有简单的灭弧装置，可以接通和断开额定工作电流，不能开断短路电流，需串联使用熔断器才能切除短路故障。

高压负荷开关在分闸时具有明显的断口，可起到隔离开关的作用。在功率不大与可靠性要求不高的中压配电回路中，可以取代断路器，从而降低设备投资。

2. 高压负荷开关的分类和特点

高压负荷开关按安装地点可分为户内式和户外式两类，按是否带有熔断器可分为不带熔断器和带熔断器两类，按操动方式可分为电动式、手动式两类，按灭弧介质可分为油浸式、压气式、产气式、真空式和SF_6式负荷开关。

真空式负荷开关具有真空开关管的灭弧优点，无明显电弧，无火灾与爆炸危险，可靠性高，维护量小，寿命长，体积小，质量轻，可用于箱式变电站、环网柜中。

SF_6式负荷开关适用于户外，灭弧效果好，无燃烧与爆炸危险，检修周期10年以上。

3. 高压负荷开关的型号与符号

高压负荷开关的型号含义如下：

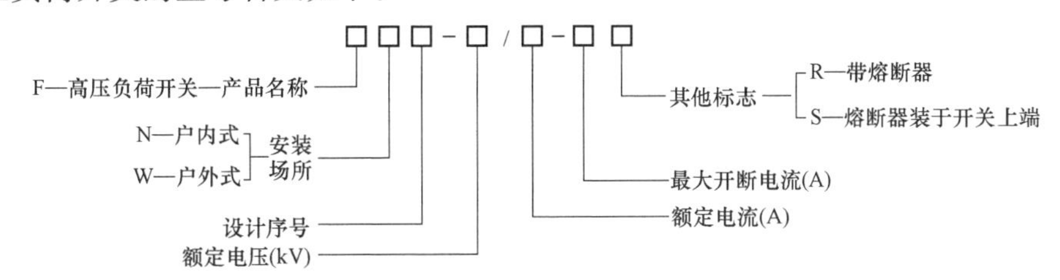

其图形与文字符号如图2-28所示。

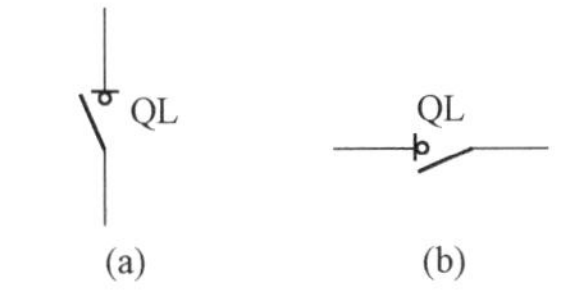

图2-28 高压负荷开关的图形与文字符号

(a) 竖向；(b) 横向

2.6 互 感 器

互感器包括电流互感器（TA）与电压互感器（TV）。其作用是将一次回路的大电流、高电压变换为二次回路的标准小电流和低电压或数字信号，为电力系统中提供测量、控制与二次保护的信号；使二次设备与一次主电路隔离。

常规的电磁式电流互感器、电压互感器工作原理与变压器相同，但工作特性有明显区别。常规电流互感器的二次额定电流为5A或1A；电压互感器的额定二次电压为100、$100/\sqrt{3}$、100/3V，均为模拟量。

新型的互感器为电子式，输出可以是模拟量，也可以是数字量。电子式互感器包括电子式电流互感器、电子式电压互感器、组合型电子式互感器。对来自二次转换器的电流和（或）电压数据进行组合处理的电子设备称为合并单元。合并单元在智能变电站中应用广泛。

2.6.1 常规电流互感器

1. 电流互感器的基本分类

电流互感器按用途分为测量/计量用（一般用途、特殊用途S类）、保护用（P、PR、

PX、TP 级），按使用环境分为户内式、户外式，按绝缘介质分为干式、油浸式、浇注式、气体绝缘式，按安装方式分为独立式、套管式，按结构形式分为套管式、支柱式、线圈式、母线式、贯穿式、开合式、倒立式，按变流比数量分为单电流比、多电流比，按准确等级有 0.2、0.5、1、3、5P、10P 等级，按电流变换原理分为电磁式、电子式。

2. 电流互感器的型号含义与符号

电流互感器的型号含义如下：

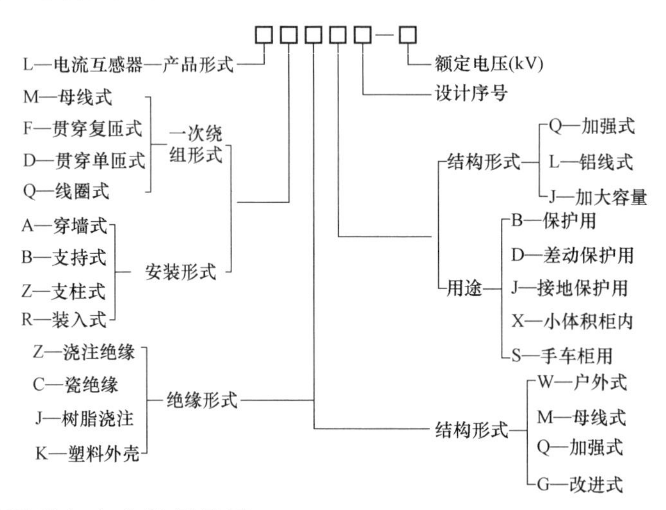

电流互感器的图形与文字符号见图 2-29。

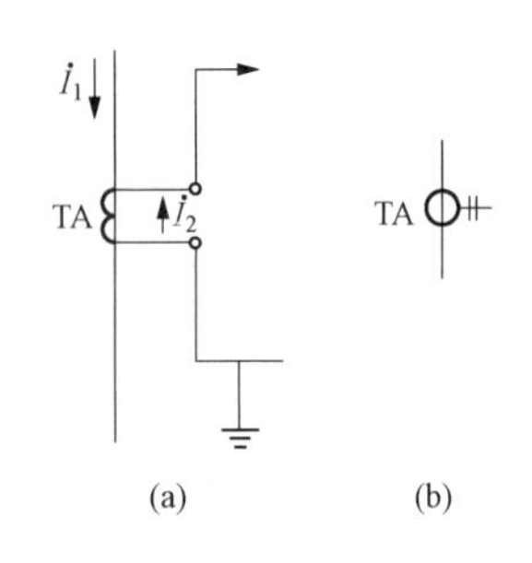

图 2-29　电流互感器的图形与文字符号

（a）形式一；（b）形式二

3. 多电流比电流互感器

多电流比电流互感器是指在一台电流互感器上，采用一次绕组各段的串联或并联连接，或（和）采用二次绕组抽头的方法，获得多种电流比的电流互感器，如图 2-30 所示。电流互感器一次侧 P1 和 C1 端子与产品绝缘，P1 端进线，P2 端出线。

（1）一次绕组串并联方式。采用一次绕组串联或并联方式，可获得两个成倍数的电流比。如 2×600/5A，一次绕组串联时为 600/5A，一次绕组并联时为 1200/5A。一般在 66kV 及以上电压等级的电流互感器上采用。

（2）二次绕组抽头方式。二次绕组抽头可以在绕组中的任意部位，一般常用中间抽头。二次绕组抽头方式一般仅用在测量用电流互感器。保护级采用抽头获得的电流比会降低保护性能。传统电流互感器的保护与测量应引自不同的二次绕组，如图 2-31 所示。

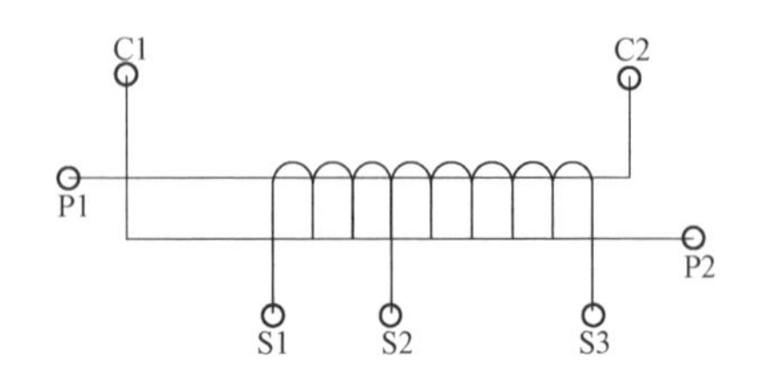

图 2-30　多电流比电流互感器的各端子

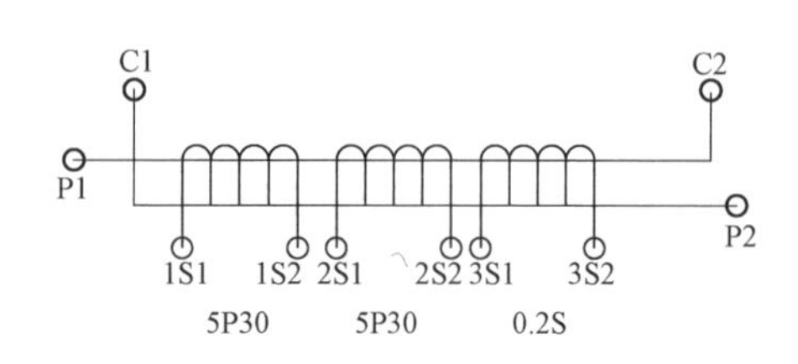

图 2-31　具有 3 个二次绕组的多电流比电流互感器各端子

4. 电流互感器的极性与接线方式

在安装和使用电流互感器时，一定要注意电流互感器端子的极性，否则所得的二次电流就不是预想的二次电流，会引起计量、测量错误，方向继电器指向错误，差动保护中有差流，造成保护装置的误动或拒动。

电流互感器的极性采用“减极性”原则。所谓“减极性”，是指在一次绕组和二次绕组的同极性端（同名端）同时加入某一同相位电流时，两个绕组产生的磁通在铁芯中同方向。通常，一次绕组的出线端子标为L1和L2，二次绕组的出线端子标为K1和K2，其中L1和K1为同名端，L2和K2为同名端。如果一次电流从一次绕组极性端L1流入时，则二次侧电流应从同极性端K1流出。

电流互感器常用的二次接线方式如图2-32所示，各种接线的特点与适用场合如下：

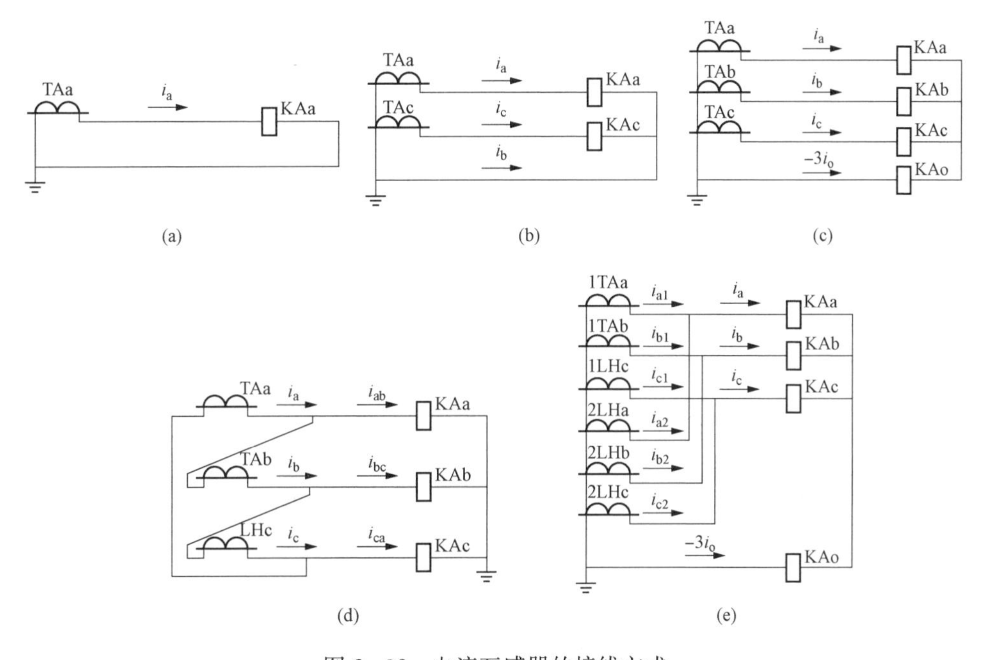

图2-32 电流互感器的接线方式

（a）单相式接线；（b）两相式接线（不完全星形）；（c）三相星形接线；（d）三角形接线；（e）和电流接线

（1）单相式接线。这种接线反映三相负荷平衡系统中的一相运行状态，可作为一般测量和过负荷保护等，用于重要性一般的回路。小电流接地系统零序电流测量也可使用。

（2）两相式接线，又称为不完全星形接线。其只取A相和C相电流，流过公共回线的电流为A、C两相电流的相量和，可以计算得出，即为B相电流。这样就节省了一台电流互感器。这种接法一般用于小电流接地系统的三相三线制6～10kV电力系统中的二次测量与相间保护，但不能完全反映接地故障。

（3）三相星形接线。其三个电流线圈反映三相的电流，中性线共用不能省略。三相星形接线广泛用于三相平衡与三相不平衡的重要回路中，作三相电流、电能测量及过电流保护用，也可用于监视三相不平衡。

（4）三角形接线。这种接线将三个电流二次绕组按极性头尾相接，主要用于保护二次回路的电流相位转角或滤除短路电流中的零序分量，如对YNd11连接的主变压器差动保护的电流互感器接线，并应在差动保护时考虑$\sqrt{3}$的接线系数。微机差动保护装置中，常常将各侧电流互感器的二次回路均接为星形，在微机保护装置中通过软件计算进行电流转角与零序分量滤除，以简化接线。

（5）和电流接线。这种接线将两组星形接线并接，一般用于 3/2 断路器接线、角形接线、桥形接线的测量和保护回路，反映两只开关的电流之和。两组电流互感器的极性、接线与变比均应一致。

5. 电流互感器的误差与准确度等级

（1）电流互感器的误差。电流互感器的误差分为电流误差与相位误差。前者是测量出来的电流与实际一次电流之差占实际一次电流的百分数，后者是电流互感器二次电流向量旋转180°后与一次电流向量之间的相位角。

电流互感器的误差其来自多个方面，包括由一次电流超过额定电流时互感器铁芯饱和及其剩磁引起的误差；互感器实际二次负荷过大或过小引起的误差；互感器不满足在超高压电力系统中与不对称短路时的暂态特性要求等。

电流互感器的误差会引起测量与计量不准确，严重时甚至会导致继电保护的误动作。为降低互感器误差，应根据不同的使用场合选择适当的互感器及其准确度等级。

（2）测量用电流互感器的准确度等级。测量用电流互感器的准确度等级以该准确度等级在额定电流下所规定的最大允许电流误差的百分数来标称，标准准确度等级宜采用 0.1、0.2、0.5、1、3 级和 5 级。例如，对 0.5 级测量用电流互感器，在二次负荷为额定负荷值的 25%～100%的任一值时，其额定频率下的电流误差不大于±0.5%。对负荷范围广、准确度要求高的场合，可以采用 0.2S 级与 0.5S 级电流互感器，该互感器在 1%～120%负荷间均能满足准确度要求。

目前电力工程中已广泛采用智能测量仪表，其二次负荷远小于传统的模拟式仪表，影响互感器额定二次负荷的主要因素是连接电缆长度和截面积大小。

（3）保护用电流互感器各保护级的特征，见表 2 - 4。

表 2 - 4　　保护用电流互感器各保护级的特征

级别	剩磁系数限值	说　明
P	无要求	满足稳态对称短路电流下的复合误差要求
PR	＜10%	
PX	无要求	指定其励磁特性，如高阻抗母线保护中
TPX	无要求	满足非对称短路电流下的瞬时误差要求
TPY	≤10%	
TPZ	≤10%	

220kV 及以下系统的电流互感器暂态饱和问题相对较轻，可按稳态短路条件进行选择。110kV 及以下选择 P 级，220kV 推荐采用 PR 级电流互感器。

P 与 PR 级保护用电流互感器的准确度等级以其额定准确限值一次电流下的最大允许复合误差百分数来标称，标准准确度等级宜采用 5P、10P、5PR、10PR。复合误差包括幅值误差与相位误差。互感器额定准确限值一次电流下的最大允许复合误差分别不大于 5%

和10%。

6. 电流互感器的使用注意

(1) 电流互感器在工作时二次侧绝对不允许开路。电流互感器在正常工作时，其二次负荷很小，近似于短路状态。如果电流互感器二次侧绕组开路，会在二次侧感应出危及人身安全的高电压。当需要将运行中的电流互感器二次回路的仪表断开时，必须先用导线或专用短路连接片将二次绕组的端子短接。

(2) 电流互感器的二次侧必须有一端接地。电流互感器的二次侧一端接地，是为了防止其一、二次绕组间绝缘击穿时，一次侧的高电压窜入二次侧，危及人身和设备的安全。

2.6.2　常规电压互感器

1. 电压互感器的基本分类

电压互感器按用途分为测量用、保护用，按使用环境分为户内式、户外式，按绝缘介质分为干式、油浸式、浇注式、气体绝缘式，按相数分为单相、三相，按绕组数分为双绕组、多绕组，按电压变换原理分为电磁式、电容式、电子式，按准确等级有0.1、0.2、0.5、1.0、3.0、3P、6P等级。

2. 电压互感器的型号含义与符号

电压互感器的型号含义如下：

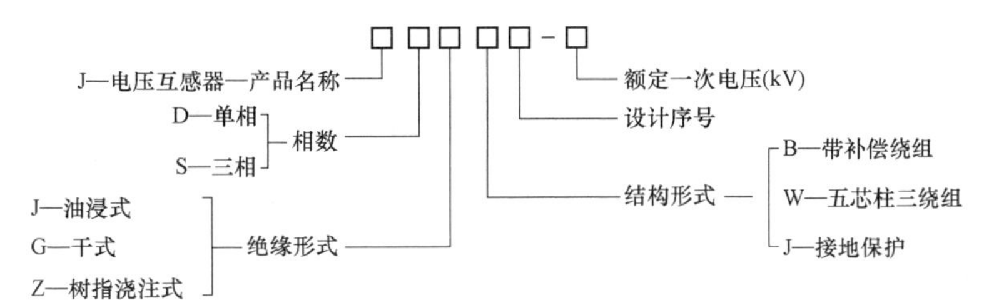

电压互感器文字符号为TV，不同接法的电压互感器图形符号如图2-33所示。

3. 电容式电压互感器

电容式电压互感器的本体是一个电容分压器，其原理如图2-34所示。改变C_1和C_2的比值，可得到不同的分压比K。为使C_2上的电压不随负载电流大小变化，串入适当的补偿电抗L使分压器内阻为零。Z_x是阻尼电抗器，用以防止操作中产生谐振过电压。

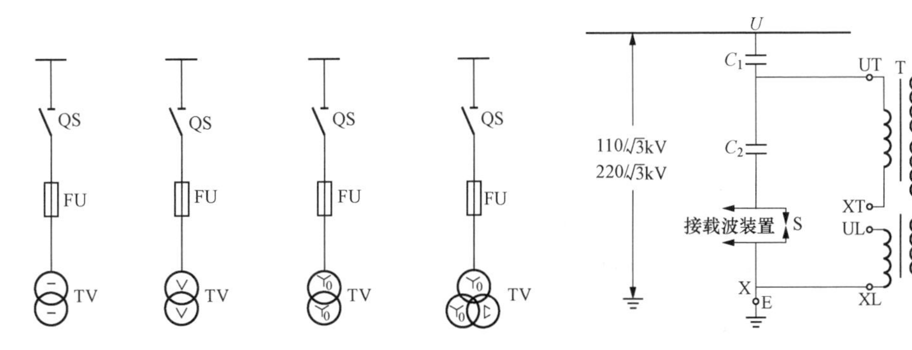

图2-33　不同接法电压互感器的图形符号

图2-34　电容式电压互感器原理图

电容式电压互感器在 220kV 及以上电压的电力系统中广泛使用。其优点有：①除作为电压互感器用外，还可将其分压电容兼做高频载波通信的耦合电容；②电容分压式电压互感器的冲击绝缘强度比电磁式电压互感器高；③体积小，质量轻，成本低；④占地面积很小。其缺点为误差特性和暂态特性比电磁式电压互感器差，输出容量较小。

4. 电压互感器的常见接法

电压互感器的常见接法如图 2 - 35 所示。

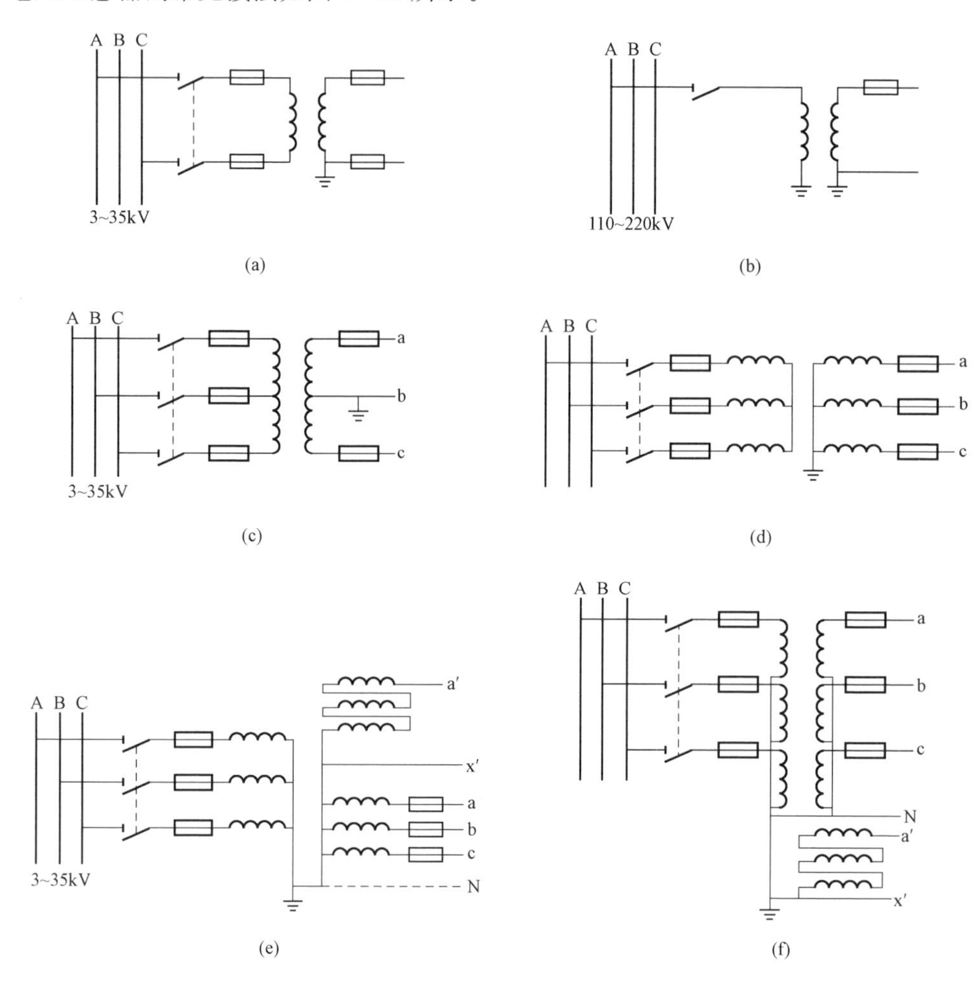

图 2 - 35　电压互感器的常见接法

（a）单相电压互感器接线电压；（b）单相电压互感器接相电压；

（c）两台单相电压互感器 V/V 形（不完全星形）接线；（d）一台三相三柱式电压互感器 Y/Y_0 接线；

（e）一台三相五柱式电压互感器 Y_0/Y_0/开口三角形接线；（f）三台单相三绕组电压互感器接线

（1）单相电压互感器接线电压，如图 2 - 35（a）所示。此接线仅用于小电流接地系统，可供仪表、继电器线圈接入线电压。二次绕组额定电压 100V。

（2）单相电压互感器接相电压，如图 2 - 35（b）所示。此接线仅用于 110kV 及以上系统，测量单相电压。二次绕组额定电压 $100/\sqrt{3}$V。

（3）两台单相电压互感器 V/V 形接线，如图 2 - 35（c）所示。广泛用于中压三相三线制系统中，用来测量线电压，不能测量相电压。二次绕组额定电压100V。

(4) 一台三相三柱式电压互感器接线，如图2-35（d）所示。不允许将高压侧中性点接地，用于仪表、继电器线圈接入线电压，不能测量相对地电压，故不能用于对地绝缘监视。二次绕组额定电压100V。

(5) 一台三相五柱式电压互感器Y_0/Y_0/开口三角形接线，如图2-35（e）所示。主二次绕组星形接线，额定电压100V，既可测量线电压，也可测量相电压，供电给表计、继电器及绝缘监测电压表。剩余二次绕组接成开口三角形，一次电压正常时，开口三角形开口两端的电压接近于零。系统中有一相接地时，开口三角形开口两端出现100V的零序电压，用来构成零序电压滤过器供电给保护继电器和接地信号（绝缘监测）继电器。应优先采用三相五柱式电压互感器，只有在要求容量较大的情况下或110kV及以上电压等级无三相式电压互感器时，才采用三台单相三绕组电压互感器。

(6) 三台单相三绕组（多绕组）电压互感器Y_0/Y_0/开口三角形接线，如图2-35（f）所示。主二次绕组星形接线，额定电压$100/\sqrt{3}$ V，既可测量线电压，也可测量相电压。用于中性点非直接接地系统时，剩余二次绕组额定电压100/3V，用于110kV及以上中性点直接接地系统时，剩余二次绕组额定电压100V。110kV及以上中性点直接接地系统电压互感器在测量与保护需要时，可采用三台单相多绕组接线，有2～3个主二次绕组，如母线电压互感器。主二次绕组的额定电压均为$100/\sqrt{3}$V。

电压互感器接入电网的要求。一般3～35kV电压互感器经隔离开关和熔断器接入高压电网；在110kV及以上配电装置中，电压互感器只经过隔离开关与电网连接；在380V低压配电装置中，电压互感器可以直接经熔断器与电网连接，而不用隔离开关。

在电压互感器的二次侧一律要装设熔断器，防止电压互感器因低压侧短路损坏。

电压互感器二次侧的接地点不许设在二次侧熔断器之后，必须设在二次侧熔断器的前面。凡需在二次侧连接交流电网绝缘监视装置的电压互感器，其一次侧中性点必须接地，否则无法进行绝缘监察。

5. 电压互感器的误差与准确度等级

(1) 电压互感器的误差。分为电压误差与相位误差。前者是二次电压折算到一次侧的值与实际一次电压之差占实际一次电压的百分数，后者是电压互感器二次电压相量旋转180°后与一次电压相量之间的相位角。

电压互感器的误差来自多个方面，包括由运行电压偏离额定电压太远引起的误差；互感器实际二次负荷及其功率因数过大或过小引起的误差；降低电压互感器的误差应使其额定电压与电网的标称电压相适应，并限制其二次负荷的大小在25%～100%额定负荷范围内。

(2) 电压互感器的准确度等级。测量用电压互感器的准确度等级，在额定电压和额定负荷下，由该准确度等级所规定的最大允许电压误差百分数来表示。标准准确度等级为0.1、0.2、0.5、1、3。

保护用电压互感器的准确度等级，以该准确度等级在5%额定电压到与额定电压因数[1]相对应的电压范围内的最大允许误差的百分数来标称，其后标以字母P。电压互感器二次侧

---

[1] 根据与系统及一次绕组接地条件有关的系统最高运行电压来决定的值，有1.2、1.5或1.9三个值。

保护绕组的标准准确度等级为 3P、6P，剩余绕组的准确度等级为 6P。

6. 电压互感器的使用注意事项

（1）电压互感器在工作时二次侧绝对不允许短路。由于电压互感器一、二次绕组都是在并联状态下工作的，若二次侧短路，将感生出很大的电流，有可能烧毁互感器，甚至影响一次电路的运行安全。电压互感器一、二次侧都必须装设熔断器进行保护。

（2）电压互感器的二次侧必须有一端接地。电压互感器的二次侧一端接地，是为了防止其一、二次绕组间绝缘击穿时，一次侧的高电压窜入二次侧，危及人身和设备的安全。

2.6.3 电子式互感器

1. 电子式互感器的作用与分类

电子式互感器可分为电子式电流互感器、电子式电压互感器、组合型电子式互感器和合并单元。

（1）电子式电流互感器（ECT）。ECT 为一种电子式互感器，在正常使用条件下，其二次转换器的输出实质上正比于一次电流，且相位差在连接方向正确时接近于已知相位角。

1）按一次传感器原理分为光学电流互感器、罗哥夫斯基线圈（罗氏线圈）式电流互感器、低功率线圈电流互感器。其中光学电流互感器又分为磁光玻璃法拉第效应和全光纤萨尼亚克效应电流互感器。

2）按一次传感器用途分为测量用电子式电流互感器、保护用电子式电流互感器、测量保护共用电子式电流互感器。

3）按一次传感器取能方式可分为有源型、无源型电子式电流互感器。

（2）电子式电压互感器（EVT）。EVT 为一种电子式互感器，在正常使用条件下，其二次电压实质上正比于一次电压，且相位差在连接方向正确时接近于已知相位角。

1）按一次传感器原理分为光学电压互感器（包括电光效应、逆压电效应、干涉等），阻容分压式电压互感器。

2）按一次传感器用途分为测量用电子式电压互感器、保护用电子式电压互感器、测量保护共用电子式电压互感器。

3）按一次传感器取能方式分为有源型电子式电压互感器、无源型电子式电压互感器。

（3）组合型电子式互感器。组合型电子式互感器为一种电子式互感器，将一个或多个电流和电压传感器组合为一体，可同时传输正比于一次电流和一次电压的被测量的量。

（4）合并单元（Merging Unit，MU）。合并单元是电子式电流、电压互感器的接口装置，既可作为互感器的一个组成件，也可作为一个分立单元，是对一次互感器传输过来的电气量进行合并和同步处理，并将处理后的数字信号按照特定格式转发给间隔层设备使用的装置。

2. 对电子式互感器的一般要求

电子式互感器选择应兼顾可靠性、经济性与技术先进原则。电子式互感器应具有互操作性和互换性。电子式互感器的使用环境条件应额外关注环境温度、地震烈度、污秽，尤其环境中有无灰尘、烟、腐蚀性气体、蒸汽或盐等污秽因素对电子式互感器性能的影响。

电子式互感器输出可为数字量或模拟量。对数字量输出，其额定延时不宜大于2个采样周期 T。数字式保护所需的零序电压由三相电压自动形成，电子式电压互感器可不设零序电压一次传感器。电子式互感器的绝缘耐压要求及准确度要求与常规互感器相同，不同的是增加了电磁兼容（EMC）的特殊要求和误差与频率以及温度变化的稳定性要求。

合并单元应具有完善的自检功能，能正确及时反映自身和电子互感器内部的异常信息。

2.7 避雷器、高压熔断器与电抗器

2.7.1 避雷器

1. 避雷器的作用与基本分类

电气设备在运行中承受的电压作用有工作电压和过电压。过电压包括外部的雷电过电压、系统内部由于接地故障、甩负荷、谐振及其他原因产生的暂时过电压和操作过电压。

为保证电气设备的可靠性，需要采取过电压保护措施，将外部入侵或内部突发的过电压限制在电气设备的绝缘能够承受的范围内。

避雷器是用来保护电气设备免受高瞬态雷电过电压危害的一类电气设备，并联在被保护设备的电源侧，下端连接到接地装置。避雷器按不同的分类标准可分为不同种类。

（1）按间隙结构分：无间隙型、有间隙型。

（2）按使用的非线性电阻片材料分：碳化硅阀式和金属氧化物式。

（3）按避雷器外套材料分：瓷外套型，按耐污性能由低到高分为a、b、c、d、e五个等级。复合外套型，用复合硅橡胶材料做外套，具有硅橡胶材料与氧化锌电阻片双重优点；金属罐式，金属壳体内充有 SF_6 气体，与全封闭组合电器配套使用。

（4）按标称放电电流分：20、15、10、5、2、1kA等。

（5）根据用途分：电站型、配电型、线路型、并联补偿电容器型、电气铁道型、电动机及电动机中性点型、变压器中性点型。

2. 常用避雷器

（1）碳化硅阀型避雷器是由多个火花间隙与非线性电阻（称阀片）串联构成的，全部组成元件均密封在瓷套管内，套管上端有引进线，与电网导线连接（一般均通过避雷器间隙与电网连接），下端引出线为接地线，与大地连接。

（2）金属氧化物避雷器由一个或并联的两个非线性氧化锌电阻片叠合圆柱构成。它根据电压等级由多节组成，110kV及以下的避雷器是单节的，220kV的避雷器是两节的，500kV的避雷器是三节的，而750kV的避雷器是四节的。

（3）保护间隙属于特殊的避雷器，其一般由两个相对的圆钢型电极组成，一个电极接线路，另一个电极接地。其结构及其与设备的连接如图2-36所示。过电压通过时会击穿电极间气隙，泄放电磁能量，也可以起到一定过电压保护的作用。辅助间隙是防止主间隙被外界

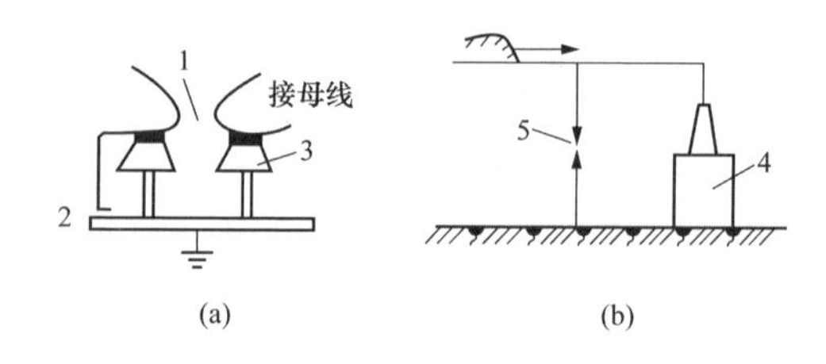

图 2-36　角型保护间隙及其与被保护设备的连接
(a) 保护间隙结构；(b) 与被保护设备的连接
1—主间隙；2—辅助间隙；3—绝缘子；4—被保护设备；5—保护间隙

物体短路而装设。

保护间隙主要用于室外且负荷不重要的线路与 110～330kV 系统变压器中性点上。

3. 避雷器的工作原理

避雷器实际上是一种非线性极好的电阻。正常工作时，避雷器承受工作电压，其电阻极高，泄漏电流极低；当作用在避雷器上的电压超过一定幅值后，避雷器电阻迅速由极高降为极低，能够通过几万安培的大电流。避雷器通过接地装置泄放掉大量电磁能量，并限制续流通过的幅值和时间，限制过电压，从而保护电气设备免受超过自身绝缘水平的过电压。

避雷器的工作原理如图 2-37 (a) 所示。传统的碳化硅阀式避雷器和目前广泛采用的金属氧化物避雷器的伏安特性示意如图 2-37 (b) 所示。避雷器的伏安特性应该接近理想避雷器，即工作电压之下电阻无限大，过电压时电阻为零。

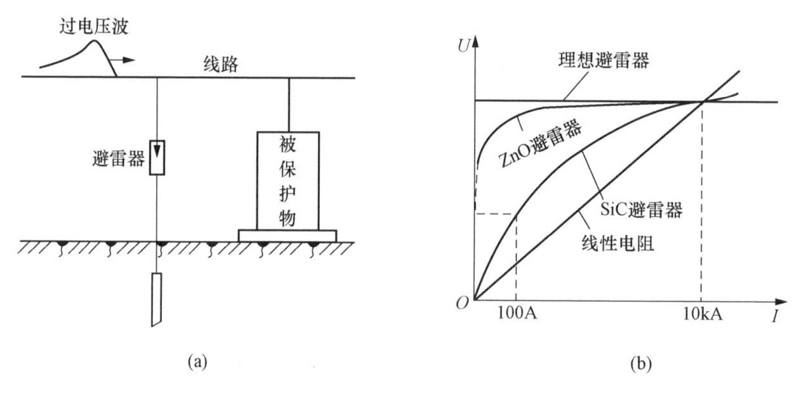

图 2-37　避雷器的工作原理
(a) 避雷器连接示意图；(b) ZnO、SiC 和理想避雷器伏安特性的比较

假定 ZnO、SiC 电阻片在 10kA 下的残压基本相同，而在正常相电压下，SiC 阀片将流过幅值 100A 左右的电流，因而必须用间隙加以隔离；而 ZnO 阀片在相电压下流过的电流数量级只有几十微安，不会烧坏阀片，所以无须串联间隙来隔离工作电压，解决了 SiC 避雷器因串联间隙所带来的如污秽、内部气压变化使间隙放电电压不稳定、陡波响应特性差等一系列问题。

金属氧化物避雷器 MOA 具有远远超过 SiC 避雷器的优异性能。在正常工作电压下流过 ZnO 的电流极小，相当于一个绝缘体，所以不存在工频续流。在过电压时避雷器的电阻非常小，大电流泄得非常快、残压随冲击电流波头时间的变化平稳，也没有间隙的击穿特性和灭弧问题。其通断容量大、残压低、动作迅速、可靠性高、维护简单，目前已基本取代传统 SiC 阀式避雷器。

避雷器的参数及选择见第 6 章避雷器选择部分。

4. 避雷器的型号含义与符号

避雷器的型号含义如下：

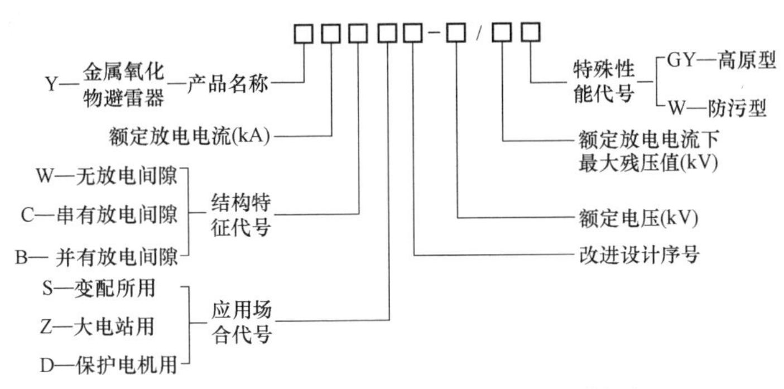

避雷器的文字符号为F（或FV），图形符号如图2-38所示。

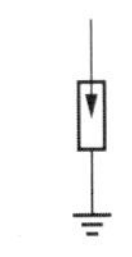

图2-38 避雷器的图形符号

2.7.2 高压熔断器

1. 高压熔断器的作用与特点

熔断器是使用较早的一种简单保护电器。其特点是简单实用、价格低廉、开断能力与保护特性适中，因此熔断器不仅在低压电力系统中得到广泛应用，在35kV及以下的小容量高压电路，特别是供电要求不太高的配电线路中也被广泛使用。

高压熔断器是电力系统中过载和短路故障的保护设备。当流过熔断器的电流超过给定值一定时间后，通过熔化一个或几个特殊设计的组件，来断开所接入的电路。在高压电网中，高压熔断器主要用作配电变压器和配电线路的过负荷与短路保护，也可以作为电压互感器的短路保护。

2. 高压熔断器的分类与结构

高压熔断器按使用环境分为户内式与户外式，按灭弧能力分为限流式与非限流式，按结构分为跌落式与非跌落式，按用途分为负荷回路用与电压互感器专用。

3. 常见高压熔断器

(1) 户内高压熔断器。户内高压熔断器主要有RN1及RN2型两种，灭弧能力很强，灭弧速度很快，能在短路电流未达到冲击值以前完全熄灭电弧，属于“限流”式熔断器。

RN1、RN2型的结构都是瓷质熔管内熔体周围充石英砂填料的密闭管式熔断器。

RN1型熔断器适用于3～35kV的电力线路和电力变压器的过载和短路保护，熔体为一根或几根并联，额定电流较大（20～200A）。

RN2型熔断器专门用于3～35kV电压互感器的短路保护，熔体为单根，额定电流较小（0.5A）。

(2) 户外跌落式熔断器。户外跌落式熔断器的常用型号有RW4和RW10两种。其特点是灭弧能力不强，灭弧速度不高，不能在短路电流达到冲击值以前熄灭电弧，属于“非限流”式熔断器。

跌落式熔断器主要用于3～35kV的电力线路和电力变压器的过载和短路保护。

4. 熔断器的保护特性

熔断器熔体熔断时间的长短，取决于熔体熔点的高低和通过电流的大小。熔体熔断电流与熔断时间之间为反时限特性，即电流越大，熔断时间就越短，其关系曲线称为熔断器的安秒特性或保护特性曲线。例如，当电路中出现 2000A 的短路电流时，额定电流 200A 的熔断器的熔断时间只有约 0.2s。

5. 高压熔断器的型号含义与符号

高压熔断器的型号含义如下：

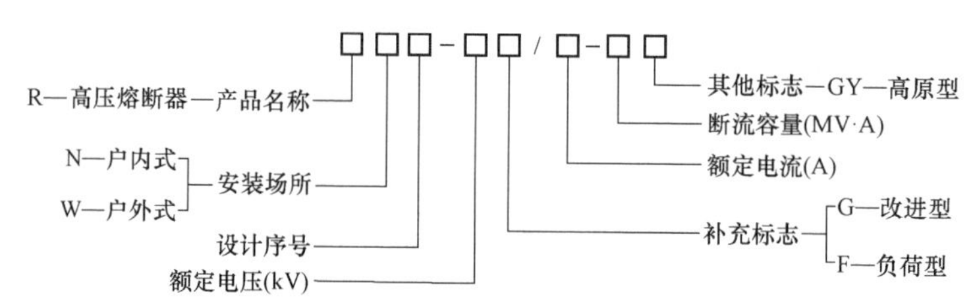

其文字符号为 FU，图形符号如图 2-39 所示。

图 2-39 熔断器的图形符号

2.7.3 电抗器

1. 电抗器的分类

电抗器是用于限流、滤波、无功补偿、移相等的一种电感元件，可分为串联电抗器与并联电抗器两大类。串联电抗器按作用分为串联滤波电抗器与限流电抗器两种；并联电抗器是一种无功补偿装置，用于超高压系统。

2. 电抗器的基本结构

电抗器按基本结构分为空心式、铁芯式、饱和式三种。

(1) 空心电抗器：串接于交流电力系统中，用于限制系统故障时的短路电流。

(2) 铁芯电抗器：分为串联电抗器和并联电抗器，串联电抗器用于抑制电容器组的高次谐波电压及限制电容器组的合闸电流；并联电抗器用于补偿输电线路的无功容量，维持输电系统的电压稳定，降低系统的绝缘水平及操作过电压。

(3) 饱和电抗器：并联于静止无功补偿装置中，用于调节系统的负荷电流和无功功率，调节或稳定系统的运行电压。

3. 限流电抗器

限流电抗器一般为空心式，串联于出线端或母线间，当线路或母线发生故障时，可将短路电流限制在一定范围内，不需提高其他设备的动、热稳定或断路器开断能力，以节省设备投资，并提高系统残压，使故障时母线电压不致过低。

4. 并联电抗器

在高压配电装置的某些线路侧，常需要装设同一电压等级的并联电抗器。其作用有：

（1）削弱空载或轻负载线路中的电容效应，降低工频暂态过电压，进而限制操作过电压的幅值。

（2）改善沿线电压分布，提高负载线路中母线电压，增加系统稳定性及送电能力。

（3）改善轻负载线路中的无功分布，降低有功损耗，提高送电效率。

（4）降低系统工频稳态电压，便于系统同期并列。

（5）有利于消除同步电机带空载长线时可能出现的自励磁谐振现象。

（6）采用电抗器中性点经小电抗接地的办法补偿线路相间及相对地电容，加速潜供电弧自灭，有利于单相快速重合闸的实现。

2-1 计算并画出110kV电力架空线路LGJ-240长度分别为30km与150km时的等效电路图。

2-2 试分析架空线路电晕问题的解决方案。

2-3 试分析解决开关电器中电弧问题的思路与基本方法。

2-4 断路器、隔离开关、负荷开关、避雷器的特点及文字与图形符号分别是什么？

2-5 电压互感器、电流互感器的图形与文字符号及使用时的安全要求分别是什么？

第3章 电网规划设计基础

学习目标

(1) 了解电网规划设计的作用与流程，能够初步选择输电线路电压等级。

(2) 了解电网方案设计主要内容与电网发展诊断指标，会计算变电与线路的容载比与负载率。

(3) 了解配电网规划的基本思路与一般流程，了解不同供电区域、网格的划分及其供电要求，能够初步选择合理的配电网结构方案。

(4) 了解变电站规划的内容与原则，会初步确定变电站容量，选择电力变压器台数、容量与型式。

(5) 了解无功补偿的作用与规划原则，会选择变电站无功补偿容量。

3.1 概述

3.1.1 电网规划设计概述

思考 电力系统规划与电网规划的含义、分类与主要内容是什么？

社会对电能的需求不断在增长，电力工业的发展是国民经济其他行业发展的重要基础。科学合理的电力系统规划能够更好地适应国民经济发展对电能的需求，提高基础建设投资的经济效益与社会效益，同时也是电力系统安全、可靠、经济运行的前提。

电力系统规划包括电力负荷预测、电源规划和电网规划三部分。

电力负荷预测是电力系统规划的基础，其关键在于收集大量的历史数据，建立科学的预测模型，采用有效的算法，并不断修正模型，以得到电力负荷的需求增长、负荷曲线及负荷分布情况。

电源规划是研究各类发电机组的建设、更新、退役计划、燃料计划等以满足电力负荷的发展需求，分为短期与中长期电源规划。

电网规划是根据电力系统的负荷预测及电源规划对电力系统的网架进行的发展规划，包括输电网规划和配电网规划。电网规划设计的任务是确定在何时何地投建何种类型的电力线路与变电站（或换流站），以达到所需要的输变电能力，并在满足各项技术指标的前提下，使电力系统的投资与运行费用最小。

电网规划设计的主要内容有：确定输电方式与选择电压等级；确定变电站（换流站）的布局与规模；确定网络结构。其重点是对主网网架进行规划。电网规划设计要解决的问题主要有：电厂（独立电厂、大型能源基地电厂群、分布式电源）接入系统设计；各大区电网或省级电网的受端主干电网设计；大区之间或省级电网之间的联网设计；城市电网设计；大型工矿企业电网设计。

1. 电网规划设计的分类与作用

电网规划可以按时间长短分为近期（1～5年）、中长期（6～15年）和远景规划（16～30年）三种。远景规划对中长期、近期规划起指导作用；中长期规划承上启下，由粗到细，是电网方案规划设计的关键；近期规划是对先前中长期规划的调整与落实，也是后期远景规划与中长期规划的基础。

（1）远景规划（16～30年）。远景规划的主要任务是根据国家经济布局和能源发展战略，研究电网发展方向，考虑电网整体和长远发展目标。

远景规划的主要内容有：研究饱和负荷水平、电源结构与布局方案，宏观分析和测算电力流向与规模；对电网发展进行远景展望，提出电网整体格局和结构；提出电力技术、装备等专题研究需求。

（2）中长期规划（6～15年）。中长期规划的主要任务是在远景规划确定的电网发展方向和目标基础上，根据规划期内电力需求水平及负荷特性、能源资源开发条件、电力流向、环境和社会影响等，通过技术经济综合分析，确定电网发展的具体方案，重点研究电网结构和布局。

中长期规划的主要内容有：依据电网长期发展目标，提出网架结构。通过电力系统潮流、稳定和短路电流计算分析，进行多方案论证比较；提出变电站、输电通道布局和最终规模安排、输变电工程整体建设规模与进度；提出无功补偿方案和提高电力系统稳定性的措施。

（3）近期规划（1～5年）。近期规划的主要任务是依据中长期规划提出的网架方案，对电网存在的问题进行针对性改进，侧重论证输变电项目建设时序，指导工程建设实施。

近期规划的主要内容有：网架方案论证；对方案进行潮流、稳定、短路电流、无功等电气计算；对电网项目建设时序进行研究，提出规划期内的电网建设项目、建设时机，逐年建设方案；结合近期发展情况，对中长期电网规划提出调整建议。

2. 电网规划设计的基本流程

（1）原始资料的收集与分析。调查收集能源资源分布、供应能力、电源发展规划及电力负荷增长情况等资料，开展重大问题专题研究。

（2）电网现状评估与边界条件确定。通过定性与定量分析相结合，全面衡量电网发展水平，提出电网发展薄弱环节和发展重点，依据能源规划、电源规划、电力需求预测等专题研究，确定电力市场空间、电力流向及规模等边界条件。

（3）提出规划网架方案。依据电网规划设计基本原则，按照“远近结合、统筹兼顾、近细远粗、适度超前”的要求，在电网现状和边界条件的基础上，远景提出一个规划方案，近中期提出多个规划方案。网架方案包括网络方案、输电方式和电压等级选择、变电站布局和规模、导线截面和输送能力等内容。

（4）电气计算。包括电力系统潮流计算、稳定计算、短路电流计算、无功功率平衡和调压计算等，用来校核网架方案的技术可行性。

（5）方案经济比较和可靠性评估。针对技术可行的规划设计方案，分别进行经济比较、可靠性评估，排列出不同方案经济性、可靠性的优劣顺序，综合比较后推荐优选方案。

(6) 效果评价。对优选方案进行财务评价、国民经济评价及必要时的不确定性分析，评价方案财务生存能力和国民经济投入产出效益。

(7) 方案推荐。根据上述技术经济综合评价结果，推荐最优规划设计方案。

3.1.2 输电方式与电压等级选择

思 考 如何选择合理的输电方式与电压等级?

输电方式有传统交流输电、直流输电等方式，也有多端直流输电、柔性直流输电以及直流微电网等新技术。不同的输电方式具有不同的特性，其功能和应用范围有所不同。选择合理的输电方式与电压等级，可以提升电网发展的适应性，确保电网的安全稳定运行，同时也可以在保证安全的前提下，降低工程的综合费用，提升电网的经济效益。

1. 输电方式的特点

现阶段我国的输电方式仍以交流输电为主。而直流输电在大容量长距离输电、大型电网络互联、新能源利用、微电网等场合的应用越来越广泛。

(1) 交流输电的特点。交流输电线路的输电能力与电网结构、运行方式等因素有关，取决于线路两端的短路容量和输电线路距离。交流输电中间可以落点，可以根据电源布局、负荷分布需要构成电网，满足电力的输送和变换，一般用于区域内输电或具有网络构建需求的电网。

(2) 直流输电的优点。当输送相同功率时，高压长距离直流架空线路造价低，只需要两组导线，杆塔结构简单，线路走廊窄。绝缘水平相同的电缆采用直流输电可以在较高的电压下运行。

1) 直流输电只有电阻，没有电感，其功率损耗比交流小；也没有交变电磁场变化，对通信的干扰小。

2) 直流输电线路两端联系的交流系统不需要同步运行，可以实现不同频率或相同频率交流系统之间的非同步联系。

3) 直流输电线路的功率和电流调节较容易且迅速，有助于提高交流系统的稳定性。

4) 直流输电线路本身不存在交流输电固有的稳定性问题，输送距离和功率不受电力系统同步运行稳定性的限制。

5) 由直流线路相互联系的交流系统，其各自的短路容量不会因互联而显著增大。

6) 直流线路稳态运行时没有电容电流，没有电抗压降，线路的电压降落比较小，沿线电压分布较平均。

(3) 直流输电的缺点。直流输电的换流站比交流系统的变电站复杂，造价高、运行管理要求高。

1) 换流装置运行中需要大量的无功补偿容量，正常运行时可达直流输送功率的40%～60%。

2) 换流装置在运行中会在交流侧和直流侧产生谐波，需装设滤波器。

3) 特高压交直流耦合下的作用机理更加复杂。“强直弱交”带来的安全约束、稳定性问题更加突出。

4）当直流输电以大地或海水作为回路介质时，会引起沿途金属构件的腐蚀，需要采取防护措施。

5）传统端对端直流输电无法中间落点，不能形成网络。

2. 交流电压等级的选择

（1）交流电压等级选择的基本原则。电力系统电压等级的选择要遵循远、近期结合，经济合理等原则，从标准电压序列中选取。

1）选取标准电压序列。在供配电规划设计中选择交流电压等级时，应符合国家标准的电压序列，同时应适应本地电网电压序列，同一地区、同一电网内尽可能简化电压等级，以减少变电重复容量。各级电压级差不宜太小。根据国内外经验，110kV及以下，电压级差一般在3倍以上；110kV以上，电压级差一般在2倍左右。

我国电力系统主要交流电压等级包括0.22、0.38、0.66、3、6、10、20、35、66、110、220、330、500、750、1000kV。我国输电网的电压等级配置可分为两类，非西北地区220/500/1000kV，西北地区（220）330/750kV。目前，我国多数城市的输配电网电压采用220/110/10/0.38kV系列；东北地区为220/66/10/0.38kV系列；苏州等地区中压采用20kV；大型企业高压电动机负荷较多时，中压采用6kV。

2）远近期结合。选定的电压等级要能满足近期过渡的可能性，同时也要能适应远景系统规划发展的需要。要结合本地电网特点，考虑各级电网协调配合，充分发挥各级电网优势，提升电网的适应性。

3）兼顾经济性与可靠性。电压等级的选择还应满足经济合理原则，通常采用技术经济比较的方法，选取技术经济性较优的电压等级。

（2）电力线路电压等级选择。电力线路电压应根据电网条件，结合线路送电功率与送电距离选择。我国常用电压等级的交流电力线路输送功率与输送距离可参考表3-1。配电线路的选择应符合配电网规划导则中要求，根据全生命周期原则确定。高负荷密度城区的送电线路采用大截面电力电缆时，输送功率可大为提高，具体需经过工程计算确定。

表3-1　我国常用电压等级交流电力线路的输送功率与输送距离

系统标称电压（kV）	输送功率（MW）	输送距离（km）
0.38	＜0.175（电缆）	0.15～0.5
6	0.1～1.2	4～15
6	0.2～3（电缆）	3～8
10	0.2～2.0	3～15
10	0.2～5（电缆）	3～10
20	0.4～8（电缆）	3～10
35	2～10	20～50
35	10～20（电缆）	5～15
66	3～30	30～100

续表

系统标称电压（kV）	输送功率（MW）	输送距离（km）
110	10～50	50～150
110	50～90（电缆）	10～20
220	100～500	100～300
220	100～220（电缆）	10～20
330	350～800	300～800
500	1000～1500	400～800
750	2000～2500	500～1000

注 表中未说明的为架空线路。

练习 3.1 15km 外有电力负荷 5MVA，其送电线路电压应选多大合适？若距离不变，负荷容量为 40MVA，其送电线路电压应如何选择？（答案：35、110kV）

3.1.3 电网方案设计

思 考 **电网方案设计应遵循哪些原则？为什么？**

电网方案设计的主要内容有发电厂接入系统设计、输电网方案设计、配电网方案设计等。这里对发电厂接入系统设计与输电网方案设计的设计原则进行简单介绍。

1. 发电厂接入系统设计的原则

发电厂接入系统设计的重点是明确电厂在电力系统中的地位和作用，论证加入电力系统的方案，提出发电厂电气主接线及有关电气设备参数要求。

（1）发电厂接入系统设计的基本原则。在满足发电厂安全稳定运行要求的基础上，发电厂接入系统设计还应遵循以下基本原则：

1）分层原则。应根据发电厂在系统中的地位和作用，充分发挥各级电压网络的传输效益，对不同规模的发电厂分别接入相应的电压网络。

2）分散电源接入原则。包括两方面内容：一是各外部电源宜经相对独立的送电回路，分散接入系统，每一组送电回路的最大输送容量所占受端系统总负荷的比例不宜过大；二是尽量避免多回送电线路在受端电网内部的落点过于集中。

（2）发电厂接入系统设计的技术原则。

1）远距离送电的发电厂。对于主要向远方送电的主力发电厂，宜直接接入最高一级电压电网。

对于大部分地区负荷而主要向远方送电的主力发电厂，必要时可以输出两级电压，如采用联络变压器，需要经过技术经济论证。应正确估计发电厂所供电的本地负荷，以确定发电厂的外送电力。条件具备时，应优先采用大容量机组，但要避免调度运行发生困难。

位于能源基地、定位为远距离电力外送的风电场群或光伏电站群，宜通过电源汇集站将各发电厂、光伏电站电力汇集后，经统一规划的送电通道外送。

2）就近接入的发电厂。直接接入地区电网的机组应与当地负荷相适应，避免不必要的二次变压。

单机容量 500MW 及以上机组，一般宜接入 500kV 电压电网。

单机容量 200～300MW 的主力电厂，应考虑发电厂的规划容量以及在系统中的地位和作用，经技术经济比较后，确定直接接入 220～500kV 中相应电压等级的电网。

单机容量 100～200MW 的机组，一般宜直接接入 220kV 电压电网，也可经技术经济比较后，接入较低一级电压电网。如采用联络变压器，需要经过技术经济论证。

2. 输电网方案设计的原则与接线方式

（1）输电网方案设计的基本原则。输电网方案设计应统筹考虑电源与负荷，从全网整体结构出发，考虑以下基本原则：

1）远粗近细、远近结合、适度超前。

2）安全可靠、运行灵活、经济合理。

3）分层分区原则。主要包括按照电网电压等级和供电区域合理分层分区；随着超高压电网结构的不断加强完善，低一级电压电网应逐步实现分区运行；相邻分区之间下级电压电网联络线应解列运行，保持互为备用；分区电网应尽可能简化，以有效限制短路电流和简化继电保护的配置；应避免和消除不同电压等级的电磁环网。比如，按电压等级将电力系统大致分为一级主干网、二级输电网和配电网纵向三层。在高一级电网发展后，将低一级电压电网解开分区运行，各二级输电网仅通过上一级网络取得电源，相互之间电磁不合环。

4）加强主干电网的原则。主干电网设计应适应电力系统发展的要求、具有向系统提供充足的备用容量的能力和满足规定的静态稳定储备。

5）加强受端电网建设的原则。应加强受端电网内部最高一级电压的电网联系；受端电网应具有足够容量的发电厂和无功补偿容量，以提高受端电网的电压支持能力和运行灵活性。

（2）输电网的网络结构。现代电网的结构越来越复杂，只能近似地加以描述与分类。从可靠性角度，电网接线基本可分为无备用网络和有备用网络两大类。

无备用网络又可分为单回路辐射式和单回路链式两种，如图 3-1 所示；有备用网络可分为双回路辐射式、双回路链式、环式和混合式，如图 3-2 所示。

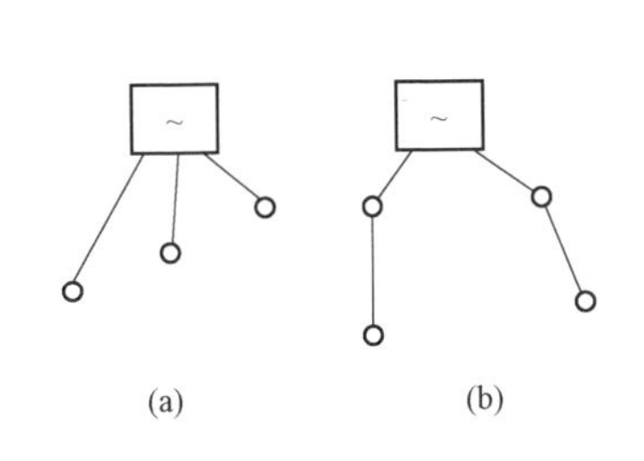

图 3-1　无备用网络

（a）单回路辐射式；（b）单回路链式

(a)

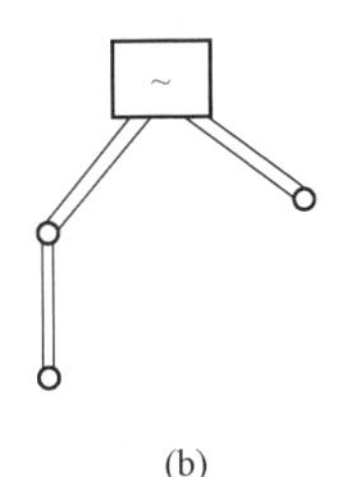

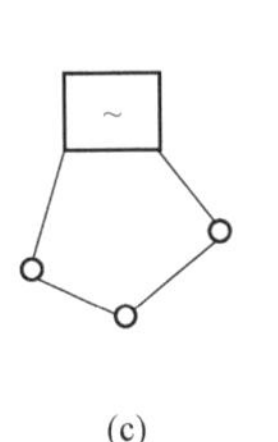

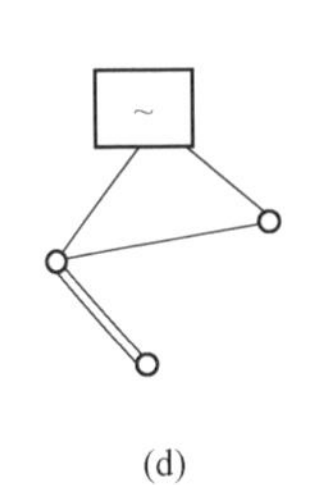

(b)　(c)　(d)

图 3-2　有备用网络

（a）双回路辐射式；（b）双回路链式；（c）环式；（d）混合式

大城市集中了巨大的电力负荷，供电可靠性要求非常高。其输电网一般由外围超高压多

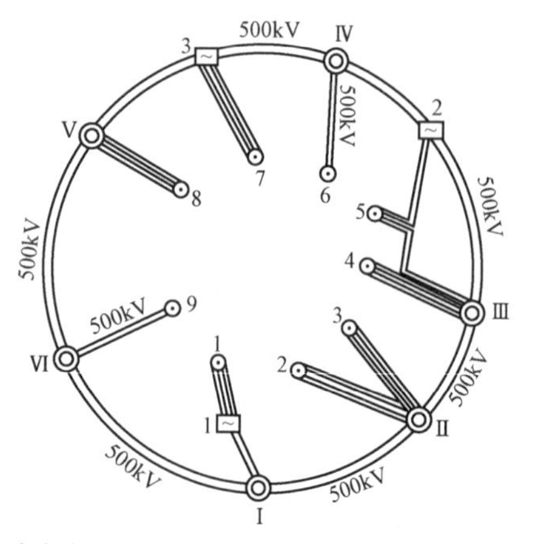

图 3-3 特大城市双外环混合式输电网络

环网和深入负荷中心的高压多回路线路构成，如图 3-3 所示。

3.1.4 电力系统、电网发展诊断指标[1]

思 考 **比较主要国家和地区的电力系统发展指标，我国电力系统处于何种发展水平？电网发展诊断的作用是什么？其主要指标的含义与标准是什么？**

1. 主要国家和地区的电力系统发展指标

国网能源研究院 2019 年对世界主要地区的电力系统发展情况进行了分析，得出的主要国家和地区的电力系统发展指标见表 3-2。

表 3-2 **世界主要国家和地区电力系统发展指标**

序号	一级指标	二级指标	单位	中国	北美	欧洲	日本	印度	巴西	非洲
1	电网规模与增长速度	220kV 及以上电网线路长度	万 km	73.3	36.3	31.6	3.7	41.3	13.3	12.5
2		220kV 及以上变电（换流）容量	亿 kVA	40.2	12.1	19.0	4.4	9.0	3.1	3.0
3		并网装机容量	亿 kW	19.0	12.0	11.6	3.4	3.6	16.2	1.7
4		220kV 及以上电网线路长度年增长率	%	7.43	0.86	1.55	0.18	7.25	4.8	3.99
5		220kV 及以上变电（换流）容量增长率	%	16.15	1.54	2.59	0.55	11.14	4.47	3.63
6		并网装机容量年增长率	%	5.26	0.72	0.99	3.02	7.94	3.65	5.46
7	电网安全与质量	年户均停电次数	次	3.18	1.38	—	0.14	139	—	—
8		年户均停电时间	h	15.3	0.6	0.6	0.3	90	12.8	—
9		综合线损率	%	6.2	7.4	6.9	4.0	18.4	16.4	14.3
10	电网清洁化水平	可再生能源发电占比	%	26.7	17.2	31.4	17.5	19.1	73.3	17.6
11		电能占终端能源消费比重	%	25.5	21.2	16.9	28.3	16.9	17.0	9.4
12	电网服务能力	接受电力服务人数	亿	13.95	3.61	5	1.27	11.69	2.09	7.34
13		无电人口数量占比	%	0	0	0	0	12.2	0	40.5
14		年人均用电量	kWh	4945	9264	7257	8063	1065	2790	505

注 表中欧洲电网数据不含俄罗斯、白俄罗斯、乌克兰、摩尔多瓦、土耳其。（原表中部分数据根据单位变换进行了四舍五入）

[1] 电网发展诊断分析的概念与诊断指标体系说法来自参考文献 14，国网北京经济技术研究院组编，中国电力出版社 2015 年出版的《电网规划设计手册》第十三章。电力系统发展指标表格引自参考文献 4。电力系统发展指标与电网发展诊断指标是两个不同概念。

2. 电网发展诊断

电网发展诊断是在充分借鉴吸收电网专家经验的基础上，引入科学的分析方法，以系统全面的诊断指标体系及清晰明确的标准为手段，以完备的电网发展历史数据为基础，对电网发展的多个方面进行综合诊断。通过定性与定量分析，发现电网存在的突出问题与薄弱环节，提出针对性的解决措施和建议，为电网规划方案编制提供依据，为企业投资决策提供参考。

电网发展诊断可以针对区域、省、地市、区县等不同地域范围电网，可以覆盖所有电压等级。电网企业应建立年度常态诊断工作机制和电网发展诊断数据库，将诊断结果与电网阶段规划、滚动规划和投资计划进行有效衔接。

电网发展诊断的指标体系分为四个方面：

（1）电网发展安全与质量，包括电网运行的安全性与稳定性水平及能否满足标准要求，以及用户供电可靠率、供电质量、设备可用系数、设备使用寿命等。

（2）电网发展规模与速度，包括电网各电压等级输电线路长度、变电容量、供电半径、容载比、网架密集度等，以及电网输变电规模、电源装机、电力负荷、用电量在统计期间内的年均增长速度，通过增速及增速间的比值对照，分析电网与电源装机、供电需求增长的适应性与协调性。

（3）电网发展效率与效益，包括输电线路和变压器两类设备的容量利用率，电网投资产生的电量增量效益、降损效益、节能减排效益、社会责任效益等。

（4）电网企业经营与政策，主要包括电网企业的资产、负债、利润情况、电价政策。

3. 电网主要发展诊断指标定义和计算方法

（1）$N-1$ 通过率。$N-1$ 通过率是指某一电压等级电网主要输变电元件满足 $N-1$ 原则的比例。用于检验正常运行方式下电网结构强度和运行方式是否满足安全运行要求。

$N-1$ 原则是指正常运行方式下，电力系统中任一元件（如线路、发电机、变压器等）无故障或因故障断开，电力系统应能保持稳定运行和正常供电，其他元件不过负荷，电压和频率均在允许范围内。

$N-1$ 通过率的计算公式为

$$N-1\text{通过率}=\frac{\text{满足 }N-1\text{ 原则的元件数量}}{\text{总元件数量}} \tag{3-1}$$

（2）短路电流水平。短路电流水平是指短路电流超过开关遮断容量 80% 的母线数量，反映网架结构的紧密度。电网短路电流水平较高时，会对电网安全产生影响。

（3）变电容载比。变电容载比是指某电压等级降压变电总容量与变压器同一时刻所供有功负荷最大值的比值，是电网规划的常用指标，反映电网变电容量与对应负荷供电需求的适应性和充裕性。计算公式为

$$R_s=\frac{\Sigma S_{ei}}{P_{max}} \tag{3-2}$$

式中：R_s 为容载比；S_{ei} 为该电压等级电网中降压变电站 i 的主变压器额定容量，MVA；P_{max} 为该电压等级变压器同一时刻所供有功负荷最大值，MW。

（4）线路容载比。线路容载比是以线路长度为权重系数，线路经济输送功率与系统最高负荷条件下线路输送潮流的比值，反映线路输电能力裕度。计算公式为

$$线路容载比 = \frac{\Sigma(线路经济输送功率 \times 线路长度)}{\Sigma(系统峰荷时线路潮流 \times 线路长度)} \tag{3-3}$$

（5）平均单回线路长度。平均单回线路长度为某一电压等级所有输电线路回路长度的平均值，可以看作平均供电半径。计算公式为

$$平均单回线路长度 = \frac{线路总长度}{线路总回路数} \tag{3-4}$$

（6）变压器负载率。变压器负载率为变压器年最大负荷占额定主变压器容量的比例。计算公式为

$$变压器负载率 = \frac{主变压器年最大负荷}{额定主变压器容量} \tag{3-5}$$

$$全网变压器负载率 = \frac{\Sigma 主变压器年最大负荷}{\Sigma 额定主变压器容量} \tag{3-6}$$

（7）线路负载率。线路负载率为线路最大输送电力占线路经济输送容量或稳定控制限额的比例。计算公式为

$$单回线路最大负载率 = \frac{线路输送最大功率}{线路经济输送容量或调度运行稳定控制限额} \tag{3-7}$$

$$全网线路最大负载率 = \frac{\Sigma 线路输送最大功率}{\Sigma 线路经济输送容量或调度运行稳定控制限额} \tag{3-8}$$

（8）线损率。线损率为某一电压等级输电损耗电量占该电压等级供电量的比例。计算公式为

$$线损率 = \frac{线损电量}{供电量} \tag{3-9}$$

（9）节能减排效益。节能减排效益是指可再生能源上网发电带来的二氧化碳和二氧化硫的减排环境效益。计算公式为

$$二氧化碳减排量 = 可再生能源上网电量 \times 二氧化碳减排系数 \tag{3-10}$$

$$二氧化硫减排量 = 可再生能源上网电量 \times 二氧化硫减排系数 \tag{3-11}$$

4. 主要发展指标诊断标准

（1）$N-1$ 通过率标准。应满足 GB 38755—2019《电力系统安全稳定导则》要求。

（2）短路电流水平。短路电流超过开关遮断容量 80%的母线数量不宜过多，越少越好。

（3）变电容载比标准。电网不同电压层级变电规模与实际输送电力的协调性可采用容载比进行评价。在经济增长和社会发展的不同阶段，负荷增长速度不同，地区变电容载比应控制在适当范围，容载比参考范围见表 3-3。

表 3-3　各电压等级变电容载比选择范围

电网负荷增长情况	较慢增长	中等增长	较快增长
年负荷平均增长率	<7%	7%～12%	>12%
500kV 及以上	1.5～1.8	1.6～1.9	1.7～2.0
220～330kV	1.6～1.9	1.7～2.0	1.8～2.1
35～110kV	1.8～2.0	1.9～2.1	2.0～2.2

（4）线路容载比标准。经验值为 2～2.5，分析时可与全网平均水平进行横向比较，或

与历史数据进行比较，应小于平均水平，或好于历史水平。

(5) 变压器负载率标准。考虑满足 $N-1$ 原则及变压器短时过负荷能力为额定容量的1.3倍的情况下，变电站在运2台主变压器时，变压器负载率理论上应不高于65%，3台时不高于85%。根据GB/T 13462—2008《电力变压器经济运行》中变压器最佳经济区划分有关内容，变压器最佳经济运行区间为40%～75%。综合考虑安全性和经济性因素，变压器负载率合理范围为40%～75%。

(6) 线路负载率标准。输电线路整体利用率受安全标准、负荷增速、外部环境等多种因素影响，应考虑留有一定的安全裕度和发展裕度、运行环境系数。

对省内网架线路的总体利用率，标准为60%～85%；对跨区跨省输电通道线路总体利用率，标准为100%。

(7) 线损率标准。与全网平均水平比较，或与历史数据进行比较，应小于平均水平，或好于历史水平。

(8) 节能减排效益标准。在满足安全可靠运行的条件下，节能减排效益越大越好。

练习3.2　某地区110kV电网最大网供电力负荷365MW，负荷平均年增长率8%，该地区的容载比应取多少？总变压器额定容量应如何选择？　（答案：2.0，730MVA）

3.2　配电网规划设计

3.2.1　配电网规划设计概述

思考　配电网规划设计需要考虑哪些原则？实施思路是什么？

配电网规划设计应当遵循DL/T 5729—2016《配电网规划设计技术导则》中的规定。

1. 配电网规划设计基本原则

(1) 为安全、可靠、经济地向用户供电，配电网应具有必备的容量裕度、适当的负荷转移能力、一定的自愈能力和应急处理能力、合理的分布式电源接纳能力。

(2) 应坚持面向用户可靠性的规划理念，将提高供电可靠性作为配电网建设改造的核心目标，贯穿于配电网建设全过程。

(3) 配电网涉及高压配电线路和变电站、中压配电线路和配电变压器、低压配电线路、用户和分布式电源等紧密关联的部分。应将配电网作为一个整体系统规划，以满足各部分间的协调配合、空间上的优化布局和时间上的合理过渡。

(4) 配电网应与输电网相协调，增强各层级电网间的负荷转移和相互支援，构建安全可靠、能力充足、适应性强的电网结构，满足用电需求，保障可靠供电，提高运行效率。

(5) 配电网规划应遵循资产全生命周期效益最优的原则，分析由投资成本、运行成本、检修维护成本、故障成本和退役处置成本等组成的资产生命周期成本，进行多方案比选，满足电网资产成本最优的要求。

(6) 配电网规划应遵循差异化原则，根据不同区域的经济社会发展水平、用户性质和环境要求等情况，采用差异化的建设标准，合理满足区域发展和各类用户的用电需求。

（7）配电网应有序提升智能化水平，在具备条件的地区可实现信息采集、测量、控制、保护、计量和检测的自动化，具备自动控制、智能调节、在线分析决策和协同互动等高级功能。

（8）配电网规划应考虑分布式电源以及电动汽车、储能装置等新型负荷的接入需求，因地制宜开展微电网建设，逐步构建能源互联公共服务平台，促进能源与信息的深度融合。

2. 供电区域划分

为适应不同地区的地理及环境差异，满足不同电力用户的差异性用电要求，一般依据地区行政级别或未来负荷密度，并参考经济发达程度、用户重要性、用电水平、GDP等因素，将配电网划分为不同的供电区域，制定相应的建设标准和发展重点。

供电区域的划分标准见表 3-4，可结合区域特点适当调整。

表 3-4　　供电区域划分标准

供电区域		A+	A	B	C	D	E
行政级别	直辖市	市中心区或 $\sigma \geqslant 30$	市区或 $15 \leqslant \sigma < 30$	市区或 $6 \leqslant \sigma < 15$	城镇或 $1 \leqslant \sigma < 6$	乡村或 $0.1 \leqslant \sigma < 1$	—
	省会城市、计划单列市	$\sigma \geqslant 30$	市中心区或 $15 \leqslant \sigma < 30$	市区或 $6 \leqslant \sigma < 15$	城镇或 $1 \leqslant \sigma < 6$	乡村或 $0.1 \leqslant \sigma < 1$	—
	地级市（自治州、盟）	—	$\sigma \geqslant 15$	市中心区或 $6 \leqslant \sigma < 15$	市区、城镇或 $1 \leqslant \sigma < 6$	乡村或 $0.1 \leqslant \sigma < 1$	牧区
	县（县级市、旗）	—	—		城镇或 $1 \leqslant \sigma < 6$	乡村或 $0.1 \leqslant \sigma < 1$	

注　σ 为供电区域的负荷密度（MW/km^2）。供电区域面积不宜小于 $5km^2$。计算负荷密度时，应扣除 110（66）kV 及以上电压等级的专线负荷，以及高山、戈壁、荒漠、水域、森林等无效供电面积。

3. 配电网规划要求与规划目标

（1）配电网规划要求。配电网规划年限应与国民经济发展规划、城乡总体规划和土地利用总体规划一致。

近期规划应着重解决配电网当前存在的主要问题，提高供电能力和可靠性，满足负荷需要。中期规划应与近期规划相衔接，着重将现有配电网结构逐步过渡到目标网架。根据负荷预测计算目标年的变电站布点及容量需求，预留变电站站址和线路走廊通道。远期规划应考虑配电网的长远发展目标，根据饱和负荷水平的预测结果，确定目标网架，提出电源建设及电力设施布局的需求。

（2）配电网规划目标。各类供电区域应由点至面、逐步实现表 3-5 中的规划目标。

表 3-5　　各类供电区域的规划目标

供电区域	供电可靠率（RS-1）	综合电压合格率
A+	用户年平均停电时间不高于 5min（≥99.999%）	≥99.99%
A	用户年平均停电时间不高于 52min（≥99.990%）	≥99.97%
B	用户年平均停电时间不高于 3h（≥99.965%）	≥99.95%

续表

供电区域	供电可靠率（RS-1）	综合电压合格率
C	用户年平均停电时间不高于12h（≥99.863%）	≥98.79%
D	用户年平均停电时间不高于24h（≥99.726%）	≥97.00%
E	不低于向社会承诺的指标	不低于向社会承诺的指标

注 RS-1为计及故障停电、预安排停电及系统电源不足限电影响时的供电可靠率。

（3）各类供电区域配电网建设的参考标准见表3-6。

表3-6　　各类供电区域配电网建设的基本参考标准

<table>
<tr><th rowspan="2">供电区域类型</th><th colspan="3">变电站</th><th colspan="4">线　路</th><th colspan="2">电网结构</th><th rowspan="2">配电自动化模式</th><th rowspan="2">通信方式</th></tr>
<tr><th>建设原则</th><th>变电站类型</th><th>变压器配置容量</th><th>建设原则</th><th>线路导线截面选用依据</th><th>110～35kV线路类型</th><th>10kV线路类型</th><th>高压配电网</th><th>中压配电网</th></tr>
<tr><td>A+,A</td><td rowspan="5">土建一次建成，变压器可分期建设</td><td rowspan="2">户内或半户内站</td><td rowspan="2">大容量或中容量</td><td rowspan="5">通道一次到位，导线截面一次选定</td><td rowspan="3">以安全电流裕度为主，用经济载荷范围校核</td><td>电缆线</td><td>电缆为主，架空线为辅</td><td rowspan="3">链式、环网为主</td><td rowspan="3">环网为主</td><td>集中式或智能分布式</td><td>光纤通信</td></tr>
<tr><td>B</td><td>架空线，必要时电缆</td><td>架空线，必要时电缆</td><td rowspan="2">集中式、就地型重合器式或故障指示器方式</td><td rowspan="2">光纤、无线或载波通信</td></tr>
<tr><td>C</td><td>半户内或户外站</td><td>中容量或小容量</td><td>架空线</td><td>架空线，必要时电缆</td></tr>
<tr><td>D</td><td rowspan="2">户外或半户内站</td><td rowspan="2">小容量</td><td>以允许压降为依据</td><td>架空线</td><td>架空线</td><td rowspan="2">辐射式为主</td><td rowspan="2">辐射式为主</td><td>就地型重合器式或故障指示器方式</td><td rowspan="2">无线或载波通信</td></tr>
<tr><td>E</td><td>以允许压降为主，用机械强度校核</td><td>架空线</td><td>架空线</td><td>故障指示器方式</td></tr>
</table>

4. 配电网规划设计的主要技术原则

（1）电压等级序列选择。配电网电压等级的选择应符合现行国家标准（GB/T 156—2017）《标准电压》的规定。配电网应优化配置电压序列，简化变压层次，避免重复降压。主要电压等级序列如下：

1）220（330）kV/110kV/10（20）kV/0.38kV。

2）220kV/66kV/10kV/0.38kV。

3）220kV/35kV/10kV/0.38kV。

4）220kV/20kV/0.38kV。

5）220（330）kV/110kV/35kV/10kV/0.38kV。

6）220（330）kV/110kV/35kV/0.38kV。

A+、A、B类供电区域可采用1）～4）电压等级序列，C、D、E类供电区域可采用

2)、5) 电压等级序列，E类供电区域中的一些偏远地区也可采用电压等级序列6)。

(2) 供电安全准则要求。配电网供电安全准则见表3-7。“满足$N-1$”准则指高压配电网发生$N-1$停运时，电网应能保持稳定运行和正常供电，其他元件不应超过事故过负荷的规定，不损失负荷，电压和频率均在允许的范围内。“满足$N-1$”包括通过下级电网转供不损失负荷的情况。中压配电网发生$N-1$停运时，非故障段应通过继电保护自动装置、自动化手段或现场人工倒闸尽快恢复供电，故障段在故障修复后恢复供电。

A+、A、B、C类供电区域高压配电网本级不能满足$N-1$时，应通过加强中压线路站间联络提高转供能力，以满足高压配电网供电安全准则。

表3-7　各类供电区域配电网的供电安全准则

供电区域	高压配电网供电安全准则	供电区域	中压配电网供电安全准则
A+、A、B、C	应满足$N-1$	A+、A、B	应满足$N-1$
D	宜满足$N-1$	C	宜满足$N-1$
E	不作强制要求	D	可满足$N-1$
		E	不作强制要求

高压配电网可采用$N-1$原则配置主变压器和高压线路；中压配电网可采取线路合理分段、适度联络，以及配电自动化、不间断电源、备用电源、不停电作业等技术手段；低压配电网可配置双配电变压器或移动式配电变压器。

B、C类供电区域的建设初期及过渡期，高压配电网存在单线单变，中压配电网尚未建立相应联络、暂不具备故障负荷转移条件时，可适当放宽标准，但应根据负荷增长，通过建设与改造逐步满足供电安全准则。

(3) 容载比。容载比的确定要考虑负荷分散系数、平均功率因数、变压器负载率、储备系数、负荷增长率等主要因素的影响。

对于配电区域较大、负荷发展水平极度不平衡、负荷特性差异较大、分区年最大负荷出现在不同季节的地区，可分区计算容载比。应根据规划区域的经济增长和社会发展的不同阶段，确定合理的容载比取值范围，容载比总体宜控制在1.8～2.2。

对处于负荷发展初期及快速发展期的地区、发展潜力大的重点开发区或负荷较为分散的偏远地区，可适当提高容载比的取值；对于网络发展完善（负荷发展已进入饱和期）或规划期内负荷明确的地区，在满足用电需求和可靠性要求的前提下，可适当降低容载比值。

(4) 短路电流水平。配电网规划应从网络结构、电压等级、阻抗选择和运行方式、变压器容量等方面合理控制各级电压的短路容量，使各级电压断路器的开断电流与相关设备的动、热稳定电流相配合。变电站内母线的短路电流水平不宜超过表3-8规定。

表3-8　各电压等级的短路电流限定值　kA

电压等级(kV)	A+、A、B类供电区域	C类供电区域	D、E类供电区域
110	40	40	31.5、40
66	31.5	31.5	31.5
35	31.5	25、31.5	25、31.5
10	20、25	16、20	16、20

对于变电站站址资源紧张、主变压器容量较大的变电站，应合理控制配电网的短路容量，主要技术措施包括：①配电网络分片、开环；②母线分段，主变压器分列；③采用分裂式或高阻抗变压器。

对处于系统末端、短路容量较小的供电区域，可通过适当增大主变压器容量、采用主变压器并列运行等方式，增加系统短路容量，提高配电网的电压稳定性。

5. 用户及电源接入要求

（1）用户接入配电网的要求。用户接入应符合电网规划，不应影响电网的安全运行及电能质量。用户的供电电压等级应根据当地电网条件、用电负荷、用户报装容量，经过技术经济比较后确定。供电电压等级可按表3-9的规定确定。供电半径较长、负荷较大的用户，当电压不满足要求时，应采用高一级电压供电。

表3-9 用户接入容量和供电电压等级参考表

供电电压等级	用电设备容量	受电变压器总容量
220V	10kW及以下单相设备	—
380V	100kW及以下	50kVA及以下
10kV	—	50kVA～10MVA
20kV	—	50kVA～20MVA
35kV	—	5～40MVA
66kV	—	15～40MVA
110kV	—	20～100MVA

注 无20、35、66kV电压等级的电网，110kV电压等级受电变压器总容量为50kVA～20MVA。

100kVA及以上的用户，在高峰负荷时的功率因数不宜低于0.95；其他用户和大、中型电力排灌站，功率因数不宜低于0.90；农业用电功率因数不宜低于0.85。

重要电力用户供电电源配置应符合国家标准GB/T 29328—2018《重要电力用户供电电源及自备应急电源配置技术规范》的相关规定。重要电力用户供电电源应采用多电源、双电源或双回路供电，当任何一路或一路以上电源发生故障时，至少仍有一路电源应能满足保安负荷供电要求。特别重要的一级电力用户宜采用双电源或多电源供电；一级电力用户宜采用双电源供电；二级电力用户宜采用双回路供电。

重要电力用户还应自备应急电源，电源容量至少应满足全部保安负荷正常供电的要求，并应符合国家有关技术规范和标准要求。

（2）电源接入配电网的要求。配电网应满足国家鼓励发展的各类电源及新能源微电网的接入要求，逐步形成能源互联、能源综合利用的体系。

接入35～110kV电网的常规电源，宜采用专线方式并网。分布式电源接入应符合现行行业标准NB/T 32015—2013《分布式电源接入配电网技术规定》的相关规定。在分布式电源接入前，应对接入的配电线路载流量、变压器容量进行校核，并对接入的母线、线路、开关等进行短路电流和热稳定校核，如有必要也可进行动稳定校核。

接入单条线路的电源总容量不应超过线路的允许容量，接入本级配电网的电源总容量不应超过上一级变压器的额定容量以及上一级线路的允许容量。分布式电源并网点应安装易操作、可闭锁、具有明显开断点、带接地功能、可开断故障电流的开断设备。

在满足上述技术要求的条件下，电源并网电压等级可按表 3 - 10 的规定确定。

表 3 - 10　　电源并网电压等级参考表

电源总容量范围	并网电压等级
8kW 及以下	220V
8～400kW	380V
400kW～6MW	10kV
6～50MW	20、35、66、110kV

6. 网格化规划

配电网网格化规划是与城市总体规划和城市控制性详细规划紧密结合，以地块用电需求为基础，以目标网架为导向，将配电网供电区域划分为若干供电网格，并进一步细化为供电单元，形成供电区域、供电网格、供电单元三级网络，分层分级开展的配电网规划。

配电网网格化规划将复杂的配电网划分为多个相对独立的供电网络，实现目标网架规划标准化及差异化、项目管控精细化，有效发挥规划在配电网建设中的引领作用，有利于提高电力系统的整体效益。

网格化规划的主要内容有供电网格与供电单元划分、现状电网评估、负荷预测、上级电网边界条件描述、目标网架研究、过渡方案制定、规划成效评估等。当前，网格化规划理念已在国内城市配电网规划中逐步普及。

（1）网格划分原则。

1）供电网格（单元）划分要按照目标网架清晰、电网规模适度、管理责任明确的原则，主要考虑供电区相对独立性、网架完整性、管理便利性等需求。

2）供电网格（单元）划分是以城市规划中地块功能及开发情况为依据，根据饱和负荷预测结果进行校核，并充分考虑现状电网改造难度、街道河流等因素，划分应相对稳定，具有一定的近远期适应性。

3）供电网格（单元）划分应保证网格直接或单元之间不重不漏。

4）供电网格（单元）划分宜兼顾规划设计、运维检修、营销服务等业务的管理需要。

（2）划分层次结构。供电区域、供电网格、供电单元三级对应不同的电网规划层级，各层级间相互衔接，上下配合，网格化规划层次结构如图 3 - 4 所示。

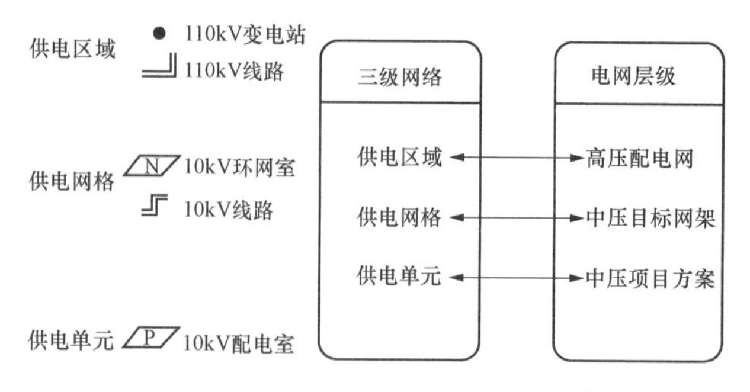

图 3 - 4　网格化规划层次结构

1）供电区域层面。分为A+、A、B、C、D、E六类，重点开展高压网络规划，主要明确高压配电网变电站布点和网架结构。

2）供电网格层面。在供电区域划分的基础上，与多种规划衔接，以市政道路、河流、山丘等地理条件为界，综合考虑配网运维检修、营销服务等因素划分的若干相对独立的单元。供电网格重点开展中压配电网目标网架规划，主要从全局最优角度，确定区域饱和负荷变化，统筹上级电源出线间隔及通道资源。

供电网格根据地区开发深度可分为规划建成区、规划建设区和自然发展区三类，用以指导网格内配电网的规划目标、建设模式与标准的选取。其中，规划建成区是指城市行政区内实际已成片开发建设、市政公用设施和公共服务设施基本完备、区域内供电负荷已经达到或即将达到饱和负荷的地区；规划建设区是指规划区域正在进行开发建设、区域内电力负荷增长较为迅速的地区，一般具有地方政府控制性详细规划；自然发展区是指政府已实行规划控制、发展方向明确、电力负荷保持自然增长的区域。

3）供电单元层面。在供电网格基础上，结合供电网格内地块的功能定位、用地属性、负荷密度、供电特性等因素划分的若干相对独立的单元。供电单元一般由若干个相邻的开发程度相近、供电可靠性要求基本一致的地块或用户区块组成。

供电单元重点落实供电网格目标网架，确定配电设施布点和中压线路建设方案。供电单元是配电网规划的最小单位。

（3）供电网格与供电单元命名及编码规则。

1）供电网格与供电单元的命名原则。供电网格与供电单元应具有唯一的名称，供电网格命名宜体现省、地市、县（区）、代表性特征等信息。代表性特征命名以选择片区名称、代表建筑、供电所名称等。

供电单元命名应在供电网格名称基础上，体现供电单元序号、单元属性等信息。供电单元属性包含目标网架接线类型、供电区域类别、区域发展属性三种信息。目标网架接线类型代码见表3-11。供电区域类别分为A+、A、B、C、D、E六类。区域发展属性分为规划建成区、规划建设区和自然发展区三类，分别用数字1、2、3代码表示。

表3-11　目标网架接线类型代码表

接线模式	接线模式代码
架空多分段单联络	J1
架空多分段两联络	J2
架空多分段三联络	J3
电缆单环网	D1
电缆双环网	D2

2）供电网格与供电单元的编码规则。每个供电网格与供电单元应在唯一命名基础上具有唯一的命名编码。

供电网格命名编码形式应为：省份编码-地市编码-县（区）编码-代表性编码。其中，代表性编码使用代表性地名中文拼音的大写英文缩写字母，如火车站网格的代表性编码为HCZ；其他地区编码参照国家电网公司SAP系统中的编码使用，如河南省编码为HA、郑州市编码为ZZ、二七区编码为EQ。

供电单元命名编码形式为：网格编码-三位数供电单元序号-目标网架接线代码/（供电区域类别＋区域发展属性代码）。例如，河南省郑州市二七区火车站网格003单元（目标网架为电缆单环网、A类供电区域、规划建成区），编码为HA-ZZ-EQ-HCZ-003-D1/A1。

3.2.2 配电网网络结构

思考 配电网网络结构的常见类型及其特点是什么？如何选择合适的网络结构？

1. 各类供电区域的配电网结构要求

合理的电网结构是满足供电可靠性、提高运行灵活性、降低网络损耗的基础。高压、中压和低压配电网三个层级应相互匹配、强简有序、相互支援，以实现配电网技术经济的整体最优。A＋、A、B、C类供电区域的配电网结构应符合下列规定：

（1）正常运行时，各变电站应有相互独立的供电区域，供电区不交叉、不重叠；在出现故障或检修时，变电站之间应有一定比例的负荷转供能力。

（2）在同一供电区域内，变电站中压出线长度及所带负荷宜均衡，应有合理的分段和联络；在出现故障或检修时，中压线路应具有转供非停运段负荷的能力。

（3）接入分布式电源时，应合理选择接入点，控制短路电流及电压水平。

（4）高可靠性的配电网结构应具备网络重构能力，便于实现故障自动隔离。

D、E类供电区的配电网以满足基本用电需求为主，可采用辐射状结构。

配电网规划时应合理配置电网常开点、常闭点、负荷点、电源接入点等拓扑结构，以保证运行的灵活性。

在电网建设的初期及过渡期，可根据供电安全准则要求与目标电网结构，选择合适的过渡电网结构，分阶段逐步建成目标网架。同一地区同类供电区域的电网结构应尽量统一。

2. 高压配电网结构及特点

（1）各类供电区域高压配电网宜采用的电网结构。

A＋、A、B类供电区域高压配电网宜采用链式结构，上级电源点不足时可采用双环网结构，当上级电网较为坚强且中压配电网具有较强的站间转供能力时，也可采用双辐射结构。

C类供电区域高压配电网宜采用链式、环网结构，也可采用双辐射结构。

D类供电区域高压配电网可采用单辐射结构，有条件的地区也可采用双辐射或环网结构。

E类供电区域高压配电网可采用单辐射结构。

（2）高压配电网辐射式结构示意如图3-5所示。

单侧电源辐射式结构的特点：

优点：接线简单，适应发展性强。

缺点：110kV变电站只有来自同一电源的进线，可靠性较差。

适用范围：负荷密度较低、可靠性要求不太高的地区；作为网络形成初期、上级电源变电站布点不足时的过渡性结构。

（3）高压配电网环形结构示意如图3-6所示。

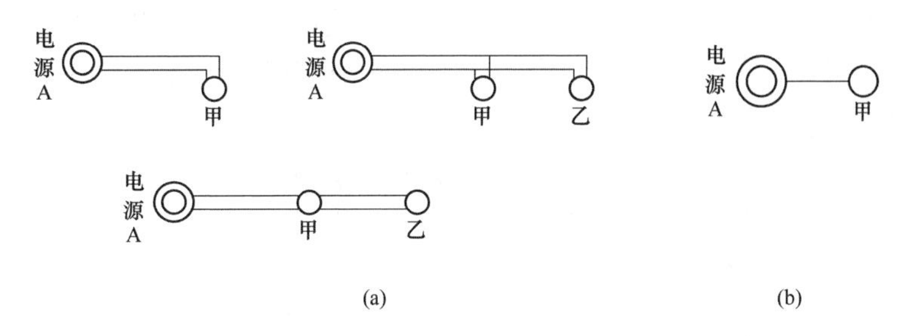

图 3-5 高压配电网辐射式典型结构示意图
(a) 双辐射式；(b) 单辐射式

环形结构（单环、双环）中只有一个电源，变电站间为单线或双线联络。环式结构的特点是：

优点：对电源布点要求低，扩展性强。

缺点：供电电源单一，网络供电能力小。

适用范围：负荷密度低、电源点少、网络形成初期的地区。

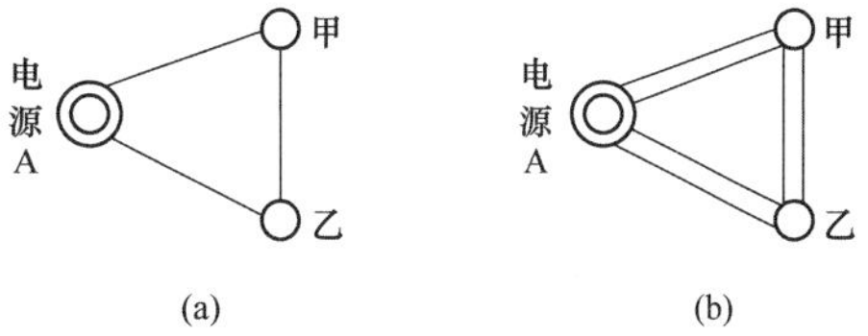

图 3-6 高压配电网环网式典型结构（环形结构，开环运行）示意图
(a) 单环网；(b) 双环网

(4) 高压配电网链式结构示意如图 3-7 所示。

从上级电源变电站引出同一电压等级的一回或多回线路，依次 π 接或 T 接到变电站的母线（或环入环出单元、桥），末端通过另外一回或多回线路与其他电源点相连，形成链状接线方式。链式结构的特点：

优点：运行灵活，供电可靠高。

缺点：出线回路数多，投资大。

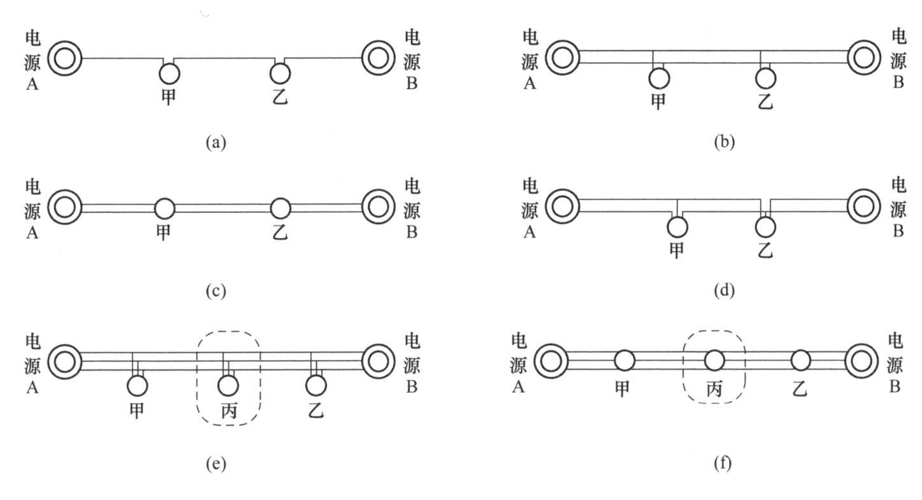

图 3-7 高压配电网链式典型结构示意图
(a) 单链式；(b) 双链式 T 接；(c) 双链式 π 接；(d) 双链 T、π 混合式；
(e) 三链式 T 接；(f) 三链式 π 接

其适用范围：对供电可靠性要求高、负荷密度大的繁华商业区、政府驻地等。

3. 高压配电网结构选择

高压配电网接线方式选择要因地制宜，结合地区发展规划，选择成熟、合理、技术经济先进的方案。各类供电区域内的电网可根据电网建设阶段、供电安全水平要求和实际情况，通过建设与改造，分阶段逐步实现推荐采用的目标电网结构。各类配电网结构的综合比较见表 3 - 12。

表 3 - 12　各类配电网结构综合对比表

序号	网架结构	可靠性	是否满足 $N-1$ 准则	投资
1	单辐射	低	不满足	低
2	双辐射	一般	满足	一般
3	单环	一般	满足	一般
4	双环	较高	满足	较高
5	单链	较高	满足	较高
6	双链	高	满足	高
7	三链	高	满足	高

注　一般情况下，链式结构的 π 接可靠性和投资均高于 T 接。

4. 中压配电网结构及特点

（1）中压配电网目标结构。各类供电区域中压配电网目标电网结构可按表 3 - 13 的规定确定。

表 3 - 13　中压配电网目标电网结构推荐表

供电区域类型	推荐电网结构
A+、A类	电缆网：双环式、单环式、N 供一备（$2\leqslant N\leqslant 4$）
	架空网：多分段适度联络
B类	架空网：多分段适度联络
	电缆网：单环式、N 供一备（$2\leqslant N\leqslant 4$）
C类	架空网：多分段适度联络
	电缆网：单环式
D类	架空网：多分段适度联络、辐射式
E类	架空网：辐射式

中压配电网应根据变电站位置、负荷密度和运行管理的需要，分成若干个相对独立的供电区。分区应有大致明确的供电范围，正常运行时不交叉、不重叠，分区的供电范围应随新增加的变电站及负荷的增长而进行调整。

对于供电可靠性要求较高的区域，应加强中压主干线路之间的联络，在分区之间构建负荷转移通道。

10kV 架空线路主干线应根据线路长度和负荷分布情况进行分段（不宜超过 5 段），并装设分段开关，重要分支线路首端也可安装分段开关。应根据城乡规划和电网规划，预留目标网架的廊道，以满足配电网发展的需要。中压架空配电网典型网络结构如图 3 - 8 所示。

10kV 电缆线路可采用环网结构，环网单元通过环入环出方式接入主干网。双辐射式可作为向单环式、双环式过渡的电网结构。中压电缆配电网典型网络结构如图 3 - 9 所示。

（2）中压配电网典型结构的特点。

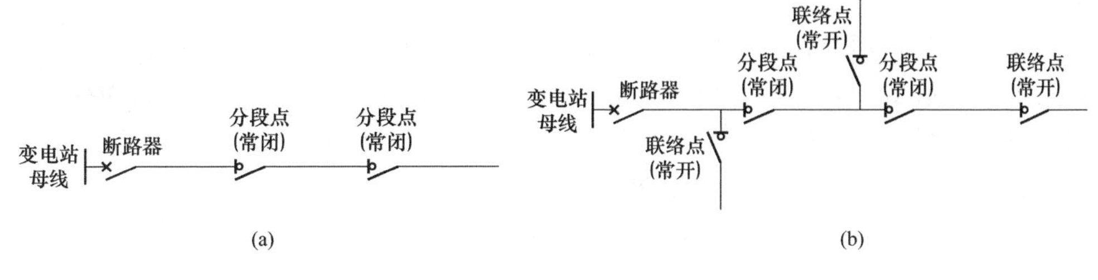

图3-8　中压配电架空网典型结构示意图

(a) 架空网辐射式；(b) 架空网多分段适度联络

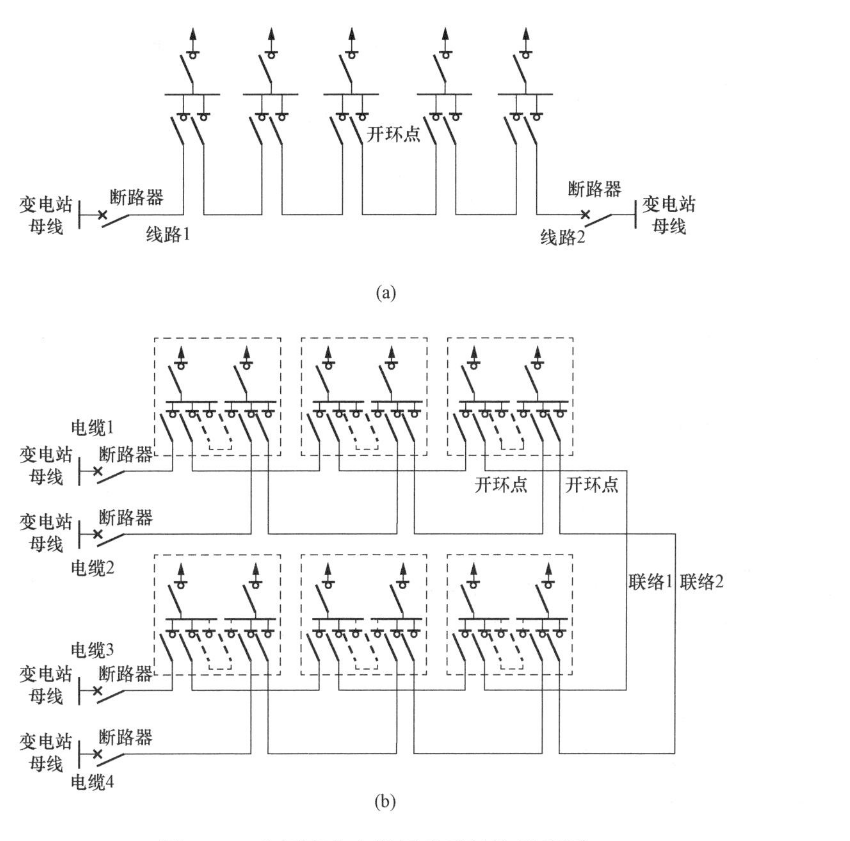

图3-9　中压配电电缆网典型结构示意图

(a) 双侧电源单环形；(b) 双侧电源双环形

1）架空辐射式结构。接线简单清晰、运行方便、建设投资低；当线路或设备故障或检修时，停电范围大，但可通过对主干线分段以缩小事故和检修停电范围，一般分2～3段；当电源故障时，整条线路停电，供电可靠性差，不满足$N-1$要求，但主干线正常运行时的负载率可达到100%；有条件或必要时，可发展过渡为同站单联络或异站单联络。

适用范围：一般仅适用于负荷密度较低、电力用户负荷重要性一般、变电站布点稀疏的地区。

2）架空多分段适度联络接线特点。环网接线，开环运行；分段与联络数量应根据电力用户数量、负荷密度、负荷性质、线路长度和环境等因素确定，线路装接总量宜控制在

12000kVA 以内。

3）双侧电源单环形结构。环网节点一般为环网单元或开关站，由于各个环网点都有两个负荷开关（或断路器），可以隔离任意一段线路的故障，客户的停电时间大为缩短。任何一个区段故障闭合联络开关，将负荷转供到相邻馈线完成转供。一般采用异站单环接线方式，不具备条件时采用同站不同母线的单环接线方式。

适用范围：主要适用于城市区域，对环网点处的环网开关考虑预留，可过渡为双环形等更复杂的结构。

4）双侧电源双环形结构。供电可靠性高，运行较为灵活。满足 $N-1$ 要求，主干线负载率 50%。

双侧电源双环形用于城市核心区、繁华地区，为重要电力用户供电以及负荷密度较高、可靠性要求较高的区域。

5）N 供一备结构。N 条电缆线路连成电缆环网运行，另外一条线路作为公共备用线。非备用线路可满载运行，若有某一条运行线路出现故障，则可以通过切换将备用线路投入运行。

线路利用率 $N/(N+1)$，灵活性、可靠性和负载率随 N 的变化而改变；N 不易过大，操作复杂，联络线路过长。增设备用线路可缓解线路重载，提高可靠性。

适用范围：适用于负荷密度较高、较大容量电力用户集中、可靠性要求较高的区域。

5. 低压配电网结构与接线

低压配电网结构应简单安全，网络宜采用辐射式结构。

低压配电网应以配电站供电范围实行分区供电。低压架空线路可与中压架空线路同杆架设，但不应跨越中压分段开关区域。采用双配电变压器配置的配电站，两台配电变压器的低压母线之间可装设联络开关。

380/220V 低压配电网的主干线截面应按远期规划一次选定。主干线导线截面选择不宜超过 3 种。各类供电区域低压主干线导线的截面积一般要求为：

（1）电缆线路（铜芯）：A、B、C 类供电区，主干线导线截面积不小于 $120mm^2$。

（2）架空线路（铝芯）：A、B、C 类供电区，主干线导线截面积不小于 $120mm^2$。D、E 类供电区，主干线导线截面积不小于 $50mm^2$。

380/220V 低压线路的供电半径应满足末端电压质量的要求：一般 A 类供电区供电半径不宜超过 150m；B 类供电区供电半径不宜超过 250m；C 类供电区供电半径不宜超过 400m；D 类供电区供电半径不宜超过 500m；E 类供电区的供电半径应根据需要确定。

用户配电网络的接线方式，根据系统电压水平和负荷对供电可靠性的要求及负荷密度，可以采用辐射式、干线式、链式、环形及其组合形式。

（1）低压辐射式结构。由配电变压器低压侧引出多条独立线路供给各个独立的用电设备或集中负荷群，如图 3-10（a）所示。其优点是配电线故障互不影响、供电可靠性较高、配电设备集中、检修比较方便。缺点是系统灵活性较差、导线金属耗材较多。

适用范围：单台设备容量较大、负荷集中或重要的用电设备；设备容量不大，并且位于配电变压器不同方向；负荷配置较稳定；负荷排列不整齐。

（2）低压干线式结构。直接从低压引出线经低压断路器和负荷开关引接，减少了电气设备的数量。干线式低压配电网结构如图 3-10（b）所示。

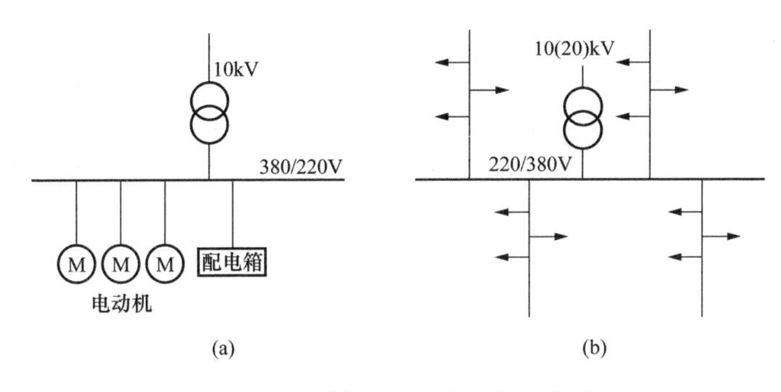

图 3-10　低压配电网结构示意图

（a）低压辐射式结构；（b）低压干线式结构

低压干线式结构的特点是配电设备及导线金属耗材消耗较少，系统灵活性好，但干线故障时影响范围大。

适用范围：数量较多而且排列整齐的用电设备；对供电可靠性要求不高的设备，如机械加工、铆焊、铸工和热处理等。

（3）低压链式结构。特点与干线式基本相同，适用于彼此相距很近、容量较小的用电设备。低压链式结构如图 3-11 所示。

链式相连的设备一般不宜超过 5 台，链式相连的配电箱不宜超过 3 台，且总容量不宜超过 10kW。供电给容量较小用电设备的插座采用链式配电时，每一条环链回路的数量可适当增加。

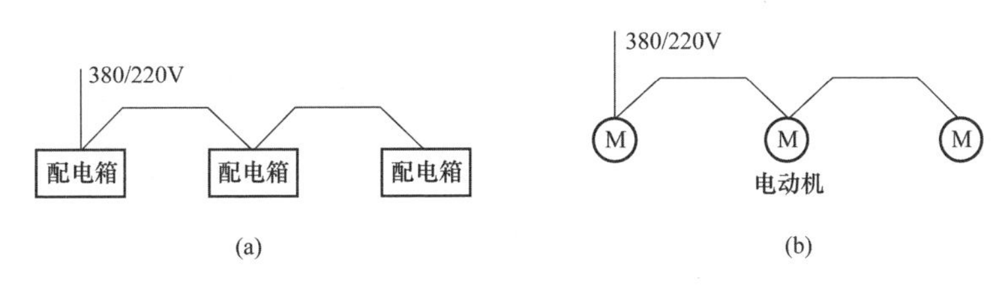

图 3-11　低压链式结构示意图

（a）连接配电箱；（b）连接电动机

3.3　变电站规划设计与电力变压器选择

3.3.1　变电站规划设计概述

1. 变电站规划的目的、内容与要求

变电站规划设计的目的是科学规划电网变电站布局，合理确定变电站规模和选择主变压器、电气主接线等，以满足地区内负荷、电源和网架发展需要，保障各电压等级电力的合理疏散与消纳。

变电站规划设计的主要内容包括变电站站址选择、变电站布局规划、变电站容量规划和变电站主变压器设备选择等。

变电站规划应结合地区负荷发展、电源建设以及电网结构等情况，分析变电站的合理布局和具体地理选址；通过电力平衡分析得到规划期内变电容量需求，确定拟建变电站的容量和进出线规模；统筹考虑变电站在电网中的地位、作用，负荷性质、网架结构等因素，选择变电站主变压器容量、类型、阻抗参数以及电压调整方式，选取变电站电气主接线、主变压器中性点接地方式及设备等。远近结合，既满足近期电网需求，又要兼顾长远发展需要，高低压各侧进出线方便，便于合理过渡，占地面积应考虑最终规模要求。

2. 变电站站址选择要求

变电站站址选择应根据电力系统规划的网络结构、负荷分布、城乡规划、征地拆迁等要求，通过技术经济比较分析和经济效益分析，选择最佳的变电站站址方案。

110kV及以下变电站应尽量靠近负荷中心。变电站布置应兼顾规划、建设、运行、施工等方面的要求，节约用地。

变电站站址的交通运输应方便，周围环境宜无明显污秽；应避开火灾、爆炸及其他敏感设施；站址标高宜在50年一遇高水位上；无法避免时，站区应有可靠的防洪措施，并应高于历史最高内涝水位。

在城市电力负荷集中，但地上变电站建设受限制的地区，可结合城市绿地或运动场、停车场等地面设施独立建设地下变电站，也可结合其他工业或民用建筑共同建设地下变电站。

3.3.2 发电厂与变电站主变压器选择

思考 如何选择发电厂与变电站的主变压器？电网容载比和变压器负载率的合理范围分别是多少？如何进行校核？

在发电厂和变电站中，用于向电力系统或用户输送功率的变压器，称为主变压器；只用于两种升高电压等级之间交换功率的变压器，称为联络变压器。

1. 发电厂主变压器台数与容量的确定

（1）接于发电机电压母线与系统升高电压母线之间的主变压器。

1）当发电机满出力运行时，扣除发电机电压母线上的最小直配负荷后，应能将发电厂的剩余功率送至系统，计算中不考虑稀有的最小负荷情况。

2）计及变压器过负荷能力，当发电机电压母线上最大的一台机组退出运行时，主变压器应能从系统倒送功率，满足发电机电压母线上最大可能负荷的需要。

3）发电机电压母线与系统连接的变压器一般为两台。但对向发电机电压供电的地方电厂、系统电源主要作为备用时，可以只装一台。若有两台及以上主变压器，当其中容量最大的一台主变压器退出运行时，其他主变压器应能将发电厂最大剩余功率的70%以上送至系统。

4）对水电厂占比较大的系统，由于经济运行的需要，在丰水期应充分利用水能，这时有可能停用火电厂的部分或全部机组，火电厂的主变压器应能从系统倒送功率，满足发电机电压母线上最大可能负荷的需要。

（2）发电机与主变压器为单元接线时的主变压器。主变压器容量应按发电机额定容量扣除本机组的厂用负荷后，留有10%的裕度选择。每单元的主变压器为一台。

（3）发电厂内连接两种升高电压母线的联络变压器。联络变压器的容量应满足所联络的两种电压网络之间在各种运行方式下的功率交换。

联络变压器的容量一般不应小于所联络的两种电压母线上最大一台机组的容量，以保证最大一台机组故障或检修时，通过联络变压器来满足本侧负荷的需要；同时也可在线路检修或故障时，通过联络变压器将剩余功率送入另一侧系统。

为了布置和引接线方便，联络变压器一般只装一台。

【例3-1】 某火电厂电气主接线如图3-12所示。已知发电机G1、G2额定功率均为$P_{N1}=25MW$，发电机G3额定功率$P_{N2}=50MW$；发电机G1、G2额定电压$U_N=10.5kV$，其10kV母线上最大负荷$P_{max}=32MW$，最小负荷$P_{min}=23MW$，发电机及负荷的功率因数$\cos\varphi_N$均为0.8；厂用电率$K_P=8\%$。试选择变压器T1～T3的额定容量。

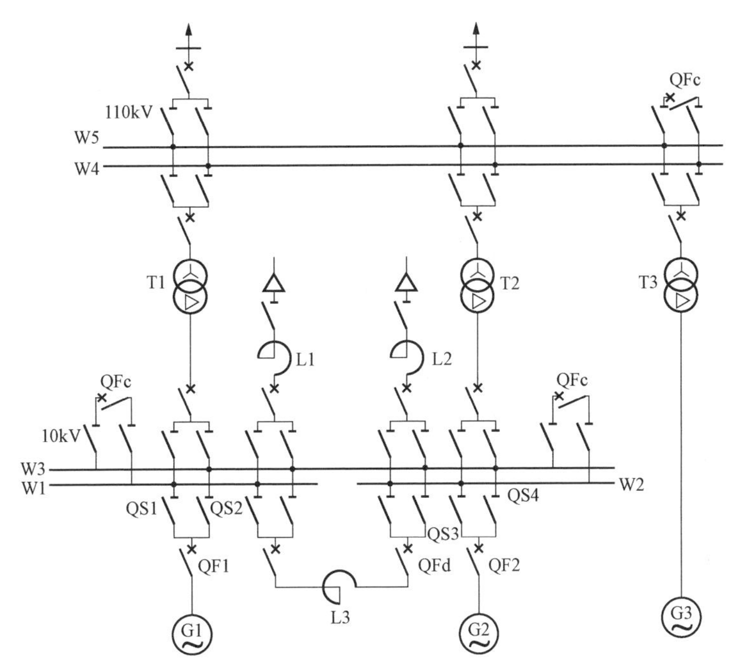

图3-12　某火电厂的电气主接线图

解：（1）接于发电机电压母线与系统升高电压母线之间的主变压器T1、T2容量的选择。

1）T1、T2同时运行，当10kV母线上负荷最小时，应将发电厂最大剩余功率送入系统。此时的变压器计算容量S'为

$$S'=[nP_{N1}(1-K_p)/\cos\varphi_N-P_{min}/\cos\varphi]/n$$
$$=[2\times25\times(1-0.08)/0.8-23/0.8]/2=14.375(MVA)$$

2）当10kV母线上的负荷最小且T1、T2之一退出时，应将发电厂最大剩余功率的70%以上送入系统。此时的变压器计算容量为

$$S'=0.7\times[nP_{N1}(1-K_p)/\cos\varphi_N-P_{min}/\cos\varphi]$$
$$=0.7\times[2\times25\times(1-0.08)/0.8-23/0.8]=20.125(MVA)$$

3）T1、T2 同时运行，当 10kV 母线上的负荷最大且 Gl、G2 其中之一退出时，应从系统倒送功率，满足发电机电压母线上最大负荷的要求。此时的变压器计算容量为

$$S' = [P_{max}/\cos\varphi - P_{N1}(1-K_p)/\cos\varphi_N]/n$$
$$= [32/0.8 - 25\times(1-0.08)/0.8]/2 = 5.625(MVA)$$

根据计算结果取计算容量的最大值，选择变压器标准容量系列中最接近的容量，查附表 C-5 可选择额定容量 S_N 为 20000kVA 的变压器。

(2) 发电机与主变压器为单元接线时的变压器 T3 容量的选择。

按发电机额定容量扣除厂用电后，留 10%裕量的计算容量为

$$S' = 1.1P_{N2}(1-K_p)/\cos\varphi_N = 1.1\times 50\times(1-0.08)/0.8 = 63.25(MVA)$$

查附表可选择额定容量 S_N 为 63000kVA 的双绕组变压器。

练习 3.3　若上题中发电机母线上无其他负荷，厂用电率 $K_P=7\%$时，接于发电机电压母线与系统升高电压母线之间的主变压器 T1、T2 的额定容量应为多少？

（答案：将发电机最大剩余功率送入系统，S_N为 31500kVA）

2. 变电站主变压器台数与容量选择

变电站中一般装设 2～3 台主变压器，对 110kV 及以下的终端变电站，如果只有一个电源，或变电站的重要负荷能由低压侧电网取得备用电源时，也可只装设一台主变压器。

变压器台数过多会导致接线复杂，成本增加；单台变压器容量过大时，则会导致短路容量太大和低压侧出线过多。因此，我国《城市电力网规划导则》中要求，城市变电站中主变压器的台数不宜少于 2 台或多于 4 台；各电压等级单台变压器的容量不宜大于以下数值：500kV：1500MVA；330kV：360MVA；220kV：240MVA；110kV：63MVA；66kV：63MVA；35kV：31.5MVA。

同一规划区域内，相同电压等级的主变压器单台容量规格不宜超过 3 种，同一变电站的主变压器宜统一规格。各类供电区域变电站的最终容量配置推荐表见表 3-14。

表 3-14　　各类供电区域变电站最终容量配置推荐表

电压等级（kV）	供电区域	台数（台）	单台容量（MVA）
110	A+、A	3～4	80、63、50
	B	2～3	63、50、40
	C	2～3	50、40、31.5
	D	2～3	50、40、31.5、20
	E	1～2	20、12.5、6.3
66	A+、A	3～4	50、40
	B	2～3	50、40、31.5
	C	2～3	40、31.5、20
	D	2～3	20、10、6.3
	E	1～2	6.3、3.15

续表

电压等级（kV）	供电区域	台数（台）	单台容量（MVA）
35	A+、A	2～3	31.5、20
	B	2～3	31.5、20、10
	C	2～3	20、10、6.3
	D	2～3	10、6.3、3.15
	E	1～2	3.15、2

注　表中的主变压器低压侧为10kV，80MVA变压器低压侧为20kV。

变电站应按最终规模设计，可分期建设投运，一期投产规模应结合当地负荷发展与电网建设难度综合考虑。变电站一期投产容量宜满足3～5年内不扩建的原则。A+、A、B类地区一期主变规模不宜少于2台；对于有重要负荷的C类区域，若无法形成10kV站间互联，可考虑一期一次投产2台主变压器；在D、E类地区，一期建设规模应视负荷发展情况确定。

变电站内装设2台及以上主变压器时，若1台变压器故障或检修停运，其负荷可自动转移至正常运行的变压器，此时正常运行变压器的负荷不应超过其额定容量，短时允许的过载率不应超过1.3倍，过载时间不超过2h。

2、3、4台主变压器时的变压器负载率取值分别为0.5或0.65、0.67或0.86、0.75或1.0。

变压器低负载率取值标准是按$N-1$原则确定的。新的配电网规划设计中要求在A+、A、B、C类供电区域计及过负荷能力后的允许时间内，1台变压器故障或检修停运时，剩余的变压器应能保证全部负荷供电。变压器若采用高负载率取值标准，可以减少区域内的主变压器总容量或变电站数量，但需要增加变电站之间的低压联络线。

变电站主变压器的负载率取值应按具体情况，进行技术经济分析后确定。

3. 主变压器型式的选择

主变压器按用途可分为升压变压器、降压变压器、联络变压器；按绕组结构可分为普通变压器与自耦变压器；按相数分为三相变压器和单相变压器；按绕组数分为双绕组变压器和三绕组变压器；按绝缘介质可分为油浸式变压器和干式（空气、SF_6或浇注绝缘）变压器；按冷却方式可分为自然冷却变压器、油自然循环风冷却变压器、强迫油循环冷却变压器、强迫油循环导向冷却变压器和水冷变压器。

主变压器应根据安装位置条件，按用途、绝缘介质、绕组型式、相数、调压方式及冷却方式、环境保护条件（噪声水平、无线电干扰水平、局部放电水平）等确定变压器的型式，并应优先选用三相变压器、自耦变压器、低损耗变压器、无载调压变压器。

（1）相数的确定。在不受运输条件（如桥梁负重、隧道尺寸等）限制时，330kV及以下的发电厂和变电站中，均应选用三相心式变压器。因为一台三相心式变压器较同容量的三相组式变压器的三台单相变压器投资小、占地少、损耗小，同时配电装置结构较简单，运行维护较方便。

（2）绕组数量的确定。

1）只有一种升高电压向用户供电或与系统连接的发电厂，以及只有两种电压的变电站，采用双绕组变压器。对于深入负荷中心，具有直接从高压降为中压供电条件的变电站，为减少重复降压容量，一般宜采用双绕组变压器。

2）有两种升高电压向用户供电或与系统连接的发电厂，以及有三种电压的变电站，如果通过变压器各侧绕组的功率达到该变压器额定容量的15%以上，或变压器低压侧无负荷但需要装设无功补偿设备时，主变压器宜选用三绕组变压器。220kV以上的变电站中，主变压器宜优先选用自耦变压器。

(3) 绕组接线组别的确定。变压器的绕组连接方式必须考虑电力系统或机组同步并列的要求及限制三次谐波对电源的影响等因素。电力系统采用的绕组连接方式有星形（Y）和三角形（D）两种。我国电力变压器的三相绕组所采用的连接方式为：110kV及以上电压侧均为“YN”，即星形有中性点引出并直接接地；35kV作为高、中压侧时都可能采用“Y”，其中性点不接地或经消弧线圈接地，作为低压侧时可能用“y”或“d”；35kV以下电压侧（不含0.4kV及以下）一般为三角形，也有采用星形。当10kV配电系统中$3n$次谐波电流较大或需要提高单相接地故障保护灵敏度时，变压器可采用Dyn11接线组。

三相双绕组电力变压器的接线组别一般为：Yd11、YNd11、YNy0、Yyn0、Dyn11。

三相三绕组电力变压器的接线组别一般为：YNy0d11、YNyn0d11、YNa0d11（表示高、中压侧之间为自耦方式）等。

(4) 变压器阻抗与调压方式的确定。从电力系统稳定和供电电压质量考虑，主变压器阻抗越小越好；但阻抗的降低会造成系统短路电流增加，从而提高对电气设备的要求。因此，主变压器阻抗的选择必须从电力系统稳定、无功平衡、电压调整、短路电流、继电保护、变压器并联运行等方面进行综合考虑。

变压器的电压调整是由分接开关切换变压器的分接头来实现。主变压器分接位置一般在高压绕组上，且一般接在星形连接绕组上。分接头切换方式有两种：一种是不带电切换，称为无载调压，其分接头较少，调压范围在±2×2.5%以内；另一种是带负载切换，称为有载调压，其分接头较多，调压范围可达30%，但其结构复杂、价格贵。在满足运行要求的前提下，应尽量选用无载调压变压器。

设置有载调压的原则如下：

1）对于220kV及以上的降压变压器，仅在电网电压可能有较大的变化的情况下采用，一般不宜采用有载调压。

2）对于110kV及以下的变压器，一般至少有一级电压采用有载调压。

3）接于功率变化大的发电厂的主变压器，或接于时而为送端，时而为受端母线上的发电厂的联络变压器，一般采用有载调压。

(5) 变压器冷却方式。电力变压器的冷却方式随其型式和容量的不同而异。油浸式变压器按油的循环及冷却方式一般分为以下几种：

1）油自然循环自然风冷却（ONAN），简称自冷式。其借助变压器油箱上的片状或管形辐射式冷却器（又称散热器）热辐射和空气自然对流冷却，适用于8000kVA以下的小容量变压器。

2）油自然循环强迫风冷却（ONAF），简称风冷式。其在油箱冷却器之间加装数台风扇，使油迅速冷却，适用于容量为8000kVA及以上的变压器。

3）强迫油循环强迫风冷却（OFAF）。该冷却方式利用潜油泵强迫油循环，用风扇对油管进行冷却，适用于容量为 31.5MVA 及以上的变压器。

4）强迫油循环水冷却（OFWF）。该冷却方式利用潜油泵强迫油循环，用水对油管进行冷却，散热效率高，节省材料，减小变压器本体尺寸，但要具备一套水冷却系统并且对冷却器的密封性能要求较高。一般水力发电厂的升压变压器电压为 220kV 及以上、容量为 60MVA 及以上的采用该冷却方式。

5）强迫油循环导向风冷却（ODAF）或水冷却（ODWF）。利用潜油泵将油压入绕组之间、线饼之间和铁芯预先设计好的油道中，经过风冷却和水冷却器进行冷却。容量为 350MVA 及以上的大容量变压器采用该冷却方式。

此外，干式变压器因容量较小，一般采用自冷或风冷方式。

练习 3.4　对下列额定容量的电力变压器选择适合的冷却方式并说明其含义：

（1）1MVA；（2）10MVA；（3）31.5MVA；（4）63MVA；（5）120MVA；（6）500MVA

A：ONAF　B：OFAF　C：ONAN　D：OFWF　E：ODAF

［答案：（1）A；（2）A；（3）B；（4）B；（5）D；（6）E］

3.3.3　配电变压器选择

1. 配电变压器容量与台数选择

（1）配电变压器台数选择。对供电可靠性要求较高的用户，一般不低于 2 台；系统的变电站仅有少量二级负荷，而且低压侧有足够容量的联络电源作为备用时和仅有容量较小的三级负荷时，可只设一台变压器。

当季节性负荷或照明负荷容量较大时，可分别设专用变压器，以提高运行经济性。

（2）配电变压器的容量确定。应考虑电力用户用电设备的安装容量、计算负荷，并结合用电特性、设备同时系数等因素后确定用电容量。

配电变压器计算容量公式为

$$S = \frac{P_c/\cos\varphi}{K_{LD}} \tag{3-12}$$

式中：S 为变压器计算视在容量，kVA；P_c 为计算负荷，kW；$\cos\varphi$ 为负荷的平均功率因数；k_{LD} 为配电变压器的负载率。

配电变压器负载率的选定

$$K_{LD} = (S_{max}/S_N) \times 100\% \tag{3-13}$$

在正常运行方式的最大负荷下，当变压器负载率低于 20%称为轻载运行，设备利用率偏低；当变压器负载率高于 80%称为重载运行，设备的运行风险增加；规划设计时，应避免设备长期处于轻载或重载状态。

配电变压器的负载率可依据不同的条件选择：①普通电力用户单路单台变压器时：负载率选择 70%～80%；②双路双台变压器时：负载率选择 50%～70%。重要电力用户负载率可选择低于 50%。居民住宅小区变压器总容量：功率因数可取 0.95，负载率一般可取 50%～70%。

GB 51348—2019《民用建筑电气设计标准》中规定：配电变压器的长期工作负载率考

虑经济运行不宜大于85%。

按照上述原则计算所需配电变压器容量后，参照国家标准变压器容量系列，一般向上取最相近的变压器额定容量。

(3) 配电变压器的常用容量。

10kV全密封油浸式变压器容量有10、30、50、100、200、315、400、500、630、800、1000、1250kVA等。

10kV干式变压器容量采用30、50、315、400、500、630、800、1250、1600、2000、2500kVA。

10kV非晶合金变压器容量一般采用100、200、315、400、500、630kVA。

2. 配电变压器类型选择

配电变压器的选型应以变压器整体可靠性为基础，综合考虑技术参数的先进性与合理性，结合损耗评价，同时还要考虑可能对系统安全运行、运输和安装空间方面的影响。

(1) 柱上三相油浸式变压器容量不超过400kVA，独立建筑配电室内的单台油浸式变压器容量不宜大于630kVA。

(2) 在非噪声敏感区、最高负荷相对平稳且平均负载率低、轻载运行时间长的供电区域，应优先采用非晶合金变压器以提升节能效果。

(3) 在城市间歇性供电区域或其他周期性负荷变化较大的供电区域，如城市路灯照明、季节性灌溉等负荷，应结合安装环境优先采用调容配电变压器。

(4) 在日间负荷峰谷变化大或电压要求高的供电区域，应结合安装环境优先采用有载调压配电变压器。变压器应选用高效节能环保型（低损耗、低噪声）产品。

(5) 干式变压器适用安装于公共建筑物及非独立式建筑物内，安装时需要考虑变压器的防火、通风、散热要求及噪声对周边环境的影响。

3.4 电网无功补偿规划设计

3.4.1 无功功率补偿概述

思 考 无功功率补偿的作用是什么？实现方式有哪些？规划与配置原则是什么？

1. 无功功率补偿的作用

无功功率可分为感性无功功率和容性无功功率，它们实际上反映了设备绕组线圈的电感性磁场储能与电容器及线路电容效应的电容性电场储能。无功功率平衡是实现电磁能量转换与维持系统电压稳定的基本条件。

在电感性为主（$X \gg R$）电力系统中，主要由无功功率的分布和流动决定电力系统电压分布和水平。电压质量对电力系统的安全与经济运行、保证用户安全生产和产品质量以及电器设备的安全与寿命有重要的影响。

为保持电力系统合适的电压水平及对电压进行控制，需要在电网中的适当地点装设一定容量的无功补偿装置，保障系统无功功率平衡。有效的电压控制与合理的无功补偿，不仅能保证电力系统的电压质量，还能降低电网的有功损耗，提高电力系统运行的稳定性和安全性，充分发挥经济效益。

由于电力系统中存在交直流两类输电方式，不同输电方式中无功补偿的功能与作用不尽相同。

2. 无功补偿规划原则

电力系统配置的无功补偿装置应在系统有功负荷高峰和低谷运行方式下，保证分（电压）层分（供电）区的无功平衡。

无功补偿配置应根据电网情况，采取分散就地补偿与变电站集中补偿相结合、电网补偿与用户补偿相结合、高压补偿与低压补偿相结合的原则，满足降损和调压的需要。

各电压等级变电站应结合电网规划和电源建设，合理配置适当规模、类型的无功补偿装置。所装设的无功补偿装置应不引起系统谐波明显放大，并应避免无功电力穿越变压器。35～220kV变电站所装设的无功补偿装置以补偿变压器无功损耗为主，适当兼顾负荷侧的无功补偿。容性无功补偿装置应满足在主变压器最大负荷时，高压侧功率因数应不低于0.95，在低谷负荷时功率因数不高于0.95，不低于0.92；变压器低压侧功率因数应大于0.9。

各电压等级变电站无功补偿装置的分组容量选择，应根据计算确定，最大单组无功补偿装置投切引起所在母线电压变化不宜超过电压额定值的2.5%。对带负荷调压变压器所接电容器组投切时，电压变动值不宜引起变压器调压分接头挡位变化。

对于大量采用10～220kV电缆线路的城市电网，在新建110kV及以上电压等级的变电站时，应根据电缆进出线情况在相关变电站分散设置适当容量的感性无功补偿装置。

3.4.2 无功补偿容量的配置

在规划出系统或局部地区所需要的无功补偿总容量后，需要按相关技术原则将其配置到各级变电站中去。

1.220kV电压等级变电站的无功补偿配置

220kV变电站的容性无功补偿以补偿变压器无功损耗为主，并适当补偿部分线路的无功损耗。补偿容量按照主变压器容量的10%～25%配置，并满足在主变压器最大负荷时，高压侧功率因数应不低于0.95。

当无功补偿装置所接入母线无直配负荷或变压器各侧出线以电缆为主时，容性无功补偿容量可按下限配置。变电站安装有两台及以上变压器时，每台变压器配置的无功补偿容量宜基本一致。

对进出线以电缆为主的220kV变电站，可根据电缆长度配置相应的感性无功补偿装置。每台变压器的感性无功补偿装置容量不宜大于主变压器容量的20%，或经过技术经济比较后确定。

2.35～110kV变电站的无功补偿配置

35～110kV变电站的容性无功补偿以补偿变压器无功损耗为主，并适当补偿负荷侧的无功损耗。补偿容量按照主变压器容量的10%～30%配置，并满足在主变压器最大负荷时，高压侧功率因数应不低于0.95。

110kV 变电站单台变压器容量 40MVA 及以上时，每台变压器应配置不少于两组的容性无功补偿装置。

110kV 变电站无功补偿装置的单组容量不宜大于 6MVA；35kV 变电站无功补偿装置的单组容量不宜大于 3MVA，单组容量的选择还应考虑变电站负荷较小时无功补偿的需要。

新建 110kV 变电站时，应根据电缆进出线情况配置适当容量的感性无功补偿装置。

3. 10kV 变电站的无功补偿配置

配电网的无功补偿以配电变压器低压侧集中补偿为主。配电室内应配置无功补偿电容器柜，采用无功自动补偿方式。电容器组的容量为配电变压器容量的 20%～40%配置。

10kV 箱式变电站的无功补偿容量按照变压器容量的 10%～30%配置，按无功需量自动投切。

10kV 柱上变压器的无功补偿：不配置或 200kVA 以下变压器按 60kvar 容量配置，200～400kVA 变压器按 120kvar 容量配置，实现无功需量自动投切，按需配置配电智能终端。

4. 电力用户的无功补偿

（1）电力用户的无功补偿目标。100kVA 及以上高压供电的电力用户，在用户高峰负荷时变压器高压侧功率因数不宜低于 0.95；其他电力用户和大中型电力排灌站，功率因数不低于 0.9；农业用电功率因数不宜低于 0.85。

（2）配电用户无功补偿容量计算。确定配电用户无功补偿容量的方法：已知补偿前负荷有功功率为 P_{av}，补偿前的平均功率因数为 $\cos\varphi_1$，补偿后的功率因数为 $\cos\varphi_2$，则无功补偿装置的补偿电容器容量 Q_c 可用式（3 - 14）计算

$$Q_c = P_{av}(\tan\varphi_1 - \tan\varphi_2) \tag{3-14}$$

式中：Q_c 为所需补偿电容器容量，kvar；P_{av} 为负荷平均有功功率，kW。

【例 3 - 2】 某民用高层建筑 10/0.4kV 变电站位于主体建筑地下室内，有两回 10kV 电源进线。变电站有低压一级负荷 304kW，二级负荷 936kW，三级负荷 1476kW，考虑同时系数后总有功负荷合计 2037kW，其中一、二级负荷合计 992kW。负荷的自然功率因数约为 0.82，要求无功补偿后功率因数达到 0.95。试计算无功补偿装置容量并选择该变电站配电变压器。

解：（1）配电变压器类型与台数选择。

本变电站位于高层建筑的主体建筑地下室内，根据规范要求须采用干式变压器。选用 SCB11 型三相双绕组干式变压器，电压比为 10±5%/0.4kV。连接组号为 Dyn11，无载调压，因为一、二级负荷容量较大，故采用两台变压器。

（2）无功补偿容量选择。

$$\tan\varphi_1 = \tan(\arccos 0.82) = 0.698, \quad \tan\varphi_2 = \tan(\arccos 0.95) = 0.329$$

$$Q_c = P(\tan\varphi_1 - \tan\varphi_2) = 2037 \times (0.698 - 0.329) = 752(\text{kvar})$$

根据低压无功补偿装置规格，可选成套无功补偿电容器装置容量 750kvar。

（3）变压器容量选择。

选择两台等容量的变压器，互为备用。

经计算，补偿后的总视在功率为 2037/0.95=2144kVA，一、二级负荷合计视在功率为 992/0.95=1044kVA。

双路双台变压器时：变压器负载率按 50%～70%，这里按 70%得到变压器的计算容量 $S=2144/0.7=3063\mathrm{kVA}$。

每台变压器计算容量约为 3063/2=1532kVA。

选择接近的标准系列容量且大于一、二级负荷总容量 1044kVA，取单台变压器额定容量 $S_N=1600\mathrm{kVA}$。

变压器实际负载率为 2144/3200=0.67，满足要求。

最终选择两台型号为 SCB 11－1600/10 型三相双绕组干式变压器，连接组号为 Dyn11，额定容量 1600kVA，无载调压，电压比为 10±5%/0.4kV，阻抗电压 6%。

习题

3－1　电网发展诊断的作用是什么？通过小组讨论，结合表 3－3 分析世界主要地区电力系统的当前发展阶段与发展趋势。

3－2　某新建热电厂有 2 台 50MW、2 台 200MW 发电机。50MW 发电机 $U_N=10.5\mathrm{kV}$，$\cos\varphi=0.8$；200MW 发电机 $U_N=15.75\mathrm{kV}$，$\cos\varphi=0.85$；有 10kV 电缆馈线 24 回，10kV 最大综合负荷 60MW，最小负荷 40MW，$\cos\varphi=0.8$；高压侧 220kV 有 4 回线路与系统连接，不允许停电检修断路器；厂用电率 8%。试选择该电厂的主变压器台数与容量。

3－3　B 类供电区某新建 110/10kV 变电站，10kV 最大负荷为 32MW，补偿后功率因数按 0.95，负荷年增长率按 9%，考虑 5 年后负荷发展，试选择该变电站本期与远期的主变压器台数、容量与型式。

3－4　根据习题 1－6（2）中的负荷数据，要求将功率因数从 0.86 补偿到 0.95 以上。试完成：

（1）计算低压侧所需的无功补偿装置容量与补偿后的视在功率。

（2）选择配电变压器的台数与额定容量。

讨论

1. 目前一台电动汽车的充电功率约为 90kW，如果社会普及了电动汽车，其充电需求将达到多少？对电力系统会造成什么影响？

2. 你认为储能技术的发展会对电力系统结构与运行产生什么影响？

第4章 电气一次系统

学习目标

（1）理解电气主接线与电气回路的内涵、电气主接线的基本要求与设计步骤，会合理选择电气主接线形式并进行电气一次设备配置，能够画出较规范的电气主接线图。

（2）理解限制短路电流的原因与标准，会合理选择限制短路电流措施。

（3）了解电力系统中性点各种接地方式的特点，会计算中压系统单相接地电容电流，能够选择合理的电力系统中性点接地方式。

（4）理解变电站电气布置的要求，会初步选择变电站配电装置布置方案。

4.1 发电厂和变电站的电气主接线

4.1.1 电气主接线概述

思 考 什么是电气主接线与电气回路？对电气主接线有哪些基本要求？电气主接线的设计步骤有哪些？

1. 电气主接线、电气回路与电气主接线图

（1）电气主接线。发电厂和变电站中，将发电机、变压器、断路器、互感器等各种电气一次设备以及连接一次设备的母线、联络导体导线及电缆，按不同功能要求连接组成的生产、变换和分配电能的总电路，称为电气主接线，又称为电气一次接线或电气一次系统。

（2）电气回路。电气回路是指由几种电气一次设备连接构成的实现某一特定功能用途的接线电路。通常将电气回路实现的用途作为该回路名称，如发电机回路、主变压器回路、厂（站）用变压器回路，以及不同电压等级的进线（或联络线）回路、馈出线回路、母联（或分段）回路、母线设备回路、无功补偿装置回路等。

电力系统运行中，一般以电气回路为单位进行操作。将电气回路从一种状态转换为另一种状态的操作称为倒闸操作，比如从停电到带电、从带电到停电状态之间的转换。电气回路中电气一次设备的种类、数目与接法可能因回路用途或其所在主接线形式的不同而不同。多数回路中包含一台断路器及其前后的两组隔离开关、一组或多组电流互感器，并根据需要配置接地开关或避雷器等，而母线设备回路一般包含隔离开关及接地开关、熔断器、电压互感器、避雷器等。

（3）电气主接线图。电气主接线图是将全部电气一次设备用统一规定的设备图形和文字符号，按照其实际连接顺序绘制而成的总电路图。三相对称系统的电气主接线图一般用单线

图（用一根线表示三相）绘制，但局部三相接线不相同（如三相中电流/电压互感器配置不同）时，则应画出其三相接线。

电气主接线图中应标注出各主要电气一次设备、线路、母线及电缆的编号、型号、规格与数量。电气主接线图能够反映各用途电气回路与电气回路中各电气设备的配置与连接关系，可以反映电气系统的运行方式，是非常重要的电气技术资料。

练习 4.1 指出某变电站电气主接线图中各种用途的电气回路及其数目。

2. 对电气主接线的基本要求

发电厂、变电站的电气主接线设计是电气工程设计的核心。电气主接线对发电厂、变电站的电气设备选择、配电装置布置、继电保护及自动控制方式的拟定都有重大影响。

发电厂、变电站的电气主接线设计是一个综合性问题，应根据发电厂、变电站在电力系统中的地位与作用，及其建设规模、电压等级、线路回数、负荷情况等具体情况来确定，同时应满足安全性、可靠性、灵活性与经济性的要求。

（1）安全性。电气主接线的安全性是指在电气主接线设计时配置必要的电气设备，如在电气回路中适当位置配置必要的隔离开关与接地开关，以保障操作与检修时的人身安全的要求等。安全性是由相关规范保证的强制性要求。

（2）可靠性。供电可靠是对电气主接线的基本要求。电气主接线的可靠性可以用电气主接线无故障工作时间占全部时间的比例来表示。

电气主接线的可靠性是其一次部分和相应的二次系统部分在运行中可靠性的综合，并且在很大程度上取决于设备的可靠程度，采用高可靠性的电气设备可以简化接线。因设备检修或事故被迫中断供电的机会越少、影响范围越小、停电时间越短，则表明主接线的可靠性越高。同时，对发电厂、变电站电气主接线可靠性的要求程度，应与其在电力系统中的地位和作用相适应，即发电厂、变电站的容量和负荷越大、电压等级越高，其电气主接线设计时的可靠性要求应越高。

需要注意的是，复杂的电气主接线，不仅增加投资，而且会增加操作步骤，给操作带来不便，并增加误操作的概率。而过于简单的主接线，则可能满足不了运行方式的要求，给运行带来不便，甚至增加不必要的停电次数和时间。

电气主接线的可靠性可以定量计算，也可以定性分析。一般对地位重要的大型发电厂或枢纽变电站才要进行可靠性的定量计算。

在定性分析电气主接线的可靠性时，主要考虑以下几个方面：

1）断路器检修时，不宜影响对系统的供电。

2）断路器或母线故障，以及母线或母线隔离开关检修时，尽量减少停运出线的回路数和停运时间，并保证对一、二级负荷的供电。

3）尽量避免发电厂或变电站全部停运的可能性。

（3）灵活性。

1）调度灵活，操作方便。应能方便而灵活地调配电源、变压器和负荷，满足在正常、事故、检修以及特殊运行方式下的系统调度要求，操作步骤尽可能少。

2）检修方便。电气主接线应能方便而安全地停运检修断路器、母线等主要电气设备，进行检修而不影响电网的正常运行和对用户的供电。

3）便于扩建。应考虑扩建的可能性，留有余地，在不影响连续供电或停电时间最短的情况下，完成过渡方案的实施，使改造工作量小。

（4）经济性。电气主接线设计首先应满足可靠性和灵活性的要求，而它们与经济性之间往往发生矛盾，即若要主接线可靠、灵活，将可能导致投资增加。设计时应在满足可靠性和灵活性的前提下，做到经济合理。主接线的经济性主要表现在以下方面：

1）节省投资。主接线应力求简单清晰，以节省断路器、隔离开关等一次设备投资；并应适当限制短路电流，以便选择轻型电气设备，降低投资；应使控制、保护回路不过于复杂，以利于运行并节省二次设备的投资。

2）占地面积小。电气主接线的设计要为配电装置布置时节约占地创造条件，以便减少用地和节省构架、导线、绝缘子及安装费用。

3）年运行费小。年运行费包括电能损耗费、折旧费及大修费、日常小修维护费。其中电能损耗主要由主变压器引起，因此，要合理地选择主变压器的种类（双绕组、三绕组或自耦变压器）、容量与台数，避免因两次变压而增加电能损耗。

4）在可能的情况下，应采取一次设计，分期投资、投产，尽快发挥经济效益。

3. 电气主接线的设计步骤和内容

（1）原始资料分析。

1）工程情况。工程情况包括本发电厂或变电站类型、建设规模（近期、远景）、单机容量及台数、可能的运行方式及年最大负荷利用小时数等。

2）电力系统情况。电力系统情况包括系统的总装机容量、近期及远期发展规划、归算到本厂（站）高压母线的电抗、本厂（站）在系统中的地位和作用、近期及远景与系统的连接方式及各电压级中性点接地方式等。

发电厂、变电站在系统中处于重要地位时对其电气主接线可靠性要求高。系统的归算电抗在主接线设计中主要用于短路计算，以便选择电气设备。电厂与系统的连接方式也要与其地位和作用相适应，例如，仅向系统输送不大的剩余功率的发电厂，与系统之间可采用单回路联系方式；绝大部分电能向系统输送的发电厂，与系统之间则采用双回或环形强联系方式。

电力系统中性点接地方式是一个综合性问题。我国对35kV及以下电网中性点采用非直接接地（不接地或经消弧线圈接地、接地变压器接地等），又称小接地电流系统；对110kV及以上电网中性点均采用直接接地，又称大接地电流系统。电网的中性点接地方式决定了主变压器中性点的接地方式。

3）负荷情况。负荷情况包括电力负荷的地理位置、电压等级、出线回路数、输送容量、负荷类别、最大及最小负荷、功率因数、年增长率、年最大负荷利用小时数等。

4）其他情况。其他情况包括环境条件、设备制造情况等。当地的气温、湿度、覆冰、污秽、风向、水文、地质、海拔及地震等因素，对电气主接线中电气设备的选择、厂房和配电装置的布置等均有影响。

（2）拟定若干个可行的电气主接线方案。根据设计任务书的要求，在对原始资料进行分析的基础上，依据相关规范，对各电压等级电气主接线拟定出若干个可行的电气主接线方案（含本期和远期）。

（3）对各方案进行技术论证。根据主接线的基本要求，从技术上论证各方案的优、缺点，对地位重要的大型发电厂或枢纽变电站要进行可靠性的定量计算、比较，淘汰一些明显不合理的、技术性较差的方案，保留2～3个技术上相当的、满足任务书要求的方案。

（4）对所保留的方案进行经济比较。对所保留的2～3个技术上相当的方案进行经济分析，并进行全面的技术、经济比较。经济比较主要是对各个参加比较的主接线方案的综合总投资和年运行费两大项进行综合效益比较。比较时，一般只需计算各方案不同部分的综合总投资和年运行费。经济比较的计算有多种方法，可参考有关文献。

（5）确定推荐方案。在全面的技术、经济比较的基础上，确定各电压等级电气主接线的推荐方案。

（6）绘制电气主接线图。

4.1.2 电气主接线的基本接线形式及其特点

思考 如何从保证操作及检修安全的角度理解高压断路器与隔离开关在电气主接线中的配置要求与倒闸操作的原则？如何从可靠、灵活与经济的角度分析具有不同电压等级的出线回路数量时应采用的电气主接线形式？

发电厂和变电站电气主接线的基本形式可分为有汇流母线和无汇流母线两大类，它们又各分为多种不同的接线形式，按电压等级高低和出线回路数量不同有一个大致的适用范围。

有汇流母线的接线形式使用的开关电器较多，配电装置占地面积较大，投资较大，母线故障或检修时影响范围较大，适用于进出线较多（一般超过4回时）并且有扩建和发展可能的发电厂和变电站。有汇流母线的主接线可分为单母线、单母线分段、双母线、双母线分段、增设旁路母线的接线、一台半断路器接线、双母线双断路器接线等。

无汇流母线的接线形式的配电装置占地较省，并避免了因母线或母线隔离开关故障而引起的供电中断，也降低了投资，但不易于扩建和发展，一般用于进出线少的场所。无汇流母线的主接线可分为单元接线、桥形接线和多角形接线等。

1. 倒闸操作及其基本原则

（1）倒闸操作及其特点。任一电气回路的投入与切除，以及电力系统运行方式切换的基础环节都是倒闸操作。

倒闸操作的特点是：使用广泛，频繁；所需操作的电气设备较多；操作步骤必须按次序在较短时间内完成；不同电气主接线形式中的不同电气回路的倒闸操作也有所不同。这些特点造成了在倒闸操作时容易产生误操作，从而影响电网的安全运行，甚至可能造成人身伤亡事故。

为保证电力系统安全可靠运行，避免误操作，必须严格执行操作制度，并配合必要的技术防误措施。另外，倒闸操作的种类虽多，但都遵循一定的基本原则。

（2）倒闸操作的基本原则。首先根据高压断路器与隔离开关的特点，决定其操作次序。高压断路器具有专用灭弧装置，能接通和断开正常工作电流与故障电流，而隔离开关没有灭弧装置，不能断开正常负荷电流与故障电流，只能分、合几安的小电流，主要用作隔离电源。因此隔离开关应该在断路器闭合之前接通，在断路器断开之后断开，即所谓的“先通后断”。

高压电力系统中倒闸操作的一些基本要求为：

1）送电操作按照“合上母线侧隔离开关→合线路侧隔离开关→合高压断路器”的次序进行。

2）停电操作按照“断开断路器→拉开线路侧隔离开关→拉开母线侧隔离开关”的次序进行。

3）拉开或合上隔离开关前，必须检查对应的断路器是否确实在断开位置，防止隔离开关带负荷操作导致的电弧引起母线短路事故。

4）启用母线前应先充电检查，判断其是否有故障存在，确定正常之后再接入使用。

5）隔离开关必须在断路器断开或等电位情况（有旁路连接隔离开关的两个触头）下才能操作。

6）隔离开关和非闭锁的接地开关操作的原则：先拉开隔离开关，再合接地开关；先拉开接地开关，再合隔离开关。

练习 4.2　写出图 4-1 中 WL1 回路停电与送电的操作次序。

2. 有汇流母线的接线形式

（1）单母线接线。典型的单母线接线如图 4-1 所示，其所有电源和引出线回路都经过开关设备连接于同一组母线上。为便于每回路的操作与检修安全，在每回进出线都装有一台断路器和多组隔离开关。临近母线的隔离开关称为母线隔离开关，如图中 QS11；靠近线路侧的隔离开关为线路隔离开关，如 QS13。

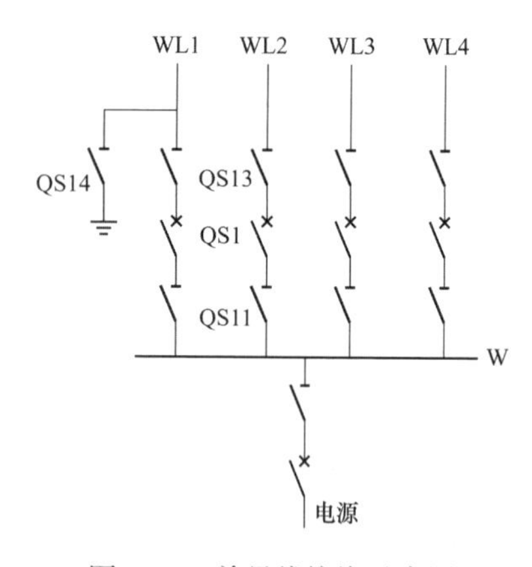

图 4-1　单母线接线示意图

接地开关（或称接地刀闸），如图中 QS14，其作用是在检修时取代安全接地线。当电压为 110kV 及以上时，断路器两侧隔离开关或出线隔离开关应配置接地开关。

因为断路器有灭弧装置，而隔离开关没有，所以，停送电操作必须严格遵守操作顺序，即隔离开关必须在断路器断开的情况下或等电位情况下才能进行操作。如出线 WL1 检修后恢复送电的操作顺序为：拉开 QS14→检查 QF1 确在断开状态→合上 QS11→合上 QS13→合上 QF1。停电操作顺序相反：断开 QF1→检查 QF1 确在断开状态→断开 QS13→断开 QS11。

单母线接线的主要优点是接线简单清晰，设备少，投资小，运行操作方便，有利于扩建和采用成套配电装置。

单母线接线的缺点是可靠性低、灵活性差。任一回路的断路器检修时，该回路停电；母线或任一母线隔离开关故障或检修时，需全部停电。

单母线接线的适用范围：不分段单母线接线一般只适用于系统中只有一台发电机或一台主变压器且无重要负荷的以下三种情况：

1）6～10kV 配电装置，出线回路数不超过 5 回；

2）35～66kV 配电装置，出线回路数不超过3回；

3）110～220kV 配电装置，出线回路数不超过2回。

当采用成套配电装置时，由于其工作可靠性较高，也可用于重要用户（如厂、站用电）。

（2）单母线分段接线。单母线分段接线如图4-2所示，为克服单母线接线存在的不足，可把单母线分为几段，在不同母线段之间设置一个断路器和两个隔离开关作为分段回路。每段母线上均接有电源和出线回路，母线之间的断路器称为分段断路器。

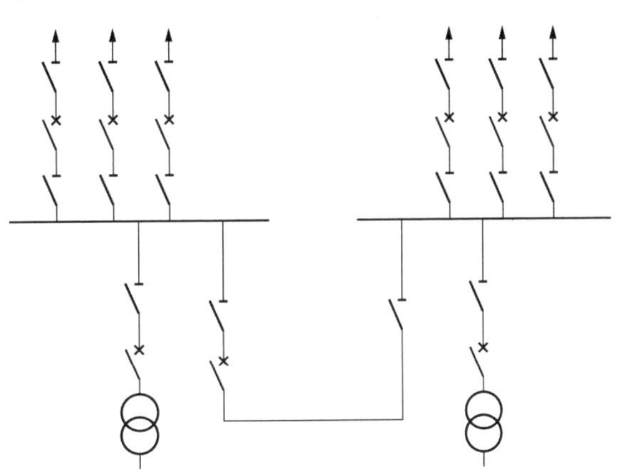

图4-2 单母线分段接线示意图

当一段母线或某一母线隔离开关故障时，分段断路器由继电保护装置自动断开，将故障段隔离，保证无故障段母线仍正常运行，从而缩小停电范围，提高了可靠性。比如对重要用户，可从不同母线段引出两个回路，在任一段故障时，保证另一回路正常供电。

单母线各分段可并列运行，也可分列运行（分段断路器处于断开状态）。降压变电站中主变压器低压侧采用单母线分段接线时，为了限制短路电流，简化继电保护，通常分列运行。

母线分段的数目取决于电源或出线数量。段数越多，故障时停电范围越小，但使用分段断路器越多，配电装置和运行也越复杂。设计应尽可能将电源与负荷均衡地分配于各母线段上，以减少各段间的功率流动。超过2段的需要明确分段数，如单母线3分段接线。

单母线分段接线的缺点有：当一段母线或母线隔离开关故障或检修时，该段母线上全部回路需停电；当出线为双回路时，常使架空线路出现交叉跨越（GIS改进单母线分段接线消除了此缺点）；扩建时，需向两端均衡扩建。

单母线分段接线广泛应用于中小型电厂和高压出线数目较少的35～110kV变电站。其适用范围为：

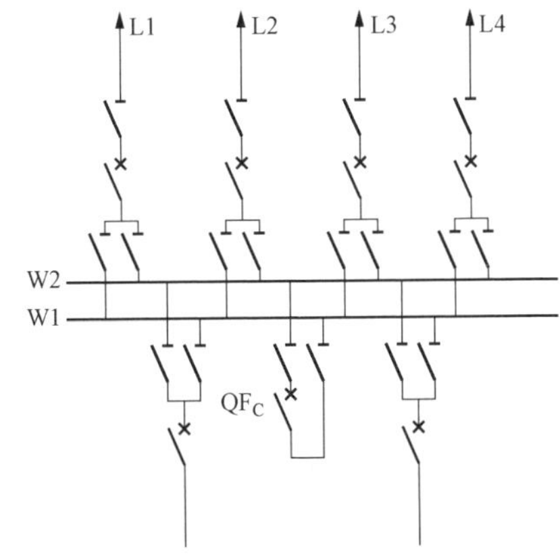

图4-3 双母线接线形式示意图

1）6～10kV 配电装置：出线回路数为6回及以上时，每段上出线数量一般不宜大于12回；变电站有两台主变压器时；发电机电压配电装置，每段母线上的发电机容量为12MW及以下时。

2）35～66kV 配电装置：出线回路数为4～8回时。

3）110～220kV 配电装置：出线回路数为3～4回时。

（3）双母线接线。双母线接线形式如图4-3所示。两组母线W1和W2之间通过母线联络断路器（简称母联断路器，即图中QF_C）和两组母线隔离开关连接起来，每个电源与出线回路都经过线路隔离开关、一台断路器和两组母线隔离开关分别接到两组母线上，工作时一组母线隔离开关闭合，另一组母线隔离开关断开。

双母线接线的最大特点是每个回路均设置两组母线隔离开关，可接至两组母线，使运行的可靠性和灵活性大为提高。双母线接线的主要优点有：

1）供电可靠。检修任一组母线时，不会中断供电。如检修母线 W1 时，可利用母联断路器把 W1 上的全部电源和出线倒换到母线 W2。这种在进出线带负荷情况下的倒换操作，俗称“热倒”，各回路的母线隔离开关是“先合后拉”。

任一组母线故障后，只需短时停电。当任一组母线故障后，保护装置将接于该母线的所有回路的断路器自动断开，只需将接于该母线的所有回路均接至另一组母线即可迅速恢复供电。这是在故障母线的进出线不带负荷情况下的倒换操作，俗称“冷倒”。各回路的母线隔离开关是“先拉后合”，即先拉开故障母线上的所有母线隔离开关，再合上各回路接于正常母线上的母线隔离开关，否则故障会转移到正常母线。

任一线路断路器故障时，可利用母联断路器代替其工作。当任一断路器有故障而拒绝动作（如触头焊住、机构失灵等）或不允许操作时，可将该回路单独接于一组母线上，然后用母联断路器代替其断开电路。

2）运行方式灵活。各个电源和负荷回路可以任意分配到某一组母线上，能灵活地适应系统中各种运行方式调度和潮流变化的需要。

可以采用两组母线各带一部分电源和负荷，通过母联断路器并列运行（相当于单母线分段运行）；可以两组母线同时工作，分列运行，母联断路器断开，处于热备用状态。这种方式常用于系统最大运行方式时，可以限制短路电流；还可以两组母线一组工作，一组备用，母联断路器断开（相当于单母线运行）。比如，当某个回路需要独立工作或进行试验时，可将该回路单独接到一组母线上进行；当线路需要利用短路方式融冰时，亦可腾出一组母线作为融冰母线，不致影响其他回路。

3）扩建方便。可向母线的任一端扩建，不会引起原有回路的停电，也不会引起架空线路的交叉跨越。

双母线接线的主要缺点有：

a. 在母线检修或故障时，需利用母线隔离开关进行倒闸操作，操作步骤较复杂，容易发生误操作。

b. 当一组母线故障时仍短时停电，影响范围较大。

c. 增加了一组母线及母线设备，每一回路增加了一组隔离开关，配电装置复杂，占地面积与投资大。

双母线接线的适用范围如下：

a. 6～10kV 配电装置，当短路电流较大、出线需带电抗器时。

b. 35～66kV 配电装置，当出线回路数超过 8 回时；或连接的电源较多、负荷较大时。

c. 110～220kV 配电装置，当出线回路数为 5 回及以上时；或当 110～220kV 配电装置在系统中居重要地位，出线回路数为 4 回及以上时。

（4）双母线分段接线。为进一步缩小母线故障的停电范围，可使用双母线分段接线。用分段断路器将双母线中的一组母线分为两段，两个分段分别经过母联断路器与另一组母线相连的接线，称为双母线三分段接线，如图 4-4 所示；用两个分段断路器将两组母线都分为两段，并设置两个母联回路的接线，称为双母线四分段接线。双母线四分段接线如图4-5所示。

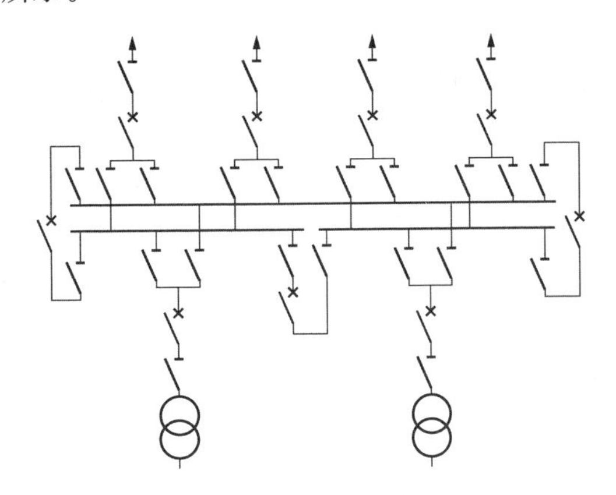

图4-4　双母线三分段接线示意图

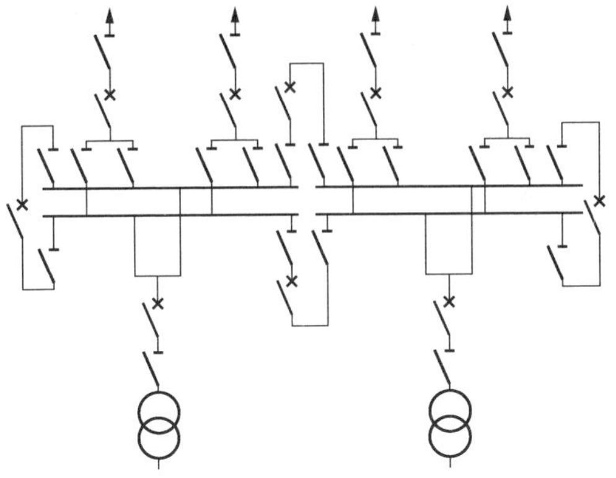

图4-5　双母线四分段接线示意图

双母线三分段接线可以三个分段同时工作，电源和负荷均分在三段上，一段母线故障时，停电范围约为1/3；也可采用两用一备方式，即上面一组母线作为备用母线，下面两段分别经一台母联断路器与备用母线相连。两用一备方式正常运行时，电源、线路分别接于两个分段上，分段断路器QF合上，两台母联断路器均断开，相当于分段单母线运行。这种方式具有单母线分段和双母线接线的特点，而且有更高的可靠性和灵活性。

例如，当工作母线的任一段检修或故障时，可以把该段全部回路倒换到备用母线上，仍可通过母联断路器维持两部分并列运行，这时，如果再发生母线故障也只影响一半左右的电源和负荷。

双母线四分段正常运行时，电源和线路大致均分在四段母线上，母联断路器和分段断路器均合上，四段母线同时运行。当任一段母线故障时，只有1/4的电源和负荷停电；当任一母联断路器或分段断路器故障时，只有1/2左右的电源和负荷停电（单母线分段及双母线接线都会全停电）。

双母线分段接线的适用范围：双母线分段接线的断路器及配电装置投资大，用于进出线回路数很多的配电装置或对运行可靠性与灵活性要求很高的大型发电厂。

1）发电机电压配电装置，每段母线上的发电机容量或负荷为25MW及以上时。

2）220kV配电装置，当进出线回路数为10～14回时，采用双母线三分段；当进出线回路数为15回及以上时，采用双母线四分段。

3）为限制220kV母线短路电流或系统解列运行的要求，可根据需要将母线分段。

（5）一台半断路器接线。每两个回路用三台断路器接在两组母线上，即每一回路经一台断路器接至一组母线，两条回路间设一台联络断路器，形成一串，故称为一台半断路器接线，又称二分之三接线，如图4-6所示。

正常运行时，两组母线和全部断路器都闭合，每一个回路均形成由两台断路器供电的双重连接的多环形接线。一台半断路器接线具有高度供电可靠性和运行调度灵活性，即使母线发生故障，也只跳开与此母线相连的所有断路器，任何回路均不停电。

一台半断路器接线每一回路由两台断路器供电，任一回路故障，如L1故障，只断开断路器QF2和QF3，此时电源1仍可以通过断路器QF1继续供电。且隔离开关不作为操作电

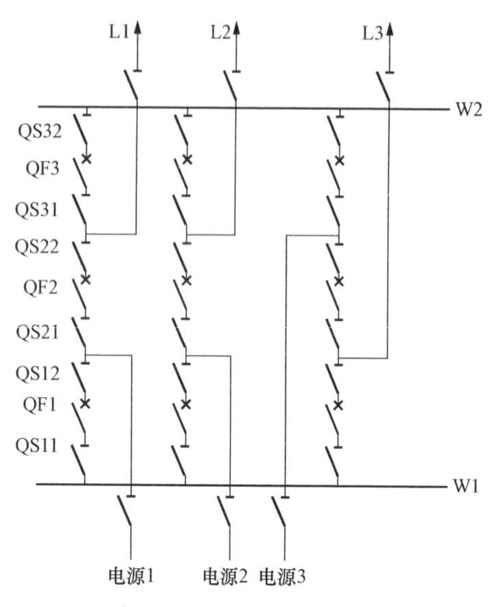

图 4-6 一台半断路器接线示意图

器，只承担隔离电压的任务，减少误操作的概率，对任何断路器检修都可不停电，因此操作检修方便。

为防止一串中的中间联络断路器（如QF2）故障可能同时切除该串所连接的线路，应把电源进线和出线配对成串，以避免同时切除两个负荷或两个电源。同名的两个回路应布置在不同串上，以避免当一串中的中间联络断路器故障，或一串中母线侧断路器停运的同时，同串中另一侧回路又故障时，使同串中的两个同名回路同时断开。

一台半断路器接线的缺点：断路器数目较多，设备投资和变电站的占地面积相对较大；继电保护较为复杂；接线至少应有 3 个串，才能形成多环形。

一台半断路器接线可靠性高和灵活性大，是现代国内外大型发电厂和变电站超高压配电装置广泛应用的一种典型接线。

（6）双母线双断路器接线。双母线双断路器接线是每个回路均经两台断路器分别接两组母线、两组母线同时运行的接线，如图 4-7 所示。当回路较多时，母线可以分段。

双母线双断路器接线的优点：①可靠性极高。任意一组母线或一台断路器检修、母线故障时，不会引起停电。断路器停电时仅一回路停电。②运行灵活。多环形供电，运行调度灵活，处理事故、变换运行方式均通过断路器实现，特别是对超高压系统中的枢纽变电站，这种灵活性有利于快速处理系统故障，增加系统的安全性。③操作检修方便。隔离开关不用于倒闸操作；分期扩建方便；二次回路简单，利于运行维护。

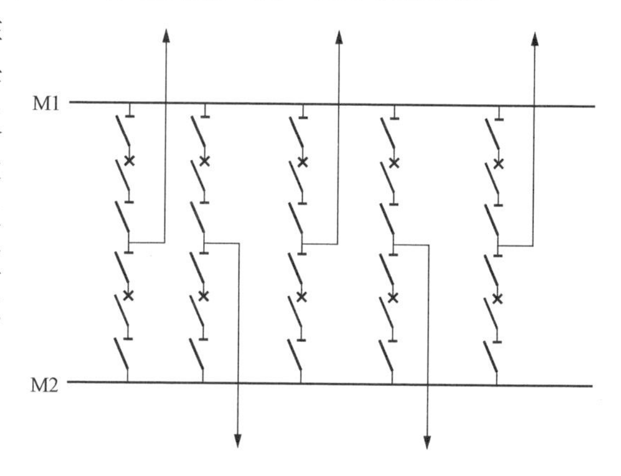

图 4-7 双母线双断路器接线示意图

双母线双断路器接线的缺点：断路器数量增加，投资大，占地面积大。

（7）变压器-母线接线。出线回路经两台断路器分别接两组母线，将质量可靠、故障率较低的变压器直接经隔离开关接在母线上，如图 4-8 所示。当出线数量较多时，出线回路也可采用一个半断路器接线。

变压器-母线接线的优点：①可靠性高。任一台断路器故障或拒动时，仅影响一组变压器和一回线路的供电；母线故障只影响一组变压器供电；变压器故障时，与该变压器相连母线上的断路器全部跳开，但是并不影响其他回路的供电。当变压器用隔离开关断开后，母线即可恢复供电。②经济性好。所有变压器回路都不用断路器，使所用断路器的总数减少，比双断路器（双母线）接线节省了总投资。

变压器-母线接线的缺点：变压器退出时，需操作所接母线上全部断路器。

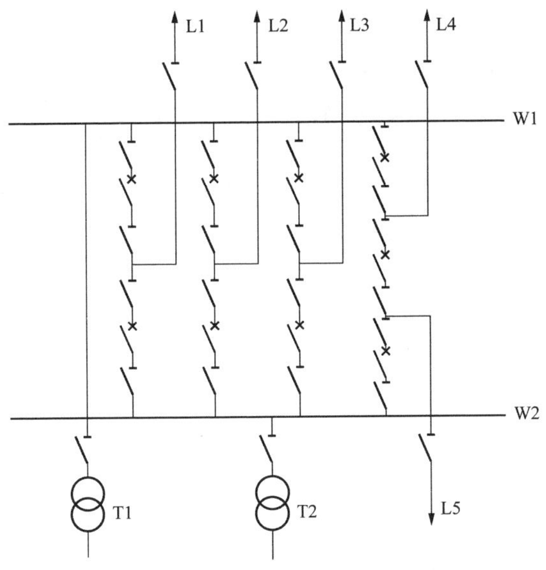

图 4-8　变压器-母线接线示意图（两进线五出线）

练习 4.3　变电站采用带母线的主接线时，选择下表中相应条件下的电气主接线形式。

电压等级（kV）	出线数	主接线	出线数	主接线	出线数	主接线	出线数	主接线
6～10	1～5		6～24		25～36			
35	1～3		4～8					
110～220	1～2		3～4		5～9		10～14	

A：单母线；B：单母线分段；C：单母线三分段；D：双母线；E：双母线三分段接线

3. 无汇流母线的接线形式

（1）单元接线。在单元接线中，几个主要电气元件（发电机、变压器、线路）直接串联，没有横向连接，从而减少了电器数目，大大降低了造价和发生故障的可能性。单元接线有以下几种接线方式。

1）发电机-变压器组单元接线。发电机和主变压器直接连成一个单元，再经断路器接至高压系统，发电机出口处除厂用分支外不再装设母线，这种接线形式称为发电机-变压器组单元接线，如图 4-9 所示。

a. 发电机-双绕组变压器组单元接线如图 4-9（a）所示。不设发电机电压母线，输出电能均经过主变压器送至高压电网，发电机和变压器容量配套，两者不可能单独运行，所以发电机出口一般不装断路器，只在变压器的高压侧装断路器，断路器与变压器之间不必装隔离开关。但为了便于发电机单独试验及在发电机停止工作时由系统供给厂用电，发电机出口可装设一组隔离开关。对 200MW 及以上机组，一般采用分相式全封闭母线连接发电机与主变压器而不装隔离开关（封闭母线可靠性很高，而大电流隔离开关发热问题较突出），但应装有可拆的连接片以方便调试。

发电机-双绕组变压器组单元接线方式，大、中、小型机组均有采用，特别是大型机组广泛采用。

b. 发电机 - 三绕组变压器（或自耦变压器）组单元接线如图 4 - 9（b）所示。一般中等容量的发电厂需升高两级电压向系统送电时多采用此接线。在发电机出口处需装设断路器与隔离开关，以便在发电机停止工作时仍能保持高、中压侧电网之间的联系。

当机组容量为 200MW 及以上时，可能选择不到合适的断路器（可能现有的断路器不能承受那么大的发电机额定电流，也不能切断发电机出口短路电流），且采用封闭母线后安装工艺也较复杂；同时，由于制造上的原因，三绕组变压器的中压侧不留分接头，不利于高、中压侧的调压和负荷分配。所以，大容量机组一般不宜采用发电机 - 三绕组变压器（或自耦变压器）组单元接线方式。

c. 发电机 - 变压器扩大单元接线如图 4 - 9（c）、（d）所示。当发电机单机容量不大且系统备用容量允许时，为了减少变压器和断路器的台数，以及节省配电装置的占地面积，可以将两台发电机与一台大容量双绕组变压器相连，或两台发电机分别接至有分裂低压绕组的变压器的两个低压侧。

2）发电机 - 变压器 - 线路组单元接线如图 4 - 9（e）所示。这种接线方式使发电厂内不需设置复杂的高压配电装置，接线简单，设备最少，降低投资，适用于无发电机电压负荷且发电厂距系统变电站较近的情况。当变电站只有一台主变压器和一回线路时，可采用变压器 - 线路组单元接线。

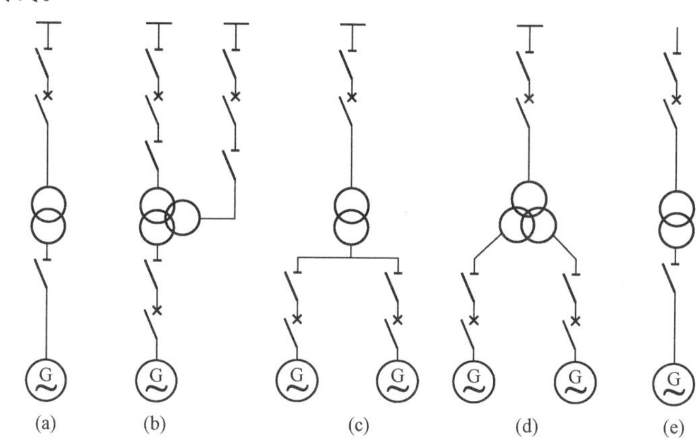

图 4 - 9　单元接线示意图

（a）发电机 - 双绕组变压器组单元接线；（b）发电机 - 三绕组变压器组单元接线；
（c）发电机 - 双绕组变压器扩大单元接线；（d）发电机 - 分裂绕组变压器扩大单元接线；
（e）发电机 - 变压器 - 线路组单元接线

单元接线的优点：接线简单，开关设备少，操作简便；故障可能性小，可靠性高；配电装置结构简单，占地少，投资省。

单元接线的主要缺点：单元中任一元件故障或检修都会影响整个单元的工作。

单元接线一般用于下述情况：

a. 发电机额定电压超过 10kV（单机容量在 125MW 及以上）。

b. 虽然发电机额定电压不超过 10kV，但发电厂无地区负荷。

c. 原接于发电机电压母线的发电机已能满足该电压级地区负荷的需要。

d. 原接于发电机电压母线的发电机总容量已经较大（6kV 配电装置不能超过 120MW，10kV 配电装置不能超过 240MW）。

（2）桥形接线。桥形接线使用的断路器数量较少，断路器数量一般不大于回路数，结构简单，投资较小，一般在35～220kV电压等级电气主接线中采用。

当只有两台主变压器和两回输电线路时，所用断路器数量最少（4个回路使用2台回路断路器与1台桥断路器）。按跨接于两个回路之间的桥断路器的相对位置，桥形接线可分为内桥接线、外桥接线和扩大桥形接线，如图4-10所示。

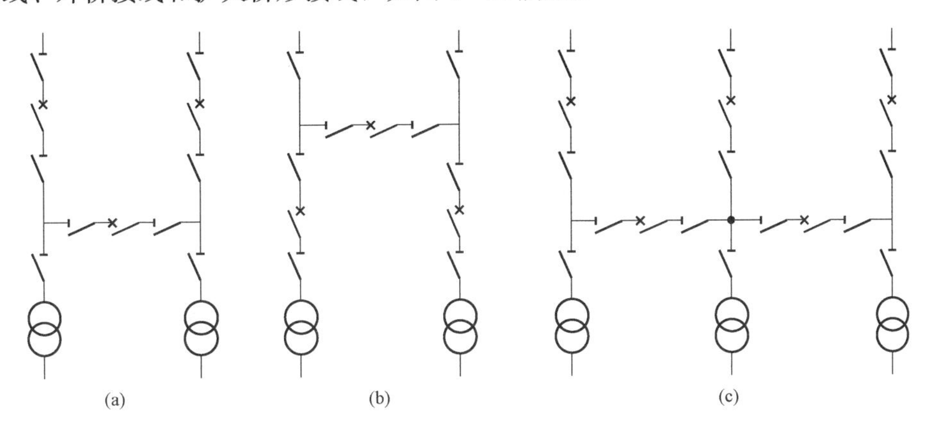

图4-10　桥形接线示意图

（a）内桥；（b）外桥；（c）扩大内桥

1）内桥接线。桥断路器在回路断路器的内侧，称为内桥接线，如图4-10（a）所示。

内桥接线的特点：两台断路器接在线路侧，因此线路的断开和投入比较方便。其中一回线路检修或故障时，其余部分不受影响，操作较简单。但当一台变压器切除、投入或故障时，需操作两台断路器及相应的隔离开关，操作较复杂。

线路侧断路器检修时，线路需较长时间停运。另外，穿越功率经过的断路器较多，使断路器故障和检修概率大。为避免此缺点，可增设正常运行时断开的跨条，即在线路断路器外侧，平行于桥断路器回路增加仅由两个隔离开关组成的跨条。桥断路器检修时，也可利用此跨条。

内桥接线适用于变压器不需要经常切换、输电线路较长、故障断开机会较多、穿越功率较小的场合。桥形接线中多使用内桥接线。

2）外桥接线。桥断路器在回路断路器的外侧，称为外桥接线，如图4-10（b）所示。

外桥接线的特点：当变压器切除、投入或故障时，只需操作变压器断路器，而不影响线路工作，操作较简单。而当其中一回线路检修或故障时，有一台变压器需短时停运，操作较复杂。此外，若系统有穿越功率经过时，则只经过桥断路器，所造成的断路器故障、检修及系统开环的概率小。

变压器侧断路器检修时，变压器需较长时间停运。桥断路器检修时也会造成开环，可在变压器侧断路器内侧增设由两台隔离开关组成的跨条解决。

外桥接线适用于输电线路较短，故障率较低，变压器需按经济运行要求经常投、切以及穿越功率较大的场合。

3）扩大内桥接线。当变电站最终规模具有3台变压器和2～3回高压线路时，可采用扩大内桥接线，如图4-10（c）中所示。

桥形接线虽然接线简单清晰，使用断路器较少，但可靠性中等，且将隔离开关用于操作电气设备，只适用于小容量的变电站。但只要在配电装置的布置上采取适当措施，桥形接线较易发展成单母线分段或双母线，因此可用作工程初期的过渡接线。

（3）多角形接线。多角形接线如图 4-11 所示。它的每个边由一台断路器及其两侧的隔离开关构成，各个边相互连接成闭合环形，各进出线回路中只装设隔离开关，并分别接至多角形的各个顶点上。这种接线方式的进出线回路总数等于断路器台数，也等于其角数。

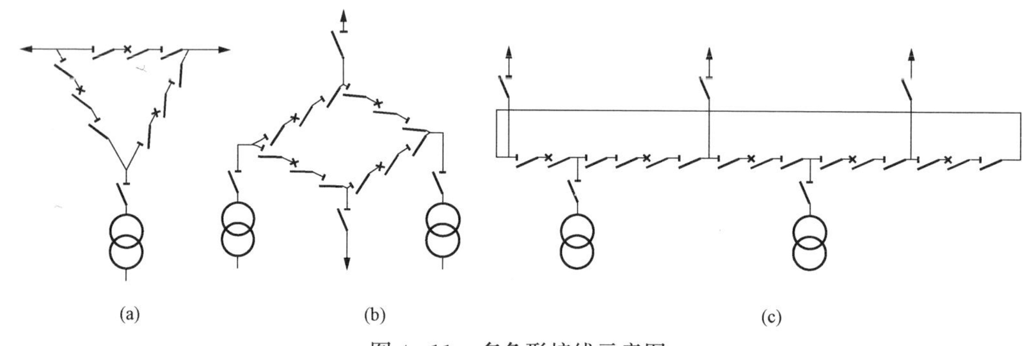

图 4-11　多角形接线示意图

（a）三角形接线；（b）四角形接线；（c）五角形接线

多角形接线的优点：

1）可靠性和灵活性较高。没有母线和相应的母线故障；闭环运行时，每个回路均可由两台断路器供电，检修任一台断路器不需要中断供电，仅需断开该断路器及其两侧隔离开关，操作简单，不影响其他回路；隔离开关只用作停运或检修断路器时隔离电压，不作切换操作用，误操作可能性小。

2）经济性较好。多角形接线的进出线回路总数等于断路器台数，使用断路器数目仅多于桥形接线，但线路数比桥形接线多，投资省，占地少。

多角形接线的缺点：多角形中任一台断路器检修时均需开环运行，降低了接线的可靠性。角数越多，断路器越多，开环概率越大，即进出线回路数要受到限制。而且在开环的情况下，当某条回路故障时将影响其他回路工作。多角形接线以采用 3～5 角形为宜，并且变压器与出线回路宜对角对称布置。

多角形接线在开、闭环两种状态的电流差别很大，可能使设备选择发生困难，并使继电保护复杂化，配电装置布置清晰性较差，且不利于扩建。

多角形接线多用于最终规模进出线数为 3～5 回的 110kV 及以上的配电装置中，尤其在水电厂及无扩建要求的变电站中应用较多。

（4）环进环出接线。城市高压配电网中 110kV 变电站使用环进环出接线越来越多。一般 3～4 个 110kV 变电站为一组，经环进环出接线与两个 220kV 变电站连接，如图 4-12 所示。正常运行时，环式电网开环运行以限制短路电流。故障时，彼此相互支援。

练习 4.4　绘出线变组接线、内桥、外桥与扩大内桥接线的主接线示意图，并比较其特点及适用范围。

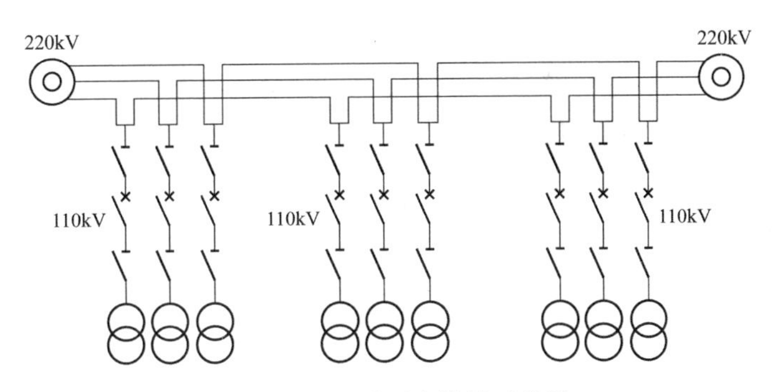

图4-12　环进环出接线示意图

4.1.3　发电厂的电气主接线

1. 大中型发电厂的电气主接线

国内发电机的额定功率系列主要有6、12、25、50、100MW和125、135、150、200、300、330、350、600、660、800、1000MW等。单机容量在125MW及以上的发电厂称为大中型发电厂。单机容量在125MW以下的电厂称为小型发电厂。

大中型发电厂一般建设在燃料产地，距负荷中心较远，担负着系统的基本负荷，设备利用小时数高，在系统中地位重要，对主接线可靠性要求较高。发电厂附近没有负荷，不设置发电机电压母线，发电机与变压器间采用简单可靠的单元接线，直接接入220～1000kV配电装置，通过高压或超高压、特高压远距离输电线路将电能送入电力系统，如图4-13所示。配电装置一般为户外配电装置。

某些情况下，发电厂内不设高压配电装置，采用发电机-变压器-线路单元接线直接接入附近的枢纽变电站。

2. 小型电厂的电气主接线

小型电厂建设在工业企业或靠近城市的负荷中心，兼供部分热能，需要设置发电机电压母线，使部分电能通过6～10kV的发电机电压向附近用户供电，并以1～2种升高电压将剩余电能送往电力系统。其电气主接线如图3-12所示。

(1) 发电机的连接方式。有发电机电压直配线时，50MW及以下机组采用6.3kV电压；100MW机组电压10.5kV，一般与变压器单元接线，也可接至发电机电压母线；125MW机组与变压器单元接线。

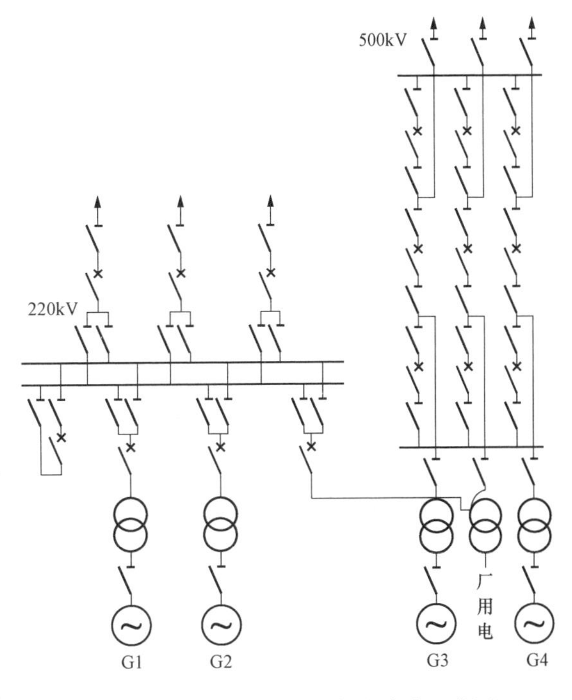

图4-13　大型发电厂电气主接线示意图

接于6.3kV配电装置的发电机总容量不能超过120MW，接于10.5kV配电装置的发电机总容量不能超过240MW，以限制短路电流。

（2）发电机电压配电装置的接线。每段母线上发电机容量为 12MW 及以下时，可采用单母线或单母线分段接线。每段母线上发电机容量为 12MW 以上时，可采用双母线或双母线分段接线。

（3）主变压器的连接方式。为保证发电机电压出线的可靠性，接在发电机电压母线上的主变压器一般不少于两台。

发电厂有两种升高电压，单台机组容量不超过 125MW 时，一般采用两台三绕组变压器与两种升高电压母线连接，但每个绕组的通过功率应达到该变压器容量的 15%以上。当两种升高电压母线交换功率较大时，可采用降压型自耦变压器连接。

3. 发电厂厂用电接线

发电厂实现正常功能所必不可少的自用电称为厂用电，包括拖动厂用机械设备的电动机以及全厂的运行、操作、试验、修配、照明、电焊等用电设备。

各机组的厂用电系统应该相对独立，特别是 200MW 及以上机组；全厂性公用负荷应分散接入到不同机组的厂用母线或单独设置的公用负荷母线；充分考虑发电厂正常、事故、检修、启停等运行方式下的供电要求，除配备工作电源外，一般还应配备可靠的启动/备用电源；供电电源应尽量与电力系统保持紧密的联系；调度灵活可靠，检修调试安全方便，系统接线简单清晰，便于机组的启、停操作及事故处理。

厂用电系统采用有母线的接线方式，一般是单母线接线或单母线分段的接线方式，并且多使用成套配电装置。

火电厂的高压厂用母线一般均采用“按锅炉分段”的接线原则。这是因为锅炉的耗电量很大，约占厂用电量的 60%以上，按炉分段便于运行、检修，能使故障影响范围局限在一机一炉，不致影响正常运行的完好机炉。当锅炉容量为 400t/h 及以上时，每炉的高压厂用母线至少设两段，两段母线可由一台高压厂用变压器供电。

全厂公用性负荷，应根据负荷功率及可靠性的要求分别接在各段母线上，做到尽量均匀分配。

对于 200MW 及以上的大型机组，如厂用公用负荷较多，容量也较大，当采用集中供电方式合理时，可设置公用母线段。正常运行时，可由启动/备用变压器向公用母线段供电。

为了使供电可靠，厂用电源的设置不应少于两个，所有发电厂都设有工作电源和备用电源。对单机容量在 200MW 及以上的大型发电厂还应设置启动电源和事故保安电源。

4.1.4 变电站电气主接线示例

思 考 各类变电站的电气主接线有什么特点？

1. 枢纽变电站特点及其电气主接线示例

枢纽变电站汇集多个大电源和大功率联络线，是相邻电力系统之间互联的连接点和下一级电网的主要电源，在电力系统中有非常重要的地位，通常具有电压等级高、变压器容量大、线路回路数多等特点。枢纽变电站发生事故将破坏电力系统的运行稳定性，使相连接的电力系统解列，并造成大面积停电，因此对枢纽变电站电气主接线、电气设备、保护和安全自动装置都要求具备较高的可靠性。

某500/220/10kV枢纽变电站的电气主接线示例为：设置四台大容量自耦主变压器；500kV配电装置线路4回，采用一个半断路器接线形式；220kV配电装置出线16回，采用双母线四分段接线；各主变压器的10kV侧接无功补偿设备以及站用变压器，单母线接线。

2. 区域变电站特点及其电气主接线示例

区域变电站向数个地区或大城市供电。区域变电站发生事故时将造成大面积停电，因此对其高压电气主接线的可靠性要求较高，通常采用双母线分段接线或一个半断路器接线等。区域变电站高压侧电压等级一般为330、500、750kV。

某500/220/10kV区域变电站电气主接线示例为：500kV进出线6回，采用一个半断路器接线；安装三台自耦主变压器；220kV配电装置出线12回，采用双母线三分段接线；各主变压器的低压绕组上引接10kV无功补偿设备以及站用变压器，单母线接线。

3. 地区变电站特点及其电气主接线示例

地区变电站是向一个地区或大、中城市供电的变电站。其靠近负荷中心，以受电为主，高压电气主接线尽量采用断路器少的简易接线。当本地区有若干变电站时，可以采用正常时分区供电、事故时互为备用的方式。地区变电站高压侧电压等级一般为110、220kV，低压侧为35kV或10（20）kV。

某220/110/10kV地区变电站主接线示例为：220kV进出线本期4回/远期6回；110kV出线本期7回/远期10回，均采用双母线接线；设本期两台，远期三台三绕组变压器；10kV出线本期8回/远期24回，采用单母线三分段接线。

某220/110/35kV地区变电站主接线示例为：220kV进出线本期2回/远期3回，均采用变压器-线路单元接线；110kV出线本期8回/远期12回，采用本期单母线分段、远期单母线三分段接线；设本期两台，远期三台三绕组变压器；35kV出线本期16回/远期24回，采用本期单母线四分段、远期单母线六分段接线。

某110/35/10kV地区变电站电气主接线示例为：110kV进出线本期2回/远期4回，本期单母线接线，远期单母线分段接线；设本期一台，远期两台三绕组变压器；35kV出线本期4回/远期6回，采用单母线分段接线；10kV出线本期6回/远期12回，采用单母线分段接线。

某110/10kV变电站电气主接线如图4-14所示。其110kV线路本期2回，采用内桥接线，远期3回，增加一回线路-变压器组单元接线；设本期两台，远期三台两绕组变压器；10kV出线本期24回/远期36回，采用单母线四分段接线。

4. 终端变电站特点及其电气主接线示例

终端变电站是处于电力网末端的变电站，有时特指采用线路-变压器单元，不设高压侧母线、不设高压断路器的变电站。

终端变电站可以根据最终规模，选地区变电站电气主接线图中的一部分接线。比如高压侧只有1回线路时，可以选择变压器-线路单元接线；有2回高压线路时，可选择内桥接线或单母线分段接线。终端变电站的10kV侧主接线形式可参考地区变电站选择。

5. 变电站典型电气主接线形式比较与选择

35～1000kV变电站的电气主接线形式一般参考表4-1中选择。

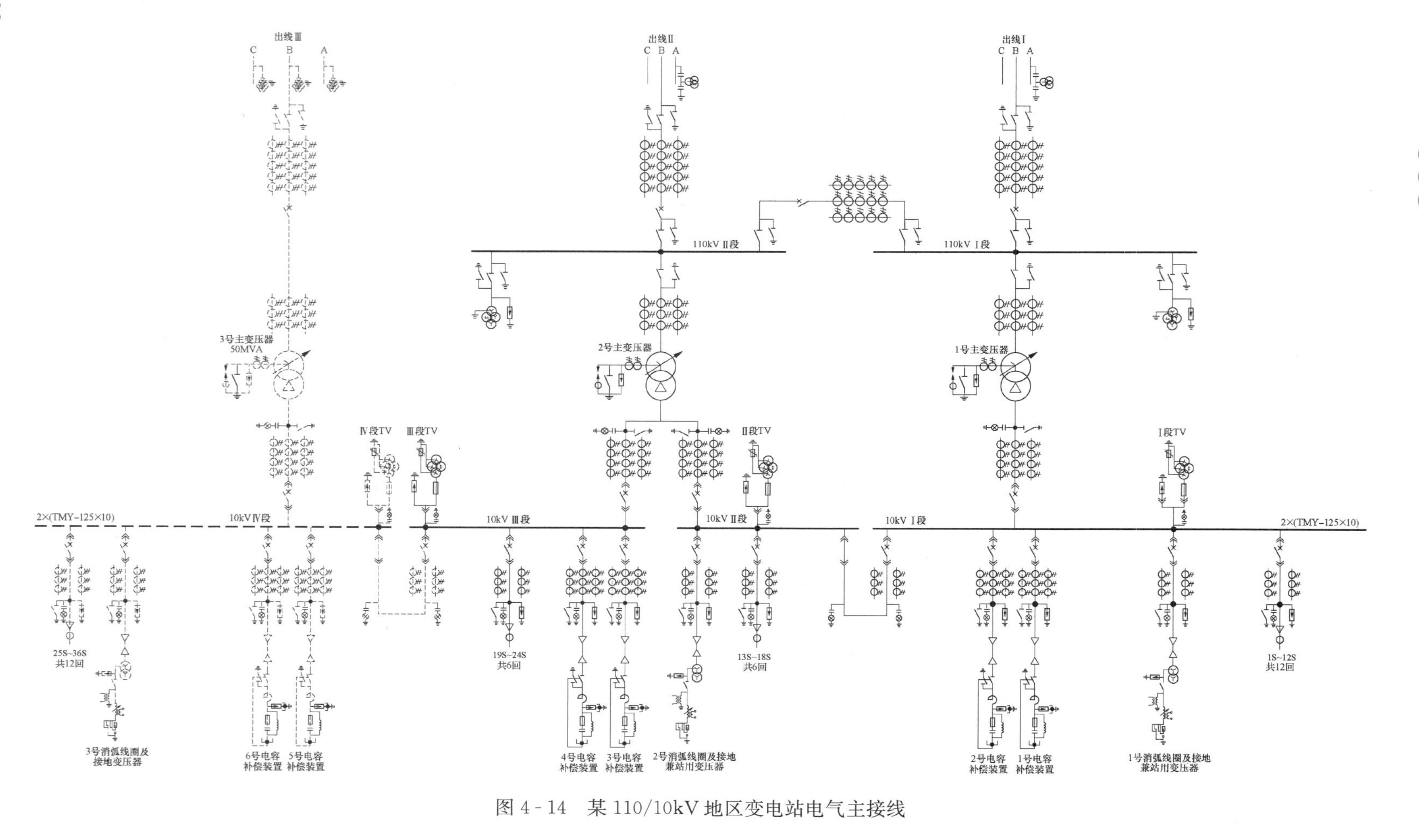

图 4-14　某 110/10kV 地区变电站电气主接线

表 4-1　　35～1000kV 变电站的电气主接线形式选择推荐表

变电站最高电压（kV）	电压等级（kV）	电气主接线形式
1000	1000	一个半断路器接线
	500	一个半断路器接线
	110	单母线接线（可分组独立设置）
750	750	一个半断路器接线
	330	①一个半断路器接线；②本期双母线接线，远期双母线双分段接线
	220	本期双母线接线，远期双母线双分段接线
	66	单母线接线
500	500	一个半断路器接线
	220	①双母线接线；②双母线分段接线
	66	单母线接线
	35	单母线接线
330	330	①一个半断路器接线；②双母线双分段接线
	110	①双母线接线；②双母线分段接线
	35	单母线接线
220	220	①双母线接线；②双母线分段接线；③内桥接线；④扩大内桥接线；⑤线路变压器组接线
	110	①单母线分段接线；②双母线接线
	66	双母线接线
	35	①单母线接线；②单母线分段接线
	10	①单母线接线；②单母线分段接线
110	110	①单母线接线；②单母线分段接线；③双母线接线；④内桥接线；⑤扩大内桥接线；⑥线路变压器组接线；⑦环入环出接线
	35	①单母线接线；②单母线分段接线
	10	①单母线接线；②单母线分段接线
66	66	①单母线接线；②单母线分段接线；③内桥接线；④扩大内桥接线；⑤线路变压器组接线
	10	单母线分段接线
35	35	①单母线接线（可分组独立设置）；②单母线分段接线；③内桥接线；④线路变压器组接线
	10	①单母线接线；②单母线分段接线

变电站同一电压等级有多种电气主接线方案时，要根据变电站的地位与作用，综合评估

电气主接线的可靠性、灵活性、经济性后确定推荐方案。

4.1.5 限制短路电流的原因及措施

思 考 限制短路电流的原因是什么？限值是多少？限制措施如何选择？

1. 限制短路电流的原因与要求

短路是电力系统中的常见故障。数十千安的短路电流流过电气设备时，会引起设备短时剧烈发热并产生巨大的电动力，直接影响电气一次设备的安全运行。

为保证电气设备能够承受巨大短路电流的冲击和发热，往往需要加大设备规格，选择重型电器，并增大电缆截面积，造成设备投资大大增加。而特殊部位，如大容量发电机出口，可能无法选择适合的断路器。另外，随着系统容量的扩大，系统的短路容量水平也会增大，从而对断路器的开断能力和其他电气设备提出更高的要求，并且在电力系统短路故障时还会增加对通信线路的感应干扰和提高发电厂、变电站接地网的电位，所以为提升电力系统的可靠性与经济性，应当限制容许的电力系统短路电流水平。

我国的电力行业标准 DL/T 5729—2016《配电网规划设计技术导则》中，要求变电站内各电压等级母线的短路电流水平不宜超过表 3 - 9 规定值。实际计算的短路电流超过此数值时，需采取限制短路电流的措施。因此，在电网规划和设计电气主接线时，有必要根据具体情况考虑采取限制短路电流的措施。

2. 限制短路电流的措施

（1）电力系统纵向分层，采取“分层分区开环”的运行方式。首先在电网规划方面采取合适的措施是最为有效的。例如，按电压等级从高到低将电力系统大致分为一级主干网（500～1000kV）、二级输电网（330～500kV）和配电网（220kV 及以下）纵向三层。在高一级电网发展后，将低一级电压电网解开分片运行，各二级输电网仅通过上一级网络取得电源，相互之间电磁不合环。

配电网可以分为高压配电网（110～220kV）、中压配电网（10～35kV）和低压配电网（1kV 以下）。在运行方式选择上，220kV 及以下配电网均采用开环运行方式，运行时不允许两个及以上电源并列。

（2）选择适当的电气主接线形式和运行方式。为减少短路电流，可采取计算阻抗大的接线形式和适当的运行方式，如具有大容量机组的发电厂中采用单元接线等。在降压变电站中，可采用变压器低压侧分列运行方式，如将图 4 - 15（a）中的 QF 断开；具有双回线路的用户，可采用线路分列运行方式，如将图 4 - 15（b）中的 QF 断开，或在负荷允许时，采用单回运行；对环形供电网络，在环网中穿越功率最小处开环运行，如将图 4 - 15（c）中的 QF1 或 QF2 断开。

（3）采用高阻抗的设备限制短路电流。采用高阻抗的发电机、变压器或低压分裂绕组变压器等来增加阻抗，限制短路电流。此方法已广泛采用。

（4）采用限流电抗器。在发电厂和变电站的某些回路中加装限流电抗器也是广泛采用的限制短路电流的方法。限流电抗器分为普通电抗器和分裂电抗器两种。

1）普通电抗器。按安装地点和作用，普通电抗器可分为母线电抗器和线路电抗器。母

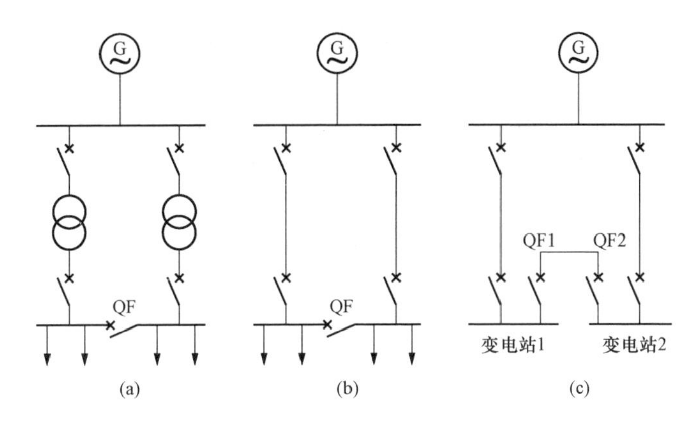

图 4-15 限制短路电流的几种运行方式

(a) 变压器低压侧分裂运行；(b) 双回线路分开运行；(c) 环形网络开环运行

线电抗器装于母线分段上，如图 4-16 中的 L1 所示。当电厂和系统容量较大时，除装设母线电抗器外，还要装设线路电抗器。在电缆馈线上加装电抗器如图 4-16 中的 L2 所示。

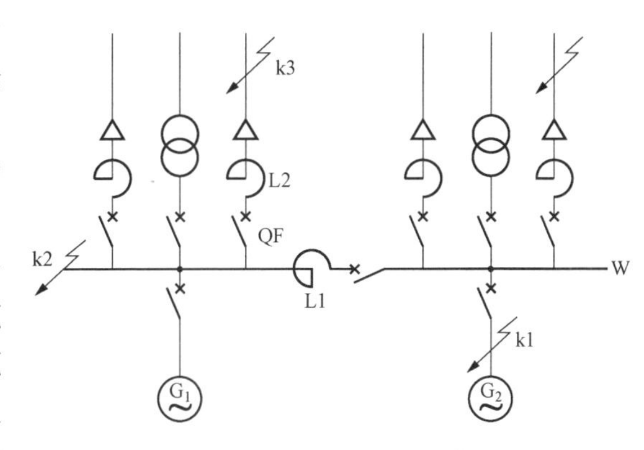

图 4-16 普通电抗器的安装地点

线路电抗器的作用主要是限制 6～10kV 电缆馈线的短路电流。这是因为电缆的电抗值很小且有分布电容，即使在电缆馈线末端短路，其短路电流也和在母线上短路相近。为使出线能够选用轻型断路器且使馈线电缆不致因短路发热而增大截面积，常在出线端装设线路电抗器。它只能限制该馈线电抗器后发生短路（见图 4-16 中 k3 点）时的短路电流。架空线路本身的感抗值较大，较短的线路就能把短路电流限制到装设轻型断路器的要求，所以架空线路上不装设限流电抗器。

2）分裂电抗器。分裂电抗器在结构上与普通电抗器相似，只是在线圈中间有一个抽头作为公共端，将线圈分为两个分支（称为两臂）。两臂有互感耦合，而且在电气上是连通的。一般中间抽头用来连接电源，两臂用来连接大致相等的两组负荷。

装设限流电抗器虽然增加了投资与损耗，使配电装置布置稍复杂，但由于它们限制了短路电流，因而可以选择轻型设备和减小电缆截面，所以从整体来看还是节省的。而且，当线路电抗器之后的位置发生短路时，由于电压降主要产生在电抗器中，因而母线能维持较高的剩余电压（或称残压，一般都大于 $65\%U_N$），对提高发电机并联运行稳定性和连接于母线上非故障用户（尤其是电动机负荷）的工作可靠性极为有利。

4.2 电力系统中性点接地方式

思考 电力系统中性点是指什么？其接地方式的类型、特点及其适用场合是什么？

电力系统中，交流发电机、变压器三相绕组按星形接线方式接线的公共接线点称为电力系统中性点。电力系统中性点与大地之间的电气连接方式，称为电力系统中性点接地方式。电力系统的中性点接地方式与电压等级、单相接地短路电流、过电压水平和保护配置等因素有关，直接影响电力系统的绝缘水平、系统供电可靠性和连续性、电气设备运行安全以及对通信线路的干扰等。

电力系统的中性点接地方式有不接地、经消弧线圈接地、经电阻接地、经小电抗接地与直接接地等种类，需要根据应用场合与具体条件选择合理的中性点接地方式。

4.2.1 中性点接地方式种类及其特点

1. 中性点不接地

(1) 中性点不接地系统的正常运行。图 4 - 17 为中性点不接地系统正常运行的示意图。设三相电源电压$\dot{U}_A$、$\dot{U}_B$、$\dot{U}_C$对称，各相导线之间、导线与大地之间都有分布电容。为了便于分析，假设三相电力系统的电压和线路参数都是对称的，把每相导线的对地电容分别用集中电容 C 表示，并忽略导线间的分布电容。

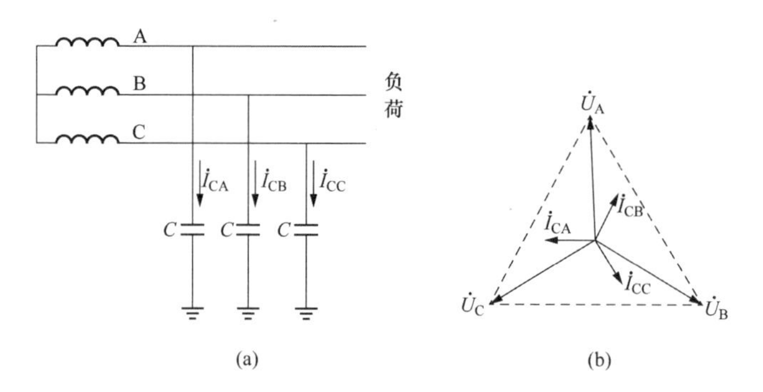

图 4 - 17　中性点不接地系统正常运行示意图
(a) 原理接线图；(b) 相量图

系统正常运行时，由于三相的集中电容相同，三相电压$\dot{U}_A$、$\dot{U}_B$、$\dot{U}_C$对称，所以三相导线的对地电容电流也是对称的，三相电容电流之和等于零，即

$$\dot{I}_{CA} + \dot{I}_{CB} + \dot{I}_{CC} = 0 \tag{4 - 1}$$

每相导线对地电容电流的值相等，即

$$I_{CA} = I_{CB} = I_{CC} = \omega C U_{ph} \tag{4 - 2}$$

式中：U_{ph}为电源相电压。

这说明系统正常运行时，没有电容电流在地中流过。电源中性点对地电压等于零。

(2) 中性点不接地系统单相接地故障。当系统发生单相接地故障时，如图 4 - 18 (a) 所示，设 A 相单相接地，故障点 A 相的对地电压为零，即 $\dot{U}'_A=0$。中性点电压 $\dot{U}_N=-\dot{U}'_A$，于是，B、C 相的对地电压为

$$\begin{cases} \dot{U}'_B = \dot{U}_B + \dot{U}_N = a^2\dot{U}_A - \dot{U}_A = \sqrt{3}\dot{U}_A e^{-j150^\circ} \\ \dot{U}'_C = \dot{U}_C + \dot{U}_N = a\dot{U}_A - \dot{U}_A = \sqrt{3}\dot{U}_A e^{j150^\circ} \end{cases} \tag{4 - 3}$$

式中：a 为复数算子，$a = e^{j120} = -\frac{1}{2} + j\frac{\sqrt{3}}{2}$，$a^2 = e^{-j120} = -\frac{1}{2} - j\frac{\sqrt{3}}{2}$。由于 A 相接地，其对地电容 C 被短接，所以 A 相对地电容电流变为零。而 B、C 相对地电容电流分别为

$$\dot{I}_{CB} = \frac{U'_B}{jX_B} = j\sqrt{3}\omega C\dot{U}_A e^{-j150^\circ} = j\sqrt{3}\omega C\dot{U}_A e^{-j60^\circ} \tag{4-4}$$

$$\dot{I}_{CC} = \frac{U'_C}{jX_C} = j\sqrt{3}\omega C\dot{U}_A e^{j150^\circ} = j\sqrt{3}\omega C\dot{U}_A e^{-j120^\circ} \tag{4-5}$$

非故障相电流 $\dot{I}_{CB}$、$\dot{I}_{CC}$流进地中后，经过 A 相接地点流回电网，该电容电流 $\dot{I}_C$（即接地电流）为

$$\dot{I}_C = \dot{I}_{CB} + \dot{I}_{CC} = \sqrt{3}\omega C\dot{U}_A(e^{-j60^\circ} + e^{-j120^\circ}) = -j3\omega C\dot{U}_A = j3\omega C\dot{U}_N \tag{4-6}$$

其大小为

$$I_C = 3\omega CU_{ph} \tag{4-7}$$

由式（4-7）可知，单相接地故障时，流入大地的电容电流为正常时每相电容电流的 3 倍，方向为由线路流向母线，此电流也称为单相接地电流。

电压、电流相量关系如图 4-18（b）所示，原有的电压三角形（虚线）平移到了新的位置（实线）。

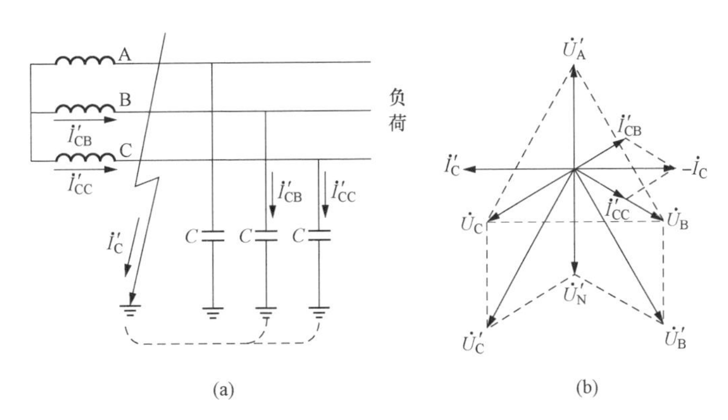

图 4-18 中性点不接地系统 A 相金属性接地示意图

（a）原理接线图；（b）相量图

由以上分析可知，当中性点不接地系统发生单相金属性接地时，有以下特点：

（1）中性点对地电压与接地相正常时的电压大小相等，方向相反。

（2）故障相的对地电压降为零；两健全相对地电压升高为相电压的 $\sqrt{3}$ 倍，即升高到线电压。三个线电压仍保持对称和大小不变，因此电力用户可以继续运行一段时间。这是中性点不接地系统的主要优点，但各种设备的绝缘水平应按线电压来设计。

（3）两健全相的电容电流增大为正常时相对地电容电流的$\sqrt{3}$倍，而流过接地点的电容电流 $\dot{I}_C$为正常时相对地电容电流的 3 倍，$\dot{I}_C$超前 $\dot{U}_N$90°，方向为从线路流向母线。

通常，中性点不接地系统发生单相接地时，线电压的大小和方向均不改变，因此在发生单相接地时，一般只动作于信号，不动作于跳闸，系统可以继续运行 2h。在此期间必须迅速查明故障，以防系统多点接地造成更严重的故障。

必须指出，中性点不接地系统发生单相接地时，如接地电流较大，则接地电流在故障处

可产生稳定或间歇性的电弧。实践表明当接地电流大于 30A 时，将形成稳定电弧，成为持续性电弧接地，这将烧毁电气设备并引起多相相间短路；如果接地电流大于 5A 而小于 30A，则可能形成间歇性电弧，这是由于电网中电感和电容形成谐振回路所致。间歇性电弧容易引起弧光过电压，其幅值可达（2.5～3）U_{ph}，将危及整个电网的绝缘安全；如果接地电流在 5A 以下，当电流过零值时，电弧就会自然熄灭。因此中性点不接地系统仅适用于电压不是太高（3～66kV）、单相接地电容电流不大的电网。

2. 中性点经消弧线圈接地

消弧线圈是一个具有铁芯的可调电感线圈。把它接在中性点与地之间，如图 4-19（a）所示，当发生单相接地时，可产生一个与接地电容电流 $\dot{I}_C$ 大小相近、方向相反的电感电流 $\dot{I}_L$，从而对电容电流进行补偿。

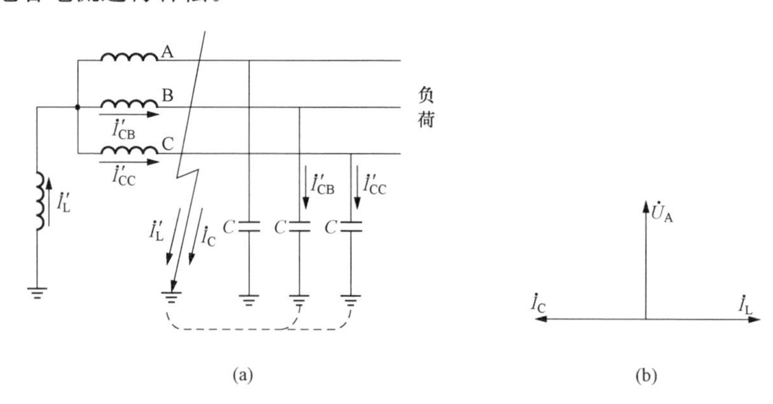

图 4-19　中性点经消弧线圈接地示意图

（a）原理接线图；（b）相量图

当系统发生单相接地故障时，消弧线圈处于中性点电压 $\dot{U}_0$ 下，则有一感性电流 $\dot{I}_L$ 流过线圈，即

$$\dot{I}_L=\frac{\dot{U}_0}{jX_L}=-j\frac{\dot{U}_0}{\omega L} \tag{4-8}$$

其值的大小为

$$I_L=\frac{U_{ph}}{\omega L} \tag{4-9}$$

$\dot{I}_L$ 滞后 $\dot{U}_0$ 90°，正好与 $\dot{I}_C$ 相位相反，两者之和等于它们绝对值之差。电流、电压相量图如图 4-19（b）所示。

根据消弧线圈的电感电流 I_L 对电网电容电流 I_C 的补偿程度，可分为全补偿、欠补偿和过补偿三种不同的运行方式。

（1）全补偿方式。若 $I_L=I_C$，接地电容电流将全部被电感电流补偿，称为全补偿方式。这种补偿方式因感抗等于容抗，电网将发生谐振，产生危险的高电压和过电流，影响电力系统安全运行。因此，系统不允许采用完全补偿的方式。

（2）欠补偿方式。选择消弧线圈的电感，使 $I_L<I_C$，称为欠补偿方式。采用欠补偿方式时，当电网运行方式改变而切除部分线路时，整个电网对地电容将减少，有可能发展为全补偿方式，导致电网发生谐振。再者，欠补偿方式还有可能出现数值很大的铁磁谐振过电压。因此，欠补偿方式目前很少采用。

（3）过补偿方式。选择消弧线圈的电感使 $I_L > I_C$，称为过补偿方式。在过补偿方式下，即使电网运行方式改变而切除部分线路时，也不会发展为全补偿方式。同时，由于消弧线圈有一定的裕度，今后电网发展，线路增多，原有消弧线圈还可以继续使用，因此经消弧线圈接地的系统一般采用过补偿方式。

消弧线圈的补偿容量 S_x 通常是根据该电网的接地电容电流值 I_C 选择的。选择时应考虑电网5年左右的发展远景及过补偿运行的需要，补偿容量计算式为

$$S_x = 1.35 I_C U_{ph} \tag{4-10}$$

式中：I_C 为电网的接地电容电流，A；U_{ph} 为电网的相电压，kV。

中性点经消弧线圈接地系统的适用范围：凡不符合中性点不接地要求的3～66kV电网，均可采用中性点经消弧线圈接地方式。电压等级更高的电网不宜采用，因为经消弧线圈接地时，电网的最大长期工作电压和过电流水平都较高，将显著增加绝缘方面的费用。

消弧线圈补偿电流应设置自动跟踪补偿装置，能根据电网电容电流变化而进行自动调谐，平均无故障时间最少。

3. 中性点直接接地

前述的中性点不接地和中性点经消弧线圈接地的系统，统称为中性点非有效接地系统（或称为小接地电流系统）。中性点非有效接地系统单相接地时，接地电流较小，但中性点电压升高，会造成中性点不接地系统的相电压升高到线电压，对电力系统绝缘水平的要求提高。防止中性点电压升高的根本办法是把中性点直接接地，称为中性点直接接地的电网（或中性点有效接地系统）。

图4-20是中性点直接接地系统。仍设A相在k点单相接地，这时线路上将流过较大的单相接地电流，因此中性点直接接地系统也称为大接地电流系统。

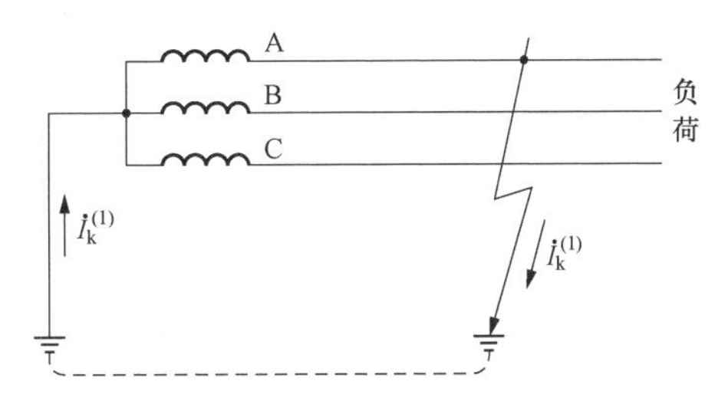

图4-20　中性点直接接地系统示意图

中性点直接接地的电力系统发生单相接地时，中性点电位仍为零，非故障相对地电压基本不变，因此电气设备的绝缘水平只需按电网变电站的相电压考虑，可以降低工程造价。

中性点直接接地系统在发生单相接地时，单相接地电流将很大，如不及时切除，会造成设备损坏，严重时会使系统失去稳定。因此为保证设备安全及系统稳定，必须安装保护装置，迅速切断故障。电力系统发生单相接地故障的比重占整个故障的65%以上，当发生单相接地切除故障线路时，将中断向用户供电，降低了供电的可靠性。为了弥补这个缺点，在架空电力线路上广泛安装三相或单相自动重合闸装置，当系统出现暂时性故障时，靠它来尽快恢复供电。为了限制单相接地电流，通常只将电网中一部分变压器的中性点直接接地。

对于1kV以下的低压系统来说，电网的绝缘水平已不成为主要矛盾，系统中性点接地与否，主要从人身安全角度考虑。在380V配电系统中，一般均采用中性点直接接地方式。一旦发生单相接地故障，故障电流大，可以迅速跳开自动空气开关或烧断熔断器。

4. 中性点经低电阻接地

由于城市建设的需要，城市电网和工业企业配电网中，电缆线路所占的比例越来越大，而其电容电流是同样长度架空线的20～50倍，会使某些电网出现消弧线圈容量不足的情况。中性点经低电阻接地系统适用于城市以电缆为主、单相接地电流较大的6～35kV系统（不包括发电厂用电和煤炭企业用电系统）。

中性点经低电阻接地系统中单相接地时，短路电流较大，应设置有快速、有选择性的切除接地故障的保护装置；由于系统中性点电压不等于零，两健全相的电压可能升高，或产生串联谐振。因此，接地电阻值的选择应为该保护装置提供足够大的电流，使保护装置可靠动作，又能限制暂态过电压在2.5倍相电压以下。为此，R_N计算式为

$$R_N=\frac{U_{ph}}{(2\sim3)I_C} \tag{4-11}$$

式中：U_{ph}为电网的相电压，kV。

5. 中性点经小电抗接地

中性点经小电抗接地系统，限制单相接地短路电流比小电阻更有效，便于采用单相快速重合闸，主要用于超高压输电网。

4.2.2 中性点接地方式选择

1. 一般原则

(1) 对于110kV及以上电网，一般采用中性点直接接地方式，当零序阻抗过小时应考虑中性点经小电抗接地，以使零序电抗与正序电抗之比（X_0/X_1）大于1.5，保证单相接地短路电流不超过三相短路电流。

(2) 10～66kV电网一般采用中性点不接地方式，当单相接地故障电流大于10A时，采用中性点经消弧线圈接地或低电阻接地方式。

(3) 电网的中性点接地方式决定了变压器的中性点接地方式。

10～1000kV电力系统中性点接地方式选择见表4-2。

表4-2　10～1000kV电力系统中性点接地方式

电压等级		中性点接地方式
220～1000kV系统		直接接地，经小电抗接地
110kV系统		直接接地
66kV系统		不接地，经消弧线圈接地
35kV系统		不接地，经消弧线圈接地或低电阻接地
10kV系统	单相接地故障电流10A及以下	不接地
	单相接地故障电流10～150A	经消弧线圈接地
	单相接地故障电流150A以上	经低电阻接地

2. 单相接地故障电流（电容电流）的计算

在电网规划阶段，由于线路对地电容电流很难准确计算，所以单相接地故障电流（电容电流）通常可按经验公式估算。

（1）架空线路单相接地电容电流估算。

$$I_C = (2.7 \sim 3.3)U_N l \times 10^{-3} \tag{4-12}$$

式中：I_C 为接地点流过的电容电流，A；U_N 为电网的额定线电压，kV；l 为同级电网具有电的直接联系的架空线路总长度，km。系数取值：对没有架空地线的取值为2.7，对有架空地线的取值为3.3。对于同杆双回架空线路，电容电流为单回路的1.3～1.6倍。

（2）电缆线路单相接地电容电流估算。

$$I_C = 0.1U_N l \tag{4-13}$$

式中：I_C 为接地点流过的电容电流，A；U_N 为电网的额定线电压，kV；l 为同级电网具有电的直接联系的电缆线路总长度，km。

（3）变电站母线对地分布电容电流估算。在计算得到的线路电容电流的基础上，增加一个百分数。6kV系统增加18%，10kV系统增加16%，35kV系统增加13%。

【例4-1】 某110/10kV变电站中，10kV母线上架空线路总长度50km，电缆线路总长度36km，试计算其10kV接地电容电流与所需消弧线圈的容量。

解： 10kV架空线路无架空地线，其电容电流为

$$I_{C1} = 2.7U_N L \times 10^{-3} = 2.7 \times 10 \times 50 \times 10^{-3} = 1.35(\text{A})$$

电力电缆的电容电流为

$$I_{C2} = 0.1U_N L = 0.1 \times 10 \times 36 = 36(\text{A})$$

考虑变电站母线增加16%的电容电流后，总电容电流为

$$I_C = 1.16 \times (1.35 + 36) = 43.33(\text{A})$$

10kV中性点应经消弧线圈接地，采用过补偿方式，消弧线圈的计算容量为

$$S_X = 1.35 I_C U_N / \sqrt{3} = \frac{1.35 \times 43.33 \times 10}{\sqrt{3}} = 337.72(\text{kVA})$$

练习4.5　某110/10kV变电站中，10kV母线上架空线路总长度30km，电缆线路总长度26km，试计算其10kV接地电容电流与所需消弧线圈的容量。　（答案：31.10A，242.40kVA）

4.2.3　变压器与发电机的中性点接地

1. 变压器的中性点接地

主变压器中性点的接地方式，主要根据所在电力系统的中性点接地方式和系统继电保护要求确定。

（1）主变压器110～1000kV侧中性点采用中性点直接接地方式。

1）凡是自耦变压器，其中性点需直接接地或经小电抗接地。

2）凡中、低压有电源的升压变电站和降压变电站至少应有一台变压器直接接地。

3）变压器中性点接地点的数量应使电网所有短路点的综合零序电抗与综合正序电抗之比 X_0/X_1 小于3，并大于1，这样可保证单相接地短路电流不超过三相短路电流。

4）所有普通变压器的中性点都应经隔离开关接地，这样可以在运行调度时灵活选择接地点。当变压器中性点可能断开运行时，若该变压器中性点绝缘不是按线电压设计，应在中性点装设避雷器保护。

5）选择接地点时应保证任何故障形式都不应使电网解列成为中性点不接地的系统。双母线接线接有两台及以上主变压器时，可考虑两台主变压器中性点接地。

为限制系统单相短路电流，部分变压器实际运行时可以打开中性点隔离开关，采用不接地方式运行。

（2）主变压器6～66kV侧中性点采用中性点不接地或经消弧线圈接地方式。

6～66kV电网通常采用中性点不接地方式，但是当单相接地故障电流大于10A（10～66kV电网）时，中性点应经消弧线圈接地。

采用消弧线圈接地时，应注意以下几点：

1）需要安装的消弧线圈应统筹规划，分散布置。避免整个电网只装设一台消弧线圈，也应避免在一个变电站中装设多台消弧线圈。在任何运行方式下，电网不得失去消弧线圈的补偿。

2）消弧线圈一般装在变压器中性点上，6～10kV消弧线圈也可装在调相机的中性点上。

3）当两台变压器合用一台消弧线圈时，应分别经隔离开关与变压器中性点相连。平时运行中，闭合其中一组隔离开关，以避免在单相接地时发生虚幻接地现象。

4）如变压器无中性点或中性点未引出，应装设专用接地变压器。接地变压器容量应与消弧线圈的容量相配合，同时还要考虑变压器的短时过负荷能力。

5）宜采用具有自动跟踪补偿功能的消弧线圈，并且能够保证：

a. 正常运行时，中性点的电压位移不能长时间超过系统标称电压的15%。

b. 系统接地故障的残余电流不应大于10A。

c. 消弧部分的容量应根据系统远景年的发展规划确定。

d. 消弧部分宜接于YNd或Ynynd的变压器中性点上，容量不应超过变压器总容量的50%，且不得大于任一绕组容量。

e. 消弧部分接于零序磁通未经铁芯闭路的YNyd接线变压器中性点时，容量不应超过变压器总容量的20%。

某110/35/10kV三绕组变压器中性点接地方式如图4-21所示。其110kV侧中性点直接接地，配置的设备有带接地开关的中性点隔离开关、零序电流互感器（中性点引出回路与间隙回路设两组）、保护间隙、避雷器等。当运行需要变压器中性点隔离开关闭合时，由中性点主回路上的零序电流互感器组成零序电流保护；当运行需要变压器中性点隔离开关断开时，由中性点间隙与间隙下方的零序电流互感器组成间隙保护。

两台变压器35kV侧中性点经一组消弧线圈接地，配置的设备有避雷器、中性点隔离开关、消弧线圈等；10kV侧绕组三角形连接，无中性点。

变压器10kV侧无中性点或中性点未引出，且需要采用经消弧线圈或电阻接地方式时，装设的接地兼站用变压器接线如图4-22所示。接地变压器多采用ZNyn形接线方式，在带0.4kV低压负载时，接地变压器的一次容量应为消弧线圈容量与低压负载容量之和。

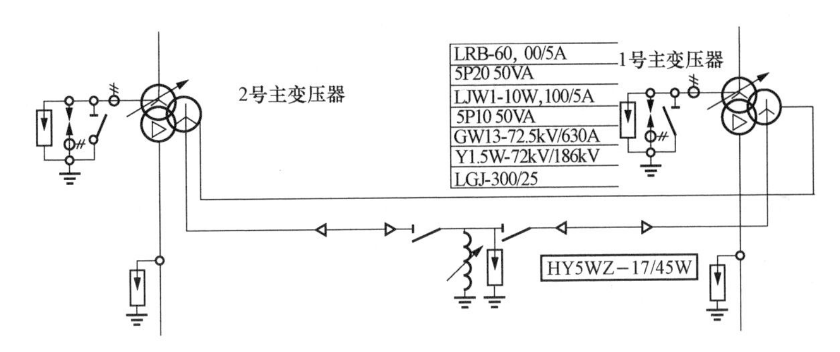

图 4-21 某变电站 110/35/10kV 三绕组变压器中性点接地方式

2. 发电机的中性点接地

发电机绕组发生单相接地故障时，接地点流过的电流是发电机本身及其引出回路连接元件（主母线、厂用分支、主变压器低压绕组等）的对地电容电流。当该电流超过允许值时，将烧伤定子铁芯，进而损坏定子绕组绝缘，引起匝间或相间短路。因此，为降低单相接地故障电流，发电机中性点应采用非直接接地方式，包括不接地、经消弧线圈接地和经高电阻接地。

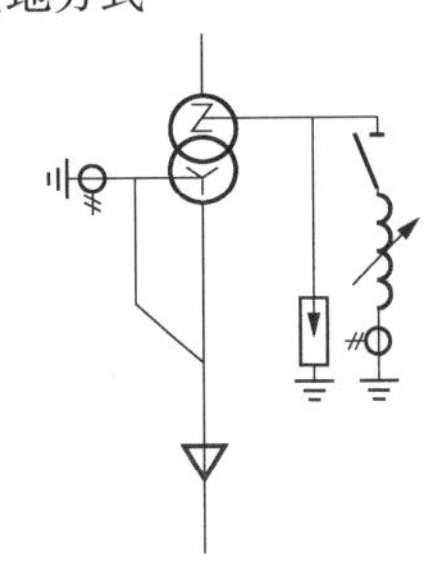

图 4-22 某变电站 10/0.4kV 接地兼站用变压器接线方式

发电机中性点接地电流允许值见表 4-3。

表 4-3 发电机接地电流允许值

发电机额定电压（kV）	6.3	10.5	13.8～15.7	18～20
发电机额定容量（MW）	≤50	50～100	125～200	300
接地电流允许值（A）	4	3	2	1

（1）采用中性点不接地方式。中性点不接地方式适用于单相接地电流不超过允许值的125MW 及以下中小机组。

（2）采用中性点经消弧线圈接地方式。经消弧线圈接地方式适用于单相接地电流超过允许值的中小机组或要求能带单相接地故障运行的 200MW 及以上大机组。

（3）采用中性点经高电阻接地方式。经高电阻接地方式适用于 200MW 及以上大机组。具体装置是将电阻 R 经单相接地变压器 T_0（或配电变压器，或电压互感器）接入中性点，电阻在接地变压器的二次侧。

通过二次侧接有电阻的接地变压器接地，实际上就是经高电阻接地。变压器的作用是使低压小电阻起高压大电阻的作用，从而可简化电阻器的结构，降低其价格，使安装空间更易解决。部分引进机组也有不经接地变压器而直接接入数百欧姆的高电阻。

发电机中性点经高电阻接地后，可以达到：

1）发电机单相接地故障时，限制健全相的过电压不超过 2.6 倍额定相电压。

2）限制接地故障电流不超过 10A。

3）为定子接地保护提供电源，便于检测。

发生单相接地时，总的故障电流不宜小于 3A，以保证接地保护不带时限立即跳闸停机。

4.3 电气一次设备的配置

为保证电力系统安全、可靠地运行，并满足测量仪表、继电保护和自动装置的要求，根据电力系统运行规程，电气主接线中电气一次设备的配置应该满足一定的要求。本书介绍6kV及以上电压等级电力系统中的设备配置。

1. 断路器的配置

（1）有负荷电流通过的高压回路中一般应装设断路器。

（2）母线设备回路（即母线电压互感器与避雷器回路）不装设断路器。

（3）容量为125MW及以下的发电机与双绕组变压器为单元连接时，在发电机与变压器之间不宜装设断路器；发电机与三绕组变压器或三绕组自耦变压器为单元连接时，在发电机与变压器之间宜装设断路器和隔离开关，厂用分支应接在变压器与该断路器之间。

（4）容量为200～300MW的发电机与双绕组变压器为单元连接时，在发电机与变压器之间不应装设断路器、负荷开关或隔离开关，但应有可拆连接点。技术经济合理时，容量为600MW机组的发电机出口可装设断路器或负荷开关。此时，主变压器或高压厂用工作变压器应采用有载调压方式。

（5）330～500kV并联电抗器回路不宜装设断路器或负荷开关，如需装设应根据其用途及运行方式等因素确定。

（6）对于水电厂，下列各回路在发电机出口处宜装设断路器：需要倒送厂用电，且接有公共厂用变压器的单元回路；开停机频繁的调峰水电厂，需要减少高压侧断路器操作次数的单元回路；联合单元回路。

（7）对于水电厂以下各回路在发电机出口处必须装设断路器：扩大单元回路、三绕组变压器或自耦变压器回路。

2. 隔离开关的配置

（1）断路器的两侧一般均应装设隔离开关，以便在断路器检修时隔离电源。移开式成套开关柜中断路器手车的动、静触头相当于隔离开关作用，不需要再配置隔离开关。

（2）当无特殊要求时，安装在进出线上的避雷器、耦合电容器、电压互感器可不装设隔离开关；发电机、变压器中性点上的避雷器，不应装设隔离开关。

（3）双母线或单母线接线中母线避雷器和电压互感器宜合用一组隔离开关。一个半断路器接线中母线避雷器和电压互感器不应装设隔离开关。

（4）桥形接线中的跨条宜用两组隔离开关串联，以便于不停电检修。

（5）小型发电机出口一般应装设隔离开关；容量在200MW及以上大机组与双绕组变压器为单元连接时，其出口不装设隔离开关，但应有可拆卸连接点。

（6）中性点直接接地的普通型变压器均应通过隔离开关接地，自耦变压器的中性点则不必装设隔离开关。

（7）角形接线中的进出线应装设隔离开关，以便在进出线检修时，保证闭环运行。

3. 接地开关的配置

（1）为保证电气设备和母线的检修安全，35kV及以上每段母线根据长度宜装设1～2组接地开关，两组接地开关间的距离应尽量保持适中。母线的接地开关宜装设在母线电压互感器的隔离开关上和母联隔离开关上，也可装于其他回路母线隔离开关的基座上。必要时可设置独立式母线接地开关。

(2) 66kV及以上配电装置的断路器两侧隔离开关和线路隔离开关的线路侧宜配置接地开关。双母线接线两组母线隔离开关的断路器侧可共用一组接地开关。

(3) 66kV及以上主变压器进线隔离开关的主变压器侧宜装设一组接地开关。

4. 电压互感器的配置

(1) 电压互感器的数量和配置与电气主接线方式有关，应满足测量、保护、同期和自动装置的需要，并保证在运行方式改变时保护装置不得失压，同期点两侧都能提取到电压。

(2) 6～220kV电压等级的每组主母线的三相或单相上装设电压互感器；桥形接线中桥的两端应各装一组电压互感器。

(3) 发电机出口一般装设2～3组电压互感器。一组电压互感器（三相五柱式或三台单相三绕组）供电给发电机的测量仪表、保护及同步设备，其开口三角形接一电压表，供发电机启动而未并列前检查接地之用；也可设一组不完全星形接线的电压互感器（两台单相双绕组），专供测量仪表用。另一组电压互感器（三台单相双绕组），供电给自动调整励磁装置。对50MW及以上的发电机，中性点常接有一单相电压互感器，用于定子接地保护。

(4) 当需要监视和检测线路外侧有无电压时，在出线侧的一相上应装设电压互感器。

(5) 兼作为并联电容器组泄能和兼作为限制切断空载长线路过电压的电磁式电压互感器，其与电容器组之间和与线路之间不应有开断点。

5. 电流互感器配置

(1) 凡装有断路器的回路均应装设电流互感器，其数量应满足测量仪表、继电保护和自动装置要求。

(2) 在未装设断路器的下列地点也应装设电流互感器：发电机和变压器的出口及其中性点、桥形接线的跨条上等。

(3) 110kV及以上大接地短路电流系统，一般应按三相配置；35kV及以下小接地短路电流系统，据具体要求按两相或三相配置。

(4) 采用柱式断路器的一个半断路器接线配电装置中，在满足继电保护和计量要求的条件下，每串宜装设三组电流互感器。当采用GIS、HGIS及罐式断路器时，宜在断路器两侧分别配置电流互感器。

(5) 为了防止柱式电流互感器的套管闪络造成母线故障，电流互感器通常布置在线路断路器的出线侧或变压器断路器的变压器侧。

(6) 为减轻发电机内部故障时对发电机的危害，用于自动励磁装置的电流互感器应布置在定子绕组的出线侧。这样，当发电机内部故障使其出口断路器跳闸后，便没有故障电流（来自系统）流经互感器，自励电流不致增加，发电机电动势不致过大，从而减小故障电流。若互感器布置在中性点侧，则不能达到上述目的。

6. 避雷器的配置

(1) 配电装置的每组母线上一般装设避雷器，但当进出线都装设避雷器时，可通过计算确定母线是否装设避雷器。

（2）35～220kV 开关站，应根据其重要性和进线回路数，在进线上装设避雷器。

（3）自耦变压器应在其两个自耦合的绕组出线上装设避雷器，且避雷器应装设在自耦变压器和断路器之间。

（4）330kV 及以上变压器各侧应装设避雷器并应尽可能靠近设备本体。

（5）高压并联电抗器各侧应装设避雷器并应尽可能靠近设备本体；当计算满足要求时，线路用高压并联电抗器高压侧可与出线共用一组避雷器。

（6）220kV 及以下变压器到避雷器的电气距离超过允许值时，应在变压器附近增设一组避雷器。

（7）下列情况的变压器和电抗器中性点应装设避雷器：

1）有效接地系统中的中性点不接地的远期变压器，中性点采用分级绝缘且未装设保护间隙时。

2）中性点为全绝缘，但变电站为单进线且为单台变压器运行时。

3）不接地、谐振接地和高阻抗接地系统中的变压器中性点可不设保护装置，多雷区单进线变压器且变压器中性点引出时，宜装设避雷器。

4）中性点经电抗器接地时，中性点上应装设避雷器。

（8）对于 35kV 及以上具有架空或电缆进线、主接线特殊的敞开式或 GIS 变电站，应通过仿真计算确定保护方式。66kV 及以上进线有电缆段的 GIS 变电站，在电缆段与架空线路的连接处应装设避雷器。

（9）变电站 10kV 配电装置的避雷器的配置应符合下列要求：

1）变电站的 10kV 配电装置，应在每组母线和架空进线上分别装设电站型和配电型避雷器。

2）架空进线全在站区内且受到其他建筑物屏蔽时，可只在母线装设避雷器。

3）有电缆段的架空线路，避雷器应装设在电缆头附近，各架空进线均有电缆段时，避雷器与主变压器的最大电气距离可不受限制。

4）10kV 配电站，当无站用变压器时，可仅在每路架空进线上装设避雷器。

（10）当采用敞开式配电装置时，110～220kV 线路侧一般不装设避雷器，在多雷地区需通过计算确定。330～1000kV 的线路侧一般均需配置避雷器。

（11）单元接线的发电机出线宜装设一组避雷器。

练习 4.6　画出 110kV 单母线分段接线的电气主接线图（含 3 个出线回路与 2 台主变压器，画出变压器及中性点，并按要求配置相应电气一次设备）。

4.4　电气总平面布置与配电装置

4.4.1　电气总平面布置

思　考　电气总平面布置的含义是什么？其布置原则与基本要求有哪些？

1. 电气总平面布置的原则和基本要求

电气总平面布置是将发电厂、变电站内各电压等级配电装置按照电力系统规划，变电站高压、中压、低压出线规划，站区地理位置，站区环境，地形地貌等条件进行布局和设计。电气总平面布置应遵循布置清晰、工艺流程顺畅、功能分区明确、运行与维护方便、减少占地的原则，应尽量规整以减少征地面积，尽量减少站区的噪声污染，对周围环境影响小，便于各配电装置协调配合。

进行电气总平面布置时，应满足以下几点要求：

（1）应做到节约占地、技术先进、整齐美观、投资优化。

（2）应根据系统规划，按照发电厂、变电站最终建设规模进行设计，布置方案应统筹考虑近期规模及远期规划的合理衔接。

（3）应结合发电厂、变电站各电压等级出线走廊规划合理调整变电站布置方位，尽量避免出现各电压等级出线交叉跨越的情况。

（4）应加强发电厂、变电站周边水土保持，避免出现水土流失影响周边环境及对发电厂、变电站本体安全运行造成隐患。

（5）努力控制变电站噪声、电磁干扰及减少变电站对周围环境的影响，变电站要尽量远离居民区等对噪声敏感的建筑物，厂界噪声应满足环评批复的要求，应建设与环境协调友好的变电站。

（6）变电站电气总平面布置方案的设计应按照高压配电装置、主变压器及无功补偿区域、中压配电装置、低压配电装置、站前辅助功能区域的优先顺序开展，遵循功能分区的设计原则，优先考虑合理的高压配电装置方案；然后依次开展其余各电压等级配电装置布置方案的选择，在对每个功能分区进行设计时，力求做到布置合理、结构简洁，在每个功能分区满足各自功能的前提下做到最小占地，各功能分区的衔接应合理、规整。

2. 变电站的总体布置示例

电气总平面布置图显示了变电站内电气设备的相对位置、连接方法、总体布局和定位。

（1）某110/35/10kV户外变电站电气总平面布置方案如图4-23所示。

1）布置特点为：变电站110kV配电装置GIS户外布置，主变压器户外布置，35kV和10kV配电装置采用户内二层布置。各级电压的配电装置以变压器为中心，分别布置在不同方位。变电站内部设有环形道路通往110kV配电装置与主变压器、35kV和10kV配电室、生产综合室。

110kV配电装置采用改进单母线分段接线，本期两回，后期四回架空线路，避免了架空线路的交叉跨越；35kV和10kV配电装置均采用单母线分段接线，35kV户内开关柜布置在2层，10kV户内开关柜布置在1层。

2）变电站主变压器的布置：只有两个电压等级时，主变压器通常放在高低压配电装置之间；有三个电压等级时，主变压器高压引出线的套管须对准其高压配电装置的进线间隔。应尽量缩短主变压器低压侧引出线的距离。

为了防止变压器发生事故时燃油流散使事故扩大，单个油箱油量超过1000kg的变压器，按照防火要求，在设备下面设置储油池或挡油墙，其尺寸应比设备的外廊大1m，并在池内铺设厚度不小于0.25m的卵石层。

当变压器油重超过2500kg时，两台户外变压器之间的防火净距不得小于：35kV，5m；

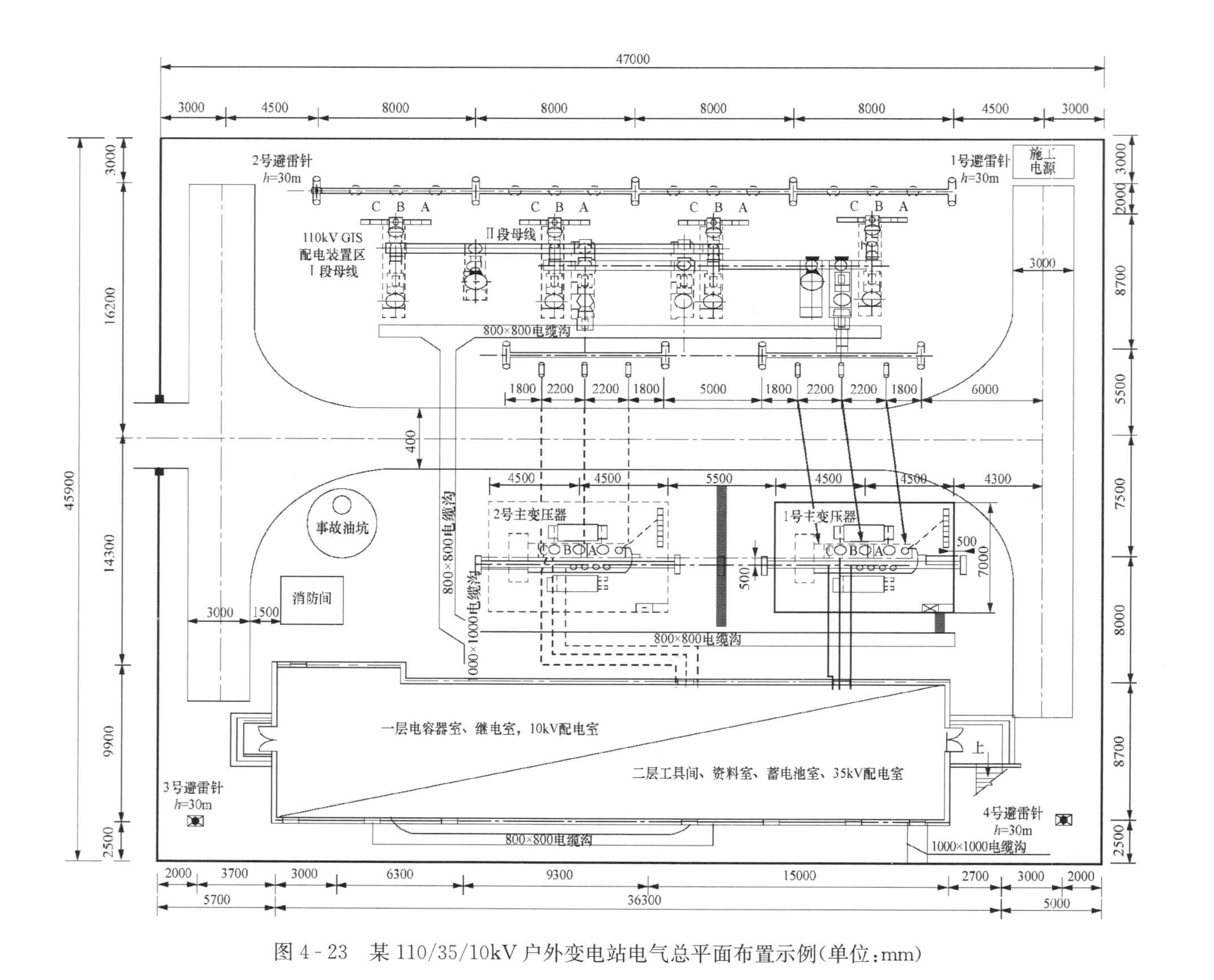

图 4-23 某 110/35/10kV 户外变电站电气总平面布置示例(单位:mm)

110kV，8m；220kV，10m。如布置有困难，在变压器之间应设防火墙，防火墙高度不低于变压器储油柜顶部。

（2）某110/10kV半户内变电站电气总平面布置方案如图4-24所示。

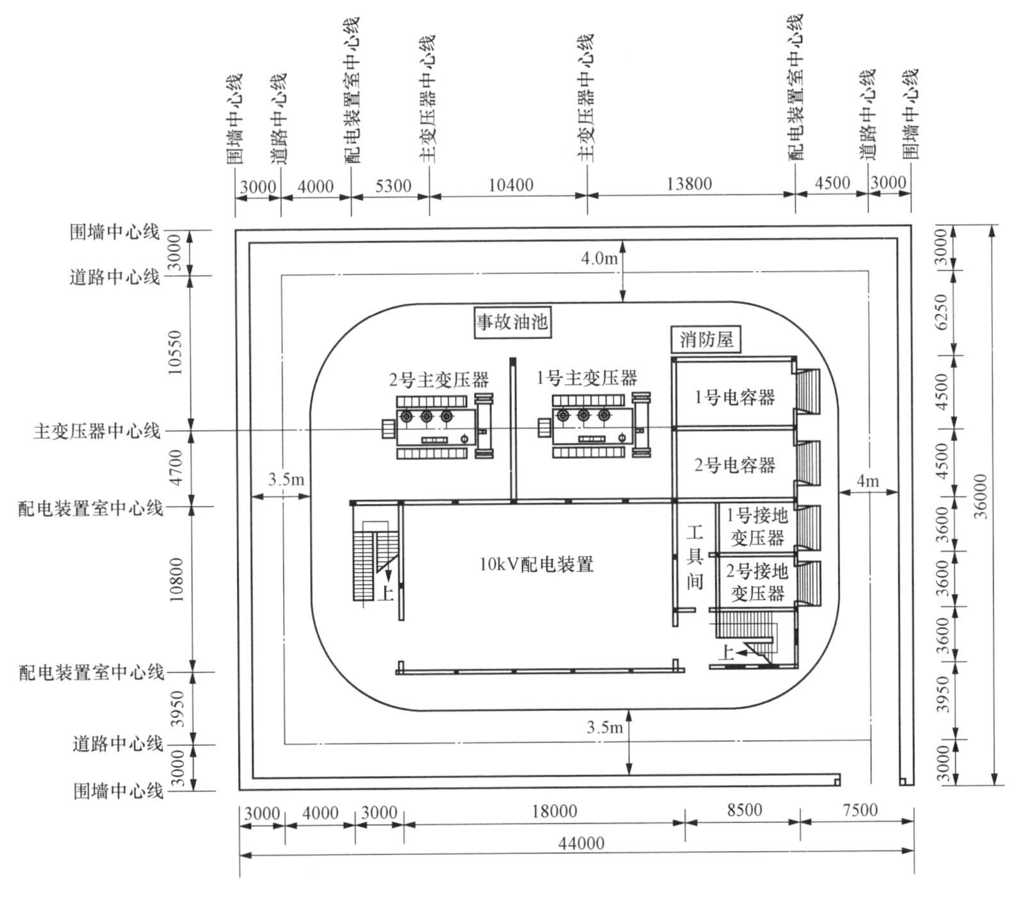

图4-24 某110/10kV半户内变电站电气总平面布置示例（单位：mm）

布置特点为：变电站采用半户内布置，除两台主变压器外，站内110kV和10kV电压等级的设备均布置在生产综合楼内，以生产综合楼和主变压器为中心，四周设置环形道路作为消防通道；综合楼一层布置10kV配电装置、并联电容器组、接地变压器等，二层布置110kV配电装置、二次设备间等。

110kV采用内桥接线，两回出线；10kV采用单母线单分段接线。110kV电压等级配电装置采用户内GIS设备，10kV电压等级配电装置采用户内开关柜。每台主变压器低压侧安装两组10kV并联电容器组。110kV采用架空进线，10kV采用电缆出线。

4.4.2 配电装置的种类、设计原则与要求

思考 配电装置的作用是什么？其基本种类及其特点有哪些？配电装置设计需满足哪些要求？“五防”功能是什么？

配电装置是以电气主接线为主要依据，由开关设备、保护设备、测量设备、母线以及必要的辅助设备组成的电力装置，还包括变电架构、基础、房屋、通道等集电力、土建等技术于一体的电气设备及设施。

1. 配电装置的作用与基本类型

（1）配电装置的作用。配电装置用来接受和分配电能，以及进行操作、检修、试验、巡视等。配电装置是发电厂、变电站的重要组成部分，是发电厂和变电站中电气主接线的具体实现。

（2）配电装置的基本类型与特点。配电装置整体上可分为户内与户外配电装置两类。

按电气设备的绝缘方式，可分为空气绝缘敞开式 AIS、金属封闭气体绝缘式 GIS、混合式 H-GIS 配电装置。

按安装形式可分为装配式与成套组合式配电装置。

按安装地点可分为户内式、半户内式、户外式、地下式配电装置。

按电压等级分为低压、中压、高压、超高压、特高压配电装置。

按环境条件分为普通条件、特殊条件（污染、高海拔等）。

户内配电装置的优点是占地面积小，可分层布置；维护、巡视和操作在室内进行，不受外界气象条件影响，比较方便；设备受气象及外界有害气体影响较小，可减少维护工作量；缺点是建筑投资大。

户外配电装置的特点基本上与户内配电装置相反，其优点是安全净距大，便于带电作业；土建工程量和费用较少，建设周期短，扩建较方便。其缺点是占地面积大；维护、巡视和操作在室外进行，并受外界气象条件影响；设备受气象及外界有害气体影响较大，运行条件较差，须加强绝缘，设备价格较高。

2. 配电装置设计总的原则及要求

配电装置的设计应遵循有关法律法规及规程规范，根据电力系统条件、自然环境特点、运行检修方面的要求，合理选用设备和设计布置方案，应积极慎重地采用新布置、新设备、新材料、新结构，使配电装置设计不断创新，做到技术先进、经济合理、布置清晰、运行与维护方便、减少占地。

在确定配电装置形式时，必须满足以下几点要求：

（1）符合电气主接线要求，满足本期接线、适应过渡接线、远期扩建方便。应根据系统规划的要求并结合线路出线条件，对可能采用的配电装置布置方案进行比较分析，重视制约配电装置选型的因素，包括系统规划、站区可用地面积、出线条件、分期建设和扩建过渡的便利等。

（2）设备选型合理。目前各电压等级配电装置常用的断路器类型包括瓷柱式、罐式、GIS 式断路器等。设备选型应结合区域地理位置、环境条件进行，考虑设备覆冰、防阵风、抗震、耐污等性能，同时结合全生命周期，通过详细的技术经济比较确定。

GIS 式断路器宜用于下列情况的 110kV 及以上电网：深入市区的变电站、布置场所特别狭窄地区、地下配电装置、重污秽地区、高海拔地区、高烈度地震区等。

（3）节约投资。应采取有效措施降低工程量，降低造价。

（4）安装和检修便利。应妥善考虑安装和检修条件，要考虑构件的标准化和工厂化，减少构架类型；设置设备搬运通道、起吊设施和良好的照明条件等。

（5）运行安全、巡视方便。应重视运行维护时的方便条件，如合理确定电气设备的操作位置、设置操作巡视走道等。

（6）应能在运行中满足对人身和设备的安全要求，保证各种电气安全净距，装设防误操作的闭锁装置，采取防火、防爆和蓄油、排油措施，运行人员在正常操作和处理事故的过程中不致发生意外情况，在检修维护过程中不致损害设备。配电装置发生事故时，能将事故限制到最小范围和最低程度。

3. 对配电装置的具体要求

（1）通用要求。

1）各级电压配电装置之间，以及它们和各种建（构）筑物之间的距离和相对位置，应按最终规模统筹规划，充分考虑运行的安全和便利。配电装置的方位应由下列因素综合考虑确定：进出线方向；避免或减少各级电压架空出线的交叉；缩短主变压器各侧引线的长度，避免交叉，并注意平面布置的整体性。

2）配电装置的布置应该做到整齐清晰，各个间隔之间要有明显的界限，对同一用途的同类设备，尽可能布置在同一中心线上（指户外），或处于同一标高（指户内）。

间隔是指配电装置中的一个电气回路（进、出线，分段、母联断路器等）的连接导线及电器设备所占据的范围。在成套式配电装置中，一个开关柜就是一个间隔。户外配电装置的间隔没有实体界线，但各间隔的区分也很明显。

3）架空出线间隔的排列应根据出线走廊规划的要求，尽量避免线路交叉，并与终端塔的位置相配合。当配电装置为单列布置时，应考虑尽可能不在两个以上相邻间隔同时引出架空线。

4）各级电压配电装置各回路的相序排列应尽量一致。一般为面对出线方向自左至右、由远到近、从上到下按A、B、C相顺序排列。对硬导体应涂色，A、B、C相色标志分别为黄色、绿色、红色。对于绞线一般只标明相别。

5）配电装置内应设有供操作、巡视、检修和搬运用的通道和出口。为便于设备的维护、操作、检修和搬运，配电装置需设置必要的通道。

为保证工作人员的安全和工作便利，不同长度的户内配电装置室应设一定数目的出口。配电装置的长度小于7m时，可设一个出口；长度大于7m时，应设两个出口（最好设在两端）；长度大于60m时，应设三个出口（中间增加一个）。配电装置室的门应为向外开的防火门，并装有弹簧锁，以便可从室内不用钥匙开门。如相邻配电装置之间有门，应能向两个方向开启。

配电装置室可以开窗采光和通风，但应采取防止雨雪和小动物进入室内的措施。处于空气污秽、多台风和龙卷风地区的配电装置，可开窗采光但不可通风。配电装置室一般采用自然通风，但要设置足够的事故通风装置，特别是当设有含SF_6的设备时，应考虑SF_6发生泄漏事故后的通风要求，增加专用机械通风装置。

6）户外配电装置周围宜围以高度不低于1.5m的围栏，以防止外人任意进入。配电装置中电气设备的栅栏高度不应低于1.2m，栅栏最低栏杆至地面的净距不应大于200mm。配电装置中电气设备的遮栏高度不应低于1.7m，遮栏网孔不应大于40mm×40mm。围栏门应装锁。

7）为确保设备及工作人员的安全，配电装置应设置有“五防”功能的闭锁装置。“五防”是指：防止带负荷分、合隔离开关；防止带电挂地线；防止带地线合闸；防止误合、误分断路器及防止误入带电间隔等电气误操作事故。

8）配电装置周围环境温度低于电气设备、仪表和继电器的最低允许温度时，应在操作箱或配电装置室内装设加热装置。

（2）母线的布置。母线通常布置在配电装置的顶部，一般为水平布置，开关柜的中压母线一般采用紧凑的直角三角形或垂直布置以降低开关柜尺寸。矩形母线的布置应尽量减少母线的弯曲，同一回路内相间距离变化尽量减少。

母线相间距离 a 取决于相间电压，并考虑短路时母线和绝缘子的机械强度与安装条件。在 6～10kV 中小容量配电装置中，母线水平布置时 a 为 0.25～0.35m，垂直布置时为 0.7～0.8m。35kV 母线水平布置时 a 约为 0.5m。

硬母线较长时，温度变化以及可能发生的沉陷与振动会引起母线伸缩，此时应装设与母线相同材料的母线伸缩节，以避免在母线中产生危险的应力。母线伸缩节的数量与母线长度有关，铝母线长度 20～30m 设 1 个伸缩节，30～50m 设两个伸缩节，50～75m 设三个伸缩节；铜母线长度 30～50m 设 1 个伸缩节，50～80m 设两个伸缩节，80～100m 设三个伸缩节。

当母线与所连接的导体材料不同，如铜、铝之间连接时，应采取措施防止电化学腐蚀，如采用铜铝过渡接头。

（3）电力变压器的布置。电力变压器安装在铺有铁轨的双梁形钢筋混凝土基础上，轨距中心等于变压器的滚轮中心。为了防止变压器发生事故时燃油流散使事故扩大，单个油箱油量超过 1000kg 的户外变压器，按照防火要求，在设备下面设置储油池或挡油墙，其尺寸应比设备的外廊大 1m，并在池内铺设厚度不小于 0.25m 的卵石层。

主变压器与建筑物的距离不应小于 1.25m，且距变压器 5m 以内的建筑物，在变压器总高度以下及外廊两侧各 3m 范围内，不应有门窗和通风孔。当户外油浸式变压器油重超过 2500kg 时，变压器之间的防火净距不应小于以下数值：35kV 及以下，5m；63kV，6m；110kV，8m；220kV 及以上，10m；如布置有困难，应设防火墙。

中压户内油浸式变压器油量超过 100kg 时，宜安装在单独的防爆间内，并设有灭火设施、储油或挡油设施。

（4）电抗器的布置。电抗器的布置方式有三相垂直布置、品字形布置和三相水平布置。当三相垂直布置有困难时，可采用品字形或水平布置。三相垂直布置时，B 相应放在上下两相的中间；品字形布置时，不应将 A、C 相重叠在一起，其原因是 B 相电抗器线圈的缠绕方向与 A、C 相并不相同，这样在外部短路时，电抗器相间的最大作用力是吸力而不是斥力，以便利用瓷绝缘子抗压强度比抗拉强度大得多的特点。当电抗器水平布置时，绝缘子都受弯曲力，故无上述要求。

（5）电缆设施。常用的电缆设施有电缆隧道、电缆井、电缆沟与电缆桥架。电缆隧道为封闭狭长的构筑物，内部高 1.8m 以上，两侧设有数层敷设电缆的支架，可容纳较多的电缆，人在隧道内能方便地进行敷设和维修电缆工作。电缆隧道造价较高，一般用于大型电厂。电缆井用于建筑物上、下层之间较多电缆的垂直敷设。电缆沟为有盖板的水平沟道，沟深与宽一般不足 1m，敷设和维修电缆必须揭开水泥盖板，很不方便。沟内容易积灰，可容纳的电缆数量也较少；但土建工程简单，造价较低，常为变电站和中、小型电厂所采用。电缆桥架分为梯级式、槽式、托盘式和组合式等结构，由直线段、弯通、三通、四通组件与支架、托臂和安装附件等组成。梯级式桥架具有质量轻、成本低、安装方便、散热好等优点，适用于直径较大的高、低压电力电缆的敷设。电缆桥架可以独立架设，也可以附设在各种建（构）筑物和管廊支架上，结构简单，造型美观、配置灵活、维修方便。

为确保电缆运行的安全，电缆隧道（沟）应设有0.5%～1.5%排水坡度和独立的排水系统。电缆隧道（沟）在进入建筑物处，应设带门的耐火隔墙（电缆沟只设隔墙），以防发生火灾时，烟火向室内蔓延并扩大事故，同时，也防止小动物进入室内。

为使电力电缆发生事故时不致影响控制电缆，一般将电力电缆与控制电缆分开排列在过道两侧。如布置在一侧时，控制电缆应尽量布置在下面，并用耐火隔板与电力电缆隔开。

（6）道路。为了运输设备和消防需要，应在主要电气设备近旁铺设行车道路，大、中型变电站内一般均应设置3m宽的环形道路。户外配电装置还应设置宽0.8～1m的巡视小道，以便运行人员巡视电气设备。电缆沟盖板可作为部分巡视小道。

4. 配电装置的安全净距

配电装置的整个结构尺寸，是综合考虑设备的外形尺寸、运行维护、巡视、操作、检修、运输的安全距离及运行中可能发生的过电压等因素而决定的。配电装置各部分之间，为确保人身和设备的安全所必需的最小电气距离，称为安全净距。

DL/T 5352—2018《高压配电装置设计规范》中，规定了敞露在空气中的户内、外配电装置各有关部分之间的最小安全净距，这些距离分A、B、C、D、E五种，其中，最基本的是带电部分至接地部分之间及不同相的带电部分之间的最小安全净距，即A值。

A值可通过计算和试验确定，在这一距离下，无论是正常最高工作电压或出现内、外过电压时，都不致使空气间隙击穿。空气间隙在耐受不同形式的电压时，具有不同的电气强度，即A值不同。一般地说，220kV及以下的配电装置，大气过电压（雷击或雷电感应引起的过电压）起主要作用；330kV及以上的配电装置，内部过电压（开关操作、故障、谐振等引起的过电压）起主要作用。另外，空气的绝缘强度随海拔的升高而下降，当海拔超过1000m时，A值需作相应修正（增加）。户内与户外配电装置的安全净距A值见表4-4、表4-5。

表4-4　户内配电装置的安全净距A　　mm

符号	适用范围	额定电压（kV）								
		6	10	15	20	35	60	110J	110	220J
A_1	（1）带电部分至接地部分之间。 （2）网状和板状遮栏向上延伸线距地2.3m处与遮栏上方带电部分之间	100	125	150	180	300	550	850	950	1800
A_2	（1）不同相带电部分之间。 （2）断路器和隔离开关断口两侧带电部分之间	100	125	150	180	300	550	900	1000	2000

注　110J、220J指中性点直接接地电网。

表 4-5　户外配电装置的安全净距 A　mm

符号	适用范围	额定电压（kV）								
		3～10	15～20	35	60	110J	110	220J	330J	500J
A_1	（1）带电部分至接地部分之间。（2）网状遮拦向上延伸线距地2.5m处，与遮栏上方带电部分之间	200	300	400	650	900	1000	1800	2500	3800
A_2	（1）不同相带电部分之间。（2）断路器和隔离开关断口两侧引线带电部分之间	200	300	400	650	1000	1100	2000	2800	4300

注　110J、220J、330J、550J 指中性点直接接地电网。

其他几类安全净距如 B、C、D、E 值，是在 A_1 值的基础上再考虑一些其他实际因素而确定的。比如 B_1 是带电部分至栅状遮栏或设备运输时外廓的距离，考虑人的手臂伸入遮栏的长度不大于 750mm，有 $B_1=A_1+750$mm；C 值是保证人举手时，手与上部带电裸导体之间净距不小于 A_1 值。一般人员举手的高度不超过 2300mm，再考虑 200mm 的裕度，有 $C=A_1+2500$mm；D 值是保证检修时，人与带电裸导体之间的净距不小于 A_1 值，一般维修人员和工具的活动范围不超过 1800mm，考虑 200mm 的裕度后，有 $D=A_1+2000$mm。E 值是通向户外的出线套管至屋外通道的路面的距离，6～35kV 为 4000mm，110kV 为 5000mm。其他安全净距的数值见有关参考资料。

4.4.3　6～220kV 配电装置

1. 6～10kV 配电装置

（1）户外配电装置。户外配电装置适用于用地条件宽松、出线回路少的 35/10kV 变电站内。

（2）户内配电装置。户内配电装置适应性强，布置清晰，运行检修方便，通常采用成套开关柜单列或双列布置。图 4-25 为采用手车式开关柜的单层、单母线分段接线、双列布置的 10kV 户内配电装置的平面布置图与断面图。

2. 35kV 配电装置型式选择

35kV 户外配电装置仅适用于用地条件宽松的 35/10kV 变电站内，多数采用中型布置。

35kV 配电装置多采用户内成套中置式开关柜单列布置。

35kV 户内配电装置具有布置清晰，运行检修方便，占地少、土建费用较低的特点。35kV 单母线分段接线户内配电装置平面布置如图 4-26 所示。

3. 35/10kV 配电装置混合布置

在同时具有 35/10kV 两级电压的变电站内，为节约用地和进出线方便，可以采取将 10kV 配电装置布置在一层，将 35kV 配电装置布置在二层的混合布置方式，断面图如图 4-27 所示。35/10kV 均采用成套中置式开关柜。

4. 110～220kV 敞开式（AIS）配电装置

110～220kV 户内敞开式（AIS）配电装置已基本被户内 GIS 配电装置取代。

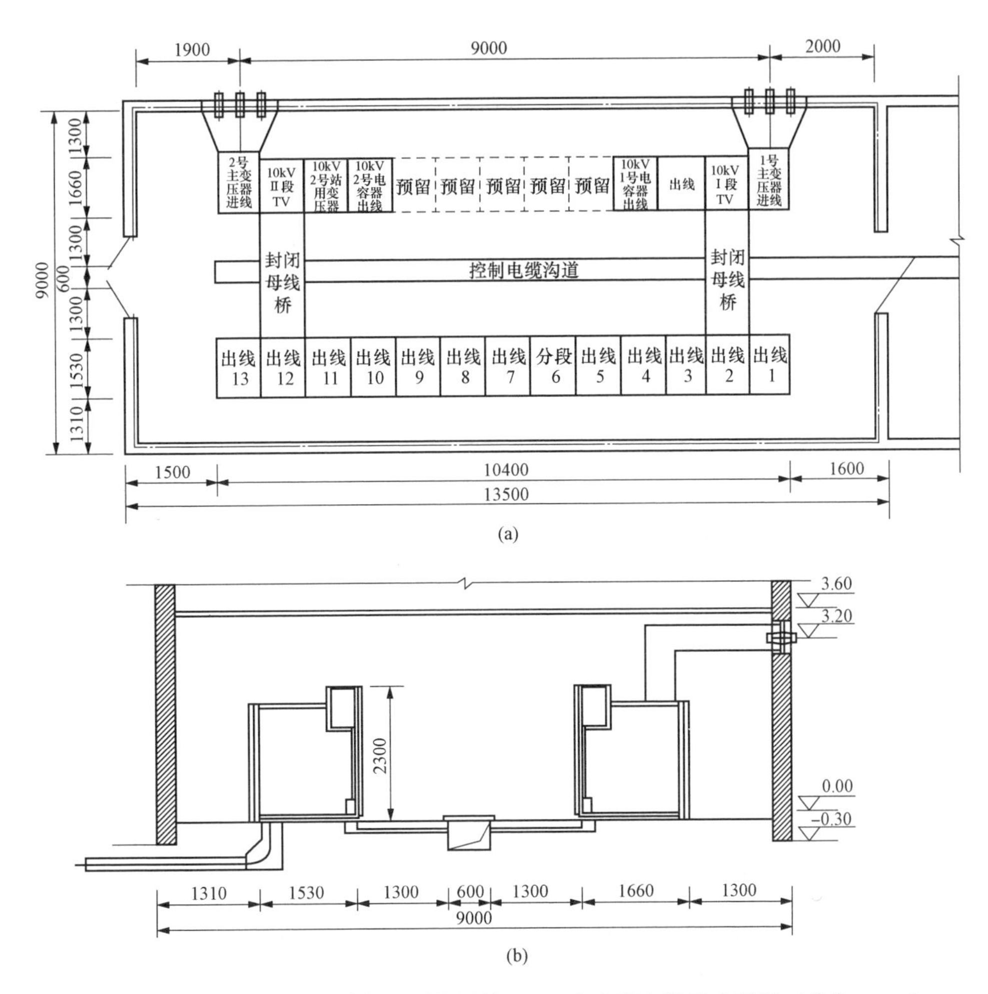

图4-25 采用手车式开关柜双列布置的10kV户内配电装置布置图（单位：mm）
（a）平面布置图；（b）断面图

（1）户外敞开式中型配电装置。户外敞开式中型配电装置分为普通中型布置和分相中型布置两种。

普通中型布置：其母线下不布置任何电气设备，所有电气设备都安装在地面设备支架上，母线选用软导线或管型母线。其特点是布置清晰，检修维护方便，不足是占地面积大。

分相中型布置：只将一组或两组母线隔离开关直接安装在各相母线的下面。母线基本选用管形母线，具有布置清晰、简化构架、节约用地等特点，不足是母线隔离开关的检修维护需要考虑上方带电母线的影响，目前逐渐被GIS类配电装置取代。

（2）户外敞开式改进半高型布置。采用单母线分段接线时，将母线构架抬高后，母线下可布置电气设备，占地面积较小。其所有电气设备都安装在地面设备支架上，母线可选用软导线或管形母线。当采用双母线接线时，将两组母线抬高错位布置，电气设备布置在母线下面，两组母线隔离开关分别采用水平断口和垂直断口。

改进半高型布置具有布置清晰、结构简化、节约用地等特点，也逐渐被GIS类配电装置取代。

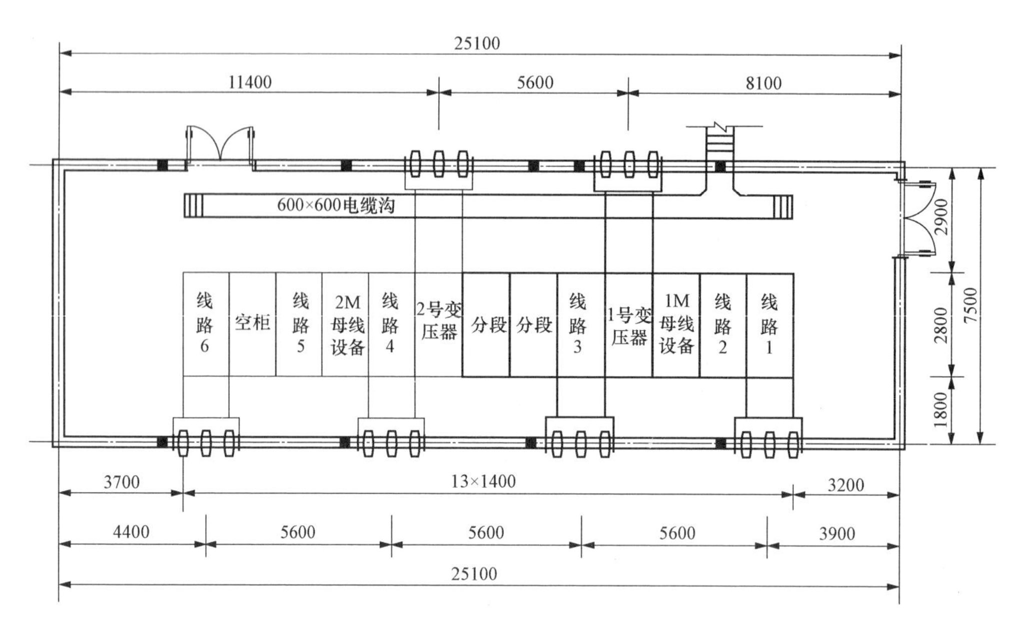

图 4-26　35kV 单母线分段接线户内配电装置平面布置图（单位：mm）

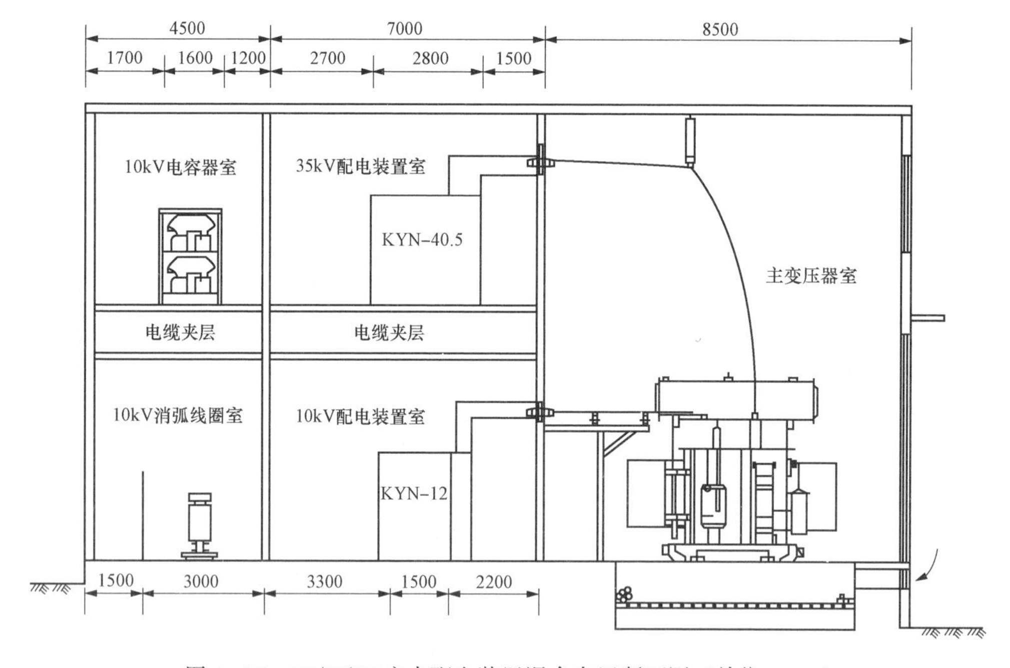

图 4-27　35/10kV 户内配电装置混合布置断面图（单位：mm）

110kV 户外中型配电装置一般用于土地贫瘠地区与地震烈度 8 度及以上地区。

220kV 户外分相中型适用于征地费用较低及地震烈度较高的地区。220kV 改进半高型配电装置经济指标较好，节约用地，可根据工程条件选用。

5. 110～220kV GIS 配电装置

110～220kV 户内 GIS 配电装置防污效果好，可多层布置，大量节约用地，适用于重污染及用地紧张地区。

110～220kV 户外 GIS 配电装置主要用于污秽严重、站址用地较为紧张的地区。

4.4.4 成套配电装置

成套配电装置是把电气设备如开关电器、测量仪表、继电保护装置和辅助设备等都装配在封闭或半封闭的金属柜（或称开关柜）中，由制造厂成套供应的设备，运到施工现场只需安装金属柜，连接母线、进出线导体与二次线即可。成套配电装置一般有多种一次接线方案，比如一个高压开关柜就对应一种电气一次设备配置方案，根据电气主接线配置，选择不同方案的单元组合布置，即可组成成套配电装置。

成套配电装置的可靠性很高，运行安全，操作方便，维护工作量小，另外还可以减少占地面积，缩短工期，便于扩建和搬运，非常适合小型的用电场合。目前，成套配电装置的发展迅速，新的类型不断出现，使用也越来越广泛。

成套配电装置分为低压配电柜、高压开关柜、高压环网柜、预装式变电站几类，SF_6全封闭组合电器（GIS）也可视为一种特殊的成套配电装置。

高、低压开关柜一般户内布置在变电站配电室内，单列或双列安装在基础槽钢上，柜下部或后部设有电缆沟。高压环网柜适用于城市 10kV 电网中，作为环网供电或终端供电的开关设备，既有户外型也有户内型。预装式变电站是由高压开关设备、电力变压器和低压开关设备三部分组合构成的成套配电装置，一般为户外布置。

1. 低压开关柜

低压配电柜（屏）是指电压为 1000V 以下的成套配电装置，有固定式和抽出式两种。固定式低压配电屏有 PGL、GGD、GGL 等系列。

GGD 型配电屏高度为 2200mm，宽度为 1000mm，深度为 600mm。配电屏的构架是用型钢局部焊接而成。正面上部装有测量仪表，双面开门。三相母线布置在屏顶，刀开关、熔断器、自动空气开关、互感器和电缆端头依次布置在屏内，继电器、二次端子排也装设在屏内。

固定式低压配电屏结构简单、价格低，维护、操作方便，曾经广泛使用，目前已逐渐被抽出式配电柜取代。

抽出式低压配电柜国产的有 GCK、GCS、GCL 等系列，引进的有 DOMINO、MNS、SIKUS 等系列。GCK 柜高度为 2200mm，宽度有 600、800、1000、1200mm 四种，深度有 800、1200mm 两种。

GCK 柜为密封式结构，框架结构可分为功能单元室、母线室和电缆室。母线室布置在开关柜的上部，内装主母线，与其他单元隔离。电缆室布置在开关柜的后部，内为出线电缆、二次线和端子排。开关柜前面的门上装有仪表、控制按钮和自动空气开关的操作手柄。抽出式功能单元室（抽屉）内装开关元件及其控制元件，抽屉有机械联锁机构，开关合闸时小门不能打开。功能单元的推进机构设有分离、试验、工作三个位置，并有明显标志。

抽出式低压配电柜的优点：采用模块化、组合式结构，密封性能好，可靠性高，其间隔结构能限制故障范围；同规格的功能元件互换性好，若回路发生故障时，可立即换上备用的抽屉，迅速恢复供电；布置紧凑，体积小。抽出式低压配电柜的缺点：结构较复杂，工艺要求较高，钢材消耗多，价格较高。

2. 高压开关柜与环网柜

高压开关柜是指用于 3～35kV 的成套开关设备，目前国内常用的高压开关柜有 KGN、KYN、XGN、XYN、JYN 等系列，其中 KGN、XGN 为固定式，KYN、XYN 为移开式。高压环网柜一般只用于城市 10kV 电网中，有 XGW、HXGN 系列，均为固定式。

（1）KYN 系列铠装移开式户内金属封闭开关设备。KYN□-12、KYN□-40.5 系列铠装移开式户内金属封闭开关设备一般适用于三相交流 50Hz、3～10kV 或 35kV 的单母线及单母线分段接线系统作接受和分配电能用。

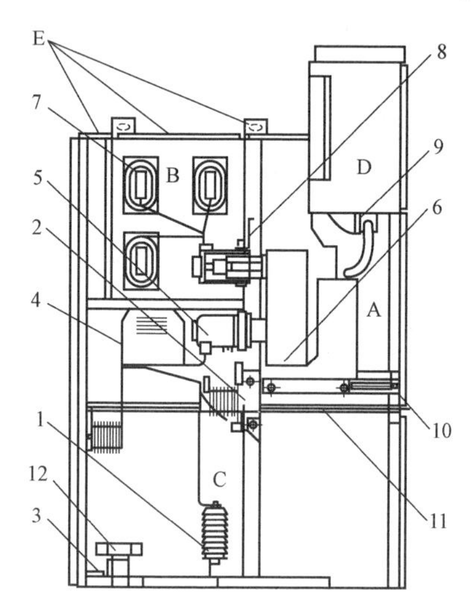

图 4-28　KYN28A-12 型开关柜结构示意图（手车工作位置）

A—手车室；B—母线室；C—电缆室；D—仪表室；E—泄压装置

1—避雷器；2—接地开关；3—接地主母线；4—电流互感器；5—静触头盒；6—断路器；7—主母线；8—活门隔板；9—二次插头及插座盒；10—可抽出式水平隔板；11—接地开关操作杆；12—零序电流互感器

KYN 系列的型号含义为 K—铠装、Y—移开式、N—户内、□—设计序号、12 或 40.5—额定电压（kV）。

图 4-28 所示为 KYN28A-12 型手车式高压开关柜，开关柜为铠装移开式金属封闭结构，由柜体和可抽出部分（中置式手车）两大部分组成。柜体框架用角钢焊接而成，外壳由敷铝锌板经数控机床加工和双重折弯后，用螺栓连接而成，具有很强的抗腐蚀和抗氧化作用。

柜体由接地的金属隔板分成母线室、断路器手车室、电缆室和仪表室。母线室封闭于开关柜后上部，各主回路均有各自的泄压通道。由于开关设备采用中置式，电缆室空间较大，电流互感器、接地开关装在电缆室上部，避雷器、零序电流互感器装设在电缆室下部。仪表室内装设继电保护元件、仪表、带电检查指示器以及特殊要求的二次设备等。

根据用途不同，手车可分为断路器手车、隔离车、计量车、电压互感器车及避雷器车等。同类型同规格手车可以自由互换。

开关设备内装有安全可靠的防误操作联锁装置，完全满足“五防”的要求。手车在柜体内有断开位置、试验位置和工作位置。当手车在试验或工作位置时，断路器才能合闸；断路器合闸时，手车不能从试验位置推入工作位置或从工作位置拉出至试验位置，以防带负荷误推拉断路器手车。接地开关在合闸位置时，手车不能从试验位置推入工作位置，防止带接地线误合断路器。手车只有在试验或移开位置时，接地开关才能合闸，防止带电误合接地开关。手车在工作位置时，二次插头被锁定不能拔除。

仪表室门上装有断路器状态指示性按钮或开关，以防误分、误合断路器。

（2）XGN 系列箱型固定式户内交流金属封闭开关设备。XGN□-12、XGN□-40.5 系列箱型固定式户内交流金属封闭开关设备（简称开关柜），适用于三相交流 50Hz、3～10kV 或 35kV 的单母线及单母线带旁路接线系统作接受和分配电能用。其型号含义为 X-箱型、G-固定式、N-户内、□-设计序号、12 或 40.5-额定电压（kV）。

（3）XGW□-12 系列箱型固定式户外交流金属封闭开关设备。XGW□-12 系列箱型固定式户外交流金属封闭开关设备（简称户外环网柜），其型号含义为X-箱型、G-固定式、W-户外、□-设计序号、12-额定电压（kV）。

XGW□-12户外环网柜用于城市电网10kV电缆环网供电系统、双电源辐射供电系统中，柜内一般装设真空或SF_6负荷开关与熔断器，也可装设真空断路器作进出线控制、保护设备。装置的箱体主要由底座、箱体及顶盖三部分组成，结构全封闭，箱内可排列最多6台环网柜。

（4）HXGN□-12系列箱型固定式户内交流金属封闭开关设备。HXGN□-12系列箱型固定式户内交流金属封闭开关设备（简称环网柜），其型号含义为H-环网柜、X-箱型、G-固定式、N-户内、□-设计序号、12-额定电压（kV）。

HXGN□-12环网柜用于城市电网10kV电缆环网供电系统、双电源辐射供电系统中，柜内一般装设真空或SF_6负荷开关与熔断器作进出线控制、保护设备。

环网柜的结构包括骨架与外壳，其骨架采用角钢焊接而成，外壳由钢板制作的面板、顶板、侧板等组成封闭结构。环网柜顶部为母线室，其前面是仪表室，柜的上部为负荷开关室，中下部为电缆和其他元件室，各室用钢板隔开。环网柜的负荷开关、接地开关、门板、侧板之间设有联锁装置。

3. 预装式变电站

预装式变电站是组合式、箱式和可移动式变电站的统称，又称成套变电站或箱式变电站。它用来从高压系统向低压系统输送电能，可作为城市建筑、园林景区、中小型工厂、市政设施、矿山、油田及施工临时用电等部门、场所的变配电设备。

预装式变电站由高压开关设备、电力变压器和低压开关设备三部分组合构成。有关元件在工厂内被预先组装在一个或几个箱壳内，箱体结构可采用钢板、铝合金板或非金属的特种玻纤复合板等材料制作，并经防腐处理，还具有防水、防尘性能，使用寿命长。

预装式变电站具有成套性强、结构紧凑、体积小、占地少、造价低、施工周期短、可靠性高、操作维护简便、美观、适用等优点，近年来在我国迅速发展。常用的预装式变电站电压等级为10/0.4kV。

10kV级预装式变电站有YBM、YBP、ZBW等系列。箱式变电站的结构由底座、框架与外壳组成。底座由槽钢焊接而成，框架由槽钢、角钢焊接或紧固件连接，外壳由钢板、铝合金板或复合板制成。箱内分为高压室、变压器室及低压室，布置方式分为“目”字形和“品”字形。“目”字形结构高压室较宽，能实现环网供电或双电源供电接线；“品”字形结构低压室较宽，可放置5～6台低压柜，有十多回电缆出线。根据要求，箱式变电站可设置内操作走廊，其连接方式，高压采用电缆，变压器与低压柜采用母线连接或电缆连接，低压出线采用电缆。安装方式为台架式（地面上安装）或沉箱式（部分地下安装）。

箱式变电站的高压部分可采用HXGN-12型环网开关柜，配装负荷开关与高压熔断器，操作简便，满足“五防”要求，也可根据需要采用真空断路器；变压器采用干式或油浸式，容量不宜超过1250kVA；低压侧采用固定式或抽出式配电柜，配空气断路器、熔断器等低压设备，可装设低压计量及无功补偿装置，低压出线多。

箱式变电站可用于高压中性点有效接地系统或非有效接地系统。高压侧接线为可为终端型、环网型与双电源型。低压侧为单母线，有两台变压器时为单母线分段，其典型应用方案如图4-29所示。图中一次电路高压侧有三个10kV回路，两路为环网供电的一进一出电缆进出线，一路带变压器；低压侧设有计量，有多回电缆出线，一回无功补偿。

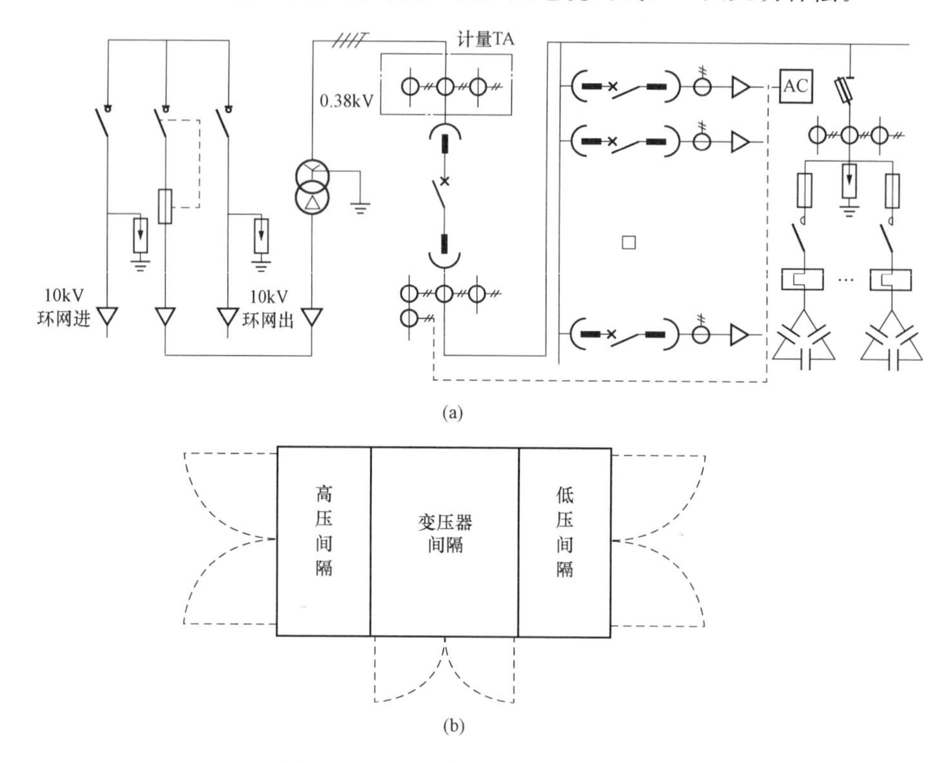

图 4-29　环网接线箱变典型应用方案

(a) 电气主接线；(b) 电气平面布置示意图

习题

4-1　某变电站共有 220、110、10kV 三个电压等级，安装 3 台 180MVA 三绕组变压器，其 220kV 侧有 4 回线路，110kV 侧有 12 回线路，10kV 侧有 24 回出线。试选择其电气主接线形式（写出简要设计说明，绘出主接线示意图）。

4-2　某 110kV 变电站共有 110、35、10kV 三个电压等级，安装 2 台 50MVA 三绕组变压器，其 110kV 侧有 4 回线路，35kV 侧有 6 回线路，10kV 侧有 20 回出线。试选择其电气主接线（写出简要设计说明，绘出主接线示意图）。

4-3　某地区新建 110/10kV 户外变电站，110kV 线路本期 2 回，远期 3 回。主变压器本期 2 台，远期 3 台。10kV 出线本期 24 回，远期 32 回。110kV 侧采用 GIS 设备，10kV 侧采用中置式成套开关柜。试选择变电站电气主接线（写出简要设计说明，绘出主接线示意图）。

4-4　限制短路电流的原因、标准与措施是什么？

4-5　分析四类常见中性点接地方式的优缺点与使用场合，并比较不同接地方式下的供电可靠性、过电压与绝缘水平等，以表格形式列出常见中性点接地方式的特点及适用范围。

4-6　对习题 4-3 中的变电站电气主接线按相关规范要求进行设备配置后，在标准的 A3 号图框中画出其电气主接线图（标明主变压器、母线编号与各回路编号及用途）。

4-7　配电装置的类型及其特点是什么？配电装置的“五防”要求是什么？

4-8　确定习题 4-3 中变电站的总体布置方案。

第5章 简单电力系统短路电流计算

学习目标

（1）了解电力系统短路的类型、原因、后果及短路电流计算的目的，会识别电力系统最大、最小运行方式。

（2）了解标幺制的内涵及其优点，会进行基准容量下主要电力元件的标幺值计算。

（3）了解同步发电机三相突然短路的物理过程，能答出三相短路电流的构成及其变化规律。

（4）了解暂态短路电流特性的主要参数，会计算无限大容量系统三相短路电流。

（5）了解有限容量电力系统短路的特点，会利用计算曲线法计算有限容量系统的三相短路电流。

（6）了解用对称分量法求解不对称短路的基本原理，能答出简单不对称短路电流的计算结果。

5.1 电力系统短路概述

思 考 短路的危害是什么？短路电流计算的目的有哪些？电力系统最大运行方式和最小运行方式如何确定？

所谓“短路”，是指电力系统中相与相之间或相与地（或中性点）之间的非正常连接情况。在电力系统正常运行时，除中性点外，相与相或相与地之间是相互绝缘的。

1. 短路的类型

在三相电力系统中，可能发生的短路有：三相短路、两相短路、两相接地短路及单相接地短路。三相短路时，由于被短路的三相阻抗相等，三相电流和电压仍是对称的，又称为对称短路。其余几种类型的短路，因系统的三相对称结构遭到破坏，网络中的三相电压、电流不再对称，故称为不对称短路。

表5-1列出了各种短路的示意图和代表符号。

表5-1　各种短路的示意图和代表符号

短路种类	示意图	表示符号
三相短路		$k^{(3)}$
两相短路		$k^{(2)}$

续表

短路种类	示意图	表示符号
两相接地短路		$k^{(1,1)}$
单相接地短路		$k^{(1)}$

运行经验表明，电力系统中单相接地短路事故发生最多，约占70%，两相接地短路与两相短路较少，三相短路发生最少，占5%～10%，但后果很严重。

2. 发生短路的原因

(1) 电气设备及载流导体因绝缘老化、机械损伤、雷击过电压造成的绝缘损坏。

(2) 运行人员违反安全规程误操作，如带负荷拉隔离开关，设备检修后遗忘拆除临时接地线而误合隔离开关等均会造成短路。

(3) 电气设备因设计、安装及维护不良所导致的设备缺陷引发的短路。

(4) 鸟兽跨接在裸露的载流部分以及风、雪、雹等自然灾害也会造成短路。

短路对电力系统正常运行和电气设备有很大的危害。发生短路时，由于供电回路的阻抗减小以及突然短路时的暂态过程，使短路点及其附近设备流过的短路电流值大大增加，可能超过该回路额定电流许多倍。短路点距发电机的电气距离越近（即阻抗越小），短路电流越大。

3. 短路电流造成的后果

(1) 短路电流的热效应会使设备发热急剧增加，可能导致设备过热而损坏甚至烧毁。

(2) 短路电流将在电气设备的导体间产生很大的电动力，可引起设备机械变形、扭曲甚至损坏。

(3) 由于短路电流呈电感性，它将产生较强的去磁性电枢反应，从而使发电机的端电压下降，同时短路电流流过线路使其电压损失增加。因而短路时会造成系统电压大幅度下降，短路点附近电压下降得最多，严重影响电气设备的正常工作。

(4) 严重的短路可导致并列运行的发电厂失去同步而解列，破坏系统的稳定性，造成大面积的停电，这是短路所导致的最严重的后果。

(5) 不对称短路将产生负序电流和负序电压而危及机组的安全运行。

(6) 不对称短路产生的不平衡磁场，会对附近的通信系统及弱电设备产生电磁干扰，影响其正常工作，甚至危及设备和人身安全。

4. 短路电流计算的目的

为了保证安全与可靠，降低短路故障对电力系统的危害，一方面必须采用限制短路电流的措施，合理进行设计，如在线路上装设电抗器、通过设备与导体选择保证设备与导体承受短路后的稳定性；另一方面要通过继电保护系统迅速将发生短路的部分与系统其他部分隔离开来，使无故障部分恢复正常运行。这都离不开对短路故障的分析和短路电流的计算。而所有不对称短路电流的计算，都可以通过对称分量法转化为对称短路电流的计算。

短路电流计算的目的主要有：

(1) 确定合理的电气主接线方案、运行方式与限流措施。为了比较各种接线方案，确定某一接线方案或运行方式是否需要及采取何种限制短路电流的措施，需要计算其最大短路电流。

(2) 选择电气设备与导体。为选择和校验各种电气设备的机械稳定性，需要计算设备安装处的短路冲击电流；为选择和校验各种电气设备的短路热稳定性，需要计算短路电流的热效应，涉及短路电流的起始值、中间值与稳态值。设计户外高压配电装置时校验软导线的相间和相对地的安全距离等，均需进行必要的短路电流计算。

(3) 进行继电保护装置整定计算。为合理配置电力系统中各种继电保护和自动装置并正确整定其参数，需要计算系统最大与最小运行方式下的短路电流，校验是否满足灵敏度等要求。

(4) 确定中性点接地方式。单相接地电流的大小直接影响中性点接地方式的选择。

(5) 校验接地装置的接触电位差和跨步电位差。为保证人身安全，合理设计接地网，降低配电装置的接触电位差和跨步电位差，需要计算接地短路电流。

5. 电力系统不同运行方式下的短路电流

电力系统不同运行方式下计算得到的短路电流不同。选择电气设备应当按相应短路点的最大短路电流校验；整定继电保护装置动作值需要校验最小短路电流下的灵敏系数；确定运行方式时，需要确定不同运行方式下是否需要及采取何种限制短路电流的措施。因此，应计算系统不同运行方式，尤其是系统最大和最小运行方式下的短路电流。

最大运行方式是指投入运行的电源容量最大，系统的等值阻抗最小，发生故障时短路电流为最大的运行方式。最小运行方式是指系统投入运行的电源容量最小，系统的等值阻抗最大，发生故障时短路电流为最小的运行方式。

短路点的选择应考虑通过设备的短路电流最大值。两侧均有电源的电气设备，应比较电气设备前、后短路时的短路电流。同一电压等级中，汇流母线短路时的短路电流最大。110kV 及以上电压等级的短路计算点可以只选在母线上。

练习 5.1　某变电站有两回电源线路 WL1、WL2 和两台同型号双绕组降压变压器 T1、T2，试完成：

(1) 当两回电源线路的系统等值阻抗相同时，请列出变电站的可能运行方式，并指出其中的最大、最小运行方式。

(2) 当电源线路 1 的系统等值阻抗小于电源线路 2 的系统等值阻抗时，请列出变电站的可能运行方式，并指出其中的最大、最小运行方式。

6. 短路电流计算中的简化假设

在实用短路电流计算中，为了简化计算工作，通常采用一些简化假设，其中主要包括：

(1) 正常工作时，三相系统对称运行。

(2) 所有电源的电动势相位角相同，都在额定负荷下运行。

(3) 电力系统中各元件计算参数均取其额定值，不考虑元件磁路饱和、导体集肤效应、输电线路电容、短路点的电弧阻抗、变压器的励磁电流。

(4) 除计算短路电流的衰减时间和低压网络的短路电流外，元件的电阻忽略不计。

(5) 短路发生在短路电流为最大值的瞬间。

(6) 用概率统计法制定短路电流运算曲线。

采用上述简化假设所带来的计算误差，一般在工程计算的允许误差范围之内。

5.2　标幺值及其应用

在电力系统计算中，可以把电流、电压、功率、阻抗和导纳等物理量分别用相应的单位A（安）、V（伏）、VA（伏安）、Ω（欧姆）和S（西门子）等有名值来表示，也可以采用不含单位的这些物理量的相对值来表示。由于电力系统中电力设备的容量规格多，电压等级不同，用有名单位制计算工作量很大。因此，在电力系统计算中，尤其在电力系统的短路计算中，各物理量广泛采用不含单位的相对值来表示，该相对值称为标幺值。

在短路电流计算中，各电气量的数值，可以用有名值表示，也可以用标幺值表示。通常在1kV以下的低压系统中宜采用有名值，而高压系统中宜采用标幺值。

1. 标幺制

所谓标幺制，就是把各个物理量用标幺值来表示的一种运算方法。其中标幺值可定义为物理量的实际值（有名值）与所选定的基准值之间的比值，即

$$\text{标幺值} = \frac{\text{实际值(任意单位)}}{\text{基准值(与实际值同单位)}} \tag{5-1}$$

在进行标幺值计算时，首先需选定基准值。例如，某电气设备的实际工作电压是110kV，若选定110kV为电压的基准值，则依式（5-1），此电气设备电压的标幺值为1。基准值可以任意选定，基准值选得不同，其标幺值也各异。因此，当谈到一个量的标幺值时，必须同时说明它的基准值才有意义。

2. 基准值的选取

在采用标幺值计算法时必须首先选定基准值。原则上说基准值可以随便选择，但通常都选设备的额定值作为基准值，或者整个系统选择一个便于计算的共同基准值。但因各物理量之间的内在必然联系（如功率方程式、欧姆定律等），所以并非所有的基准值都可以任意选取。实际上，当某些量的基准值一旦选定以后，其他各量的基准值就已经确定了。例如，在三相制的电力系统计算中，功率、电压、电流和电抗的基准值 S_d、U_d、I_d、Z_d 之间应当满足下列关系

$$\begin{cases} S_d = \sqrt{3}U_d I_d \\ U_d = \sqrt{3}Z_d I_d \end{cases} \tag{5-2}$$

因此，只要事先选定其中两个量的基准值，其余两个基准值也就确定了。在实际计算中，一般先选定视在功率和电压的基准值，于是电流和阻抗的基准值则为

$$\begin{cases} I_d = S_d/\sqrt{3}U_d \\ Z_d = U_d/\sqrt{3}I_d = U_d^2/S_d \end{cases} \tag{5-3}$$

三相功率、电压、电流和阻抗的标幺值分别为

$$\begin{cases} S^* = S/S_d = \dfrac{\sqrt{3}UI}{\sqrt{3}U_d I_d} = U^* I^* \\ U^* = U/U_d = Z^* I^* \\ I^* = I/I_d = \sqrt{3}U_d I/S_d \\ Z^* = R^* + jX^* = \dfrac{R+jX}{U_d^2}S_d \end{cases} \tag{5-4}$$

式中：上标注“*”者为标幺值，下标注“d”者为基准值，无上、下标者为有名值。

式（5-4）表明，在标幺制中，三相电路计算公式与单相计算公式完全相同，因此，有名单位制中单相电路的基本公式，可直接应用于三相电路中标幺值的运算。此外，线电压和相电压的标幺值相等，三相功率和单相功率的标幺值相等，这是因为各量取用相应的基准值的缘故。标幺制的这一特点，使得计算中无须考虑线电压和相电压、三相和单相标幺值的区别，而只需注意还原成有名值时各自采用相应的基准值即可，这给计算带来了方便。

应用标幺值计算，最后还需将所得结果换算成有名值，根据式（5-2），各个量的有名值等于它的标幺值乘以相应的基准值。

3. 不同基准标幺值之间的换算

高压短路电流计算一般只使用各元件的电抗。电力系统中各电气设备如发电机、变压器、电抗器等所给出的标幺值都是额定标幺值，即都是以其自身的额定值为基准的标幺值，但在进行电力系统计算时，系统中往往包含有许多功率、电压等规格不同的发电机、变压器等电气设备，因此，在进行系统计算时应当选择一个共同的基准值，把所有设备以自身的额定值为基准的电抗标幺值都按照这个新选择的共同基准值去进行换算，只有在经过这样的换算后，才能进行统一的计算。

换算的方法：先将各自以额定值作为基准的标幺值还原为有名值，例如，对于电抗，按式（5-4）得

$$X = X_N^* X_N = X_N^* \frac{U_N^2}{S_N} \tag{5-5}$$

在选定了功率和电压的基准值 S_d 和 U_d 后，则以此为基准的电抗标幺值为

$$X_d^* = \frac{X}{X_d} = X\frac{S_d}{U_d^2} = X_N^* \frac{U_N^2}{S_N}\frac{S_d}{U_d^2} \tag{5-6}$$

发电机铭牌上一般给出额定电压 U_N、额定功率 S_N 以及以 U_N、S_N 为基准值的电抗标幺值 X_N^*，因此可用式（5-7）将此电抗换算到统一基准值的标幺值。

变压器通常给出 U_N、S_N 及短路电压 U_k 的百分比 $U_k\%$，则以 U_N、S_N 为基准的变压器电抗标幺值即为 $X_{NT}^* = U_k\%/100$。

这样，在统一基准值下变压器阻抗的标幺值即可依据式（5-6）求得

$$X_T^* = X_{NT}^* \frac{U_N^2 S_d}{S_N U_d^2} = \frac{U_k\%}{100}\frac{U_N^2 S_d}{S_N U_d^2} \tag{5-7}$$

在电力系统中常采用电抗器以限制短路电流。电抗器通常给出其额定电压 U_{NL}、额定电流 I_{NL} 及电抗百分比 $X_L\%$，电抗百分比与其标幺值之间的关系为 $X_{NL}^* = X_L\%/100$。

电抗器在统一基准下的电抗标幺值可写成

$$X_L^* = X_{NL}^* \frac{S_d}{S_{NL}}\frac{U_{NL}^2}{U_d^2} = \frac{X_L\%}{100}\frac{U_{NL}}{\sqrt{3}I_{NL}}\frac{S_d}{U_d^2} \tag{5-8}$$

式中：$S_{NL}=\sqrt{3}U_{NL}I_{NL}$为电抗器的额定容量。

输电线路的电抗，通常给出线路长度和每公里欧姆值，可用下式换算成统一基准值下的标幺值

$$X_{WL}^{*}=\frac{X_{WL}}{X_d}=X_{WL}\frac{S_d}{U_d^2} \tag{5-9}$$

在实际计算中，为了便于计算，常取基准容量 $S_d=100$MVA（或 1000MVA），基准电压可用各电压等级的平均额定电压，即 $U_d=U_{av}$。各电压等级的平均额定电压一般取额定电压的 1.05 倍，即 $U_{av}=1.05U_N$。

电力系统常用基准值见表 5-2。

表 5-2　电力系统常用基准值（$S_d=100$MVA）

标称电压 U_N(kV)	3	6	10	20	35	66	110	220	330	500
基准电压 U_d(kV)	3.15	6.3	10.5	21	37	69	115	230	345	525
基准电流 I_d(kA)	18.33	9.16	5.50	2.75	1.56	0.837	0.502	0.251	0.167	0.11
基准电抗 X_d(Ω)	0.099	0.397	1.10	4.41	13.7	39.7	132	529	1190	2756

4. 不同电压等级电网中元件参数标幺值的计算

前面所得出的电力系统中各元件电抗标幺值的计算公式，利用的是各电气设备的额定电压，称为准确计算法。在工程计算中，对短路电流的计算精确度一般要求不高，为简化计算，可以采用近似计算法。近似计算法取各电气设备与元件的额定电压近似为其电压等级的平均电压（即基准电压），即 $U_N\approx U_{av}=U_d$，比如，以升压变压器的近似变比 10.5/115 代替其额定电压变比 10.5/121。

图 5-1 表示由两台变压器联系的具有三个不同电压等级的输电线路。若基准电压取各电压等级的平均电压，即 $U_{d1}=U_{av1}=10.5$kV，$U_{d2}=115$kV，$U_{d3}=6.3$kV，则式（5-7）和式（5-8）中的 U_d 和 U_N 就可约掉，也就是说，发电机和变压器的电抗标幺值与电压无关，线路的电抗标幺值只和线路所在处的平均额定电压有关。这对于多电压等级的复杂网络，不管何处短路，系统各元件的标幺电抗值都不改变，给短路电流计算带来方便。

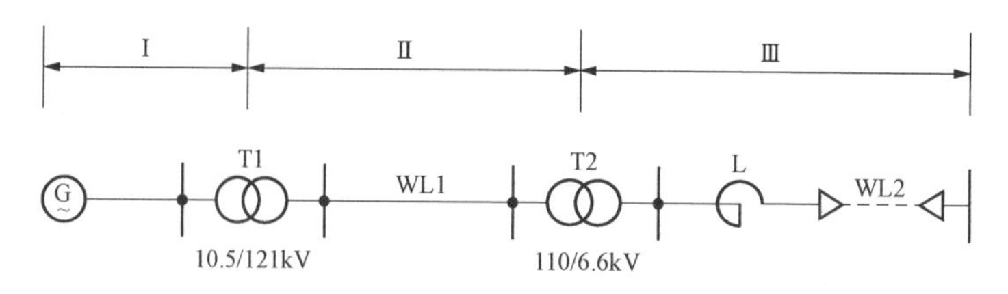

图 5-1　具有三段不同电压等级的电网变电站络

对于电抗器，因为在某些情况下，高额定电压的电抗器可以装在低额定电压的系统上，（例如 10kV 的电抗器可能用于 6kV 的网络上），这时，如用网络的平均额定电压来计算其电抗标幺值将带来很大的误差，所以在计算电抗器电抗的标幺值时，当电抗器的额定电压与所装系统的额定电压不同级时仍采用电抗器本身的额定电压值，同级时也可以消掉。为便于计算，将准确计算法和近似计算法的电抗标幺值计算公式归纳见表 5-3。

表 5-3　电力系统各元件电抗标幺值计算公式

元件	准确计算法（U_N、U_d）	近似计算法（$U_N \approx U_{av} = U_d$）
发电机 调相机	$X_G^* = X_{NG}^* \frac{U_N^2 S_d}{S_N U_d^2}$	$X_G^* = X_{NG}^* \frac{S_d}{S_N}$
变压器	$X_T^* = \frac{U_k\%}{100} \frac{U_N^2 S_d}{S_N U_d^2}$	$X_T^* = \frac{U_k\%}{100} \frac{S_d}{S_N}$
电抗器	$X_L^* = \frac{X_L\%}{100} \frac{U_{NL}}{\sqrt{3} I_{NL}} \frac{S_d}{U_d^2}$	$X_L^* = \frac{X_L\%}{100} \frac{U_{NL}}{\sqrt{3} I_{NL}} \frac{S_d}{U_{av}^2}$
输电线路	$X_{WL}^* = X_{WL} \frac{S_d}{U_d^2}$	$X_{WL}^* = X_{WL} \frac{S_d}{U_{av}^2}$

注　公式中 U_d 或 U_{av} 均为各元件所在段的值。

【例 5-1】 对图 5-2 所示具有三段不同电压的电力系统，试用近似计算法计算等值网络中各元件的标幺值。

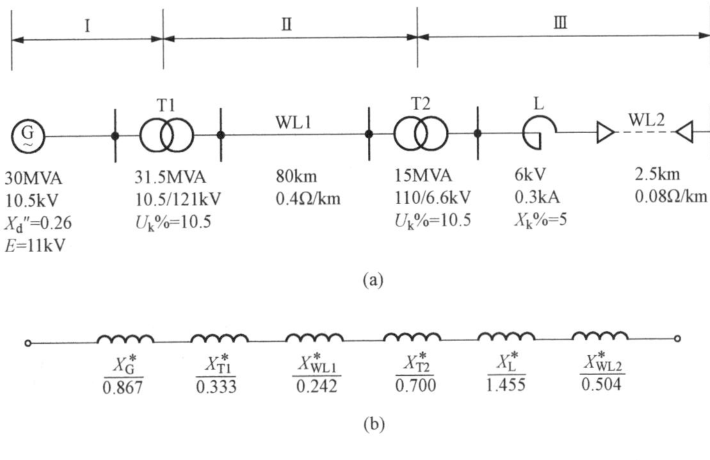

图 5-2　例 5-1 电力系统

(a) 系统接线图；(b) 等值电路图

解： 取基准容量 S_d=100MVA，各段的基准电压为各段的平均额定电压，即 $U_{d1}=U_{av1}$=10.5kV；$U_{d2}=U_{av2}$=115kV；$U_{d3}=U_{av3}$=6.3kV。

各元件电抗的标幺值分别为

发电机 G　$$X_G^* = X_{NG}^* \frac{S_d}{S_N} = 0.26 \times \frac{100}{30} = 0.867$$

变压器 T1　$$X_{T1}^* = \frac{U_k\%}{100} \frac{S_d}{S_N} = \frac{10.5}{100} \times \frac{100}{31.5} = 0.333$$

输电线路 WL1　$$X_{WL1}^* = X_{WL} \frac{S_d}{U_{d2}^2} = 0.4 \times 80 \times \frac{100}{115^2} = 0.242$$

变压器 T2　$$X_{T2}^* = \frac{U_k\%}{100} \frac{S_d}{S_N} = \frac{10.5}{100} \times \frac{100}{15} = 0.700$$

电抗器 L　$$X_L^* = \frac{X_L\%}{100} \frac{U_{NL}}{\sqrt{3} I_{NL}} \frac{S_d}{U_{d3}^2} = \frac{5}{100} \times \frac{6}{\sqrt{3} \times 0.3} \times \frac{100}{6.3^2} = 1.455$$

电缆线路 WL2 $X^*_{WL2}=X_C\dfrac{S_d}{U^2_{d3}}=0.08\times2.5\times\dfrac{100}{6.3^2}=0.504$

系统电抗标幺值等值电路如图 5-2（b）所示。

练习 5.2 取基准容量为 100MVA，某额定容量为 20MVA 的 110/10.5kV 降压变压器，其短路电压百分比为 10.5%，采用近似计算法，其电抗标幺值为（ ）

A. 0.525 B. 0.021 C. 1.004 D. 1.719

练习 5.3 取基准容量为 100MVA，某 35kV 架空输电线路长 20km，单位长度电抗 0.4Ω/km，其电抗标幺值为（ ）

A. 22.86 B. 21.62 C. 0.584 D. 0.653

（答案：A、C）

5.3 无限大容量系统三相短路电流

无限大容量电源是一种理想电源，它的特点是：

（1）电源功率容量为无穷大。外电路发生任何变化时，系统频率不发生变化，即系统频率恒定。

（2）电源的内阻抗为零。电源内部不存在电压降，电源的端电压恒定。

真正的无限大容量电源是不存在的，它只是一个相对的概念。当电源的容量足够大时，其等值内阻抗就很小，这时若在电源外部发生短路，则整个短路回路中各元件（如输电线路、变压器、电抗器等）的等值阻抗将比电源的内阻抗大得多，因而电源的端电压变化很小，在实际计算中，可以认为没有变化，即认为它是一个恒压源。在工程计算中，当电源内阻抗不超过短路回路总阻抗的 10%时，就可认为该电源是无限大容量电源。

5.3.1 同步发电机三相突然短路的物理过程

同步发电机的突然短路是指发电机在原来正常稳定运行的情况下，发电机出线端发生三相突然短路，发电机从原来的稳态运行状态过渡到稳态短路状态的过程。该过渡过程中包括次暂态（有阻尼绕组时）、暂态和稳态短路三个阶段。

为了分析简单起见，假设不考虑机械过渡过程，发电机的转速保持为同步速不变；电机的磁路不饱和；不考虑强励的情况，发生短路后，励磁系统的励磁电流始终保持不变；突然短路前为空载运行，突然短路发生在发电机的出线端。

1. 次暂态短路阶段

同步发电机突然短路后的磁场分布示意如图 5-3 所示（只画出半边磁链与一相电枢绕组）。图中 Ψ_0 为转子直流励磁电流产生的磁链，Ψ_{ad} 为定子电枢电流产生的直轴磁链。发电机对称稳态运行时，Ψ_0 与 Ψ_{ad} 都通过定子铁芯、转子与直轴下气隙闭合，磁阻较小。电枢磁动势的大小不随时间而变化，在空间以同步速度旋转，它同转子没有相对运动，因此不会在转子励磁绕组与转子端部的闭合阻尼绕组中感应出电流。

三相突然短路时，发电机定子电枢绕组电流在数值上发生急剧变化，电枢反应磁通随着变化，并在与之交链的转子励磁绕组和阻尼绕组中感应电动势和感应电流，这种电流将建立各自的磁场，又反过来影响定子电枢磁场和定子电枢电流的变化。

图5-3（a）中，发生三相突然短路时，由于电枢电流变化，电枢磁链也要变为Ψ_{ad}''，而突然变化的磁链Ψ_{ad}''要穿过转子上的励磁绕组与阻尼绕组，但在极短的时间内，励磁绕组及阻尼绕组中的磁链不能突变，故要感应出电流，抵消外来磁链Ψ_{ad}''的变化，从而维持穿过自己的磁链不变。所以磁链Ψ_{ad}''的路径如图5-3（a）所示，相当于Ψ_{ad}''被挤出，只能从阻尼绕组和励磁绕组外侧的漏磁路通过后闭合，磁阻迅速增大。

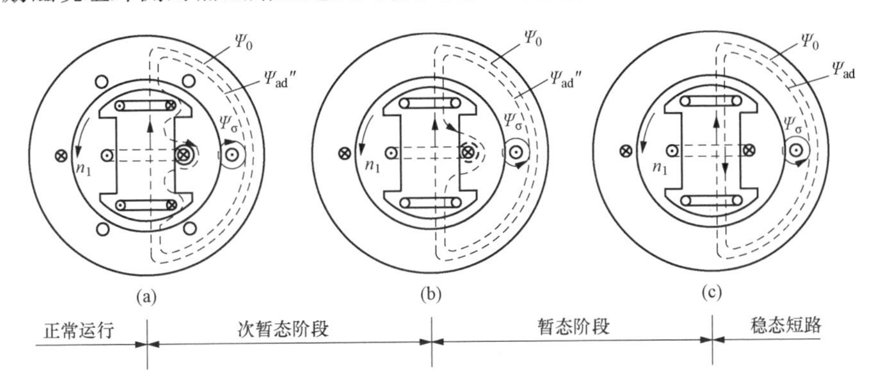

图5-3 同步发电机突然短路后的磁场分布示意图

（a）次暂态时的直轴磁链情况；（b）暂态时的直轴磁链情况；（c）稳态短路时的直轴磁链情况

这时的电枢绕组磁链为次暂态磁链Ψ_{ad}''，其磁路的磁阻很大，包括气隙磁阻、励磁绕组和阻尼绕组漏磁路磁阻。与此对应的直轴次暂态电抗X_d''比稳态时的直轴同步电抗X_d小得多。

此时电枢绕组中电流为次暂态短路电流，包括两部分：直流分量用于维持短路瞬间的初始磁链不变，交流分量用于抵消外部磁链周期性的变化。次暂态短路电流的数值很大，可达发电机额定电流的10～20倍。

2. 暂态短路阶段

由于同步发电机的各绕组都有电阻存在，因此阻尼绕组和励磁绕组中因短路而引起的感应电流分量都会随时间衰减为零。

由于阻尼绕组匝数少，电感小，时间常数大，电流衰减很快为零；而励磁绕组匝数多，电感较大，衰减较慢。

可以近似认为阻尼绕组中感应电流衰减完之后，励磁绕组电流分量开始衰减。此时电枢磁链可穿过阻尼绕组，但仍被挤在励磁绕组外侧的漏磁路上，成为暂态磁链Ψ'_{ad}，对应的直轴暂态电抗为X_d'，发电机进入暂态过程，如图5-3（b）所示。

3. 稳态短路阶段

当励磁绕组中感应电流也衰减完之后，电枢磁链穿过阻尼绕组和励磁绕组，如图5-3（c）所示，发电机进入稳态短路状态，过渡过程结束。

这时发电机的电抗就是稳态运行的直轴同步电抗X_d，突然短路电流I_k''也衰减到稳态短路电流I_k。

由前分析可知，短路最初瞬间由于各绕组要保持原来的磁链不变，因而定、转子绕组都有感应电流产生，又由于各绕组都有电阻，所以这些感应电流都要衰减，最后各绕组电流衰减为各自的稳态值。

短路时定子中产生的感应电流包括维持短路初始磁链不变的非周期分量（直流分量）和用以抵消转子绕组感应电流在定子绕组中产生的周期分量（交流分量）。非周期分量与短路时刻的初始磁链大小有关。

5.3.2 无限大容量系统三相短路时的短路电流表达式

图 5-4 所示为一由无限大容量电源供电的三相对称电路。短路前电路处于稳态，由于电路三相对称，可写出其中一相如 A 相电压和电流的算式

$$\begin{cases} u_A = U_m \sin(\omega t + \alpha) \\ i_A = I_m \sin(\omega t + \alpha - \varphi) \end{cases} \tag{5-10}$$

式中：U_m为电压幅值；$I_m = \dfrac{U_m}{\sqrt{(R+R')^2 + (X+X')^2}}$为电流幅值；$\varphi = \arctan\dfrac{X+X'}{R+R'}$为阻抗角；$(R+R')+j(X+X')$为短路前阻抗；$R+jX$为短路后阻抗；$\alpha$为电压初相角。

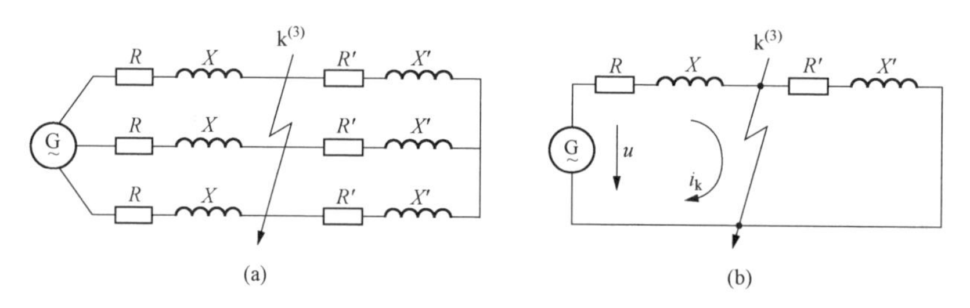

图 5-4 无限大容量系统中的三相短路

(a) 三相电路；(b) 等值单相电路

当 k 点发生三相短路时，此电路被分成两个独立的回路。左边电路仍与电源相连，而右边的电路则变成没有电源的电路，电流将从短路瞬间的数值不断地衰减到磁场中所有储存的能量全部变为电阻所消耗的热能为止，电流衰减为零。而与电源相连的电路中，每相阻抗由原先的$(R+R')+j(X+X')$减小到$R+jX$。由于阻抗减小，其电流必将增大。

设短路发生在$t=0$时刻，由于左侧电路仍为三相对称电路，可只取其中一相进行分析。短路后电路中某一相的电流应满足

$$Ri_k + L\frac{di_k}{dt} = U_m \sin(\omega t + \alpha) \tag{5-11}$$

式中：i_k为短路电流的瞬时值。

这是一阶常系数线性非齐次微分方程，其解即为短路时的全电流，它由两部分组成，第一部分是方程（5-11）的特解，代表短路电流的强制分量；第二部分是方程（5-11）所对应的齐次方程$Ri_k + L\dfrac{di_k}{dt} = 0$的通解，代表短路电流的自由分量。

解微分方程（5-11）得

$$i_k = \frac{U_m}{Z}\sin(\omega t + \alpha - \varphi_k) + Ce^{-\frac{t}{T_a}} = I_{pm}\sin(\omega t + \alpha - \varphi_k) + Ce^{-\frac{t}{T_a}} = i_p + i_{np} \tag{5-12}$$

式中：i_p为短路电流的强制分量，是由于电源电动势的作用产生的，与电源电动势具有相同的变化规律，其幅值在暂态过程中保持不变，由于此分量是周期变化的，故又称为周期分量；$I_{pm}=U_m/\sqrt{R^2+X^2}$ 为短路电流周期分量的幅值；Z 为短路回路每相阻抗 $R+jX$ 的模；φ_k 为每相阻抗 $R+j\omega X$ 的阻抗角，$\varphi_k=\arctan(\omega L/R)$。$i_{np}$为短路电流的自由分量，与外加电源无关，将随着时间而衰减至零，它是一个依指数规律而衰减的电流，通常称为非周期分量。C 为积分常数，由初始条件决定，即非周期分量的初值 i_{np0}；T_a为短路回路的时间常数，它反映自由分量衰减的快慢，$T_a=L/R$。

由于电路中存在电感，而电感中的电流不能突变，则短路前一瞬间的电流应与短路后一瞬间的电流相等。由式（5-10）和式（5-12）可得

$$I_m\sin(\alpha-\varphi)=I_{pm}\sin(\alpha-\varphi_k)+C$$

则

$$C=I_m\sin(\alpha-\varphi)-I_{pm}\sin(\alpha-\varphi_k)=i_{np0}$$

将 C 代入式（5-12），便得

$$i_k=I_{pm}\sin(\omega t+\alpha-\varphi_k)+[I_m\sin(\alpha-\varphi)-I_{pm}\sin(\alpha-\varphi_k)]e^{-\frac{t}{T_a}} \tag{5-13}$$

由于三相电路对称，假如式（5-13）为 A 相电流表达式，只要用 $\alpha-120°$ 和 $\alpha+120°$ 代替式（5-13）中的 α 就可分别得到 B 相和 C 相电流表达式，可得三相短路电流表达式为

$$\begin{cases} i_A=I_{pm}\sin(\omega t+\alpha-\varphi_k)+[I_m\sin(\alpha-\varphi)-I_{pm}\sin(\alpha-\varphi_k)]e^{-\frac{t}{T_a}} \\ i_B=I_{pm}\sin(\omega t+\alpha-120°-\varphi_k)+[I_m\sin(\alpha-120°-\varphi) \\ \qquad -I_{pm}\sin(\alpha-120°-\varphi_k)]e^{-\frac{t}{T_a}} \\ i_C=I_{pm}\sin(\omega t+\alpha+120°-\varphi_k)+[I_m\sin(\alpha+120°-\varphi) \\ \qquad -I_{pm}\sin(\alpha+120°-\varphi_k)]e^{-\frac{t}{T_a}} \end{cases} \tag{5-14}$$

由上可见，短路至稳态时，三相中的稳态短路电流为三个幅值相等、相角相差120°的交流电流，其幅值大小取决于电源电压幅值和短路回路的总阻抗。从短路发生到短路稳态之间的暂态过程中，每相电流还包含有逐渐衰减的直流电流，它们出现的物理原因是电感中电流在突然短路时不能突变。很明显，三相的直流电流是不相等的。

在短路回路中，通常电抗远大于电阻，即 $\omega L\gg R$，可认为 $\varphi_k\approx 90°$，故

$$i_k=-I_{pm}\cos(\omega t+\alpha)+[I_m\sin(\alpha-\varphi)+I_{pm}\cos\alpha]e^{-\frac{t}{T_a}} \tag{5-15}$$

由上式可知，当非周期分量电流的初始值最大时，短路全电流的瞬时值为最大，短路情况最严重。短路前后的电流变化越大，非周期分量的初值就越大，所以电路在空载状态下发生三相短路时的非周期分量初始值要比短路前有负载电流时大。因此在短路电流的实用计算中可取 $I_m=0$，而且短路瞬间电源电压过零值，即初始相角 $\alpha=0$。

因此

$$i_k=-I_{pm}\cos\omega t+I_{pm}e^{-\frac{t}{T_a}} \tag{5-16}$$

对应的短路电流的变化曲线如图 5-5 所示。

应当指出，三相短路虽然称为对称短路，但实际上只有短路电流的周期分量才是对称的，而各相短路电流的非周期分量并不相等。

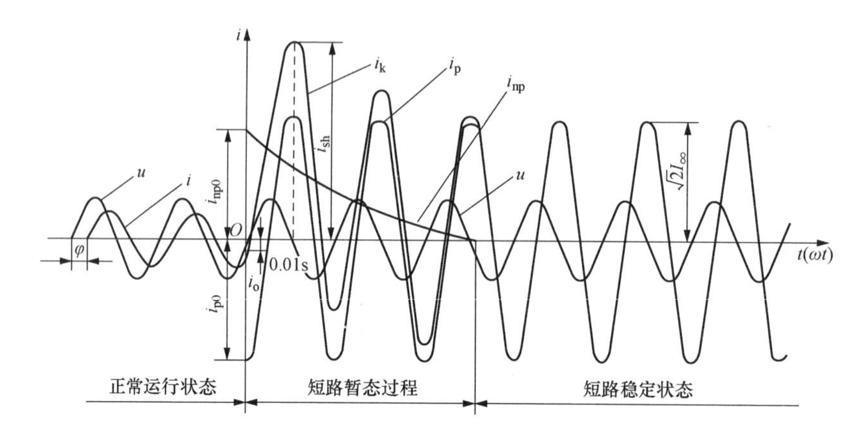

图 5 - 5 无限大容量系统三相短路时短路电流的变化曲线

练习 5.4 （多选题）发电机三相突然短路过程中，下述说法错误的是（ ）

A. 发电机中各绕组的磁链始终保持不变

B. 无限大功率电源供电情况下，三相短路电流中的周期分量幅值保持不变

C. 无限大功率电源供电情况下，三相短路电流中的非周期分量起始值均相等

D. 无限大功率电源供电情况下，发生三相短路后的暂态过程中，任何情况下短路电流中都包含有周期分量和非周期分量

5.3.3 表示暂态短路电流特性的几个参数

观察短路电流曲线可知，在短路发生后，短路电流要经过一段时间后才能到达稳定值，在这一段时间内短路电流的幅值和有效值都是在不断变化的。在选择电气设备时通常关注的是短路电流的最大幅值和最大有效值。前者决定了电气设备所受的机械应力，后者决定了某些电气设备所应具有的开断电流的能力。

1. 三相短路冲击电流 i_{sh}

在最严重短路情况下，三相短路电流的最大瞬时值称为冲击电流，用 i_{sh} 表示。由图 5 - 5 知，i_{sh} 发生在短路后约半个周期，当 $f=50\text{Hz}$，此时间约为 0.01s，由式（5 - 16）可得

$$i_{sh}=I_{pm}+I_{pm}e^{-\frac{0.01}{T_a}}=I_{pm}(1+e^{-\frac{0.01}{T_a}})=\sqrt{2}K_{sh}I_p \tag{5 - 17}$$

式中：$K_{sh}=1+e^{-\frac{0.01}{T_a}}$ 称为短路电流冲击系数，表示在最不利短路情况下，包含短路电流周期分量与非周期分量的冲击电流对周期分量幅值 I_p 的倍数。

当电阻 $R=0$ 时，$T_a=L/R=X/\omega R=\infty$，则 $e^{-\frac{0.01}{T_a}}=e^0=1$，$K_{sh}=2$；

当电抗 $X=0$ 时，$T_a=L/R=X/\omega R=0$，则 $e^{-\frac{0.01}{T_a}}=e^{-\infty}=0$，$K_{sh}=1$。

在实际计算中，短路电流冲击系数可作如下考虑：

（1）在发电机电压母线短路时，取 $K_{sh}=1.9$，则 $i_{sh}=2.69I_p$；

（2）在发电厂高压侧母线或发电机出线电抗器后短路时，$K_{sh}=1.85$，则 $i_{sh}=2.62I_p$；

（3）在其他地点短路时，取 $K_{sh}=1.8$，则 $i_{sh}=2.55I_p$。

冲击电流主要用于校验电气设备和载流导体在短路时的动稳定性。在 0.4kV 低压系统中，短路电流的冲击系数与变压器的额定容量有关，可参考表 5-7。

2. 短路全电流的最大有效值 I_{sh}

由于短路电流含有非周期分量，所以在短路过程中短路电流不是正弦波形。短路中任一时刻 t 的短路电流的有效值是指以时刻 t 为中心的一个周期 T 内短路全电流瞬时值的均方根值，即

$$I_{kt} = \sqrt{\frac{1}{T}\int_{t-\frac{T}{2}}^{t+\frac{T}{2}} i_k^2 \mathrm{d}t} = \sqrt{\frac{1}{T}\int_{t-\frac{T}{2}}^{t+\frac{T}{2}} (i_{pt} + i_{npt})^2 \mathrm{d}t} \tag{5-18}$$

式中：i_k为短路全电流的瞬时值；i_p为短路电流的周期分量；i_{np}为短路电流的非周期分量。

为了简化 I_{kt}的计算，可假定在计算所取的一个周期内周期分量电流的幅值为常数，而非周期分量电流的数值在该周期内恒定不变且等于该周期中点的瞬时值。

在上述假定下，周期 T 内周期分量的有效值按通常正弦曲线计算，而周期 T 内非周期分量的有效值，等于它在该周期中点 t 时刻的瞬时值。根据上述假定条件，经过积分和代数运算后，可简化得

$$I_{kt} = \sqrt{I_{pt}^2 + I_{npt}^2} = \sqrt{I_p^2 + i_{npt}^2} \tag{5-19}$$

由式（5-19）计算出的近似值，在实用上已足够准确。短路全电流的最大有效值 I_{sh}出现在短路后的第一个周期内，又称为冲击电流的有效值。在最不利的情况发生短路时，$i_{np0} = I_{pm}$，第 1 个周期的中心 $t=0.01$s，即 $t=0.01$s 时，I_{kt}就是短路冲击电流有效值 I_{sh}。

$$\begin{aligned} I_{sh} &= \sqrt{I_p^2 + i_{np(t=0.01)}^2} = \sqrt{I_p^2 + (\sqrt{2} I_p \mathrm{e}^{-\frac{0.01}{T_a}})^2} \\ &= \sqrt{I_p^2 + [\sqrt{2}(K_{sh} - 1) I_p]^2} = I_p \sqrt{1 + 2(K_{sh} - 1)^2} \end{aligned} \tag{5-20}$$

当冲击系数 $K_{sh}=1.9$ 时，$I_{sh}=1.62I_p$；$K_{sh}=1.85$ 时，$I_{sh}=1.56I_p$；$K_{sh}=1.8$ 时，$I_{sh}=1.51I_p$。

短路全电流最大有效值 I_{sh}用来校验发电厂大容量机组装有快速保护与高速断路器时的断路器断流能力。

3. 短路容量（短路功率）S_k

当电力系统发生短路故障时，需迅速切断故障部分，使其余部分能继续运行。这一任务要由继电保护装置和断路器来完成。为了校验断路器的断流能力，需要用到“短路容量”（短路功率）的概念。

短路容量等于短路电流有效值乘以短路处的正常工作电压（一般用平均额定电压），即

$$S_k = \sqrt{3} U_{av} I_k \tag{5-21}$$

如用标幺值表示，则为

$$S_k^* = \frac{S_k}{S_d} = \frac{\sqrt{3} U_{av} I_k}{\sqrt{3} U_d I_d} = \frac{I_k}{I_d} = I_k^* \tag{5-22}$$

式（5-22）表明，由于基准电压等于平均额定电压，短路功率的标幺值与短路电流的标幺值相等。利用这一关系，可以由短路电流直接求取短路功率的有名值，给计算带来了很大的方便。当已知某一时刻短路电流的标幺值时，该时刻短路容量的有名值即为

$$S_k = S_d S_k^* = S_d I_k^* \tag{5-23}$$

短路容量的含义为：一方面，断路器要能分断这样大的短路电流；另一方面，在开关断

流时，其触头应能经受住平均额定电压的作用。因此，短路容量只是一个定义的计算量，而不是测量量。短路容量主要用来表征开关设备的分断能力。

4. 稳态三相短路电流 I_∞

稳态三相短路电流是指短路电流非周期分量衰减完后的短路全电流，其有效值用 I_∞（也可以用短路后 4s 的短路电流 I_4）表示。在无限大容量系统中，可以认为短路后任何时刻的短路电流周期分量有效值（习惯上用 I_k表示）始终不变，所以有

$$I'' = I_{0.2} = I_\infty = I_p = I_k \tag{5-24}$$

式中：I''为次暂态短路电流或超瞬变短路电流，它是短路瞬间（$t=0$s）时三相短路电流周期分量的有效值；$I_{0.2}$表示短路后 0.2s 时三相短路电流周期分量的有效值。

稳态三相短路电流主要用来计算短路电流的热效应。

5. 短路电流的非周期分量

短路电流的非周期分量在很短时间内就衰减完毕，对冲击电流、短路全电流最大有效值和短路电流的热效应有一定影响。另外，当发电厂大容量机组装有快速保护与高速断路器时应考虑短路电流非周期限分量的影响。

练习 5.5　（多选题）关于短路冲击电流，下述说法正确的是（　　）

A. 可以校验电气设备和载流导体的动稳定度

B. 是最恶劣短路情况下短路电流的最大瞬时值

C. 可以校验电气设备热稳定度

D. 是短路电流的最大有效值

5.3.4 无限大容量系统三相短路电流计算

无限大容量系统的主要特征是：系统的内阻抗 $X=0$，端电压 $U=C$（常数），它所提供的短路电流周期分量的幅值恒定且不随时间变化而变化。虽然非周期分量依指数规律衰减，但一般情况下只需计及其对冲击电流的影响。因此，在电力系统短路电流计算中，其主要任务是计算短路电流的周期分量，而在无限大容量系统的条件下，周期分量的计算变得非常简单。

如取平均额定电压进行计算，则系统的端电压$U=U_{av}$，若选取$U_d=U_{av}$，短路电流的标幺值为

$$I_k^* = \frac{I_k}{I_d} = \frac{U_{av}}{\sqrt{3}X_\Sigma} \Big/ \frac{U_d}{\sqrt{3}X_d} = \frac{U_{av}}{U_d} \Big/ \frac{X_\Sigma}{X_d} = \frac{1}{X_\Sigma^*} \tag{5-25}$$

式中：X_Σ^* 为无限大容量系统对短路点的转移电抗（即总电抗）的标幺值，如图 5-6 所示。

短路电流的有名值为

$$I_k = I_d I_k^* = \frac{S_d}{\sqrt{3}U_d} \frac{1}{X_\Sigma^*} \tag{5-26}$$

短路容量的有名值为

$$S_k = S_d S_k^* = \frac{S_d}{X_\Sigma^*} \tag{5-27}$$

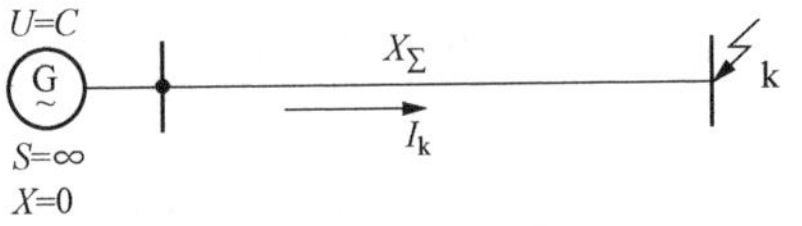

若已知由电源至某电压级的短路容量 S_k 或断路器的断流容量 S_{oc}，则可用此式可求出由电源至某电压级系统电抗的标幺值为

$$X_S^* = \frac{S_d}{S_k} = \frac{S_d}{S_{oc}} \tag{5-28}$$

图 5-6　无限大容量系统短路电流计算示意图

【例 5-2】 简单电网有无限大容量电源供电，如图 5-7 所示，当 k 点发生三相短路时，试计算短路电流的周期分量有名值、冲击电流及短路容量（取 $K_{sh}=1.8$）。

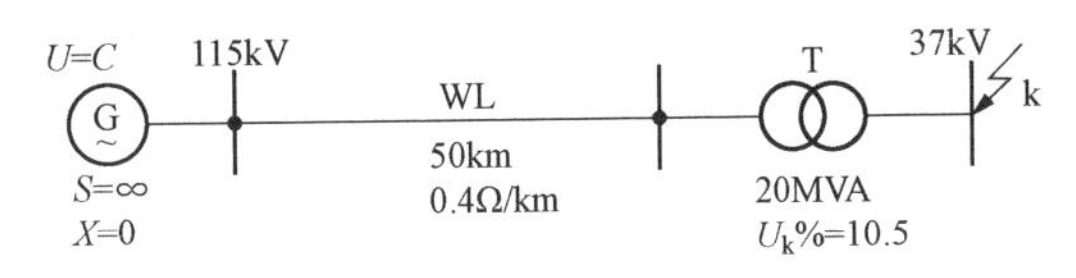

图 5-7　例 5-2 的系统图

解： 取 $S_d=100\text{MVA}$，$U_{d1}=115\text{kV}$，$U_{d2}=37\text{kV}$，计算各元件电抗标幺值：

线路
$$X_{WL}^* = X_{WL}\frac{S_d}{U_{d1}^2} = 0.4\times 50\times\frac{100}{115^2} = 0.151$$

变压器
$$X_T^* = \frac{U_k\%}{100}\frac{S_d}{S_N} = \frac{10.5}{100}\times\frac{100}{20} = 0.525$$

电源至短路点的转移电抗
$$X_\Sigma^* = X_{WL}^* + X_T^* = 0.151+0.525 = 0.676$$

无限大容量电源电动势
$$E^* = U^* = 1$$

短路电流周期分量有名值
$$I_k = \frac{S_d}{\sqrt{3}U_{d2}}\frac{1}{X_\Sigma^*} = \frac{100}{\sqrt{3}\times 37}\times\frac{1}{0.676} = 2.31(\text{kA})$$

冲击电流为
$$i_{sh} = \sqrt{2}K_{sh}I_p = \sqrt{2}\times 1.8\times 2.31 = 5.88(\text{kA})$$

短路容量为
$$S_k = \frac{S_d}{X_\Sigma^*} = \frac{100}{0.676} = 148(\text{MVA})$$

5.4　有限容量系统三相短路电流的实用计算

在由无限大容量系统供电的三相短路过程的分析中，由于假设系统为“无限大”容量，电源的端电压在短路过程中维持恒定，所以短路电流的周期分量的幅值保持不变，使计算过程比较简单。然而在很多情况下，电力系统容量实际是有限的，而且当短路发生在发电机端附近时，发电机的端电压将大幅下降，不可能维持恒定。这时短路电流周期分量的幅值将会随电源电动势的变化而变化。

5.4.1 有限容量系统三相短路的物理过程

当电源容量比较小或者短路点靠近电源时，这种情况称为有限容量系统供电的短路。在这种情况下，电源电压不可能维持恒定，因此，短路电流周期分量的幅值也将随时间而变化，短路的暂态过程将更为复杂。

短路电流周期分量的变化规律与发电机是否装有自动调节励磁装置有关，如果发电机没有装设自动调节励磁装置，在短路过程中，由于发电机电枢反应的去磁作用增大，使定子电动势减小，因而短路电流周期分量幅值和有效值逐渐减小，其变化曲线如图 5-8 所示。

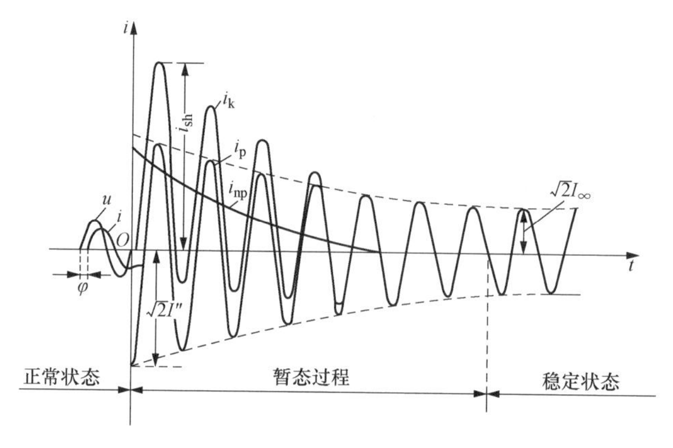

图 5-8 有限容量系统发电机没有自动调节励磁装置时的短路电流变化曲线

现在的同步发电机一般装有自动调节励磁装置，其作用是在发电机电压变动时，能自动调节励磁电流，维持发电机端电压在规定的范围内。但是由于自动调节励磁装置本身的反应时间以及发电机励磁绕组的电感作用，它不能立即增大励磁电流，而是经过一段很短的时间才能起作用。所以，无论发电机有无自动调节励磁装置，在短路瞬间以及短路后几个周期内，短路电流变化情况是一样的。

在有自动调节励磁装置的发电机电路中发生短路时，短路电流周期分量最初仍是减小，但随着自动调节励磁装置的作用逐渐增大，短路电流也开始增大，最后过渡到稳态，其变化曲线如图 5-9 所示。

短路电流周期分量的变化不仅与发电机有无自动调节励磁装置有关，还和短路点与发电机之间的电气距离有关。电气距离越大，发电机端电压下降得越小，周期分量幅值的变化也越小；反之则越大。

电气距离的大小可用短路电路的计算电抗 X_c^* 来表示，其数值可按下式计算

$$X_c^* = X_\Sigma^* \frac{S_{N\Sigma}}{S_d} \tag{5-29}$$

式中：$S_{N\Sigma}$为短路电路所连发电机的总容量；X_Σ^* 为短路回路总电抗标幺值；S_d为基准容量。

由式（5-29）可见，计算电抗 X_c^* 与短路电路所连接全部发电机总容量 $S_{N\Sigma}$ 以及短路电路总电抗标幺值 X_Σ^* 有关。$S_{N\Sigma}$ 和 X_Σ^* 越大，则 X_c^* 越大，发电机电压下降得越小，反之则越大。显然，不同的 X_c^* 值对短路电流周期分量的变化有不同的影响。

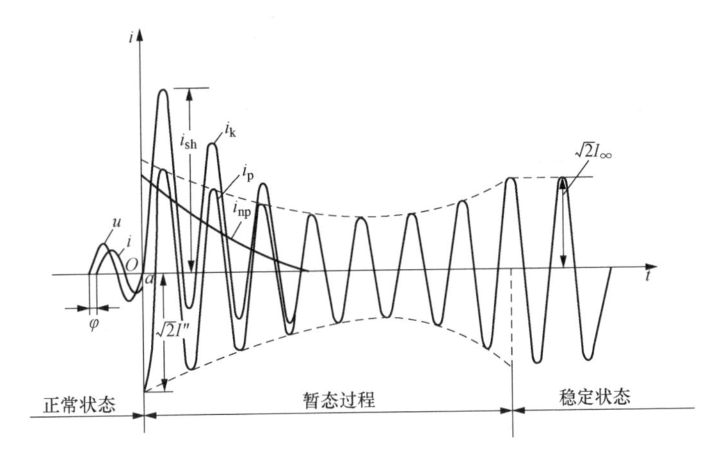

图5-9 有限容量系统发电机装设自动调节励磁装置时短路电流的变化曲线

5.4.2 起始次暂态短路电流、冲击电流和短路电流非周期分量的计算

电力系统短路电流的工程计算，在多数情况下只要计算短路电流基波交流分量的初始值，即起始次暂态短路电流 I''。其原因是使用高速保护和高速断路器后，断路器的开断时间小于0.1s。此外，若已知短路电流交流分量初始值，就可以近似确定其直流分量和冲击电流。

1. 起始次暂态短路电流的计算

起始次暂态短路电流即短路电流周期分量的初值 I''，计算式为

$$I''^{*}=\frac{E''^{*}}{X''^{*}_{d}+X^{*}_{1\sum}} \tag{5-30}$$

式中：E''^{*} 为发电机次暂态电动势；X''^{*}_{d} 为发电机次暂态电抗；$X^{*}_{1\Sigma}$ 为发电机出口至短路点的外部总电抗。

次暂态 E''^{*} 可根据短路前的运行条件求取。在实用计算中也可以近似取 $E''^{*}=1.05\sim1.11$，如果不计负荷影响，常取 $E''^{*}=1$。

起始次暂态短路电流 I''有名值的近似计算公式为

$$I''\approx\frac{U_{N}}{\sqrt{3}(X''_{d}+X_{1\sum})}\approx\frac{U_{av}}{\sqrt{3}(X''_{d}+X_{1\sum})} \tag{5-31}$$

作出系统以次暂态参数表示的等效电路后，进行网络化简，求出外部电抗，然后利用式(5-30)或式(5-31)可以求出起始次暂态电流 I''。

电网中，如果接有大功率同步调相机和同步电动机，应将其视为附加电源，其短路电流计算方法与发电机相同。

2. 短路冲击电流的计算

发电机提供的冲击电流 i_{sh}包含 $t=0.01$s 时的周期分量 i_p和非周期分量 i_{np}两部分

$$i_{sh}=i_{p(t=0.01)}+i_{np(t=0.01)}=\sqrt{2}K_{sh}I'' \tag{5-32}$$

发电机端部短路时，$K_{sh}=1.9$，则 $i_{sh}=2.69I''$；发电厂高压母线侧短路时，取 $K_{sh}=$

1.85，则 $i_{sh}=2.62I''$；一般高压电网中，$K_{sh}=1.8$，则 $i_{sh}=2.55I''$。

系统中发生短路时，电动机机端的残压可能小于其内部电动势 E''_M，这时电动机也将作为电源向系统提供一部分反馈电流。由于已失去电源，电动机将迅速受到制动，其短路电流周期分量与非周期分量都将迅速衰减。当 t 大于 0.01s 时，即可认为其暂态过程已结束。因此，一般只在电动机离短路点很近且功率较大时（如发电厂厂用高压电动机），才需要在冲击电流计算中考虑电动机反馈电流。

3. 短路电流非周期分量的计算

在前面介绍的冲击电流系数中已考虑了短路电流非周期分量对短路电流的影响。在进行短路电流热效应的分析计算和分析大容量发电机组快速保护特性时，还要考虑短路电流非周期分量的作用。

单支路的短路电流非周期分量的起始值 I_{np0}、t 秒时的值 I_{npt} 分别按式（5-33）、式（5-34）计算

$$I_{np0}=-\sqrt{2}I'' \tag{5-33}$$

$$I_{npt}=I_{np0}e^{\frac{t}{T_a}}=-\sqrt{2}I''e^{\frac{t}{T_a}} \tag{5-34}$$

式中：T_a 为衰减时间常数，$T_a=X_\Sigma/R_\Sigma$。

复杂网络中各独立电源支路的 T_a 值相差较大时，采用多支路叠加法计算短路电流的非周期分量。衰减时间常数相近的支路可以归并化简。多数情况下，复杂网络可以简化为两支等效网络，一支是系统支路，通常 $T_a\leqslant15$；另一支是发电机支路，通常 $15<T_a<80$。两个以上支路的短路电流非周期分量为各个支路的非周期分量的代数和。

5.4.3 任意时刻三相短路电流的计算——计算曲线法

1. 计算曲线及其应用

根据理论分析，计算电力系统任意时刻的短路电流时，需要知道各发电机的各时间常数和各电抗，然后进行指数计算，比较复杂与烦琐。

在短路过程中，短路电流的非周期分量通常衰减得很快，短路计算主要是计算短路电流的周期分量。为方便工程计算，采用概率统计方法绘制出一种短路电流周期分量标幺值 I_{pt}^* 随时间和短路计算电抗 X_c^* 而变化的曲线，称为计算曲线，即 $I_{pt}^*=f(t, X_c^*)$。

计算电抗标幺值是以发电机额定容量为基准的节点电抗标幺值与发电机次暂态电抗的额定标幺值之和，即式（5-30）中的 $X_d''^*+X_{1\Sigma}^*$。

计算曲线是 20 世纪 80 年代采集国内 200MW 及以下发电机机组参数，分析电力系统负荷分布情况，采用概率统计方法通过计算获得的结果，按汽轮发电机和水轮发电机两种类别分别制作。计算曲线已计及了负荷的影响，故在使用时可舍去系统中所有的负荷支路。为了便于查找，将这些曲线制作成数字表格，见附录 B。

应用计算曲线来确定任意时刻短路电流周期分量有效值的方法，称为计算曲线法。就是在计算出计算电抗 X_c^* 后，按计算电抗和所要求的短路发生后某瞬间 t，从计算曲线或相应的数字表格中查得该时刻短路电流周期分量的标幺值 I_{pt}^*。

计算曲线只需做到 $X_c^*=3.45$ 为止，当 $X_c^*>3.45$ 时，表明发电机离短路点电气距离

很远，可近似认为短路电流周期分量已不随时间而变，即系统可以作为无穷大功率电源考虑。

在实际电力系统中，发电机数目较多。如果每台发电机都单独计算，工作量非常大。因此，工程计算中常用合并电源的方法来简化网络。把短路电流变化规律大致相同的发电机尽可能多地合并起来，同时对于条件比较特殊的某些发电机给以个别的考虑。这样，根据不同的具体条件，可将网络中的电源分成几个组，每组都用一个等效发电机来代替。合并的主要原则是：距短路点电气距离（即相联系的电抗值）大致相等的同类型发电机可以合并；远离短路点的不同类型发电机可以合并；直接与短路点相连的发电机应单独考虑；无限大功率电源因提供的短路电流周期分量不衰减而不必查计算曲线，应单独计算。

2. 计算曲线法计算短路电流的具体步骤

应用计算曲线法计算短路电流的具体步骤如下：

（1）作等值网络。选取网络基准容量和基准电压，计算网络各元件在统一基准下的标幺值。

（2）进行网络变换。按电源归并原则，将网络合并成若干台等值发电机，无限大功率电源单独考虑，通过网络变换求出各等值发电机对短路点的转移电抗 X_{ik}^{*}（转移电抗是指连接电源与短路点之间的分支等效电抗）。

（3）求计算电抗。将各转移电抗按各等值发电机的额定容量归算为计算电抗，即

$$X_{c.i}^{*}=X_{ik}^{*}\frac{S_{Ni}}{S_{d}} \tag{5-35}$$

式中：$X_{c.i}^{*}$为第 i 条支路的计算电抗标幺值，$X_{ik}{}^{*}$ 为系统基准容量下第 i 条支路的转移电抗标幺值，S_{Ni}为第 i 台等效发电机中各发电机的额定容量之和。

（4）求 t 时刻短路电流周期分量的标幺值。根据各计算电抗和指定时刻 t，从相应的计算曲线或对应的数字表格中查出各等值发电机提供的短路电流周期分量的标幺值。

（5）计算短路电流周期分量的有名值。将（4）中求出的相同时刻的各短路电流标幺值乘以各自支路的短路电流基准值换算成有名值，再把各有名值相加，即为所求时刻的短路电流周期分量有名值。

对于较复杂的电网，一般采用专用的计算机程序进行系统短路电流计算。对于简单电网，有时需要同时考虑无限容量电源与有限容量电源，其短路电流应分别采用各自的方法进行计算，然后累加得到总的短路电流。

【例5-3】 图5-10（a）所示电力系统在k点发生三相短路，试求 $t=0$s 和 $t=4$s 时的短路电流 I''和 I_4、短路电流的最大有效值 I_{sh}、冲击电流 i_{sh}与短路容量 S_k。已知各元件的型号和参数为：发电机G1、G2为汽轮发电机，每台容量为31.25MVA，$X_d''^{*}=0.13$，发电机G3、G4为水轮发电机，每台容量为62.5MVA，$X_d''^{*}=0.135$；变压器T1、T2每台容量为31.5MVA，$U_k\%=10.5$，变压器T3、T4每台容量为63MVA，$U_k\%=10.5$；母线电抗器L为10kV，1.5kA，$X_L\%=8$；线路WL1、WL2的长度分别为50km和80km，单位长度电抗为0.4Ω/km；无限大容量系统内阻抗 $X=0$。

解：（1）作等值网络。

取基准容量 $S_d=100$MVA，$U_{d1}=115$kV，$U_{d2}=10.5$kV。

各元件电抗的标幺值为

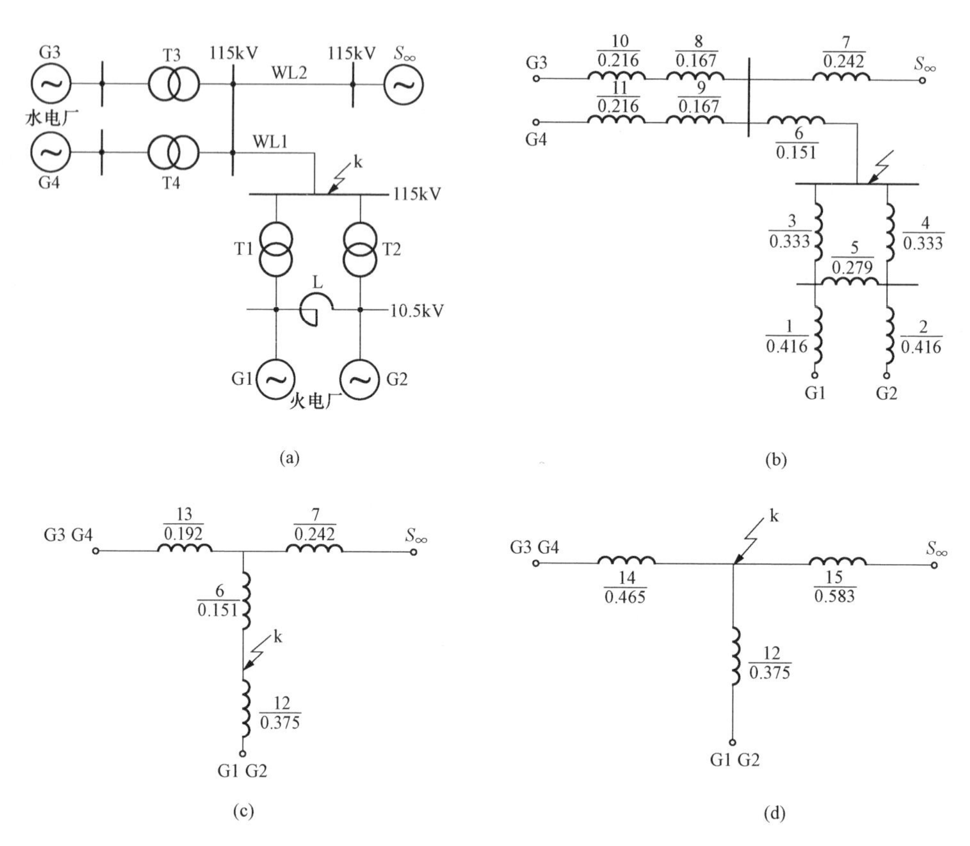

图 5-10 例 5-3 的系统图及等值电路

(a) 系统接线图；(b) 等值电路图；(c) 化简后网络Ⅰ；(d) 化简后网络Ⅱ

发电机 G1、G2 $X_1^* = X_2^* = X''^*_{dG1}\dfrac{S_d}{S_{NG1}} = 0.13 \times \dfrac{100}{31.25} = 0.416$

变压器 T1、T2 $X_3^* = X_4^* = \dfrac{U_k\%}{100}\dfrac{S_d}{S_{NT1}} = \dfrac{10.5}{100} \times \dfrac{100}{31.5} = 0.333$

电抗器 L $X_5^* = \dfrac{X_L\%}{100}\dfrac{U_N}{\sqrt{3}I_N}\dfrac{S_d}{U_{d2}^2} = \dfrac{8}{100} \times \dfrac{10}{\sqrt{3}\times 1.5} \times \dfrac{100}{10.5^2} = 0.279$

输电线路 WL1 $X_6^* = x_1 L_1 \dfrac{S_d}{U_{d1}^2} = 0.4 \times 50 \times \dfrac{100}{115^2} = 0.151$

输电线路 WL2 $X_7^* = x_1 L_2 \dfrac{S_d}{U_{d1}^2} = 0.4 \times 80 \times \dfrac{100}{115^2} = 0.242$

变压器 T3、T4 $X_8^* = X_9^* = \dfrac{U_k\%}{100}\dfrac{S_d}{S_{NT3}} = \dfrac{10.5}{100} \times \dfrac{100}{63} = 0.167$

发电机 G3、G4 $X_{10}^* = X_{11}^* = X''^*_{dG3}\dfrac{S_d}{S_{NG3}} = 0.135 \times \dfrac{100}{62.5} = 0.216$

将各元件的编号及电抗标幺值标于等值电路图 5-10 (b) 中。

(2) 化简网络，求各电源到短路点的转移电抗。

先对电力系统图作分析。从图 5-10 (a) 可见，由火电厂所组成的等值电路对 k 点具有对称关系。因此，发电机组 G1 和 G2 机端等电位，可将其短接，并除去电抗器支路。G1 和

G2 可合并组成等值发电机组。G3 和 G4 距短路点较远，且具有相同的电气距离，可将其合并为另一组等值发电机组。无限大功率系统不能与其他电源合并，只能单独处理，合并后的等值网络如图 5-10（c）所示。

在 5-10（c）中

$$X_{12}^{*}=\frac{1}{2}(X_{1}^{*}+X_{2}^{*})=\frac{1}{2}\times(0.416+0.333)=0.375$$

$$X_{13}^{*}=\frac{1}{2}(X_{8}^{*}+X_{10}^{*})=\frac{1}{2}\times(0.167+0.216)=0.192$$

对图 5-10（c）作 Y—△变换，并除去电源间的转移电抗支路，可得到图 5-10（d）。在 5-10（d）中

$$X_{14}^{*}=0.151+0.192+\frac{0.151\times0.196}{0.242}=0.465$$

$$X_{15}^{*}=0.151+0.242+\frac{0.151\times0.242}{0.192}=0.583$$

因此，各等值发电机对短路点的转移电抗分别为

G1、G2 支路　　$X_{1\Sigma}^{*}=X_{12}^{*}=0.375$

G3、G4 支路　　$X_{2\Sigma}^{*}=X_{14}^{*}=0.465$

无限大功率系统　　$X_{3\Sigma}^{*}=X_{15}^{*}=0.583$

（3）求各有限容量电源的计算电抗。

$$X_{c1}^{*}=X_{1\Sigma}^{*}\frac{\sum S_{N1}}{S_{d}}=0.375\times\frac{2\times31.25}{100}=0.234$$

$$X_{c2}^{*}=X_{2\Sigma}^{*}\frac{\sum S_{N2}}{S_{d}}=0.465\times\frac{2\times62.5}{100}=0.580$$

（4）查计算曲线数字表，求短路电流周期分量标幺值。

火电厂的 G1、G2 支路 $X_{c1}^{*}=0.234$，应查汽轮发电机的计算曲线表可得：

当 $X_{c1}^{*}=0.22$ 时，$I_{0}^{*}=4.938$，$I_{4}^{*}=2.444$；

当 $X_{c1}^{*}=0.24$ 时，$I_{0}^{*}=4.526$，$I_{4}^{*}=2.425$；

当 $X_{c1}^{*}=0.234$ 时，利用插值法，$t=0$s 和 $t=4$s 时的短路电流周期分量标幺值分别为

$$I_{0}^{*}=4.526+\frac{0.24-0.234}{0.24-0.22}\times(4.938-4.526)=4.65$$

$$I_{4}^{*}=2.425+\frac{0.24-0.234}{0.24-0.22}\times(2.444-2.425)=2.43$$

同理，对于水电厂的 G3、G4 支路，$X_{c2}^{*}=0.581$ 应查水轮发电机的计算曲线表，可得到 $t=0$s 和 $t=4$s 时的短路电流周期分量标幺值分别为

$$I_{0}^{*}=1.802+\frac{0.6-0.581}{0.6-0.56}\times(1.938-1.802)=1.87$$

$$I_{4}^{*}=1.802+\frac{0.6-0.581}{0.6-0.56}\times(2.355-2.263)=1.85$$

无限大功率系统所提供的短路电流为其转移电抗的倒数，即

$$I_{0}^{*}=I_{4}^{*}=\frac{1}{X_{s}^{*}}=\frac{1}{0.580}=1.72$$

(5) 计算短路电流有名值。

归算到短路点的各等效电源支路的额定电流或基准电流为：

无限大功率系统 $I_{d1}=\dfrac{S_d}{\sqrt{3}U_{d1}}=\dfrac{100}{\sqrt{3}\times 115}=0.502(kA)$

G1、G2 支路 $I_{N1}=\dfrac{\sum S_{N1}}{\sqrt{3}U_{d1}}=\dfrac{2\times 31.25}{\sqrt{3}\times 115}=0.314(kA)$

G3、G4 支路 $I_{N2}=\dfrac{\sum S_{N2}}{\sqrt{3}U_{d1}}=\dfrac{2\times 62.5}{\sqrt{3}\times 115}=0.628(kA)$

因此，t=0s 和 t=4s 时的短路电流周期分量有名值分别为

$$I_0=I''=1.72\times 0.502+4.65\times 0.314+1.87\times 0.628=3.50(kA)$$

$$I_4=1.72\times 0.502+2.43\times 0.314+1.85\times 0.628=2.79(kA)$$

由于短路点 k 在发电厂高压侧母线，故取冲击系数 K_{sh}=1.85，则：

冲击电流 $i_{sh}=\sqrt{2}K_{sh}I''=\sqrt{2}\times 1.85\times 3.50=9.17(kA)$

短路全电流最大有效值 $I_{sh}=1.56I''=1.56\times 3.50=5.46(kA)$

短路容量 $S_k=\sqrt{3}U_{d1}I''=\sqrt{3}\times 115\times 3.50=697(MVA)$

例 5 - 3 短路电流计算结果见表 5 - 4。

表 5 - 4　　例 5 - 3 短路电流计算结果

短路点编号	基准电压(kV)	基准电流(kA)	支路名称	支路额定电流(kA)	支路计算电抗标幺值	短路电流周期分量起始值 I''		4s 稳态短路电流 I_∞		短路冲击电流 i_{sh}(kA)	短路全电流最大值 I_{sh}(kA)	短路容量 S_k(MVA)
						标幺值	有名值(kA)	标幺值	有名值(kA)			
k	115	0.502	G1、G2 支路	0.314	0.234	4.65	1.46	2.43	0.76	—	—	—
			G3、G4 支路	0.628	0.581	1.87	1.17	1.85	1.16	—	—	—
			系统 S_∞	0.502	0.583	1.72	0.86	1.72	0.86	—	—	—
			合计			—	3.50	—	2.79	9.17	5.46	697

练习 5.6　试求例 5 - 3 中 t=0.2s 时的短路电流 $I_{0.2}$。　　(答案：3.01kA)

*5.5　不对称短路电流计算简介

电力系统不对称短路和三相中一相断线故障都是不对称故障。为保证电力系统与电气设备的安全运行，需要进行各种不对称故障分析计算。对称分量法是分析电力系统不对称故障的常用方法，它把一组三相不对称分量转化为三组三相对称分量后分别进行分析，然后按叠加原理处理。本节对不对称故障短路电流计算进行简单介绍，详细内容见电力系统分析课程。

5.5.1　对称分量法及其在电力系统中的应用

任何一组三相不对称的相量（可以是电动势、电压、电流等）都可以用对称分量法分解为三组三相对称相量，即正序、负序和零序三个对称的分量。其中，正序分量为三个大小相等、相位彼此相差 120°、相序与电力系统正常运行方式一致的一组对称相量；负序分量为三个大小相等、相位彼此相差 120°、相序与正常运行方式相反的一组对称相量；零序分量为三个大小相等、相位相同的一组对称相量。

若以下标 1、2、0 分别表示各相的正、负、零三序对称分量，三相相量与其各序分量之间的关系可表示为

$$\begin{cases}\dot{I}_{A}=\dot{I}_{A1}+\dot{I}_{A2}+\dot{I}_{A0}\\ \dot{I}_{B}=\dot{I}_{B1}+\dot{I}_{B2}+\dot{I}_{B0}\\ \dot{I}_{C}=\dot{I}_{C1}+\dot{I}_{C2}+\dot{I}_{C0}\end{cases} \tag{5-36}$$

令算子 $a=e^{j120^\circ}=-\frac{1}{2}+j\frac{\sqrt{3}}{2}$，相量乘以 a，将使这个相量逆时针旋转 120°，且有 $a^2=e^{j240^\circ}=-\frac{1}{2}-j\frac{\sqrt{3}}{2}$，$a^3=1$ 和 $1+a+a^2=0$。

根据各序分量的定义，B 相和 C 相的各序分量都可用 A 相的序分量来表示，即 $\dot{I}_{B1}=a^2\dot{I}_{A1}$，$\dot{I}_{C1}=a\dot{I}_{A1}$；$\dot{I}_{B2}=a\dot{I}_{A2}$，$\dot{I}_{C2}=a^2\dot{I}_{A2}$；$\dot{I}_{B0}=\dot{I}_{C0}=\dot{I}_{A0}$，则式（5-36）可改写为

$$\begin{cases}\dot{I}_{A}=\dot{I}_{A1}+\dot{I}_{A2}+\dot{I}_{A0}\\ \dot{I}_{B}=a^2\dot{I}_{A1}+a\dot{I}_{A2}+\dot{I}_{A0}\\ \dot{I}_{C}=a\dot{I}_{A1}+a^2\dot{I}_{A2}+\dot{I}_{A0}\end{cases} \tag{5-37}$$

反过来，由一组不对称相量，可求出其各序分量，计算式为

$$\begin{cases}\dot{I}_{A1}=\frac{1}{3}(\dot{I}_{A}+a\dot{I}_{B}+a^2\dot{I}_{C})\\ \dot{I}_{A2}=\frac{1}{3}(\dot{I}_{A}+a^2\dot{I}_{B}+a\dot{I}_{C})\\ \dot{I}_{A0}=\frac{1}{3}(\dot{I}_{A}+\dot{I}_{B}+\dot{I}_{C})\end{cases} \tag{5-38}$$

由式（5-38）可见，在三相对称系统中，因三相相量和为零，则不存在零序分量。因为三相对称系统中三相线电压之和恒等于零，故线电压中没有零序分量。在没有中性线的星形接法中，三相线电流之和为零，因而不存在零序电流分量。在三角形接法中，相电流中的零序分量在闭合的三角形中自成环流，线电流中没有零序分量。零序电流必须以中性线（或地线）作为通路，且中性线中的零序电流为一相零序电流的 3 倍。

当电力系统中发生不对称短路时，短路点将出现不对称的三相电压，将其分解为正、负、零序三个对称系统，它们都能独立满足欧姆定律。这样，只取其中一相来分析即可。也就是说不同相序是相互独立的，可分别计算电气元件各序的序阻抗，建立各序的等效电路，结合各种不对称短路的边界条件，按分析三相对称系统的方法来处理。然后将三个对称系统

的分析计算结果，按式（5-38）得出不对称的三相量。

叠加原理仅适用于线性网络，而实际电气设备具有磁路饱和等非线性问题，故对称分量法只能得到一个近似的结果。

5.5.2 电力系统中各主要元件的序电抗

电力系统各元件的序阻抗是指施加在该元件端点的某序电压与流过的该序电流的比值。分析各元件的序电抗时，需分析元件各相之间的磁耦合关系，尤其是系统元件的零序电抗与元件的结构与零序电流的路径有关，分析计算较为复杂。其计算原理分别在电机学与电力系统分析课程中介绍。在此只给出各元件负序与零序阻抗一般性的结论，详细的理论分析和公式推导请参阅参考资料。

讨论各元件的序参数时，可以将电力系统中的元件分为静止元件和旋转元件，其序阻抗各有特点。

静止元件如变压器、输电线路等的正序阻抗等于其负序阻抗，不等于零序阻抗。当施加正序或负序电压时，静止元件产生的自感和互感的电磁关系是完全相同的。零序分量和正、负序分量的性质不同，所以一般情况下静止元件的零序阻抗不等于正序、负序阻抗。

旋转元件如发电机、电动机等元件的各序阻抗均不相同，通以正序电流和负序电流时所产生的磁场旋转方向相反，而零序电流不产生旋转的气隙磁通。

1. 发电机的序阻抗

同步发电机的负序电抗与零序阻抗均与其正序阻抗不同。如无发电机的确切参数，同步发电机的各序电抗平均标幺值可按表 5-5 取值。

表 5-5 各种同步发电机的平均电抗（额定容量标幺值）

电机类型	$X_d''{}^*$	$X_1{}^*$	$X_2{}^*$	$X_0{}^*$
汽轮发电机	0.125	1.62	0.16	0.06
有阻尼绕组的水轮发电机	0.20	1.15	0.25	0.07
无阻尼绕组的水轮发电机	0.27	1.15	0.45	0.07

2. 变压器的序电抗

变压器的三相磁耦合回路是完全静止的，各相的互感与电流的相序无关，故变压器的正序阻抗与负序阻抗相等。

变压器的零序电抗与变压器的铁芯结构及三相绕组的接线方式等因素有关。

（1）变压器零序电抗与铁芯结构的关系。对于由三个单相变压器组成的变压器组及三相五柱式或壳式变压器，零序主磁通以铁芯为回路，因磁导大，零序励磁电流很小，故零序励磁电抗 X_{m0} 的数值很大，在短路计算中可当作 $X_{m0}=\infty$。对于三相三柱式变压器，零序主磁通不能在铁芯内形成闭合回路，只能通过充油空间及油箱壁形成闭合回路，因磁导小，励磁电流很大，所以零序励磁电抗应视为有限值，通常取 $X_{m0}=0.3\sim1$。

（2）变压器零序电抗与三相绕组接线方式的关系。在星形连接的绕组中，零序电流无法流通，从等效电路的角度来看，相当于变压器绕组开路；在中性点接地的星形连接的绕组中，零序电流可以畅通，所以从等效电路的角度来看，相当于变压器绕组短路；在三角形连接的绕组中，零序电流只能在绕组内部环流，不能流到外电路，因此从外部看进去，相当于变压器绕组开路。可见，变压器三相绕组不同的接线方式对零序电流的流通情况有很大的影响，因此其零序电抗也不相同。

各类变压器的零序等值网络接线图与等值电抗，可参考电力工程设计手册。

3. 线路的序电抗

线路的负序电抗与正序电抗相等，但零序电抗却与正序电抗相差较大，其与下列因素有关：

（1）当线路通过零序电流时，因三相电流的大小和相位完全相同，各相间的互感磁通是互相加强的，所以零序电抗要大于正序电抗。

（2）零序电流是通过大地形成回路的，因此线路的零序电抗与土壤的导电性能有关。

（3）当线路装有架空地线时，零序电流的一部分通过架空地线和大地形成回路，由于架空地线中的零序电流与输电线路上的零序电流方向相反，其互感磁通是相互抵消的，将导致零序电抗的减小。

在实用短路计算中，架空与电缆线路的零序电抗的平均值可采用表5-6所列数据。

表5-6　线路各序电抗的平均值

序号	线路名称		$X_1=X_2$（Ω/km）	X_0/X_1	序号	线路名称	$X_1=X_2$（Ω/km）	X_0（Ω/km）
1	无避雷线的架空输电线路	单回线	0.4	3.5	7	1kV 三芯电缆	0.06	0.7
2		双回线		5.5	8	1kV 四芯电缆	0.066	0.17
3	有钢质避雷线的架空输电线路	单回线		3	9	6～10kV 三芯电缆	0.08	0.28
4		双回线		5	10	20kV 三芯电缆	0.11	0.38
5	有良导体避雷线的架空输电线路	单回线		2	11	35kV 三芯电缆	0.12	0.42
6		双回线		3				

5.5.3 简单不对称短路电流计算结果

1. 不对称短路时的合成阻抗

计算不对称短路，首先应求出正序短路电流。正序短路电流的合成阻抗 X 可由式（5-39）计算

$$X = X_{1\Sigma} + X_{\Delta}^{(n)} \tag{5-39}$$

式中：$X_{\Delta}^{(n)}$ 为对应短路类型（n）的附加阻抗。三相短路时，$X_{\Delta}^{(3)}=0$；两相短路时，$X_{\Delta}^{(2)}=X_{2\Sigma}$；单相短路时，$X_{\Delta}^{(1)}=X_{2\Sigma}+X_{0\Sigma}$；两相接地短路时，$X_{\Delta}^{(1,1)}=\dfrac{X_{2\Sigma}\times X_{0\Sigma}}{X_{2\Sigma}+X_{0\Sigma}}=0$。

2. 不对称短路正序电流

各种不对称故障时的故障相正序电流绝对值 $I_{A1}^{(n)}$ 可以用以下通式表示

$$I_{A1}^{(n)} = \frac{E_{A1\Sigma}}{X_{1\Sigma}+X_{\Delta}^{(n)}} \tag{5-40}$$

式（5-40）表明，在不对称短路的情况下，短路点的正序电流分量与在短路点每相中

接入附加电抗 $X_{\Delta}^{(n)}$ 而发生的三相短路电流相等，这就是正序等效定则。

3. 不对称短路合成电流

不对称故障时短路点的合成电流按式（5-41）计算，即

$$I_{k}^{(n)} = m^{(n)} I_{A1}^{(n)} \tag{5-41}$$

式中：$m^{(n)}$ 为比例系数，其值随短路类型而异。三相短路时，$m=1$；两相短路时，$m=\sqrt{3}$；单相短路时，$m=3$；两相接地短路时，$m=\sqrt{3}\sqrt{1-\frac{X_{2\Sigma}X_{0\Sigma}}{(X_{2\Sigma}+X_{0\Sigma})^2}}$。

由式（5-41）可得，当 $X_{1\Sigma}=X_{2\Sigma}$ 时，两相短路电流幅值为同一地点三相短路电流的 $\sqrt{3}/2$ 倍，即

$$I_{k}^{(2)} = \sqrt{3}I_{A1}^{(2)} = \sqrt{3}\frac{E_{A1\Sigma}}{X_{1\Sigma}+X_{2\Sigma}} = \frac{\sqrt{3}}{2}\frac{E_{A1\Sigma}}{X_{1\Sigma}} = \frac{\sqrt{3}}{2}I_{k}^{(3)} \tag{5-42}$$

*5.6 低压电网短路电流计算简介

1. 低压电网短路电流计算的一般原则

（1）系统阻抗宜按高压侧电气设备的开断容量或高压侧的短路容量确定。

$$X_{S} = \frac{U_{N}{}^{2}}{S_{k}} \times 10^{-3} \tag{5-43}$$

式中：X_S为系统阻抗；U_N为变压器低压侧的额定电压，一般取 400V；S_k为高压侧的短路容量或断路器的开断容量，kVA。

（2）由于低压回路中各元件的电阻与电抗相比已不能忽略，在计算时需用阻抗值。

（3）当主保护装置动作时间与断路器固有分闸时间之和大于 0.1s 时，可不考虑短路电流非周期分量的影响。

（4）除接有较多大功率电动机的动力中心配电变压器外，不考虑异步电动机的反馈电流。

（5）由于低压电网电压一般只有一级，且元件的电阻多以毫欧计，所以在计算低压电网短路电流时，宜采用有名值计算。

2. 不计电动机反馈电流时的三相短路电流计算方法

（1）三相短路电流周期分量起始值计算式为

$$I'' = \frac{U}{\sqrt{3}\times\sqrt{R_{\Sigma}^{2}+X_{\Sigma}^{2}}} \tag{5-44}$$

式中：I''为系统三相短路电流周期分量起始值，kA；U 为变压器低压侧线电压，取 400V；R_{Σ}、X_{Σ}为每相回路的总电阻、总电抗，mΩ。

（2）三相短路冲击电流峰值计算式为

$$i_{sh} = \sqrt{2}K_{sh}I'' \tag{5-45}$$

式中：K_{sh}为变压器短路电流的冲击系数，可查表 5-7。

3. 考虑电动机反馈电流时的三相短路电流计算

（1）三相短路电流周期分量起始值。考虑电动机反馈电流时，总的短路电流周期分量起

始值为系统三相短路电流周期分量与电动机反馈电流的周期分量的起始值之和，即

$$I''_{\Sigma}=I''_{T}+I''_{M} \tag{5-46}$$

I''_{M}为电动机反馈电流的周期分量起始值，计算式为

$$I''_{M}=3.7\times10^{-3}I_{N.T} \tag{5-47}$$

式中：I''_{M}为电动机反馈电流的周期分量起始有效值，kA；$I_{N.T}$为变压器低压侧的额定电流，A。

（2）三相短路冲击电流峰值。考虑电动机反馈电流时，三相短路冲击电流峰值为系统三相短路电流冲击电流与电动机反馈电流峰值之和，计算式为

$$i_{sh}=\sqrt{2}K_{sh}I''+6.2\times10^{-3}I_{N.T} \tag{5-48}$$

式中：i_{sh}为三相短路冲击电流峰值，kA。

4. 常用变压器规格下低压母线短路电流的计算结果

不计电动机反馈电流的常用变压器规格下的低压母线短路时短路电流的计算结果参考表5-7。

表5-7　　10/0.4kV变压器低压母线三相短路电流计算结果

变压器参数			380V母线短路时			
S_N (kVA)	I_N (A)	U_k%	冲击系数 K_{sh}	I'' (kA)	i_{sh} (kA)	功率因数 $\cos\varphi$
160	231	4	1.16	5.1	8.4	0.51
200	289	4	1.19	6.3	10.6	0.41
250	361	4	1.18	8.0	13.3	0.48
315	455	4	1.20	9.9	16.8	0.46
400	577	4	1.23	12.5	21.8	0.42
500	722	4	1.32	16.3	30.4	0.34
630	909	4.5	1.39	18.1	35.6	0.29
800	1155	4.5	1.41	22.6	45.1	0.27
1000	1443	4.5	1.44	27.6	56.1	0.25

注　引自《电力工程设计手册—变电站设计》(ISBN：978-7-5198-3064-9)。

考虑电动机反馈电流的动力中心各规格变压器低压母线短路时的短路电流计算结果可参考相关设计手册。

习题

5-1　图5-11所示为某无限大容量系统S，系统电抗$X_s^*=0.040$，110kV双回架空线路WL长40km，单位电抗0.4Ω/km。两台主变压器T额定容量均为50MVA，110/10.5kV，YNd11，$U_k\%=10.5$。求图中k点短路时的最大、最小三相短路电流与冲击电流。

5-2　某电力系统接线图如图5-12所示。试计算k点发生三相短路故障后0.2s和2s的短路电流。汽轮发电机G1：额定功率100MW，$\cos\varphi=0.85$，$X_d''=0.18$。汽轮发电机G2和G3每台额定功率50MW，$\cos\varphi=0.8$，$X_d''=0.184$。水电厂A：额定容量375MVA，$X_d''=0.3$。S为无限大容量系统，$X=0$。变压器T1：额定容量125MVA，$U_k\%=13$。T2和

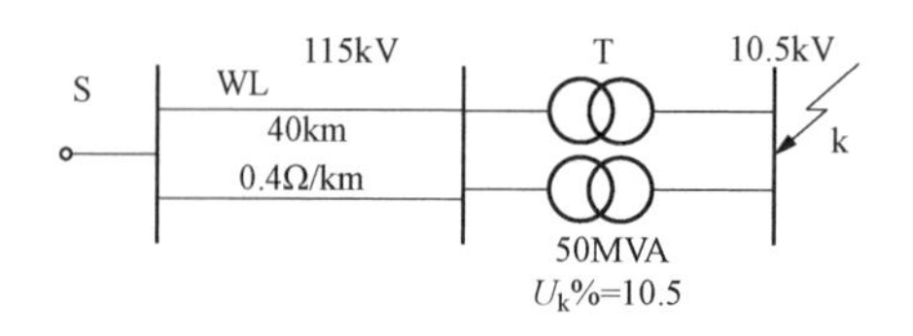

图 5-11　习题 5-1 电力系统图

T3 每台额定容量 63MVA，$U_{k(1-2)}\%=23$，$U_{k(2-3)}\%=8$，$U_{k(1-3)}\%=15$。220kV 线路 L1：每回 200km，单位电抗为 0.411Ω/km。110kV 线路 L2：每回 100km，单位电抗为 0.4Ω/km。

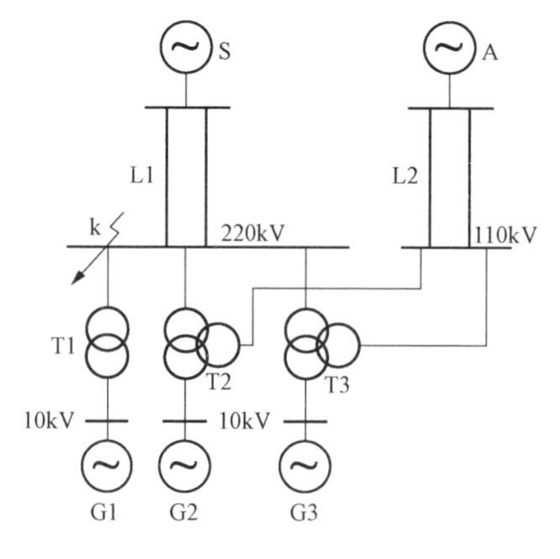

图 5-12　习题 5-2 电力系统图

5-3　某无限大容量电力系统接线如图 5-13 所示，系统电抗 $X_S^*=0.08$，110kV 架空线路 L 长 40km，单位电抗 0.4Ω/km。发电机 G1 额定功率 25MW，功率因数 0.8，$U_N=10.5\text{kV}$，电抗 $X_{G1}^*=0.129$，主变压器 T 额定容量 31.5MVA，121/10.5kV，YNd11，$U_k\%=10.5$。求 k 点三相短路时的最大短路电流与冲击电流（发电机侧取冲击系数 $K_{sh}=1.85$）。

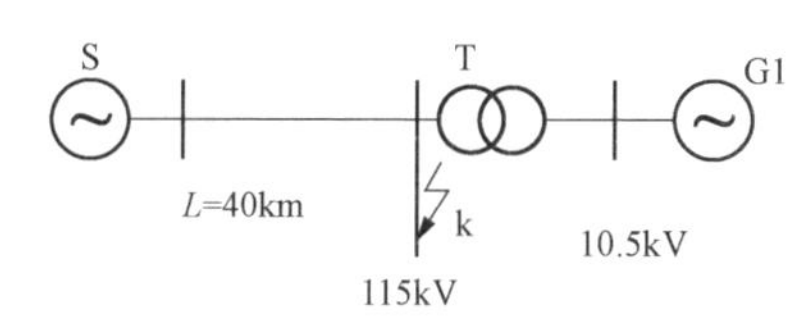

图 5-13　习题 5-3 电力系统图

第6章　电气设备选择

学习目标

(1) 了解导体的发热理论，会初步进行导体的发热分析，能答出导体基准载流量的含义及提高载流量的措施；理解短路电流热效应的内涵，会计算短路电流热效应。

(2) 了解导体的电动力理论，会计算三相短路时的最大电动力。

(3) 掌握电气设备选择的一般原则与技术条件，会按正常工作条件选择电气设备。

(4) 掌握电气设备的短路稳定校验方法，会按短路条件校验电气设备。

(5) 会进行高压开关电器、互感器、避雷器、气体绝缘金属封闭开关设备、中性点设备、并联电容补偿装置等电气设备的选择。

6.1　导体的发热与电动力

思　考　分析导体发热与电动力的目的是什么?

电气设备与导体工作时，通过导体的电流越大，产生的损耗越多，转变的热能也就越多。热能一部分散失到周围介质中，大部分加热导体和电器使其温度升高。

载流导体产生的损耗包括导体电阻产生的电阻损耗、绝缘材料中出现的介质损耗、导体周围的金属构件尤其是铁磁材料在电磁场作用下产生的磁滞与涡流损耗。

发热对导体和电器的不良影响有：

(1) 机械强度下降。高温会使金属材料软化，机械强度下降。

(2) 绝缘性能降低。有机绝缘材料在长期高温下加速老化，降低绝缘强度，缩短使用寿命。

(3) 接触电阻增加。高温将会加剧导电接触部分的表面氧化，使接触电阻增加，又会导致温度进一步升高，产生恶性循环，可能导致连接处松动或烧熔。

发生短路时的电流可达额定值的几十倍，产生大量发热，使导体和电器的温度快速升高；短路电流同时会产生巨大的电动力，可能使导体与电气设备变形或损坏。

为保证电力系统安全可靠运行，并提高经济性，导体和电气设备应该能够承受长期最大工作电流和一定大小与时间的短路电流而不会损坏，为此需要进行电气设备与导体选择与校验。导体的发热与电动力理论是进行电气设备与导体选择计算的基础。

6.1.1　导体的发热、散热与载流量

思　考　什么是导体的最高允许温度？铝、铜导体的最高允许温度分别是多少?

1. 导体的温度变化与最高允许温度

导体中通过负荷电流与短路电流时的温度变化情况如图 6-1 所示。

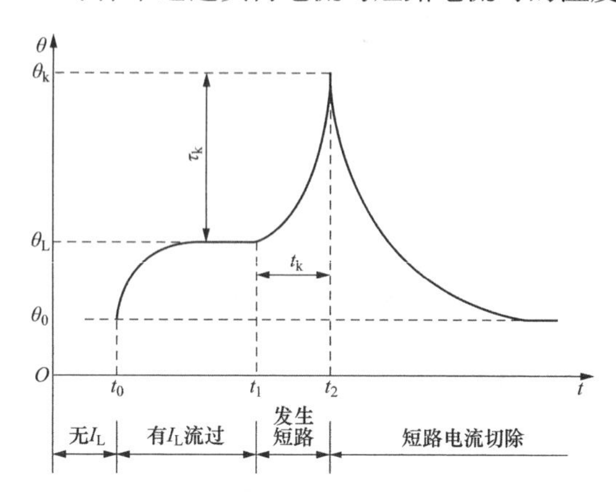

图 6-1　导体中通过负荷电流与短路电流时的温度变化情况

t_0时刻前，导体中没有电流通过。导体的温度等于周围环境温度 θ_0。t_0时刻后，导体中有工作电流通过，导体温度逐渐升高。当正常工作负荷电流稳定一段时间后，导体的发热与散热平衡，导体的正常工作温度 θ_L不再升高，这种情况为导体正常工作时的长期发热。

设在 t_1时刻发生短路，导体温度按指数规律迅速升高，在 t_2时刻保护装置动作将故障切除，这时导体的温度为 θ_k。短路故障被切除后，导体内无电流，不再产生热量，只向周围介质散热，导体温度最后冷却到周围环境温度 θ_0。三相短路故障作用时间最长只有几秒钟，这种情况下的发热称为导体的短时发热。

为保证导体和电器可靠工作，应当使其最高发热温度不超过某一允许值，这个限值称为导体的最高允许温度，又分为正常最高允许温度 θ_{al}与短路时最高允许温度 $\theta_{k.max}$。

根据相关的标准与规范，普通导体的正常最高允许温度不宜超过+70℃，在计及日照影响时，钢芯铝线及管形导体可按不超过+80℃考虑。当普通导体接触面处有镀（搪）锡的可靠覆盖层时，可提高到+85℃。导体的短路时最高允许温度对硬铝及铝镁（锰）合金取200℃，对硬铜为+300℃。(铝、铜导体材料的熔点分别为 653、1083℃)

电缆截面应按缆芯持续工作的最高温度和短路时的最高温度不超过允许值的条件选择。电缆持续工作的最高温度和短路时的最高温度应满足 GB 50217—2018《电力工程电缆设计标准》的规定。常用电力电缆最高允许温度见表 6-1。

表 6-1　　常用电力电缆最高允许温度

<table>
<tr><th rowspan="2">电缆类型</th><th rowspan="2">电压（kV）</th><th colspan="2">最高允许温度（℃）</th></tr>
<tr><th>额定负荷时 θ_{al}</th><th>短路时 $\theta_{k.max}$</th></tr>
<tr><td rowspan="4">黏性浸渍纸绝缘</td><td>3</td><td>80</td><td rowspan="3">250</td></tr>
<tr><td>6</td><td>65</td></tr>
<tr><td>10</td><td>60</td></tr>
<tr><td>35</td><td>50</td><td>175</td></tr>
<tr><td rowspan="3">不滴流纸绝缘</td><td>6</td><td>80</td><td rowspan="2">250</td></tr>
<tr><td>10</td><td>65</td></tr>
<tr><td>35</td><td>65</td><td>175</td></tr>
<tr><td rowspan="2">交联聚乙烯绝缘</td><td>≤10</td><td>90</td><td rowspan="2">250</td></tr>
<tr><td>>10</td><td>80</td></tr>
<tr><td>聚氯乙烯绝缘</td><td>≤1</td><td>70</td><td>160</td></tr>
<tr><td>自容式充油</td><td>63～500</td><td>75</td><td>160</td></tr>
</table>

2. 导体发热与散热的影响因素

导体的发热主要由电阻发热引起，室外安装的导体还应当考虑太阳照射的热量。导体的散热过程是热量传递的过程。热量传递有对流、辐射与传导三种方式。由于空气的热传导能力很差，导体的传导散热可忽略不计。

（1）导体电阻发热 Q_R 的影响因素。导体电阻损耗产生的热量 Q_R 与其交流电阻及其中负荷电流的平方成正比，而导体的交流电阻与其直流电阻率、集肤效应系数、环境温度、电阻温度系数、截面积相关。

（2）太阳日照热量 Q_S 的影响因素。太阳照射会引起物体温度的一定程度的升高。室外安装的导体，一般应考虑日照的影响。太阳日照的热量 Q_S 与太阳辐射功率密度、导体的太阳照射吸收率、导体受太阳照射的面积成正比。

（3）导体对流散热 Q_C 的影响因素。导体的对流散热量与导体对周围介质的温升及换热面积成正比。根据对流风速的不同，对流分为风速 <0.2m/s 时的自然对流与风速较大时的强迫对流两种情况。单位长度导体的对流换热面积，与导体的形状、尺寸、布置方式和多条导体的间距等因素有关。

（4）导体辐射散热 Q_f 的影响因素。导体辐射散热量与导体材料的辐射系数（又称黑度系数）成正比，表面磨光的铝的辐射系数约为 0.05，表面涂漆的导体辐射系数约为 0.92；Q_f 还与单位长度导体的辐射换热面积成正比，与导体及环境的温度差有关。

3. 导体长期发热时的热平衡

由正常工作电流引起的发热，称为导体的长期发热。根据能量守恒定律，导体发热过程中的热量平衡关系为

$$Q_R + Q_S = Q_W + Q_C + Q_f \tag{6-1}$$

式中：Q_W 为使导体温度升高的热量。

对于室内导体，可以不计太阳日照热量。工程上为了简化分析，常把辐射散热近似表示为对流散热的计算形式，用总换热系数和换热面积来等效两种换热的作用。

当导体的发热量大于其散热量时，导体温度升高。当负荷电流较长时间稳定，产生的热量与散去的热量平衡时，导体的温度不再升高，即 Q_W 为零。综合以上考虑后，导体的热量平衡关系式（6-1）变为

$$I^2R = Q_C + Q_f = \alpha(\theta - \theta_0)F \tag{6-2}$$

式中：α 为等效总换热系数；F 为等效换热面积。

思 考　什么是导体的基准载流量？如何提高导体的载流量？

4. 导体的载流量与温度修正系数

在基准环境条件下（最高允许温度 θ_{al}，环境温度 θ_0，无风、无日照），使导体的稳定工作温度 θ 正好为其长期发热最高允许温度 θ_{al} 的电流，称为导体的基准载流量 I_{al}。由式（6-2）可得导体在基准环境条件下的载流量为

$$I_{al} = \sqrt{\frac{Q_C + Q_f}{R}} = \sqrt{\frac{\alpha(\theta_{al} - \theta_0)F}{R}} \tag{6-3}$$

导体的基准载流量与其材料、尺寸、截面形状及换热系数等因素有关，我国常用的各类导体的基准载流量可查相关手册。

当实际环境温度 θ' 与基准环境下的温度 θ_0 不同时，需要对导体的载流量进行温度修正。修正后的导体实际允许载流量计算式为

$$I_{al\theta}=K_\theta I_{al}=\sqrt{\frac{\theta_{al}-\theta'}{\theta_{al}-\theta_0}}\times I_{al} \tag{6-4}$$

式中：K_θ 为导体的温度修正系数。

我国导体载流量表中的载流量一般是按基准环境温度 25℃、长期发热最高允许温度 70℃、无风、无日照条件下计算的。显然，实际环境温度大于 25℃时，K_θ 小于 1，导体的实际允许载流量小于其基准载流量。

5. 提高导体载流量的思路与措施

通过对导体发热与散热影响因素的分析，可以得出提高导体载流量的思路与措施有：

(1) 减小导体电阻。用铜导体替代铝导体，增大导体截面积。

(2) 增大导体的散热面积。在相同截面积下，矩形、槽型比圆形导体的表面积大。

(3) 提高散热系数。矩形导体竖放比平放散热效果好，裸导体表面涂漆可以提高辐射散热量并用来识别三相相序。

(4) 提高导体的长期发热最高允许温度，如在导体的连接面镀（搪）锡等。

练习 6.1　LGJ-185 钢芯铝绞线的基准载流量为 510A。若环境最高温度 40℃时，其温度修正系数 K_θ 与实际载流量分别是多少？　（答案：0.81，413A）

6. 大电流导体附近钢构件的发热与改善措施

大电流导体的周围存在强大的交变磁场，位于其中的钢铁构件，如导体和绝缘子的金具、支持母线结构的钢梁、金属管道、防护遮栏的钢柱及混凝土中的钢筋等，将由于涡流和磁滞损耗而发热。若钢构组成闭合回路，还会产生环流而增加发热。钢构中的损耗与发热随着导体工作电流的增加而急剧增大，可能引起钢构过热，使材料产生热应力而变形，或使接触连接损坏。混凝土中的钢筋受热膨胀，可能使混凝土出现裂缝。

根据相关标准，钢构件发热的最高温度为：人可触及的钢构件为 70℃，人不可触及的钢构件为 100℃，钢筋混凝土中的钢构件为 80℃。

当导体工作电流超过 4000A 时，需采取改善附近钢构发热的措施，如：

(1) 加大钢构与导体之间的距离，使磁场强度减弱。

(2) 断开钢构件闭合回路，加上绝缘垫，消除环流。

(3) 局部采用非铁磁材料代替钢构件，但价格较高，性能较差，故仅能局部采用。

(4) 采用电磁屏蔽。如将由高导电率材料制成的屏蔽板（栅）或短路环放置在钢构件附近适当位置，可以利用导体中感应电流的去磁作用削弱附近的磁场。

(5) 采用分相封闭母线。每相母线的金属外壳上的涡流与环流能起双重屏蔽作用，壳外磁场约为敞露时的 10%及以下，使钢构发热大为降低。

6.1.2　导体的短时发热与短路电流热效应

思考　什么是导体的短路电流热效应？如何计算？

1. 导体的短时发热及其特点

由短路电流引起的发热，称为导体的短时发热。由于此时导体通过的短路电流很大，产生的热量很多，而时间又短，所以产生的热量向周围介质散发得很少，几乎都用于使导体温度升高。同时，由于导体的温度变化很大，不能再把导体的电阻和比热看作常数，它们是随温度而变化的；又由于短路电流的变化规律复杂，要想把短路电流在导体中产生的热量 $I_{kt}^2 R_\theta dt$ 直接计算出来是很困难的。

直接计算导体短路时的最高温度的过程比较复杂。工程中通常计算出导体的短路电流热效应，通过与电气设备的允许短路电流热效应比较，进行短路热稳定校验。

2. 导体的短路电流热效应 Q_k

当有多个支路向短路点提供短路电流时，应先求出短路电流之和，再计算总的短路电流热效应。

短路电流 I_k 中包含周期分量与非周期分量两部分，短路电流产生的热效应 Q_k 也相应分为短路电流热效应周期分量 Q_p 与非周期分量 Q_{np} 两部分，见式（6-5）。

$$Q_k = \int_0^{t_k} I_k^2 dt \approx \int_0^{t_k} I_{kp}^2 dt + \int_0^{t_k} i_{np}^2 e^{-\frac{2t}{T_a}} dt = Q_p + Q_{np} \tag{6-5}$$

式中：I_k、I_{kp}、i_{np} 分别为短路全电流的有效值、短路电流的周期分量有效值、短路电流的非周期分量，kA；t_k 为短路电流的作用时间，包括短路处继电保护动作时间与断路器全开断时间之和，s；Q_p、Q_{np} 分别为短路电流热效应周期分量、短路电流热效应非周期分量，$kA^2 \cdot s$。

短路电流热效应 Q_k 过去采用假想时间法计算，采用的周期分量假想时间曲线是根据小系统的 50MW 以下的机组作出的。后来提出的实用计算法是根据数学中任意曲线定积分的辛普森公式推导的，精度高但计算十分烦琐。

3. 短路电流热效应周期分量 Q_p 计算

目前的电力系统规范中，对短路电流热效应周期分量 Q_p 的计算采用简化辛普森法（近似数值积分法）。通过简化与变换后的计算式为

$$Q_p = \int_0^{t_k} I_{kp}^2 dt = \frac{t_k}{12}(I''^2 + 10 I_{t_k/2}{}^2 + I_{t_k}^2) \tag{6-6}$$

式中：I''、$I_{t_k/2}$、I_{t_k} 分别为 $t=0s$ 和 $t_k/2$、t_k 时刻的短路电流周期分量有效值，kA。

4. 短路电流热效应非周期分量 Q_{np} 计算

短路电流作用时间 $t_k \leqslant 1s$ 时，短路电流热效应非周期分量计算式为

$$Q_{np} = TI''^2 \tag{6-7}$$

式中：T 为非周期分量等效时间，s；其值见表 6-2。

表 6-2　　非周期分量等效时间

短路点	T（s）	
	$t_k \leqslant 0.1s$	$t_k > 0.1s$
发电机出口及母线	0.15	0.2
发电机升高电压母线及出线、发电机电压电抗器后	0.08	0.1
变电站各级电压母线及出线	0.05	

如果短路电流作用时间 $t_k>1s$ 时，导体的发热主要由周期分量决定，可以忽略非周期分量热效应。

【例6-1】 某变电站10kV汇流母线采用矩形铝导体，若其短路切除时间 $t_k=2.6s$，各时刻相应短路电流 $I''=16.8kA$，$I_{t=1.3}=13.9kA$，$I_{t=2.6}=12.5kA$，试计算导体的短路电流热效应 Q_k。

解： 由于 $t_k>1s$，故不计短路电流热效应非周期分量。

$$Q_k = Q_p = \frac{t_k}{12}(I''^2 + 10I_{t_k/2}^2 + I_{t_k}^2)$$

$$= \frac{2.6}{12} \times (16.8^2 + 10 \times 13.9^2 + 12.5^2) = 514(kA^2 \cdot s)$$

6.1.3 导体短路时的电动力

思考 为什么要计算导体中的电动力？如何计算？

通过导体的电流会产生磁场。在三相系统中，每一相导体都位于其他两相导体的电流产生的磁场中，要受到电动力的作用。正常工作情况下，导体中通过的工作电流不大，因而电动力也不大，不会影响电气设备的正常工作。短路时，导体中通过很大的冲击电流，产生的电动力可达到很大的数值，导体和电器可能因此而产生变形或损坏。因此，必须计算电动力，以便正确地选择和校验电气设备，保证有足够的电动力稳定性，使电力装置可靠工作。

1. 两平行导体间的电动力

两根平行敷设的载流导体中分别通过电流 i_1 和 i_2 时，它们之间单位长度上的电动力为

$$F = 2\times10^{-1}K\frac{L}{a}i_1i_2 \qquad (6-8)$$

式中：F 为两平行导体间单位长度上的电动力，N；i_1 和 i_2 为两个载流导体中的电流，kA；L 为平行敷设的载流导体同相两个支撑之间的长度，即绝缘子跨距，m；a 为两个不同相载流导体轴线间的距离，m；K 为与载流导体形状和相对位置有关的截面形状系数，对于圆形和管形导体，$K=1$；对于矩形导体，其值可根据 $\frac{a-b}{b+h}$ 和 $m=\frac{b}{h}$ 查图6-2求得，b 为单相导体的宽度，h 为单相导体的高度，矩形导体不同布置方式下 a、b、h 的定义如图6-2所示。

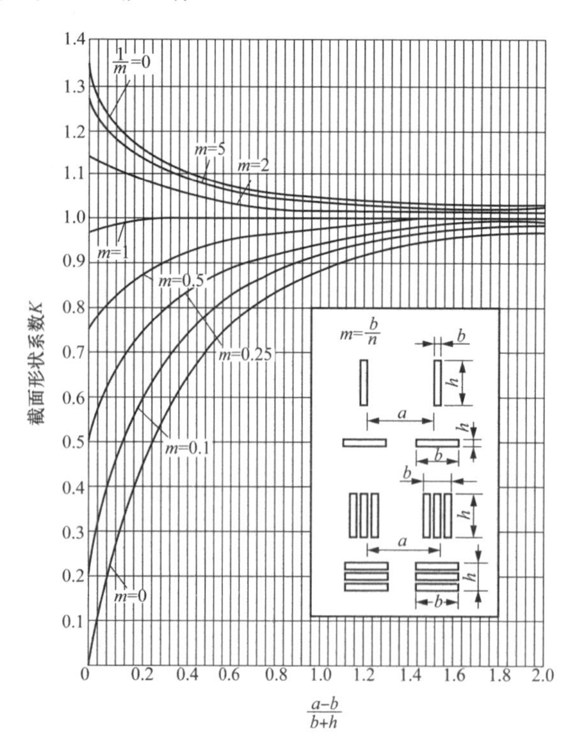

图6-2 矩形母线的截面形状系数

当三相导体间净距 $a-b$ 大于导体截面

周长2（$b+h$）时，即 $\frac{a-b}{b+h}>2$ 时，$K=1$。例如每相单条铝母线截面尺寸为100mm×10mm，相间距离 $a=0.5$m，三相水平布置平放时，即 $\frac{a-b}{b+h}=\frac{500-100}{10+100}=3.64>2$，取 $K=1$；三相水平布置竖放时，$\frac{a-b}{b+h}=\frac{500-10}{100+10}=4.45>2$，取 $K=1$。

2. 三相平行母线间的电动力

当三相短路电流通过水平等距离排列的三相导体时，两个边相的受力情况相同，故只需分析中间相与边相两种情况。图6-3中画出了三相母线中每条母线的受力情况。

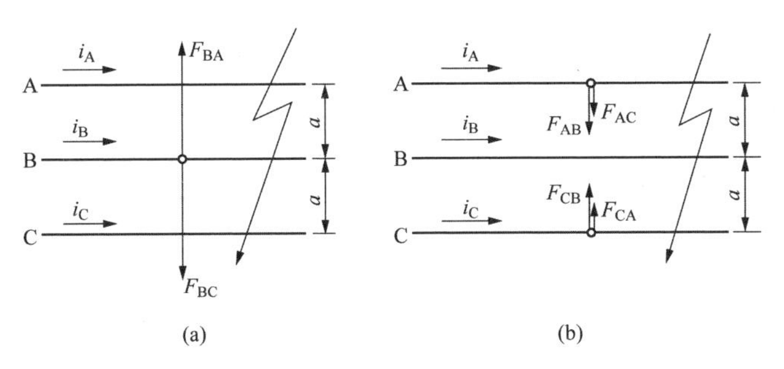

图6-3　三相短路时母线所受电动力

（a）作用在中间相的电动力；（b）作用在边相的电动力

如图6-3（a）中，A相作用在中间相的电动力 F_{BA} 与C相作用在中间相的电动力 F_{BC} 方向相反，中间相B相所受电动力 F_B 为

$$F_B=F_{BA}-F_{BC}=2\times10^{-1}K\frac{L}{a}(i_Bi_A-i_Bi_C) \tag{6-9}$$

显然，母线间产生最严重电动力的时刻是通过冲击电流的瞬间。由于最大的冲击短路电流值只可能发生在一相，分析可得中间相单位长度上的最大电动力为

$$F_{Bmax}=1.73\times10^{-1}K\frac{L}{a}i_{sh1}^2 \tag{6-10}$$

式中：F_{Bmax} 为中间相母线单位长度上所受的最大电动力，N；i_{sh} 为短路冲击电流，kA。

同理，可得边相单位长度上所受的最大电动力为

$$F_{Amax}=F_{Cmax}=1.616\times10^{-1}K\frac{L}{a}i_{sh}^2 \tag{6-11}$$

可见，三相短路时中间相所受的电动力最大。校验短路受力稳定时，应按式（6-10）进行计算。

3. 导体共振对电动力的影响

硬导体、支持绝缘子及固定绝缘子的支架组成的导体系统，是一个可以振动的弹性系统。导体系统在外力作用下会产生弹性形变。外力消失后，弯曲的导体系统在自身弹性恢复力与阻力共同作用下，以一定的频率在其平衡位置两侧往复运动，称为固有振动，其振动频率称为固有频率。

导体在周期性短路电动力持续作用下发生的振动称为强迫振动。由于电动力中的工频与两倍工频的分量较大，当导体系统的自振固有频率接近或等于这两个频率时，将发生共振，导致材料的应力增加，可造成导体及支持绝缘子损坏。

连接发电机、主变压器和配电装置的汇流母线导体均为重要回路导体。重要导体回路需要考虑共振对电动力的影响。

为简化计算，工程中采用动态应力系数（共振系数）来考虑共振的影响。当导体的自振频率无法避开产生共振的频率范围时，最大电动力应乘以动态应力系数 β，以得到共振时单位长度导体上的最大电动力，即

$$F_{max} = 1.73 \times 10^{-1} K \frac{L}{a} i_{sh}^2 \beta \tag{6-12}$$

式中：β 为动态应力系数，其值见图 6-4 中曲线。

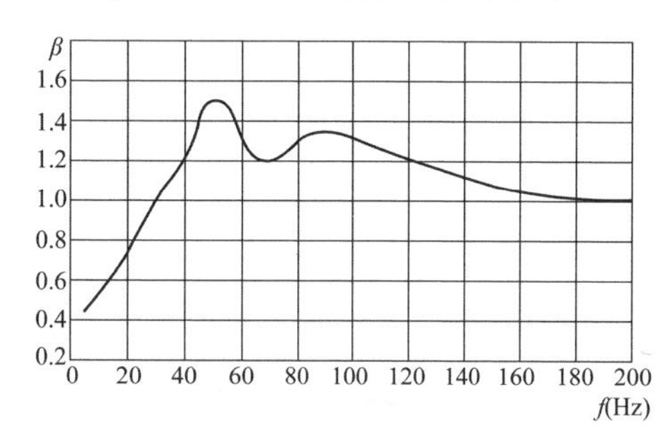

图 6-4　单自由度动态应力系数 β 曲线

对于单条母线和母线组中的单条母线，其共振频率范围为 35～135Hz；对于多条母线组及有引下线的单条母线，其共振频率范围为 35～155Hz；槽形和管形母线的共振频率范围为 30～160Hz。在以上频率范围内，才考虑共振的影响，$\beta > 1$。

工程中常用的多等跨简支导体，其自振固有频率 f_0 计算公式为

$$f_0 = 112 \frac{r_0}{L^2} \varepsilon \tag{6-13}$$

式中：f_0 为导体自振固有频率，Hz；r_0 为导体的惯性半径，m，可查本书表 7-8 计算；L 为支柱绝缘子跨距，m；ε 为材料系数，铝为 155，铜为 114。

【例 6-2】 某变电站变压器 10kV 引出线，每相单条矩形铝导体尺寸为 100mm×10mm，三相水平布置竖放，支柱绝缘子跨距为 $L=1.2$m，相间距离 $a=0.6$m，三相短路冲击电流 $i_{sh}=51$kA，试求该导体上的最大电动力。

解： 分析该导体的形状系数，$\frac{a-b}{b+h} = \frac{600-10}{10+100} = 5.36 > 2$，故有 $K=1$。

查表，该导体的惯性半径公式为 $r_0=0.289h$，有 $r_0=0.289\times0.1=0.0289$（m）。

铝的材料系数为 155，则该导体的固有频率为

$$f_0 = 112 \frac{r_0}{L^2} \varepsilon = 112 \times \frac{0.0289}{1.2^2} \times 155 = 348(\text{Hz})$$

f_0 大于 155Hz，取 $\beta=1$，不计共振的作用，则导体单位长度上的最大电动力为

$$F_{max} = 1.73 \times 10^{-1} \frac{L}{a} i_{sh}^2 = 1.73 \times 10^{-1} \times \frac{1.2}{0.6} \times 51^2 = 900(\text{N})$$

练习 6.2　某变电站装有 10kV 单条矩形铝导体，截面尺寸为 80mm×10mm，三相水平布置竖放，支柱绝缘子之间的跨距 $L=1.1$m，相间距离 $a=0.4$m，短路冲击电流 $i_{sh}=40$kA。试求单位长度导体上受到的最大电动力。（答案：800N）

进一步思考要降低导体的最大电动力，可以采取什么措施？

6.2　电气设备选择的一般条件

6.2.1　选择电气设备的总体原则与项目

思　考　电气设备选择的一般原则及条件公式是什么?

1. 电气设备选择技术规定的总体要求

正确选择电气设备是使电力系统达到安全、可靠、经济运行的重要条件。我国电力行业标准DL/T 5222—2021《导体和电器选择设计规程》中规定了新建发电厂和变电站工程3～500kV的导体和电器的基本要求，扩建工程可参照使用。导体和电器选择设计除执行上述规定外，尚应执行国家、行业的有关标准、规范、规定。

选择电气设备应当综合考虑整个工程项目的需求，满足以下总体原则：导体和电器的选择设计必须贯彻国家的经济技术政策，要考虑工程发展规划和分期建设的可能，以达到技术先进、安全可靠、经济适用、符合国情的要求。应满足正常运行、检修、短路和过电压情况下的要求，并考虑远景发展。应按当地使用环境条件校核。应与整个工程的建设标准协调一致。选择的导体和电气设备规格品种不宜太多。在设计中要尽量采用通过试验并经过工业试运行考验的新技术、新设备。

2. 电气设备选择校验项目

尽管电力系统中各种电气设备的作用和工作条件并不一样，具体选择方法也不完全相同，但对它们的基本要求却是一致的。电气设备要可靠地工作，必须按正常工作条件及环境条件进行选择，并按短路状态来校验。常用高压电气设备选择校验项目见表6-3。

表6-3　常用高压电气设备选择校验项目表

设备名称	额定电压	额定电流	开断能力	短路电流校验		环境条件	其他
				动稳定	热稳定		
断路器	√	√	○	○	○	√	操作性能
负荷开关	√	√	○	○	○	√	操作性能
隔离开关	√	√		○	○	√	操作性能
熔断器	√	√	○			√	上、下级间配合
电流互感器	√	√		○	○	√	二次负荷、准确度等级
电压互感器	√					√	二次负荷、准确度等级
限流电抗器	√	√				√	
支柱绝缘子	√			○		√	
穿墙套管	√	√		○	○	√	
母线		√		○	○	√	
电缆	√	√			○	√	

注　表中“√”为选择项目，“○”为校验项目。

6.2.2 按正常工作条件选择

正常工作条件包括额定电压、额定电流与环境条件。

1. 额定电压

电气设备的最高工作电压不应低于所在电力系统的系统最高电压值。

对于电网，由于电力系统采取各种调压措施，电网的最高工作电压不超过电网标称电压U_{Ns}的1.1倍。一般电气设备的额定电压U_N为电气设备的最高工作电压，是电网标称电压的1.1～1.2倍。所以，可以按电气设备的额定电压不得低于所在电力系统的标称电压的条件来选择，即

$$U_N \geqslant U_{Ns} \tag{6-14}$$

2. 额定电流

电气设备的额定电流I_N不应小于该回路的最大持续工作电流I_{max}。

对于断路器、隔离开关、组合电器等设备，应当考虑满足各种可能的电力系统运行方式下设备回路最大持续工作电流的要求，有

$$I_N \geqslant I_{max} \tag{6-15}$$

不同回路的最大持续工作电流I_{max}按表6-4所示的原则确定。

表6-4　各回路最大持续工作电流

回路名称	最大持续工作电流	说　明
发电机、调相机回路	1.05倍发电机、调相机额定电流	发电机、调相机在电压降低到0.95额定电压时，输出功率可以保持不变，故电流可以增大5%
变压器回路	1.05倍变压器额定电流	在电压降低到0.95额定电压时，输出可以保持不变，故回路电流为额定电流的1.05倍
	1.3～2.0倍变压器额定电流	承担另一台变压器事故或检修的转移负荷时
出线单回路	1.05倍线路最大负荷电流	考虑5%的线损，还应考虑事故时转移负荷
出线双回路	1.2～2倍一回线路最大负荷电流	考虑一回线路故障或检修时的转移负荷
环形与一个半断路器接线回路	两个相邻回路的正常负荷电流	考虑断路器事故或检修时，一个回路加另一个最大回路负荷电流的可能
桥形接线回路	最大元件负荷电流	应考虑穿越功率
母联回路	一个最大电源的计算电流	—
分段回路	母线回路额定电流	—
电容器回路	1.35倍电容器组额定电流	考虑过电压和谐波的共同作用

3. 环境条件

电气设备选择还应当考虑电气装置所处的环境条件，如位置（户内或户外）、海拔、温度、日照、风速、湿度、污秽、防震以及有无防风沙、防爆、冰雪等要求。

（1）海拔。电气设备正常使用环境的海拔不超过1000m。当地区海拔超过制造部门的规定值时，由于大气压力、空气密度和湿度相应减少，空气间隙和绝缘的放电特性会下降，影响到电气设备的外绝缘强度。一般当海拔在1000～4000m范围内，若海拔比厂家规定值每

升高100m，则电气设备允许最高工作电压要下降1%。当最高工作电压不能满足要求时，应采用高原型电气设备，或采用外绝缘提高一级的产品。当污秽等级超过使用规定时，可选用有利于防污的电瓷产品，当经济上合理时可采用户内电力装置。

(2) 温度。当实际环境温度不同于基准环境温度时，电气设备的长期允许工作电流（即载流量）I_{al}应作修正。经综合修正后的长期允许工作电流 I_{al}不得低于所在回路的各种可能运行方式下的最大持续工作电流 I_{max}，即

$$I_{al} = KI_N \geqslant I_{max} \tag{6-16}$$

式中：K 为电气设备的综合修正系数，与环境温度、日照、海拔、安装条件等有关，可根据具体环境条件查阅设计手册或计算。

当电气设备使用的环境温度高于40℃但不超过60℃时，环境温度每增高1℃，工作电流可减少额定电流的1.8%；当使用的环境温度低于40℃时，环境温度每降低1℃，工作电流可增加额定电流的0.5%，但其最大过负荷电流不得超过20%I_N。

我国生产的裸导体和电缆，设计时多取基准环境温度为25℃。导体长期允许通过电流I_{al}的温度校正系数 K_θ 按式（6-4）计算。选择电气设备的实际工作环境温度与其类别及安装的场所有关，见表6-5。

表6-5　选择导体和电器的工作环境温度

类别	安装场所	环境温度	
		最高	最低
裸导体	户外	最热月平均最高温度	—
	户内	该处通风设计温度。当无资料时，可取最热月平均最高温度加5℃	—
电器	户外	年最高温度	年最低温度
	户内电抗器	该处通风设计最高排风温度	—
	户内其他	该处通风设计温度。当无资料时，可取最热月平均最高温度加5℃	—

注　1. 最热月平均最高温度为最热月每日最高温度的月平均值，取多年平均值。
2. 年最高（最低）温度为一年中所测得的最高（最低）温度的多年平均值。

(3) 日照。户外电气设备在日照下会产生附加温升，而高压电气设备的发热实验是在避免阳光直射的条件下进行的。如果制造厂未提出产品在日照下额定载流量下降的数据，在设计中可暂按电气设备额定电流的80%选择设备。

(4) 风速。高压电气设备选择时应按最大风速考虑，一般可在最大风速不大于35m/s的环境下使用。

(5) 湿度。选择电气设备的湿度，应采用当地相对湿度最高月份的平均相对湿度。一般高压电气设备可使用在20℃、相对湿度90%（电流互感器为85%）的环境中。当相对湿度超过一般电气设备使用标准时，应选用湿热带型高压电气设备。

(6) 污秽。空气中的污秽物质会造成电气设备的外部绝缘性能下降。为保证污秽地区电气设备的安全运行，工程设计中应根据污秽情况采取防污措施，如根据当地污秽条件确定电气设备外绝缘的爬电距离、增大电瓷外绝缘的统一爬电比距、选用有利于防污的材料或造

型、采用GIS设备或室内配电装置。现场污秽度分为a（很轻）、b（轻）、c（中等）、d（重）、e（很重）五级。

（7）地震。重要电力设施中的电气设施，当抗震设防烈度为7度及以上时，应进行抗震设计；一般电力设施中的电气设施，当抗震设防烈度为8度及以上时，应进行抗震设计。

6.2.3 按短路条件校验

为保证电气设备在短路故障时不至于损坏，应按通过电气设备的最大短路电流校验电气设备的动、热稳定性。断路器与高压熔断器还要校验其短路开断能力。

1. 短路计算条件

进行短路校验时，应当考虑最不利的短路情况。一般包括：

（1）短路电流的计算条件。短路电流的计算条件应考虑工程的最终规模及最大运行方式。

（2）短路点的选择。短路的选择应考虑通过设备的短路电流最大值。两侧均有电源的电气设备，应比较电气设备前、后短路时的短路电流。同一电压等级中，汇流母线短路时的短路电流最大。110kV及以上电压等级的短路计算点可以只选在母线上。

（3）短路的类型。短路类型一般按三相短路校验。当单相或两相短路电流较三相短路电流严重时，应按最严重的短路类型校验。

（4）短路计算时间。短路计算时间是指进行短路热稳定校验所用的短路电流作用时间t_k，等于继电保护动作时间t_{pr}（电器取后备保护动作时间，汇流母线可以取主保护动作时间）和断路器全开断时间t_{ab}之和，即

$$t_k = t_{pr} + t_{ab} \tag{6-17}$$

断路器的全开断时间t_{ab}等于断路器固有分闸时间t_{in}与燃弧时间t_a之和。SF_6断路器的分闸时间一般不大于40ms，燃弧时间约20ms，其开断时间一般不大于60ms。真空断路器的固有分闸时间一般不大于65ms。对于高速断路器，其开断时间小于0.1s；对一般中慢速断路器，其开断时间可取0.2s。

2. 电气设备热稳定校验

电气设备的种类多，结构复杂，其热稳定性通常由制造厂给出的热稳定时间t秒内的热稳定电流I_t来表示。t和I_t可从产品技术数据表中查得。校验电气设备热稳定应满足

$$I_t^2 t \geqslant Q_k \tag{6-18}$$

式中：I_t为电气设备在t秒时间内的热稳定试验电流，kA；t为电气设备的热稳定试验时间，s；Q_k为设备安装处的短路电流热效应，其计算方法见6.1节。

3. 电气设备动稳定校验

电气设备一般由厂家提供设备动稳定电流的峰值i_{es}或有效值I_{es}。如果电气设备安装处的冲击电流满足式（6-23），则认为其满足动稳定要求，则有

$$i_{es} \geqslant i_{sh} \text{ 或 } I_{es} \geqslant I_{sh} \tag{6-19}$$

式中：i_{es}和I_{es}分别为电气设备允许通过的动稳定电流的峰值和有效值，kA；i_{sh}和I_{sh}分别为电气设备安装处短路冲击电流的峰值和有效值，kA。

4. 开关设备开断能力校验

断路器和熔断器等电气设备，均担负着切断短路电流的任务，因此必须具备在通过最大短路电流时能够将其可靠切断的能力，所以选用此类设备时必须使其开断能力大于通过它的最大短路电流或短路容量，即

$$I_{Nbr} > I_k \text{ 或 } S_{Nbr} > S_k \tag{6-20}$$

式中：I_{Nbr}为制造厂提供的最大开断电流，kA；S_{Nbr}制造厂提供的最大开断容量，MVA；I_k为安装地点的短路全电流有效值，kA；S_k为安装地点的最大短路容量，MVA。

6.3 高压开关电器选择

电气设备的选择首先要符合工程项目的技术原则，达到技术先进、安全可靠、经济适用、标准一致、规格较少的要求。开关电器的选择应当符合电力行业相关标准中的要求。本节主要介绍常用高压开关电器的选择要求。

6.3.1 高压断路器选择

高压断路器主要按下列项目选择和校验：型式种类、额定电压、额定电流、额定开断电流、额定关合电流、动稳定、热稳定。

1. 型式选择

根据目前我国高压电器制造情况，标称电压等级6～35kV的电网中，一般选用真空断路器，根据需要也可以选择SF_6断路器；电压等级在66kV及以上的电网中，选用SF_6断路器。对于大容量发电机组，如果需要装设断路器，宜选用发电机专用断路器。

断路器根据安装地点分为户内型和户外型两种。

高压SF_6断路器按结构类型分为瓷柱式、罐式和气体绝缘金属封闭式。罐式优先用于极寒地区与高地震烈度地区。当配电装置处于严重污秽地区或城市市区时，宜采用气体绝缘金属封闭式GIS设备。

2. 额定电压选择

断路器的额定电压U_N应不低于所在电网处的标称电压U_{Ns}，即式（6-14）。

3. 额定电流选择

断路器的额定电流I_N应大于运行中可能出现的最大持续工作电流I_{max}，即式（6-15）。

4. 额定开断电流校验

断路器在额定电压下，额定开断电流I_{Nbr}不应小于断路器触头分开时的短路电流有效值I_k，即式（6-20）。

在校核断路器的断流能力时，宜取断路器实际开断时间（主保护动作时间与断路器分闸时间之和）的短路电流作为校验条件。

对快速动作断路器，其开断时间小于0.1s，当在发电机附近短路时，开断短路电流中非周期分量可能超过周期分量的20%，需要用短路全电流有效值I_{sh}校验断路器的开断能力，即

$$I_{Nbr} \geq I_{sh} \tag{6-21}$$

对非快速动作断路器，其开断时间较长（大于 0.1s），短路电流非周期分量衰减至周期分量的 20%以下，可以不计短路电流非周期分量的影响，按断路器实际开断时间取 t=0.1s 或 0.2s 时刻（简化时采用 0s）的短路电流周期分量有效值 I_{kt} 校验断路器的开断能力，即

$$I_{Nbr} \geqslant I_{kt} \tag{6-22}$$

5. 额定关合电流校验

如果在断路器关合前已存在短路故障，为了保证断路器关合时不发生触头熔焊及合闸后能在继电保护控制下自动分闸切除故障，断路器额定关合电流 i_{Ncl} 不应小于短路电流最大冲击值（第一个大半波电流峰值）i_{sh}，即

$$i_{Ncl} \geqslant i_{sh} \tag{6-23}$$

在断路器产品目录中，部分产品未给出 i_{Ncl}，而凡给出的均有 $i_{Ncl}=i_{es}$，故动稳定校验包含了对 i_{Ncl} 的选择，即 i_{Ncl} 的选择可省略。

6. 短路热稳定校验

断路器的额定短时耐受电流 I_t 等于其额定短路开断电流 I_{Nbr}，其持续时间 t 额定值在 110kV 及以下为 4s，在 220kV 及以上为 2s。断路器的热稳定条件为满足式（6-18）。

7. 短路动稳定校验

高压断路器允许通过的动稳定极限电流 i_{es} 应大于或等于通过断路器的短路冲击电流 i_{sh}，即满足式（6-19）。

6.3.2 高压隔离开关选择

高压隔离开关的型式应根据电力装置特点和使用要求及技术经济条件来确定。表 6-6 为常见各型隔离开关的特点及适用范围。目前 6～35kV 户内成套开关柜中多使用移开式开关柜，由断路器手车的触头实现电路隔离的作用，故这种情况下不需要再配置隔离开关。

表 6-6　常见各型隔离开关的特点及适用范围

型号		特点	适用范围
户内	GN2，GN6，GN8，GN19	三极，10kV 以下	户内配电装置、固定式成套高压开关柜
	GN10	单极，大电流 3000～13000A	
	GN11	三极，15kV，200～600A	发电机回路、大电流回路
	GN18，GN22	三极，10kV，大电流 2000～3000A	
	GN14	单极，插入式结构，带封闭罩，20kV，大电流 10000～13000A	
户外	GW4	双柱式，220kV 及以下	220kV 及以下各型配电装置
	GW5	双柱式，V 形，可斜装，35～110kV	110kV 及以下各型配电装置
	GW6	单柱式，双臂垂直伸缩式，110～500kV	硬母线布置，双母线接线
	GW7	三柱式，220～1000kV	220kV 及以上配电装置
	GW8	单柱式，单侧开启，单相布置，35～110kV	专用于变压器中性点
	GW13	单柱式，中间开启，单相布置，35～110kV	专用于变压器中性点
	GW10，GW16	单柱式，单臂垂直伸缩式，110～500kV	硬母线布置，双母线接线
	GW11，GW17	双柱式，水平伸缩式，分相布置，110～750kV	多用于 330kV 及以上配电装置

隔离开关没有灭弧装置，具有切合电感、电容性小电流的能力，但不能开断和接通工作电流与短路电流，故不需校验开断电流。

隔离开关额定电压、额定电流选择和热稳定、动稳定校验与高压断路器相同。

【例6-3】 某变电站中一回110kV出线，最大负荷为45MW，功率因数为0.9。其出线三相短路时短路电流为$I''=16.6\text{kA}$、$I_{t_k/2}=14.3\text{kA}$、$I_{t_k}=12.8\text{kA}$。线路主保护装置动作时间0.06s，后备保护动作时间2s，试选择此回路高压断路器与隔离开关。

解：(1) 额定电压。断路器与隔离开关的额定电压U_N均取126kV。

(2) 额定电流。出线回路最大持续工作电流I_{max}为

$$I_{max}=\frac{1.05P_{max}}{\sqrt{3}U_N\cos\varphi}=\frac{1.05\times45000}{\sqrt{3}\times110\times0.9}=275.6(\text{A})$$

(3) 型式与规格选择。

若配电装置采用室外空气绝缘AIS形式时，断路器应选用LW型，隔离开关选用GW型。

若配电装置采用气体绝缘金属封闭开关设备GIS时，断路器与隔离开关型号应与GIS设备一致。

根据上述计算，当采用AIS户外配电装置时，查附录选择：

1) LW35-126-2000型高压断路器。其主要参数为：额定电压$U_N=126\text{kV}$，额定电流$I_N=2000\text{A}$，额定开断电流$I_{Nbr}=40\text{kA}$，额定关合电流I_{Ncl}=动稳定极限电流$i_{es}=100\text{kA}$，$t=4\text{s}$的热稳定电流$I_t=40\text{kA}$。断路器全分闸时间$t_{ab}=0.06\text{s}$。

2) GW5-126-630型隔离开关。其主要参数为：额定电压$U_N=126\text{kV}$，额定电流$I_N=630\text{A}$，动稳定极限电流$i_{es}=50\text{kA}$，$t=4\text{s}$的热稳定电流$I_t=20\text{kA}$。

如果采用GIS配电装置，则选择：

1) GIS-126-2000型高压断路器。其主要参数为：额定电压$U_N=126\text{kV}$，额定电流$I_N=2000\text{A}$，额定开断电流$I_{Nbr}=40\text{kA}$，额定关合电流I_{Ncl}=动稳定极限电流$i_{es}=100\text{kA}$，$t=3\text{s}$的热稳定电流$I_t=40\text{kA}$。断路器全分闸时间$t_{ab}=0.06\text{s}$。

2) GIS-126-2000隔离开关。其主要参数为：额定电压$U_N=126\text{kV}$，额定电流$I_N=2000\text{A}$，动稳定极限电流$i_{es}=100\text{kA}$，$t=3\text{s}$的热稳定电流$I_t=40\text{kA}$。

(4) 断路器开断电流校验。

$$I_{Nbr}=40\text{kA}>I''=16.6\text{kA}\qquad \text{开断能力满足要求}$$

(5) 短路热稳定性校验。电气设备短路作用时间取后备保护动作时间与断路器开断时间之和，即

$$t_k=t_{pr}+t_{ab}=2+0.06=2.06(\text{s})$$

因为$t_k>1\text{s}$，故可忽略短路电流的非周期分量，则短路电流热效应计算值为

$$Q_k=Q_p=\frac{t_k}{12}(I''^2+10I_{t_k/2}^2+I_{t_k}^2)=\frac{2.06}{12}\times(16.6^2+10\times14.3^2+12.8^2)=426.5(\text{kA}^2\cdot\text{s})$$

断路器热稳定校验值为

$$I_t^2t=40^2\times4=6400(\text{kA}^2\cdot\text{s})\quad \text{或GIS中}\quad I_t^2t=40^2\times3=4800(\text{kA}^2\cdot\text{s})$$

隔离开关热稳定校验值为

$$I_t^2t=20^2\times4=1600(\text{kA}^2\cdot\text{s})\quad \text{或GIS中}\quad I_t^2t=40^2\times3=4800(\text{kA}^2\cdot\text{s})$$

所选择断路器与隔离开关均满足热稳定条件。

(6) 短路动稳定性校验。

冲击电流 $i_{sh}=\sqrt{2}KI''=\sqrt{2}\times1.8\times16.6=42.3(kA)<i_{es}=100kA$

所选择断路器、隔离开关短路动稳定也满足要求。

表 6-7 列出了断路器与隔离开关的选择结果。

表 6-7　[例 6-3] 电气设备选择结果表

回路名称	安装点数据		设备参数		
			设备型号与规格	断路器 LW35-126-2000（或 GIS-126-2000）	隔离开关 GW5-126-630（或 GIS-126-2000）
110kV 出线	U_{Ns} (kV)	110	U_N (kV)	126	126
	I_{max} (A)	275.6	I_N (A)	2000	630 (2000)
	I'' (kA)	16.6	I_{Nbr} (kA)	40	—
	Q_k (kA²·s)	426.5	I_t^2t (kA²·s)	6400 (4800)	1600 (4800)
	i_{sh} (kA)	42.3	i_{es} (kA)	100	50 (100)

注　括号内为 GIS 中设备与 AIS 中设备参数不同时的数据。

6.3.3 高压负荷开关选择

高压负荷开关主要用于切断和关合负荷电流，与高压熔断器组合使用，可替代断路器作短路保护，带热脱扣器的负荷开关还具有过载保护功能。

负荷开关选择与校验的项目主要有：额定电压、电流、工作环境、动稳定电流、热稳定电流和持续时间、额定关合电流、操作性能。

负荷开关额定电压、额定电流选择和动、热稳定校验与高压断路器基本相同，不需校验开断短路电流，但要校验额定关合电流。

负荷开关额定有功负载开断电流等于额定电流，其额定关合电流等于额定峰值耐受电流。配手动操动机构的负荷开关，仅限于 10kV 及以下，其关合电流峰值不大于 8kA。

6.4 互感器选择

6.4.1 电流互感器选择

思考　电流互感器选择与校验应包含哪些方面？如何选择？

1. 种类和型式的选择

电流互感器的种类多样，应当根据具体工程的技术原则、安装条件和工作环境选择适合的种类与型式。

（1）电流互感器的种类。按安装地点分为户内式与户外式；按安装方式分为独立式、套管式；按用途分为测量/计量用、保护用；按结构分为多匝式、一次贯穿式、母线式、正立式、倒立式；按绝缘介质分为油纸绝缘、固体绝缘、气体绝缘、其他绝缘；按原理分为电磁式、电子式。

（2）3～35kV 系统电流互感器型式选择。户内开关柜用电流互感器，宜采用树脂浇注绝缘结构，独立式；35kV 户外用电流互感器，采用树脂浇注、油浸或其他绝缘独立式结构。

3～35kV 系统保护回路不宜与测量仪表合用电流互感器。保护用电流互感器宜采用 P 级。系统采用经高电阻接地、经消弧线圈接地或不接地方式时，馈线回路零序电流互感器可采用小电流接地故障检测装置或与接地继电器配套的互感器；当采用微机综合保护装置时，宜采用电缆型零序电流互感器。系统为低电阻接地方式时，厂用电动机及其他馈线回路可采用电缆型零序电流互感器。电缆型零序电流互感器的内径应大于所接电力电缆外径，并留有安装裕量。

（3）110（66）～1000kV 系统电流互感器形式选择。可采用 SF_6气体绝缘或油浸式绝缘电流互感器，220kV 及以下系统也可采用其他绝缘形式。当采用 GIS、HGIS 配电装置时，电流互感器宜与一次设备一体化设计。

2. 电流互感器额定电压和额定电流选择

电流互感器一次回路额定电压 U_N应不低于安装处电网的额定电压 U_{Ns}。

电流互感器额定一次电流应根据其所属一次设备的额定电流或最大工作电流选择，额定一次电流的标准值为：10、12.5、15、20、25、30、40、50、60、75A 以及它们的十进位倍数或小数。

电流互感器一次侧额定电流不宜小于 1.25 倍一次设备的额定电流或线路的最大负荷电流；对变压器回路和直接起动的电动机，电流互感器额定一次电流可取 1.5 倍设备的额定电流。在工作电流变化范围较大情况下作准确计量时，应采用 S 类电流互感器。为保证二次电流在合适的范围内，可采用多变比电流互感器。

差动保护用电流互感器额定一次电流应使各侧电流互感器的二次电流基本平衡。

主变压器高压侧为直接接地系统时，其中性点零序电流互感器额定一次电流应按满足继电保护整定值选择，宜取变压器高压侧额定电流的 50%～100%。变压器中性点放电间隙零序电流互感器额定一次电流宜按 100A 选择。

电流互感器的二次侧额定电流宜采用 1A，扩建工程或某些情况下也可采用 5A。

3. 准确度等级与额定二次容量选择

（1）准确度等级选择。测量用电流互感器的标准准确度等级有 0.1、0.2、0.5、1、3、5 级，以及特殊用途的 0.2S、0.5S 级。保护用电流互感器标准准确度等级有 5P、10P、5PR、10PR 级。

为保证测量仪表的准确度，电流互感器的准确度等级不得低于所供测量仪表的准确度等级。如装于重要回路（如发电机、调相机、变压器、厂用馈线、出线等）中的电能表和计费的电能表一般采用 0.5～1 级，相应的电流互感器的准确度等级不应低于 0.5 级；对测量精度要求较高的大容量发电机、变压器、系统干线和 500kV 电压等级线路宜用 0.2 级。用于谐波测量的电流互感器准确度等级不应低于0.5级；供运行监视、估算电能的电能表和控制盘上仪表，一般皆用1～1.5级，相应的电流互感器应为0.5～1级。供只需估计电参数仪表的互感器可选用3级。当一个电流互感器二次回路中装有几个不同类型的仪表时，应按对准确度要求最高的仪表来选择电流互感器的准确度等级。如果同一个电流互感器，既供测量仪表又供保护装置用，应选具有两个不同准确度等级二次绕组的电流互感器。

保护用电流互感器应选择具有适当特征和参数的互感器。同一组差动保护不应同时使用P级和TP级电流互感器。当对剩磁有要求时，220kV及以下电流互感器可采用PR级。发电机和变压器主回路、220kV及以上电压线路宜采用5P或5PR级。

（2）二次容量选择。测量级、P级和PR级额定二次容量以伏安表示。额定二次电流1A时，二次容量标准值宜采用0.5、1、1.5、2.5、5、7.5、10、15VA；额定二次电流5A时，二次容量标准值宜采用2.5、5、10、15、20、25、30、40、50VA。

TPX、TPY和TPZ级电流互感器额定电阻性负荷以欧姆表示，标准值宜采用0.5、1、2、5、7.5、10Ω。

电流互感器额定二次负荷容量应根据互感器额定二次电流和实际负荷需要选择。裕度过大或超过额定负荷均会影响仪表的准确度。而为了满足暂态特性的要求，也可采用更大的额定二次容量。

当电流互感器、保护装置或测量仪表均布置在开关柜内时，互感器额定二次负荷宜采用1VA；当保护装置或测量仪表集中布置时，根据互感器至保护装置或测量仪表的连接电缆长度确定互感器额定二次负荷，可采用2.5、5、10VA。

目前电力工程中常用的电子式测量仪表电流回路功耗参考值为0.2～1VA，已广泛采用微机保护装置的二次负荷也很小。例如，100～200MW发电机主保护与后备保护的每相最大功耗分别从电磁式保护的20～30VA减为微机式保护的1～3VA；110kV线路主保护与后备保护的功耗分别从电磁式保护的10～20VA减为微机式保护的1～2VA。

测量用与保护用电流互感器二次负荷与性能的具体计算方法见相关规程及参考资料。

4. 热稳定校验

对带有一次回路导体的电流互感器，需要进行热稳定校验。

电流互感器热稳定参数常以热稳定电流I_t或热稳定电流倍数K_t来表示。K_t为1s内允许通过的热稳定电流I_t与一次额定电流I_{N1}之比，即

$$K_t = I_t / I_{N1} \tag{6-24}$$

故热稳定应按下式校验

$$I_t^2 t = (K_t I_{N1})^2 t \geqslant Q_k \tag{6-25}$$

式中：I_t的单位应转化为kA。

当电流互感器一次绕组可以串、并联切换时，应按其接线状态下的实际额定一次电流和系统短路电流进行校验。

不同电压等级的电流互感器短路持续时间t可参考产品技术数据，一般宜采用如下值：550kV及以上为2s，126～363kV为3s，3.6～72.5kV为4s，1kV及以下为1s。

5. 动稳定校验

对带有一次回路导体的电流互感器，需要进行动稳定校验；对一次回路导体从窗口穿过且无固定板的电流互感器（如LMZ型），可不进行动稳定校验。对变比可选电流互感器应

按一次绕组串联方式确定互感器的短路稳定性。

电流互感器动稳定参数以极限通过峰值电流 i_{es} 或动稳定电流倍数 K_{es} 表示。K_{es} 为允许短时极限通过的电流峰值 i_{es} 与一次侧额定电流峰值 $\sqrt{2}I_{N1}$ 之比，即

$$K_{es}=i_{es}/\sqrt{2}I_{N1} \tag{6-26}$$

故内部动稳定校验式

$$i_{es}=\sqrt{2}K_{es}I_{N1}\times10^{-3}\geqslant i_{sh} \tag{6-27}$$

式中：K_{es} 和 I_{N1} 分别为由生产厂给出的电流互感器的动稳定倍数及一次侧额定电流，A；i_{sh} 为故障时可能通过电流互感器的短路冲击电流，kA。

对采用硬导线连接的瓷绝缘电流互感器，需要进行外部动稳定校验，具体方法见相关参考资料。

如果动、热稳定性校验不满足要求时，应选择额定一次电流大一级的电流互感器再进行校验，直至满足要求为止。相关电流互感器的参数可查附录或有关产品手册。

【例6-4】 某变电站两台主变压器型号相同，额定电压110/10.5kV，额定容量31.5MVA，10kV配电装置采用室内中置式成套开关柜，开关柜采用微机监控与保护装置。10kV母线上三相短路电流为 $I''=18.6$kA、$I_{t_k/2}=16.3$kA、$I_{t_k}=15.8$kA。短路持续时间 $t_k=1.2$s。主变压器10kV侧回路电流互感器三相配置，互感器采用四个二次绕组，两个用于保护，10P级，10VA；两个用于测量计量，0.2S/0.5级，10VA。试选择主变压器10kV侧回路电流互感器。

解：（1）求主变回路10kV侧的最大持续工作电流。

变压器低压侧回路的最大持续工作电流为

$$I_{max}=1.05\frac{S_{NT}}{\sqrt{3}U_{N2}}=1.05\times\frac{31500}{\sqrt{3}\times10.5}=1819(\text{A})$$

（2）形式与规格选择。电流互感器选用树脂浇注式，额定电流比初选为2500/5A（应结合变电站额定二次电流要求，并考虑变压器高压侧电流互感器变比，使变压器差动保护两侧的互感器二次电流基本平衡）。

查附录选择电流互感器型号为LZZBJ12-10C，其主要参数为：额定电压 $U_N=10$kV，额定电流比为2500/5A，四个二次绕组准确度等级分别为0.2S/0.5/10P/10P，容量分别为15/20/30/30VA，1s热稳定电流80kA，极限通过电流峰值 $i_{es}=180$kA。

（3）热稳定校验。因为 $t_k>1$s，故可忽略短路电流的非周期分量，则短路电流热效应计算值为

$$Q_k=Q_p=\frac{t_k}{12}(I''^2+10I_{t_k/2}^2+I_{t_k}^2)=\frac{1.2}{12}\times(18.6^2+10\times16.3^2+15.8^2)=325.3(\text{kA}^2\cdot\text{s})$$

电流互感器热稳定校验值为

$$I_t^2t=80^2\times1=6400(\text{kA}^2\cdot\text{s})>Q_k \quad 满足热稳定要求。$$

（4）动稳定校验。

$$i_{sh}=2.55I''=2.55\times18.6=47.4(\text{kA})$$

电流互感器动稳定电流为180kA，满足动稳定要求。

电流互感器的设备选择结果见表6-8。

表 6-8　　[例 6-4] 设备选择结果表

回路名称	安装点数据		设备参数	
			设备型号与规格	电流互感器 LZZBJ12-10C
主变压器 10kV 侧	U_{Ns}（kV）	10	U_N（kV）	10
	I_{max}（A）	1819	I_N（A）	2500/5
	I''（kA）	18.6	I_{Nbr}（kA）	—
	Q_k（$kA^2\cdot s$）	325.3	I_t^2t（$kA^2\cdot s$）	6400
	i_{sh}（kA）	47.4	i_{es}（kA）	180

6.4.2 电压互感器选择

思　考　电压互感器选择应包含哪些方面？如何选择？

1. 电压互感器额定电压选择

电压互感器额定电压与其相数及接线方式有关。电压互感器一次侧额定电压 U_{N1} 应满足所接电网标称电压 U_{Ns} 的要求。当电压互感器的一次绕组接于电网线电压时，$U_{N1}=U_{Ns}$；二次侧额定电压为 $U_{N2}=100V$。当电压互感器一次绕组接于电网相电压时，$U_{N1}=U_{Ns}/\sqrt{3}$；二次侧额定电压 $U_{N2}=100/\sqrt{3}V$。电压互感器辅助绕组的电压一般为 100/3V。

2. 电压互感器种类和型式的选择

电压互感器的种类和型式应根据装设地点和使用条件进行选择，例如，在 3～35kV 户内配电装置中，宜采用树脂浇注结构的电磁式电压互感器；35kV 户外配电装置宜采用油浸绝缘结构的电磁式电压互感器。110kV 及以上配电装置，当容量和准确度等级满足要求时，宜采用电容式电压互感器。经技术经济论证，也可采用电子式电压互感器。SF_6 气体绝缘金属封闭开关设备的电压互感器可采用电磁式或电容式，经技术经济论证，也可采用电子式电压互感器。当采用 GIS、HGIS 配电装置时，电压互感器宜与一次设备一体化设计。

在满足二次电压和负荷要求的条件下，电压互感器应尽量采用简单接线。电压互感器的常见接线及其使用范围见 2.6.2 节中内容。

3. 准确度等级选择

首先根据仪表和继电器接线要求选择电压互感器接线方式，并尽可能将负荷均匀分布在各相上，然后计算各相负荷大小，按照所接仪表的准确度等级和容量选择互感器的准确度等级和额定容量。一般电压互感器用于电能计量时准确度等级不应低于 0.5 级，用于电压测量时准确度等级不应低于 1 级，用于继电保护时准确度等级不应低于 3 级。保护用电容式电压互感器的标准准确度等级为 3P 和 6P。

电压互感器额定二次容量（对应于所要求的准确度等级）应不小于电压互感器的二次负荷。

电压互感器不需要进行短路电流的动稳定和热稳定校验。

6.5 保护与限制电器选择

6.5.1 避雷器选择

思考 避雷器的主要参数包括哪些？如何选择避雷器？

1. 对避雷器的要求

避雷器应满足以下基本条件：能长期承受电力系统正常持续运行电压，可以短时承受经常出现的暂时过电压。在过电压作用下，放电电压低于被保护设备绝缘的冲击耐压，能承受过电压作用下产生的能量，能迅速切断工频续流，过电压消失后能迅速恢复正常工作状态。

我国将标称电压3～220kV等级的设备归为电压范围Ⅰ，220kV以上电压等级设备为电压范围Ⅱ。为了加强标准化，根据运行经验，将设备的最高运行电压与标准耐受电压相关联，规定了设备的标准绝缘水平。6～220kV电气设备的标准绝缘水平见表8-2。

2. 金属氧化物避雷器参数选择

(1) 额定电压U_N。额定电压是避雷器两端之间允许施加的最大工频电压有效值，单位为千伏。

避雷器一般安装在相与地（或中性点与地）之间，其额定电压不等于系统的标称电压，也与其他电气设备的额定电压的含义不同。

避雷器的额定电压要考虑安装地点工频过电压的幅值与持续时间，并结合避雷器的初始能量来选择。按IEC标准规定，避雷器必须能耐受相当于额定电压数值的暂时过电压至少10s。在选择避雷器额定电压时，仅考虑单相接地、甩负荷和长线电容效应引起的暂时过电压。

金属氧化物式避雷器的额定电压应按以下两种情况选取：

1) 中性点有效接地系统。避雷器的额定电压通常取不低于安装点的最大工频暂时过电压，即

$$U_N \geqslant K_g U_m / \sqrt{3} \tag{6-28}$$

式中：U_m为系统最高工作线电压有效值，kV；K_g为工频过电压倍数，特高压变电站线路侧取1.4，母线侧取1.3。

中性点有效接地系统避雷器的典型额定电压值见表6-9。

表6-9 中性点有效接地系统避雷器的典型额定电压值 kV

系统标称电压（有效值）	避雷器额定电压（有效值）	
	母线侧	线路侧
110	102	
220	204	
330	300	312
500	420	444
750	600	648
1000	828	

2）中性点非有效接地系统。中性点非有效接地系统又分为单相接地故障在10s及以内切除与单相接地故障在10s以上切除两种情况。

10s以上切除单相接地故障的系统中，作用在健全相避雷器上的电压等于或高于系统的线电压。在35～66kV系统中，中性点一般经消弧线圈接地，且消弧线圈过补偿运行，健全相上的电压一般不高于线电压。在3～20kV系统中，中性点大多非有效接地，在健全相上的电压可达到1.1倍线电压。

在城市中压配电网中，随着电缆的大量使用，中性点采用低电阻接地，单相接地故障在10s以内切除，其避雷器额定电压按大于或等于安装点最大工频暂时过电压U_T确定。

中性点非有效接地系统中避雷器额定电压按下式选择

$$U_N \geqslant KU_T \tag{6-29}$$

式中：U_T为最大工频暂时过电压有效值，kV，35～66kV系统中取U_m，3～20kV系统中取$1.1U_m$；K为切除单相接地故障的时间系数，10s及以内切除时取1.0，10s及以上切除时取1.25。

中性点非有效接地系统避雷器的额定电压建议值见表6-10。

表6-10　　中性点非有效接地系统避雷器的额定电压建议值　　kV

接地方式	非有效接地系统（有效值）					
	10s及以内切除单相接地故障系统					
系统标称电压	3	6	10	20	35	66
避雷器额定电压	4	8	13	26	42	72
接地方式	10s以上切除单相接地故障系统					
系统标称电压	3	6	10	20	35	66
避雷器额定电压	5	10	17	34	51	90

在相同的系统标称电压下，避雷器有多个额定电压，如系统标称电压110kV对应的避雷器额定电压有96、102、108kV三种。避雷器的额定电压越高，在正常运行中通过避雷器的泄漏电流就越小，有利于减轻避雷器的劣化，但避雷器相应的保护水平会变差，被保护设备的绝缘水平会相应提高，或者在同样的绝缘水平下，设备的保护裕度降低。在选择时，要满足被保护设备绝缘配合的要求，避雷器的额定电压可选得高一些。

（2）持续运行电压U_C。持续运行电压为避雷器两端之间允许持续施加的最大工频电压有效值，单位为千伏。

对于无间隙避雷器，运行电压直接作用在避雷器的电阻片上，会引起电阻片的劣化。为保证电阻片的使用寿命，避免电阻片过热和热崩溃，长期作用在避雷器上的电压不得超过避雷器的持续运行电压。

一般情况下，避雷器最大持续运行电压一般不低于系统运行最高工作相电压。

（3）冲击残压。冲击残压是放电电流通过避雷器时，其两端之间出现的电压峰值，单位为千伏。

冲击残压包括三种放电电流（陡波、标称、操作冲击电流）波形下的残压。避雷器的保护水平是三种残压的组合。

额定电压确定后，避雷器的冲击残压随之确定，残压应满足绝缘配合的要求。典型氧化锌避雷器的电气特性见表6-11。

表6-11　常见交流无间隙金属氧化锌避雷器的电气特性　kV

避雷器额定电压	避雷器持续运行电压	标称放电电流10kA				标称放电电流5kA							
		电站型避雷器				电站型避雷器				配电型避雷器			
		陡波冲击电流残压	雷电冲击电流残压	操作冲击电流残压	直流1mA参考电压	陡波冲击电流残压	雷电冲击电流残压	操作冲击电流残压	直流1mA参考电压	陡波冲击电流残压	雷电冲击电流残压	操作冲击电流残压	直流1mA参考电压
		（峰值）不大于			不小于	（峰值）不大于			不小于	（峰值）不大于			不小于
5	4.0	—	—	—	—	15.5	13.5	11.5	7.2	17.3	15.0	12.8	7.5
10	8.0	—	—	—	—	31.0	27.0	23.0	14.4	34.6	30.0	25.6	15.0
12	9.6	—	—	—	—	37.2	32.4	27.6	17.4	41.2	35.8	30.6	18.0
15	12.0	—	—	—	—	46.5	40.5	34.5	21.8	52.5	45.6	39.0	23.0
17	13.6	—	—	—	—	51.8	45.0	38.3	24.0	57.5	52.0	42.5	25.0
51	40.8	—	—	—	—	154	134	114	73.0	—	—	—	—
84	67.2	—	—	—	—	254	221	188	121	—	—	—	—
90	72.5	264	235	201	130	270	235	201	130	—	—	—	—
96	75	280	250	213	140	288	250	213	140	—	—	—	—
102	79.6	297	266	226	148	305	260	226	148	—	—	—	—
108	84	315	281	239	157	323	281	239	157	—	—	—	—
192	150	560	500	426	280	—	—	—	—	—	—	—	—
204	159	594	532	452	296	—	—	—	—	—	—	—	—
216	168.5	630	562	478	314	—	—	—	—	—	—	—	—

（4）参考电压。参考电压是在规定的参考电流下避雷器两端之间的电压，单位为千伏。

1）工频参考电压：通过1～10mA工频参考电流时，避雷器两端的工频电压峰值除以$\sqrt{2}$即为工频参考电压，一般等于避雷器额定电压值。

2）直流参考电压：通过直流参考电流时避雷器两端的直流电压。

参考电压通常取避雷器伏安特性曲线上拐点处的电压。从此处起，电流将随电压的升高而迅速增大，并起限制过电压作用，所以又称为起始动作电压。

直流参考电压测量方便，干扰小，且可以间接反映工频参考电压，因此广泛使用。

3）电压比：避雷器通过标称冲击放电电流时的残压与其参考电压的比值。其数值越小，表明残压越低，避雷器的保护性能越好。目前，此值为1.6～2.0。

4）荷电率：是持续运行电压峰值与直流参考电压的比值。荷电率的高低直接影响避雷器的老化过程，荷电率越高说明避雷器性能稳定性越好，耐老化。荷电率通常取55%～70%，中性点非有效接地系统中，因单相接地时健全相上电压峰值较高，所以一般选用较低的荷电率。

（5）标称放电电流。具有8/20μs波形的雷电冲击电流峰值称为标称放电电流，单位为千伏。

标称放电电流关系到避雷器耐受冲击电流的能力和避雷器的保护特性，是设备额定冲击耐受电压和变电站空气间隙距离选取的依据。

35kV及以下系统，标称放电电流可选5、2.5、1.5kA等级。

66～110kV系统，避雷器的标称放电电流可选用5kA；在雷电活动较强地区、重要的变电站、进线保护不完善或进线段耐雷水平达不到规定时，可选用10kA。

220～330kV系统，避雷器的标称放电电流可选用10kA。

500kV系统，避雷器的标称放电电流可选用10～20kA。

750kV及以上系统，避雷器的标称放电电流可选用20kA。

练习6.3　避雷器参数查表练习1：

标称电压10kV的电力系统10s以上切除单相接地故障系统，相应电气设备的耐受电压为（75）kV。

该系统中变电站避雷器额定电压取（17）kV；

其持续运行电压为（13.6）kV；

其雷电冲击残压（45.0）kV；

其最低直流参考电压（24）kV；

其最大冲击残压（57.5）kV（小于）设备的耐受电压（75）kV。

练习6.4　避雷器参数查表练习2：

某110kV系统中一避雷器额定电压108kV，查表填空：

相应电力设备的最小雷电冲击耐受电压为（　）kV；

变电站处于雷电较强地区，该避雷器标称放电电流取为（　）kA；

避雷器持续运行电压为（　）kV；

其最大雷电冲击残压为（　）kV；

其最低直流参考电压为（　）kV。

6.5.2　限流电抗器选择

限流电抗器是用来限制短路电流的。将其串联于电路的首端，能够降低它后面线路发生短路时的短路电流，避免电气设备因短路效应而遭到损坏，可提高母线残压。

限流电抗器的选择校验项目包括：

（1）正常工作条件：额定容量、电压、电流、频率、电抗率；环境条件与噪声水平。

（2）短路稳定性：动稳定电流、热稳定电流和持续时间。

1. 种类和型式

限流电抗器一般为空心式，有普通型与分裂型电抗器两类，可根据需要选择。

2. 额定电压、额定容量、动稳定与热稳定的选择与校验

按本章之前介绍的方法进行。

3. 额定电流

限流电抗器几乎没有过负荷能力，应按回路最大工作电流而不是正常持续工作电流选择。分裂电抗器最大工作电流的选取：用于发电厂的发电机或主变压器回路时，一般按发电机或主变压器额定电流的70%选择；用于变电站的主变压器回路时，取两臂中负荷电流较大者，当无负荷资料时，一般也按主变压器额定容量的70%选择。

4. 额定电抗百分值选择

（1）将短路电流限制到要求值。此时电抗器所需的额定参数电抗百分值 $X_L\%$ 为

$$X_L\% \geqslant \left(\frac{I_d}{I''} - X^*\right)\frac{I_N U_d}{U_N I_d} \times 100\% \tag{6-30}$$

式中：U_d为系统基准电压，U_N为电抗器额定电压，kV；I_d为系统基准电流，I_N为电抗器额定电流，kA；X^*为电源到电抗器前基准容量下的系统电抗标幺值；I''为被电抗器限制后所要求的短路次暂态电流，kA。

根据所求得的电抗百分值，从产品目录选取电抗值接近而偏大的电抗器型号。通常出线电抗器的百分值不宜超过6%，母线分段电抗器的电抗百分值不宜超过12%。

（2）正常运行时电抗器的电压损失 $\Delta U\%$ 不宜超过额定电压的5%，有

$$\Delta U\% = X_L\% \frac{I_{max}}{I_N}\sin\varphi \leqslant 5\% \tag{6-31}$$

式中：φ 为电路最大负荷时的功率因数角，一般取 $\cos\varphi=0.8$，即 $\sin\varphi=0.6$。

（3）母线残余电压的校验。目的是为减轻短路后电压下降对其他用户的影响，当电抗器后短路时，母线上残余电压应不低于电网额定电压值的60%～70%，即

$$\Delta U_{re}\% = \sqrt{3}I''X_L \times \frac{1}{U_N} \times 100\% = \sqrt{3}I'' \frac{X_L(\%)}{100}\frac{U_N}{\sqrt{3}I_N} \times \frac{1}{U_N} \times 100\%$$

$$= X_L\% \frac{I''}{I_N} \geqslant 60\% \sim 70\% \tag{6-32}$$

当母线上残余电压值不能满足上式要求时，应采取在装有电抗器的出线上装设电流速断继电保护装置，或将电抗器电抗百分值适当加大等措施。对母线分段电抗器、带几回出线的电抗器及装有无时限保护的出线电抗器，不必作本项校验。

6.5.3 高压熔断器选择

熔断器是最简单的保护电器，常用于中低压系统中的过载和短路故障保护。

1. 形式与额定电压选择

高压熔断器按能否在短路电流达到最大值前快速熄灭电弧分为限流式和非限流式熔断器。

限流式熔断器不宜用于低于熔断器额定电压的系统中，以避免熔断器熔断截流时产生的过电压超过电网允许的2.5倍工作相电压，即 $U_N=U_{NS}$。

非限流式熔断器的额定电压应不小于系统的标称电压，即$U_N \geqslant U_{NS}$。当经过验算，电气设备的绝缘强度允许使用高一级电压的熔断器时，应按电压比折算，降低其额定的断流容量。

跌落式高压熔断器在灭弧时，会喷出大量游离气体并发出很大声响，故一般只在户外使用，其断流容量应分别按上下限值校验，开断电流以短路全电流校验。

2. 额定电流选择

高压熔断器熔管的额定电流I_{Nf1}应大于或等于其熔体的额定电流I_{Nf2}。

(1) 保护电力变压器的熔体额定电流选择。应按通过变压器回路最大持续工作电流、变压器励磁涌流及电动机自启动电流时不引起熔体误熔断进行选择，即

$$I_{Nf2} \geqslant KI_{max} \tag{6-33}$$

式中：K为可靠系数，不计电动机自启动时，可取1.1～1.3；当考虑电动机自启动时，可取1.5～2.0。

(2) 保护电容器的熔体额定电流选择。应按电网电压升高、波形畸变引起电容器回路电流增大或运行中出现涌流时，其熔体不会误熔断进行选择，即

$$I_{Nf2} \geqslant KI_N \tag{6-34}$$

式中：K为可靠系数，对限流式高压熔断器，当保护一台电容器时，可取1.5～2.0；当保护一组电容器时，可取1.3～1.8；I_N为电容器回路的额定电流。

(3) 保护电压互感器的熔断器，只需按额定电压和开断电流选择，不校验额定电流。

3. 额定开断电流I_{Nbr}校验

高压熔断器的额定开断电流应大于回路中可能出现的最大短路电流周期分量有效值。

对限流式高压熔断器，开断电流按不小于短路电流周期分量有效值I''校验。

对非限流式高压熔断器，开断电流按不小于冲击电流的有效值I_{sh}校验。

6.6 气体绝缘金属封闭开关设备选择

气体绝缘金属封闭开关设备GIS的功能单元由断路器、隔离开关、接地开关、互感器、避雷器、母线、电缆终端或套管等元件按主接线要求组合而成。各元件带电部分彼此连通，被封闭在接地的金属外壳中，由绝缘隔板分隔开，壳内充SF_6气体。

混合式H-GIS除母线外露在空气中，其他结构与GIS相同。其特点是：接线清晰、简洁、紧凑，安装和检修维护方便；比AIS布置节约占地面积，提高了设备可靠性；比GIS省略了母线封闭，大大节约了费用。

1. GIS设备基本分类及特点

按结构形式可分为单相封闭型与三相封闭型；按绝缘介质可分为GIS与混合绝缘式（绝缘气体+空气）H-GIS；按主接线形式可分为单母线、双母线、一个半断路器、桥形与环形接线GIS；按使用环境，可分为户内、户外型。GIS结构特征及应用情况见表6-12。

表 6-12 GIS 结构特征及应用情况

类别		结构特征	应用情况
圆筒型	单相封闭型	各元件的每一相都封闭在独立的圆筒外壳中。构成同轴圆筒电极系统，电场较均匀，不会发生相间短路故障，制造方便；但外壳和绝缘隔板数量多，密封环节多，损耗较大	各电压等级广泛应用
	部分三相封闭型	一般仅三相主母线封闭在一个圆筒外壳中。分支回路中各元件仍保持单相封闭型特征，但结构简化，总体配置走线方便	72.5～550kV 及以下应用多
	全三相封闭型	各元件的三相封闭在一个圆筒外壳中，外壳数量少、运输与安装方便、损耗小；但有发生相间短路故障和三相短路的可能性，制造难度较大	广泛用于 110kV 及以下
	紧凑三相封闭型	相邻元件的三相封闭在一个圆筒外壳中，功能复合化使外壳数量减少，尺寸更小，无专用主母线；但内部电场均匀程度较差，制造难度大	72.5kV 及以下应用较多
柜型	箱型	一个或几个功能单元共用一个柜型外壳。空间利用率高，安装与使用方便；柜体承受内压能力较差，柜内电场均匀性较差	各电压等级广泛应用
	铠装型	一个或几个功能单元共用一个柜型外壳。元件间用金属隔板隔离，安装与使用方便，柜体结构较复杂，对制造工艺要求较高	各电压等级广泛应用

2. GIS 的形式选择

GIS 设备选用时应进行技术经济比较。对于 72.5kV 及以上系统的以下情况宜选用：城市内变电站；场地特别狭窄的布置场所；地下式配电装置；重污秽地区；严寒地区、高海拔地区、高地震烈度地区。

GIS 内元件应分为若干气隔，避免某处故障后劣化的 SF_6 气体造成 GIS 其他带电部位的闪络，同时也应考虑检修维护的便捷性。气体系统的压力，除断路器外，其余部分宜采用相同气压。

GIS 设备感应电压不应危及人身和设备安全。外壳和支架上的感应电压，正常运行条件下不应大于 24V，故障条件下不应大于 100V。

在环境温度低于－25℃的地区，应附加电加热装置，防止 SF_6 气体低温液化。

GIS 设备与架空线连接，一般使用充以 SF_6 气体的 SF_6/空气绝缘套管；与变压器连接，一般用油/SF_6 套管；与电缆进出线连接，一般用外部充以 SF_6 气体的 GIS 型电缆终端。

3. GIS 的额定参数选择

GIS 的额定参数包括：正常工作条件中的额定电压、额定电流、频率、机械荷载、绝缘气体和灭弧室气体压力、漏气率、组成元件的各项额定参数、接线方式、温升限值、机械和电气寿命、操作性能。短路条件校验包括：动稳定电流、热稳定电流和持续时间、额定开断电流；环境条件与电磁干扰、噪声水平。

＊6.7 绝缘子和穿墙套管选择

绝缘子用于裸导体的支撑固定和对地绝缘，其承受导体的电压、电动力与机械荷载，但没有载流及其发热问题。穿墙套管用于墙壁内外导线和母线的连接，并作绝缘支持，其不但承受导体的电压、电动力和机械荷载，还有载流及其发热问题。

1. 基本分类与型式选择

绝缘子按使用位置不同，可分为悬式绝缘子与支柱绝缘子。按绝缘材料，绝缘子可分为瓷绝缘子、玻璃绝缘子、有机材料绝缘子和复合绝缘子。

户内支柱绝缘子按结构分为外胶装（Z 型）、内胶装（ZN 型）、联合胶装（ZL 型）。外胶装机械强度高，内胶装电气性能好，但不能承受扭矩。

复合绝缘子具有质量轻、防爆性能好、耐污及抗风沙力强、抗震性能好、运输安装方便、价格便宜等优点。配电装置中目前采用的有实心复合支柱绝缘子和空心复合绝缘套管，前者主要为隔离开关及母线等提供对地绝缘及机械支撑；后者以罐式断路器套管、主变压器套管、高压电抗器套管、电压互感器和避雷器的绝缘套管为代表，其不仅提供设备对地绝缘，也提供套管内部高压带电导体与设备外壳之间的绝缘。

悬式绝缘子组成绝缘子串用于软导线的悬垂与耐张杆塔或构架。悬式绝缘子片数选择一般采用爬电比距法和污闪耐受电压法。工程设计中通常采用爬电比距法。

户内配电装置宜采用联合胶装多棱式支柱绝缘子，户外配电装置支柱绝缘子宜采用棒式支柱绝缘子。在有严重灰尘或对绝缘有害的气体存在的环境中，应选用防污型绝缘子；当需倒装时，宜选用悬挂式支柱绝缘子。

穿墙套管分为普通型、耐污型、高原型；按结构分为铜导体、铝导体和不带导体（母线式）的套管。

2. 参数选择

绝缘子选择的技术条件为额定电压、机械荷载、动稳定、绝缘水平、爬电比距。穿墙套管的选择除了具有绝缘子的技术条件外，还多了额定电流、热稳定条件。

（1）额定电压。支柱绝缘子和穿墙套管的额定电压 U_N 应不小于其所在电网的额定电压 U_{Ns}。发电厂和变电站的 3～20kV 户外支柱绝缘子和套管，当有冰雪或污秽时，宜选用高一级额定电压的产品。

（2）穿墙套管额定电流与热稳定。穿墙套管额定电流应大于回路的最大持续工作电流，其热稳定可按式（6-18）校验。不带导体的母线式穿墙套管不按持续电流选择，只需保证套管的型式与母线尺寸配合。

（3）动稳定校验。支柱绝缘子的动稳定校验条件为式（6-35），穿墙套管的动稳定校验条件为式（6-36），即

$$P = K_f F_{max} \leqslant 0.6F_n \tag{6-35}$$

$$F_{max} \leqslant 0.6F_n \tag{6-36}$$

式中：P 为短路时作用在支柱绝缘子或穿墙套管上的力，N；F_n 为支柱绝缘子或穿墙套管的额定抗弯破坏负荷，N；F_{max} 为计算跨中的最大电动力，N；K_f 为绝缘子上受力折算系数，穿墙套管不计 K_f。

三相导体同平面布置如图 6-5 所示时，支柱绝缘子和穿墙套管所承受的最大电动力为

$$F_{max} = 1.76 \times 10^{-1} \times \frac{l_p}{a} i_{sh}^2 \tag{6-37}$$

式中：l_p 为绝缘子的跨距，m，当绝缘子两侧的跨距不等时取平均值，对套管取 $l_p = (l_1 + l_2)/2$，l_2 为套管本身长度，m；a 为相间距，m；i_{sh} 为三相最大冲击电流，kA。

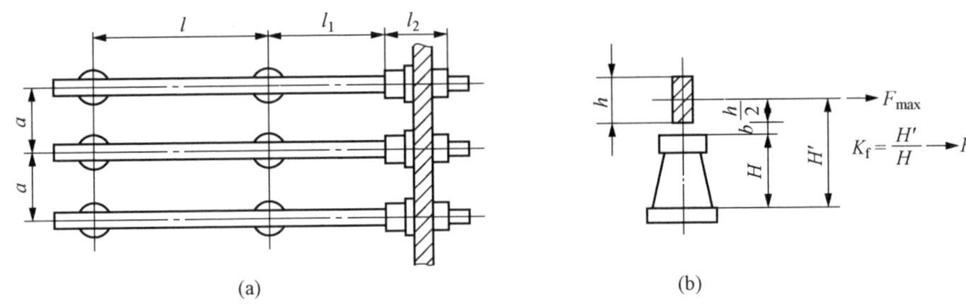

图 6-5 支柱绝缘子和穿墙套管所受的电动力

(a) 支柱绝缘子和穿墙套管平面布置示意图；(b) 绝缘子上受力折算系数示意图

由于制造厂商给出的是绝缘子顶部的抗弯破坏负荷 F_n，而 F_{max}是导体中心产生的电动力，因此必须将 F_{max}换算为绝缘子顶部所受的电动力 P（N），如图 6-5（b）所示。根据力矩平衡关系可得

$$P=\frac{H'}{H}F_{max}=K_fF_{max} \tag{6-38}$$

式中：H 为绝缘子高度，mm；H'为绝缘子底部到导体水平中心线的高度，mm；$H'=H+b+h/2$，h 为导体放置高度，b 为导体支持器下片厚度，一般竖放矩形导体 $b=18$mm，平放矩形导体及槽形导体 $b=12$mm。

（4）悬式绝缘子片数选择。工程中一般按爬电比距选择绝缘子串的片数 n，计算式为

$$n\geqslant\frac{\lambda U_{lm}}{\sqrt{3}K_eL_0} \tag{6-39}$$

式中：U_{lm}为系统最高运行线电压，kV；λ 为统一爬电比距，cm/kV；L_0为每片绝缘子的几何爬电距离，cm；K_e为绝缘子爬电距离的有效系数，一般取 0.95。

【例 6-5】 选择某变压器低压侧 10kV 引出线中的支柱绝缘子和穿墙套管。已知引出线导体最大持续工作电流 1819A，三相水平布置，每相 100mm×10mm 矩形母线二片导体平放，相间距 $a=0.7$m，支持绝缘子跨距 1.2m，短路冲击电流 $i_{sh}=64.5$kA，短路电流热效应 $Q_k=145\text{kA}^2\cdot\text{s}$。

解：（1）支柱绝缘子选择。变压器引出线一部分位于室外，一部分位于室内。

位于室外的支柱绝缘子选用高一级电压的 ZS-20/8 型，一般不需再校验；位于室内的选用 ZB-10Y 型，其高度 $H=215$mm，抗弯破坏负荷 7350N。

$$F_{max}=1.76\times10^{-1}\times\frac{l_p}{a}i_{sh}{}^2=1.76\times10^{-1}\times\frac{1.2}{0.7}\times64.5^2=1255.2(\text{N})$$

每相矩形母线两片导体平放时，绝缘子上受力折算系数 K_f为

$$K_f=\frac{H'}{H}=\frac{H+b+h/2}{H}=\frac{215+12+15}{215}=1.13$$

$$P=K_fF_{max}=1.13\times1255.2=1418.4\text{N}\leqslant0.6F_n=0.6\times7350=4410(\text{N})$$

满足动稳定条件。

（2）穿墙套管选择。初步选择 CWLC2-10/2000 型穿墙套管，其 $U_N=10$kV，$I_N=2000$A，套管长度 0.435m，5s 热稳定电流 40kA，抗弯破坏负荷 12250N。

穿墙套管额定电流 $I_N=2000\text{A}>I_{max}=1819\text{A}$

短路电流热效应 $I_t^2t=40^2\times5=8000$（$\text{kA}^2\cdot\text{s}$）$>Q_k=145\text{kA}^2\cdot\text{s}$

最大电动力 $F_{max}=1.76\times10^{-1}\times\frac{l_1+l_2}{2a}i_{sh}{}^2=1.76\times10^{-1}\times\frac{1.2+0.435}{2\times0.7}\times64.5^2=855.1(N)$

动稳定 $F_{max}=855.1N\leqslant0.6F_n=0.6\times12250=7350$（N），满足要求。

所选支柱绝缘子和穿墙套管满足要求。

6.8 中性点设备与接地变压器选择

6.8.1 消弧线圈选择

1. 消弧线圈的装设条件

消弧线圈的装设条件根据中性点接地方式与系统单相接地电容电流大小确定。架空线路与电缆线路单相接地电容电流的计算见式（4-12)、式（4-13)。

消弧线圈一般安装在变压器或发电机的中性点上。如变压器无中性点或中性点未引出，应装设专用接地变压器以连接消弧线圈，其容量应与消弧线圈容量匹配，并采用相同的额定工作时间，而不是连续时间。

2. 消弧线圈参数选择

消弧线圈选择的技术条件有额定电压、额定频率、额定容量、补偿度、电流分接头、中性点位移电压。

安装在 YNd 接线的双绕组变压器或 YNynd 接线的三绕组变压器中性点上的消弧线圈容量，不得超过三相总容量的 50%，且不得大于任一绕组容量。

消弧线圈的补偿容量（一般采用过补偿方式避免谐振）计算公式为

$$S=1.35I_cU_N/\sqrt{3} \tag{6-40}$$

式中：I_c为电网的电容电流，A；U_N为电网的标称电压，kV。

消弧线圈的补偿度 $K=I_L/I_c$，消弧线圈的脱谐度 $v=1-K=(I_c-I_L)/I_C$，在一般情况下不大于 10%（即电感电流与电容电流基本相当)。

消弧线圈的中性点位移电压 U_0计算式为

$$U_0=\frac{U_{bd}}{\sqrt{d^2+v^2}} \tag{6-41}$$

式中：U_{bd}为消弧线圈投入前，电网回路中性点的不对称电压值，一般取 0.8%相电压；d 为阻尼率，一般 63～110kV 架空线路取 3%，35kV 及以下架空线路取 5%，电缆线路取 2%～4%；v 为消弧线圈的脱谐度。

正常情况下，长时间中性点位移电压不应超过系统标称相电压的 15%。

6.8.2 避雷器与保护间隙选择

1. 中性点避雷器选择

中性点用无间隙氧化锌避雷器应能承受所在系统作用的暂时过电压和操作过电压能量。

避雷器额定电压建议值见表6-13。

表6-13　变压器中性点避雷器额定电压建议值　kV

中性点绝缘水平	全绝缘		分级绝缘			
系统标称电压	35	66	110	220	330	500
避雷器额定电压	51	96	72	144	207	102
中性点雷电冲击绝缘水平	185	325	250	400	550	325

中性点避雷器选择的其他条件有：避雷器标称放电电流选用1.5kA；变压器中性点绝缘冲击试验电压与氧化锌避雷器1.5kA雷电冲击残压之间至少有20%的裕度；变压器中性点绝缘的工频试验电压乘以冲击系数后与氧化锌避雷器操作冲击电流下的残压之间至少有15%的裕度。

2. 保护间隙选择

110～330kV系统的变压器中性点一般采用经中性点专用隔离开关并联避雷器与保护间隙的接地方式。

变压器中性点的保护间隙一般为棒形或球形，间隙距离应易于调整，保证间隙放电电压稳定。变压器高压侧中性点的间隙距离一般为：①110kV：90～140mm；②220kV：250～360mm。

6.8.3　接地变压器选择

接地变压器用于为中性点未引出的6～10kV三相电力系统提供中性点，可兼作变电站站用变压器。接地变压器提供的中性点可以直接接地、经过电抗器、电阻器或消弧线圈接地。接地变压器的特性要求是零序阻抗低、空载阻抗高、损失小，多采用曲折形接线方式。

接地变压器的选择按以下情况考虑：当中性点可以引出时，宜采用单相接地变压器；当中性点不能引出时，应选用三相变压器；有条件时，宜选择干式无励磁调压接地变压器。

接地变压器的额定容量应与消弧线圈或接地电阻容量匹配，若带有二次绕组还应考虑二次负荷容量。

6.9　无功补偿装置选择

思考　无功补偿装置的种类及其作用是什么？如何选择并联电容补偿装置？

1. 无功补偿装置分类与作用

无功补偿装置可分为串联补偿装置与并联补偿装置。

（1）串联补偿装置。串联补偿装置在110kV及以下电网中，能够减少线路电压降，主要适用偏远地区薄弱电网的无功功率不足及电压质量不合格问题；在220kV及以上电网中时，作用是增强系统稳定性，提高输电能力。

（2）并联补偿装置。主要有：

1）并联电容器：向电网提供可阶梯调节的容性无功，以减少电网损耗和提高电网电压。

2）并联电抗器：向电网提供可阶梯调节的感性无功，以补偿电网剩余容性无功，保证电压稳定。

3）静止无功补偿装置 SVC、静止同步补偿器 STATCOM/静止无功发生器 SVG：向电网提供可快速无极连续调节的容性和感性无功，同时降低电压波动和波形畸变率，减少电网损耗，提高系统稳定性，降低工频过电压。

2. 并联电容补偿装置的分组

变电站中广泛使用并联电容器装置，安装在变压器低压侧。变电站中的电容器组容量应根据本地区电网无功规划计算后确定，或按变压器的额定容量估算（一般取变压器容量的10%～30%）。用户的并联电容器安装容量，应满足就地平衡的要求。

为减少电容补偿装置回路工作电流，便于选择设备与导体，需要将大容量电容补偿装置进行分组。并联电容器装置的分组可分为等容分组与不等容分组。负荷变化不大时，可按主变压器台数分组，终端变电站的各组应能随电压波动自动投切。

高次谐波较高的电网，需要在各组电容器中串接电抗器，其电抗率根据具体情况选择。

3. 并联电容补偿装置的接线类型与设备配置

并联电容器无功补偿装置的设计应遵循国家标准 GB 50227—2017《并联电容器装置设计规范》中的要求。

（1）三相并联电容器无功补偿装置的基本接线类型。基本接线类型包括星形、双星形、三角形和双三角形接线。各种并联电容器组接线类型的适用范围见表 6-14。

表 6-14　　并联电容器组接线类型的适用范围

接线类型	星形接线	双星形接线	三角形接线	双三角形接线
适用范围	6kV 及以上的并联电容器组	10kV 及以上的特大容量并联电容器组	6kV 以下的并联电容器组、线路中杆式并联电容器组	缺点多，一般不使用

并联电容器装置的各分组回路可直接接入母线，并经总回路接入变压器的接线方式，经技术经济比较合理时，也可采用设置电容器专用母线的接线方式。

高压并联电容器组应采用星形接线。在中性点非直接接地的电网中，星形接线电容器组的中性点不应接地。

并联电容器组的每相或每个桥臂，由多台电容器串并联组合连接时，宜采用先并联后串联的连接方式。电容器并联总容量不应超过 3900kvar。

低压并联电容器装置可与低压供电柜同接一条母线。低压电容器或电容器组，可采用三角形接线或星形接线方式。

（2）并联电容器装置配套设备。并联电容器装置中配套设备有断路器、隔离开关、串联电抗器、电容器组、避雷器、接地开关、放电元件、继电保护、控制、信号和电测量用一、二次设备。单台电容器保护用外熔断器，应根据保护需要和单台电容器容量配置。中压并联电容器装置的典型接线如图 6-6 所示。

（3）低压并联电容器装置宜采用下列配套元件，包括总回路刀开关和分回路投切器件、操作过电压保护用避雷器、短路保护用熔断器、过载保护器件、限流线圈、放电器件、谐波含量超限保护、自动投切控制器、保护元件、信号和测量表计等器件，如图 6-7 所示。

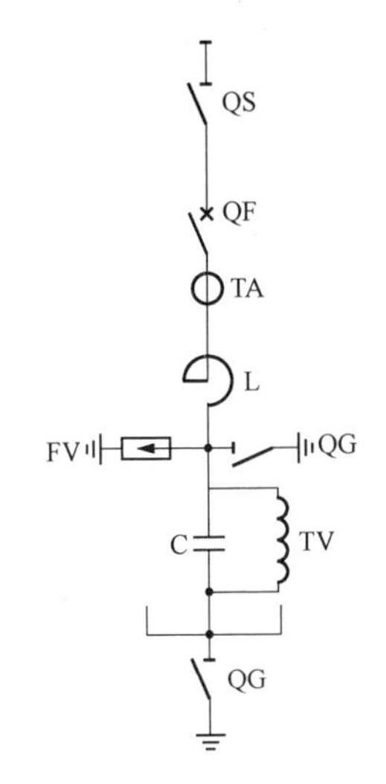

图 6-6 中压并联电容器组典型接线

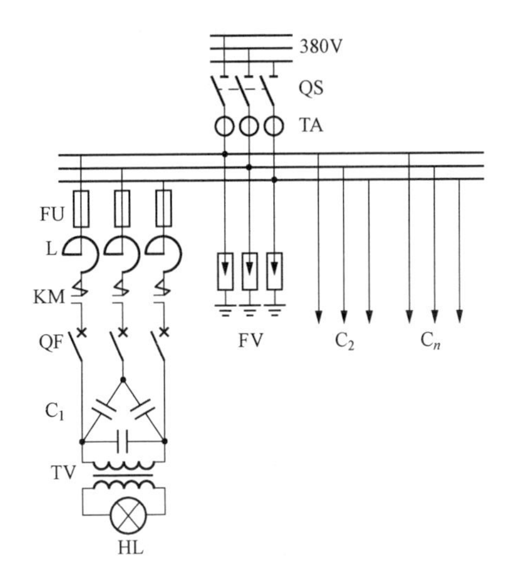

图 6-7 低压并联电容器组典型接线

4. 并联电容补偿装置设备选择

(1) 断路器选择。10kV 并联电容器组回路的断路器应采用真空式或 SF_6 断路器；断路器的额定电流不应小于装置额定电流的 1.3 倍；断路器除应考虑开断系统短路电流外，还需考虑并联电容器组放电冲击电流的影响以校验动稳定。

(2) 电容器的选择。

1) 电容器的结构分类。现代并联电容器按结构形式分为三类：①电容器单元：即单台电容器，通常为油浸式。其容量、体积和质量均较小，可根据需要组成不同容量与电压等级的框架式并联电容器组，质量稳定、经济性好，使用广泛。②集合式电容器：将多个内部电容器单元集装于一个厚钢板制成的油箱中构成特大容量电容器组。其特点是运行安全可靠、维护方便、投运率极高。③箱式电容器：由无内熔断器的多个电容器芯子集装于一个油箱中构成特大容量电容器组。其特点是单台容量大，电压等级高，占地面积小，内部结构复杂，成本与价格较高。

2) 电容器额定电压的选择。确定电容器的额定电压时，应考虑的因素有：不低于电容器装置接入电网的最高运行电压；高次谐波引起的电网电压升高；电容器的容差一起各电容器间承受电压不相等；装设串联电抗器后引起的电容器组运行电压升高；系统工频过电压。

电容器额定容量与并联台数的选择。应根据电容器组容量、每相串联段数和并联台数确定，宜在单台容量优先值系列中选取，注意每个串联段中电容器并联总容量不超过 3900kvar。

(3) 电容器组中的串联电抗器选择。

1) 电容器组中的串联电抗器作用有：降低电容器组的涌流倍数和涌流频率，易于选择回路设备及保护电容器；可组成某次谐波的交流滤波器，降低母线上该次谐波电压；减少短路电流值；减少健全电容器组向故障电容器组的放电电流值，保护电容器；削弱由于操作并联电容器装置引起的电网过电压。

2) 串联电抗器的参数选择。串联电抗器的额定电压、额定电流应与其配套的电容器组相适应；串联电抗器的额定电抗率一般推荐为 4.5%、5%、6%、12%、13%。

（4）熔断器选择。串联电抗器的外熔断器应采用电容器专用熔断器，且每台电容器配一个。熔断器熔体的额定电流为1.37～1.50倍电容器的额定电流，具有内熔丝的单台特大容量并联电容器可不另设熔断器保护。

（5）放电装置选择。电容器是储能元件，断电后两级之间的最高电压可达$\sqrt{2}U_N$。电容器自身绝缘电阻高，不能自行放电至安全电压，需要装设放电装置放电，使电容器脱离电源后，迅速将剩余电压降低到安全值，从而避免合闸过电压，保障检修人员的安全，降低单相重击穿过电压。

电容器放电有内部并联放电电阻与外部并联放电线圈两种方式，且可以并用。

放电电阻的放电速度较慢，断电后剩余电压在5min内降到50V。

放电线圈的放电速度较快，断电后剩余电压在5s内降到50V。

放电装置宜选用专用的放电线圈，也可以用单相电压互感器代替，一般还兼作测量与继电保护功能。严禁放电线圈一次绕组中性点接地。

（6）金属氧化锌避雷器。该避雷器主要用来保护操作过电压，其额定电压应按最大操作冲击残压折算，持续运行电压应取电容器的额定电压。

习题

6-1　某新建110/10kV变电站中，110kV配电装置按AIS户外布置，主变压器户外布置，10kV配电装置采用户内移开式开关柜成套布置。两台主变压器额定容量40MVA，110/10.5kV，YNd11，$U_k\%=10.5$。某10kV出线回路的最大负荷2800kW，功率因数0.92。变电站110kV与10kV母线上的最大三相短路电流分别为12kA和19kA，不计衰减。试选择：

（1）主变压器110kV侧断路器与高压隔离开关。

（2）主变压器10kV侧的断路器。

（3）某10kV出线回路的断路器。

6-2　试选择题6-1中变电站中110kV与10kV母线上的电压互感器与主变压器回路高、低压侧的电流互感器。

6-3　估算题6-1中配套的10kV电容器组容量，并选择其分组方式及额定电压。

第7章　导体导线与电缆选择

学习目标

（1）了解经济电流密度法、全生命周期效益最优原则的内涵及其在输电线路截面选择中的应用。

（2）了解导体选择的一般要求与指导原则，会合理选择配电装置中的母线及联络导体的型式与布置方式，会进行硬导体的选择与校验。

（3）了解架空线路导线选择的一般要求与基本步骤，会进行架空线路导线截面的选择与校验。

（4）了解电力电缆选择的一般要求与基本步骤，会进行电力电缆的选择与校验。

7.1　概　　述

发电厂与变电站中除了各种电气设备外，还有配电装置的汇流母线和各电气设备之间的联络导体；发电厂、变电站之间通过输电线路连接形成电力系统，通过配电线路向各类用户供电。电力系统中电力线路的数量与长度规模十分庞大。同时，电力设施的使用寿命一般设计为30年。在电力设施的生命周期内，电力负荷总体增长迅速但不同地区各类用户的负荷发展差异明显，电力线路的选择不仅要考虑建设时线路投资与运行的成本，还应当考虑其全生命周期的成本，使其全生命周期的综合效益更好。母线与联络导体，尤其是架空线路导线与电力电缆的合理选择，不仅影响电力系统运行的安全性与可靠性，还对电力系统的经济性有较大的影响。

7.1.1　导体选择的一般要求与影响因素

思　考　导体选择的一般要求是什么？选择导体的指导原则是什么？

1. 导体（含电力线路）选择的一般要求

（1）技术条件。导体应根据具体情况，按下列技术条件进行选择或校验：

1）电流。

2）电晕。

3）动稳定（硬导体）或机械强度（软导线）。

4）热稳定。

5）允许电压降。

6）经济电流密度。

当选择的导体为非裸导体时，可不校验电晕。

（2）环境条件。导体应按下列使用环境条件校验：

1）环境温度。

2）日照。

3）风速。

4）污秽。

5）海拔。

当在户内使用时，可不校验日照、风速与污秽。普通导体的正常最高工作温度不宜超过+70℃，在计及日照影响时，钢芯铝线及管形导体可按不超过+80℃考虑。当普通导体接触面处有镀（搪）锡的可靠覆盖层时，可提高到+85℃。

除配电装置的汇流母线外，较长导体的截面宜按经济电流密度选择。

2. 经济电流密度与全生命周期效益最优原则

导线截面积的大小影响线路投资和电能损耗。按最大发热等条件选择的导线截面积可以满足技术要求，但电能损耗可能较大，使年运行费增高。行业权威部门根据不同使用条件，通过对不同规格导体截面积的输电线路的建设成本与经济寿命期间（25 年或更长）运行成本的总体经济效益进行分析计算，可以得到全使用周期总费用最低的线路导体的截面积，称为该线路的经济截面积 S_{ec}。

线路最大工作电流 I_{max} 与线路导体经济截面积 S_{ec} 的比值称为线路的经济电流密度，用符号 J 表示，单位为 A/mm^2。

我国 1956 年就发布了导线与电缆的经济电流密度指标以指导电力线路截面积选择。按经济电流密度选择的导体与导线的截面积往往比按载流发热条件选择的截面积大。虽然这会使线路初投资的成本相应增大，但对负荷发展的适应性较好，同时使线路运行损耗减少，运行费用降低。经济电流密度法对提高电力系统的经济性起到了积极作用。

随着社会发展，传统的经济电流密度指标已不能适应改革开放以来电力负荷的迅速增长。长期以来，电力系统设计选择变压器容量配置与电力线路的输送容量时对负荷的长期发展速度考虑不足，一方面容易造成变压器与线路的长期过负荷运行，影响系统的安全性与可靠性，还在一定程度上制约了当地的经济发展；另一方面对未达到使用寿命的变压器与电力线路的扩建扩容造成了前期投资的浪费，新增加了投资，影响了电力系统的长期经济性。

进入 21 世纪后，电力系统引入了全生命周期效益最优的原则。在电力系统规划建设与运行中，如在变电站规划中变压器的容量配置、负荷率要求、电力线路的规划设计等多方面应当落实全生命周期效益最优原则，以提高电力设施在全生命周期中的综合效益。

电力设施的全生命周期成本与其建设投资与运行、报废的成本、电价机制、银行利率、负荷增长率、能源成本增长率等多方面因素相关。电价又与电能生产利用阶段及用户类型有关。在进行相关项目电力工程设计时，应当根据不同的用户类型、电价水平及其最大负荷年运行时间选择适当的经济电流密度。

3. 我国的电价结构与机制

思 考 我国的电价结构与机制是什么样的？电价与哪些因素相关？

我国的电价根据电能的生产、传输分配与使用的阶段分为上网电价、输配电价、销售电价三种。体现发电企业综合成本与效益的为上网电价，体现供电企业（电网公司）综合成本与效益的为输配电价，销售给电力用户的为销售电价。销售电价一般为上网电价与输配电价之和。

我国现阶段的电价政策中，对于发电企业实施单一制或两部制电价，电网的互供电价同样实行单一制电价，对于销售电价根据用户类型采用单一制或两部制电价。两部制电价能更好地体现出实际成本。目前世界上许多国家执行两部制电价。

（1）单一制电价。单一制电价是以用户安装的电能表每月示出的实际用电量为计费依据。实行单一制电价的用户，每月应付电费只与其用电量有关。实施阶梯电价、峰谷分时电价后，用户电费与其各阶梯用电量及用电时段有关，同样与其设备容量无关。

（2）两部制电价。两部制电价就是将电价分成容量电价（基本电价）与电量电价两部分。

1）容量电价（基本电价）。容量电价反映电力工业企业成本中的容量成本，即电力系统建设成本。建成后的电力系统，其基本电价为电价中的固定费用部分。基本电价中，以用户变压器容量计算的称为容量电价；用户无变压器时，按其最大负荷需量计算的，称为需量电价，即基本电费仅与用户设备容量或最大需量有关。

2）电量电价。电量电价反映电力工业企业成本中的电能成本，即电价中的变动费用部分。用户电压等级越低，需要的配电容量与配电线路越多，运行成本增加，其电量电价就越高。电量电费以用户计费表所计量的电量来计算。

容量电价与电量电价分别计算后之和，即为用户应付的全部电费。

电价中还包含了增值税、损耗以及国家为了鼓励节能减排、新能源发展而提出的多项加价与补贴部分。基本电价由国家发展改革委统一规定，电度电价由各省电网根据本地情况确定。对用户的销售电价包含发电厂的上网电价与电网公司的输配电（成本）电价之和。上网电价与发电机组规模、一次能源类型、发电厂位置等因素有关。

我国用户侧电价曾经按用电性质分为生活用电价和动力电价两大类。动力电价又按用途和容量分为大工业、非工业、普通工业和农业生产电价。目前用户侧电价简化为居民生活、农业生产、工商业及其他用电三大类，其中，居民生活、农业生产与部分类型的工商业及其他用电实施单一制电价。

某省电网2021年实施的输配电（成本）价见表7-1，居民生活、农业生产用电销售电价见表7-2，工商业及其他用电销售电价见表7-3。

表7-1　　某省电网输配电价表

用电分类		电量电价（元/kWh）					容量电价	
		1kV以下	1～10kV	35kV	110kV	220kV	最大需量 [元/（kW·月）]	变压器容量 [元/（kVA·月）]
工商业及其他用电	单一制	0.1993	0.1855	0.1717	—	—	—	—
	两部制		0.1809	0.1619	0.1459	0.1169	38	28

表 7-2 某省电网居民生活、农业生产用电销售电价表

用电分类		等级	电量电价（元/kWh）
居民生活用电	一户一表	第一挡	0.5469
		第二挡	0.5969
		第三挡	0.8469
	合表	1kV 以下	0.5550
		1kV 及以上	0.5010
农业生产用电		1kV 以下	0.5400
		1～10kV	0.5250
		35kV 及以上	0.5100

表 7-3 某省电网工商业及其他用电销售电价表

用电分类		电压等级	电量电价（元/kWh）				容量电价	
			尖峰电价	高峰电价	平时电价	低谷电价	最大需量 [元/(kW·月)]	变压器容量 [元/(kVA·月)]
工商业及其他用电	单一制	1kV 以下	1.0394	0.9203	0.6226	0.3249	—	—
		1～10kV	1.0161	0.8998	0.6089	0.3180	—	—
		35kV 及以上	0.9927	0.8791	0.5951	0.3111	—	—
	两部制	1～10kV	1.0102	0.8948	0.6062	0.3177	38	28
		35～110kV 以下	0.9779	0.8663	0.5872	0.3082	38	28
		110～220kV 以下	0.9507	0.8423	0.5712	0.3002	38	28
		220kV 及以上	0.9014	0.7988	0.5422	0.2857	38	28

注 ①高峰时段：8：30～11：00，14：30～21：00；②低谷时段：23：00～7：00；其余时段为“平时”。尖峰电价在 6～8 月实施，尖峰时段：10：00～11：00，19：00～21：00。

练习 7.1 了解自己所在地区的电价及其构成情况。

7.1.2 经济电流密度及其应用

思 考 经济电流密度如何使用？如何选择不同场合下的经济电流密度？

1. 根据经济电流密度计算回路导体经济截面积

对于配电装置汇流母线以外的导体，如电力线路以及发电厂、变电站配电装置中的联络导体，利用经济电流密度可寻求使其在生命周期内具有良好经济性的截面积。负荷与年最大负荷利用小时数较大、长度大于 20m 的回路导体，在选择导体截面时宜参考其经济截面积。

根据经济电流密度求回路导体的经济截面积计算式为

$$S_{ec}=\frac{I_{max}}{J} \tag{7-1}$$

式中：S_{ec}为回路导体的经济截面积，mm^2；I_{max}为回路正常工作情况下的最大持续工作电

流，A；J 为导体的经济电流密度，A/mm²。

当无合适规格时，导体的截面积可按经济电流密度计算截面积的相邻较近的一挡选取。

按经济电流密度选择的回路导体，还必须进行长期发热条件校验，即满足式（7-2）的要求。注意校验发热条件时的 I_{max} 需考虑过负荷与事故转移负荷。

2. 经济电流密度取值

经济电流密度与回路的最大负荷电流、导体电阻、电价、年最大负荷利用小时数、功率因数、生命周期年限、年负荷平均增长率、电源成本增长率、贴现率（年利率）等多种因素有关，还与国家的经济发展阶段及相应技术经济政策有关。

我国在1956年发布的经济电流密度标准见表7-4。此标准按导线种类及年最大负荷利用小时数把经济电流密度分为三个等级，简单易用但忽视了其他多种影响因素。按现在的全生命周期效益最优原则看，此标准 J 取值偏大，使回路导体的经济截面积偏小。

表7-4　　1956年经济电流密度标准　　A/mm²

导线名称	年最大负荷利用小时数（h）		
	3000以下	3000～5000	5000以上
裸铝导线	1.65	1.15	0.9
裸铜导线	3.0	2.25	1.75
铝芯电缆	1.92	1.73	1.54
铜芯电缆	2.5	2.25	2.0

随着社会经济与技术发展，行业权威部门对经济电流密度标准进行了多次修订。1987年发布的架空线路经济电流密度曲线如图7-1所示，经济电流密度可以按导线种类及年最大负荷利用小时数细化，但取值范围接近1956年标准，取值依然偏大。

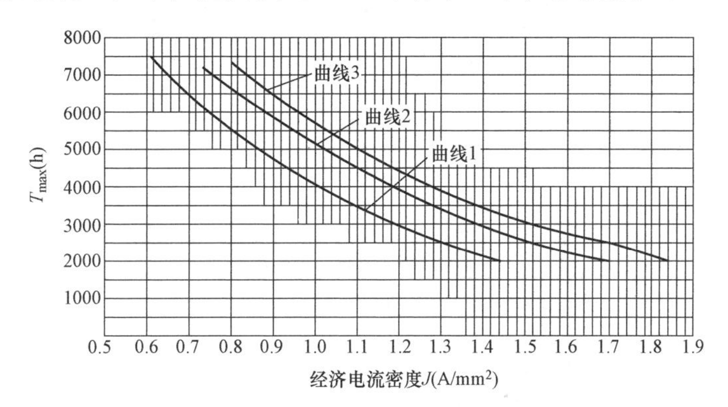

图7-1　1987年架空线路经济电流密度曲线图

曲线1—LJ导线；曲线2—LGJ导线（10kV及以下）；曲线3—LGJ导线（35～220kV）

DL/T 5222—2021《导体和电器选择设计规程》给出了按发电厂，供电单位及低、中、高电价用户的多种类型电力电缆和母线的经济电流密度曲线。

近期的相关标准与规范，如DL/T 5729—2016《配电网规划设计技术导则》中的配电线路截面规定与GB 50217—2018《电力工程电缆设计标准》中的经济电流密度取值已较好体现出全生命周期效益最优原则。GB 50217—2018《电力工程电缆设计标准》给出了按年最大负荷利用小时数和单一制与两部制电价下的10kV及以下电力电缆的经济电流密度曲线，其中铜、铝电力电缆在两部制电价为0.540元/kWh时的经济电流密度曲线如图7-2所示，其他电价的经济电流密度曲线可参考该设计标准。

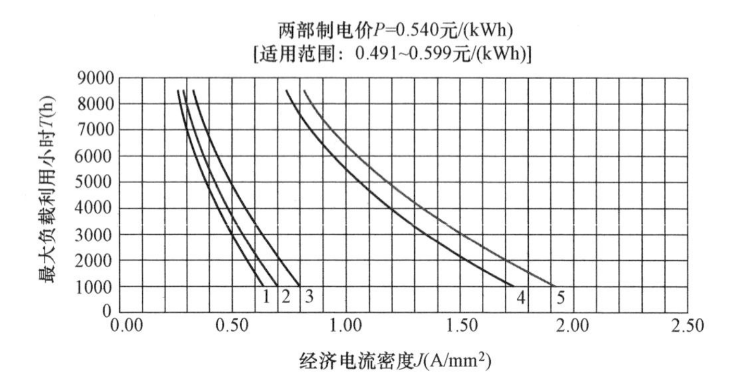

图7-2　2018年电力工程铜、铝电力电缆两部制某电价时经济电流密度曲线图

曲线1—VLV-1、VLV_{22}-1电力电缆；曲线2—YJLV-10（6）、$YJLV_{22}$-10（6）电力电缆；

曲线3—YJLV-1、$YJLV_{22}$-1电力电缆；曲线4—YJV-1、YJV_{22}-1、YJV-10（6）、YJV_{22}-10（6）电力电缆；

曲线5—VV-1、VV_{22}-1电力电缆

2019年版的《电力工程设计手册 变电站设计》（ISBN 978-7-5198-3064-9）中，对变电站中需要采用经济电流密度法进行选择的配电装置联络导体，给出的两部制某电价下铜、铝导体的经济电流密度曲线如图7-3所示。其他场合下联络导体的经济电流密度曲线图可参考最新的电力工程设计手册。

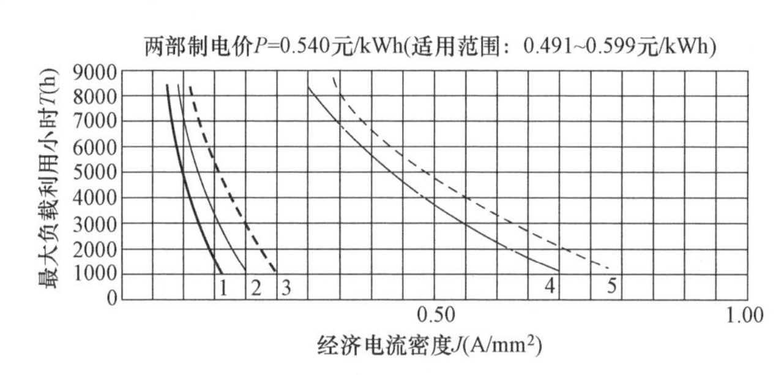

图7-3　2019年发电厂、变电站配电装置铜、铝联络导体经济电流密度曲线图

曲线1—共箱铝母线；曲线2—钢芯铝绞线、矩形与槽形铝母线；曲线3—扩径钢芯铝绞线；

曲线4—矩形铜母线；曲线5—共箱铜母线

其中不同类型用户的年最大负荷利用小时数参考值见表1-4。6个电价及其适用范围见表7-5，电价范围由低到高分别适用于发电厂、供电企业、低电价、中电价到高电价的用户。

表7-5　电价及其适用范围　元/kWh

序号	1	2	3	4	5	6
电价	0.298	0.363	0.443	0.540	0.659	0.804
适用范围	0.271～0.330	0.330～0.403	0.403～0.491	0.491～0.599	0.599～0.731	0.731～0.892

长期来看，经济电流密度的取值在逐渐减小。按新的经济电流密度标准计算得到的回路导体经济截面积比旧的截面积大很多，但综合费用反而更少。在同一时期的经济电流密度曲

线图中可以看出，T_{max}越高，导体的经济电流密度J越小；两部制电价比相同价格单一制电价的经济电流密度小；电价越高，导体的经济电流密度J越小，导体的经济截面积越大。

多个地区的电力研究机构结合当地条件对本地区电力线路的经济电流密度取值做了一些研究，提出了适合本地的经济电流密度取值建议，具体可参考有关资料。

我国相关权威部门虽然还没有发布新的架空线路经济电流密度曲线，但是近期的电网规划设计规程或技术导则中，已对电力线路导线截面积选择提出了基于全生命周期效益最优原则的要求。

7.1.3　配电网规划中电力线路导线选择要求

电力系统中电力线路输送容量的长期增长率一般较大，而普通用户的电力线路一般根据确定的负荷功率选择截面积。电力系统中电力线路，尤其是配电网规划中电力线路导线截面积的选择应结合其全生命周期进行。DL/T 5729—2016《配电网规划设计技术导则》对配电网中电力线路的导线截面积选取提出了以下要求。

1. 35～110kV线路导线选取

35～110kV线路导线截面积宜综合饱和负荷需求、线路全生命周期选定，并适当留有裕度；线路导线截面积应与电网结构、变压器容量和台数相匹配。

各类供电区域电力线路导线截面积选取建议：

A+、A、B类供电区域110（66）kV架空线路截面积不宜小于240mm²，35kV架空线路截面积不宜小于150mm²。

C、D、E类供电区域110kV架空线路截面积不宜小于150mm²，66kV、35kV架空线路截面积不宜小于120mm²。

2. 10kV线路导线选取

10kV配电网主干线路截面积宜综合饱和负荷状况、线路全生命周期一次选定。导线截面积选择应系列化，同一规划区的主干线导线截面积不宜超过3种。

配电系统各级容量应保持协调一致，上一级主变压器容量与10kV出线间隔数及线路导线截面应相互配合，可参考表7-6。

表7-6　主变压器容量与中压配电网10kV出线间隔及线路导线截面积配合推荐表

上一级主变压器容量（MVA）	10kV出线间隔数	10kV主干线路截面积（mm²）		10kV分支线路截面积（mm²）	
		架空	电缆	架空	电缆
80、63	12及以上	240、185	400、300	150、120	240、185
50、40	8～14	240、185、150	400、300、240	150、120、95	240、185、150
31.5	8～12	185、150	300、240	120、95	185、150
20	6～8	150、120	240、185	95、70	150、120
12.5、10、6.3	4～8	150、120、95	—	95、70、50	—
3.15、2	4～8	95、70	—	50	—

注　1. 中压架空线路通常为铝芯，C类及以上供电区域架空线宜采用架空绝缘线。

2. 表中推荐的电缆为铜芯，也可以采用相同载流量的铝芯电缆。

7.2 配电装置母线与联络导体选择

思 考 发电厂变电站中硬导体选择的基本步骤有哪些？

7.2.1 一般规定

配电装置中的汇流母线及其与电气设备之间的联络导体设计应符合现行行业标准 DL/T 5222—2021《导体和电器选择设计规程》的要求。

配电装置的汇流母线及其与变压器、电抗器、电缆和架空线等相关设备的连接方式应根据电气设备总体布置、技术经济合理、安装维修方便、减少施工干扰等诸方面综合比较后确定。

（1）配电装置的汇流母线可以选择硬导体、软导线、SF_6 气体绝缘母线等多种方式。

（2）主变压器与各级电压配电装置之间的连接可采用钢芯铝绞线、共箱式母线、SF_6 气体绝缘母线、绝缘管母线、电缆、母线桥等多种方式。主变压器与各级电压配电装置之间宜按以下原则选择联络方式：

1）主变压器引线跨越运输道路与配电装置的连接可采用软导线。

2）开关柜与主变压器之间的连接可采用共箱式母线、绝缘管母线。当共箱式金属封闭母线通过不同防火分区的隔墙时应采用穿墙套管过渡。

3）当主变压器距 66～500kV 配电装置较近时，宜采用 SF_6 气体绝缘母线。

（3）配电装置内部及与站内电气设备之间宜按以下原则选择联络方式：

1）10～35kV 开关柜之间的联络导体宜采用共箱式金属封闭母线，当条件不允许时可采用绝缘管母线或电缆。

2）配电装置与站内并联电抗器、电容器组、站用变压器、接地变压器等电气设备之间的联络导体宜采用电缆。

3）站用变压器与低压配电屏之间的联络宜采用电缆或低压封闭母线槽。

（4）导体应按电流、电晕、动稳定、热稳定、经济电流密度等技术条件进行选择或校验，对重要的和大电流的回路，要校验共振。

7.2.2 导体材料、类型与布置方式

配电装置中的载流导体主要分为硬导体、软导线和封闭母线。载流导体一般选用铝、铝合金或铜材料，其中铜导体的电阻率最低，机械强度大，抗腐蚀性强，但价格较高。

普通导体的正常最高工作温度不宜超过 70℃，计及日照时，可按不超过 80℃考虑。短路时最高允许温度铝、铝合金导体为 200℃，铜导体为 300℃。

导体的长期载流量应按所在地区的海拔与环境温度进行修正。采用多导体结构时，应考虑邻近效应和热屏蔽对载流量的影响。

对于 220kV 及以下配电装置中的软导线，电晕对选择导线截面一般不起主要作用，可

根据负荷电流选择导线截面。软导线的结构可采用单根钢芯铝绞线或由多根钢芯铝绞线组成的复合导线。330kV 配电装置中的软导线宜采用空心扩径导线。对于 500kV 及以上的配电装置，软导线宜采用空心扩径导线或铝合金绞线组成的分裂导线。

1. 硬导体

硬导体一般为矩形、槽形和管形。矩形导体材料主要为铝和铜。槽形导体主要为铝。管形导体使用铝合金，其中铝镁合金导体机械强度大，使用广泛；铝锰合金导体载流量大但强度较低，需采取一定的补强措施。

对持续工作电流 4000A 以上或污秽对铝有较严重腐蚀的场所、位置特别狭窄铝导体安装困难时，宜选铜导体。

(1) 矩形导体。单片矩形导体集肤效应系数小，散热条件好、安装简单、连接方便，适用于工作电流不超过 2000A 的回路中。当单片导体的载流量不能满足要求时，每相可采用2～4条并列使用。多片导体适用于工作电流不超过 4000A 的回路中。超过每相 3 片时，多片导体的集肤效应系数显著增大，附加损耗增大。矩形母线导体的布置方式如图 7-4 所示。10kV 开关柜中，矩形母线一般为三相导体直角三角形布置，如图 4-29 中开关柜母线室所示。

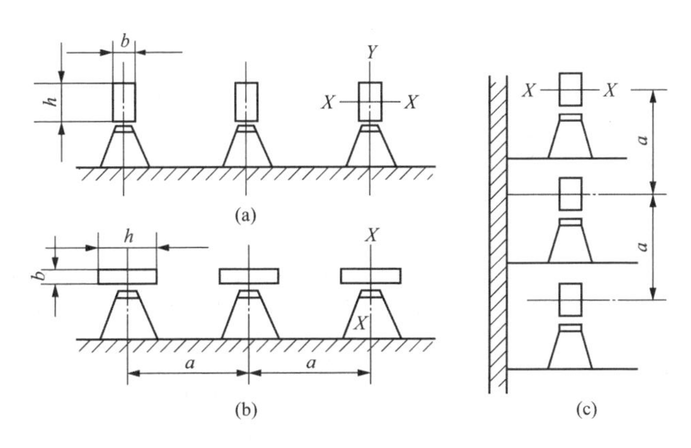

图 7-4　矩形母线布置方式

(a) 三相水平布置、母线竖放；(b) 水平布置、母线平放；(c) 垂直布置，母线竖放

(2) 槽形导体。槽形导体的电流分布较均匀、散热条件好、机械强度大，一般双槽使用，安装较方便，适用于工作电流 4000～8000A 的回路中。超过上述电流值时，会引起附近钢构件的严重发热，不推荐使用。这时可使用封闭母线。

(3) 管形导体。管形导体是空心导体。集肤效应系数小，有利于提高电晕的起始电压，在 110kV 及以上高压配电装置中采用硬导体时，宜采用铝合金管形导体，但导体与设备端子连接较复杂，用于户外时易产生微风振动。

2. 封闭母线

当发电机组引出线和变压器低压侧引出线回路电流很大时，一般使用由工厂成套生产的封闭母线，便于安装维护且从根本上解决了大电流引起的附近钢构严重发热问题。

封闭母线主要包括离相封闭母线、共箱母线、电缆母线、气体绝缘输电线路 GIL。

封闭母线及其成套设备应按电压、电流、频率、绝缘水平、动稳定、热稳定、使用环境等条件进行选择与校验。

(1) 离相封闭母线。离相封闭母线主要应用于大中型发电机组引出线，其每相导体和外壳均采用铝管结构。外壳采用全连式，即每相外壳全长连通，终端通过短路板短接。外壳基本处于等电位，接地方式大为简化。离相封闭母线结构如图 7 - 5 所示。

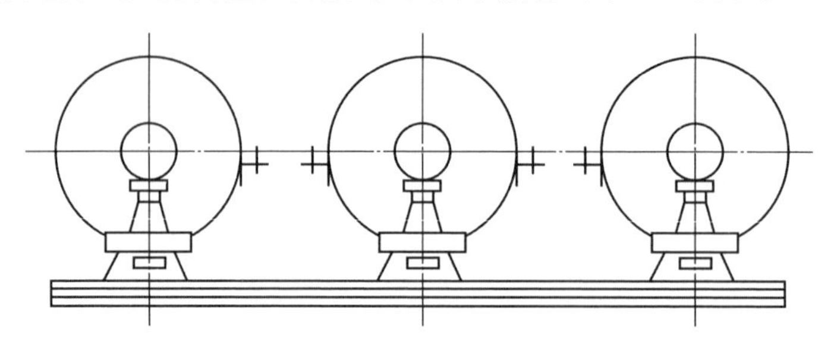

图 7 - 5　离相封闭母线结构示意图

(2) 共箱母线。共箱母线多用于配电装置中变压器低压侧引出线及母线间的连接。

其结构为三相的多片矩形导体装设在支柱绝缘子或绝缘板上，外用金属薄板制成罩箱。共箱母线及其中的导体安装如图 7 - 6 所示。图中上部为支持式导体，下部为悬吊式导体。共箱母线本体的安装可采用支持式或悬吊式或两者兼有。

(3) 气体绝缘金属封闭管道母线 GIL。在 GIS 配电装置中，一些长距离 GIS 管道母线开始由 GIL 替代。GIL 管道母线安全可靠性更高；输送容量大，布置紧凑、灵活、具有较好的电磁屏蔽效果；全封闭结构，不存在污闪、雷击等问题，更适合户外环境；节约投资 10% 以上。

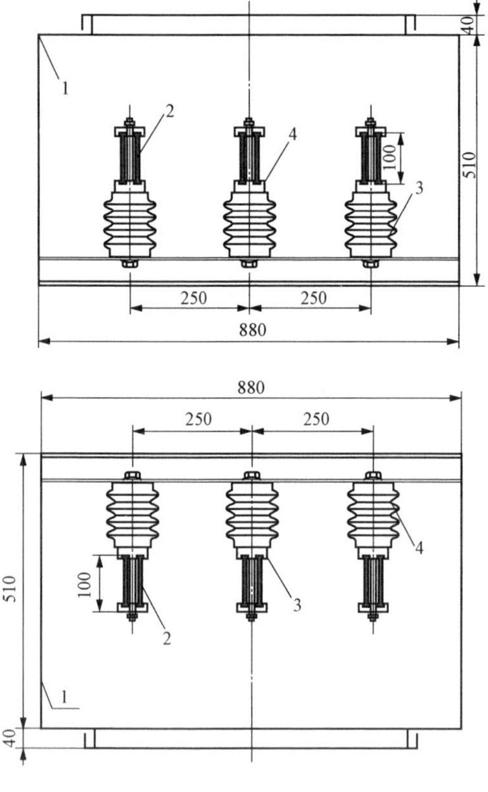

图 7 - 6　共箱母线装置断面图

1—外壳；2—导体；3—金具；4—绝缘子

7.2.3　导体截面积选择与校验

1. 汇流母线及短导体按导体的长期发热允许电流选择

配电装置的汇流母线及长度在 20m 以下的导体等，一般应按长期发热允许电流选择其截面积，导体的最大工作电流应不大于考虑修正系数后的长期允许电流，即

$$KI_{al} > I_{max} \tag{7 - 2}$$

式中：K 为温度与海拔综合校正系数；I_{al} 为相应导体在某安装方式下的长期允许载流量基准值，A。

矩形铝导体在最高允许温度 70℃、基准环境温度 25℃、无风无日照条件下的长期载流量与集肤效应系数见附录表。同样截面积铜导体的载流量是铝导体的 1.27 倍。常用钢芯铝绞线的长期允许载流量及计算数据见附录表D-2。裸导体载流量在不同海拔及环境温度下的综合修正系数见表7-7。

表7-7 裸导体载流量在不同海拔及环境温度下的综合修正系数

导体最高允许温度（℃）	适用范围	海拔（m）	实际环境温度（℃）						
			+20	+25	+30	+35	+40	+45	+50
+70	屋内矩形、槽形、管形导体和不计日照的屋外软导线	1000及以下	1.05	1.00	0.94	0.88	0.81	0.74	0.67
+80	计及日照的屋外软导线	1000及以下	1.05	1.00	0.95	0.89	0.83	0.76	0.69
		2000	1.01	0.96	0.91	0.85	0.79		
		3000	0.97	0.92	0.87	0.81	0.75		
		4000	0.93	0.89	0.84	0.77	0.71		
	计及日照的屋外管形导体	1000及以下	1.05	1.00	0.94	0.87	0.80	0.72	0.63
		2000	1.00	0.94	0.88	0.81	0.74		
		3000	0.95	0.90	0.84	0.76	0.69		
		4000	0.91	0.86	0.80	0.72	0.65		

2. 大容量与较长回路导体按经济电流密度选择

配电装置汇流母线之外的导体，年最大负荷利用时数多（>5000h）、长度在20m以上、传输容量较大的回路，如发电机和变压器引出线，其截面积一般按经济电流密度选择，可使其经济性更佳。导体的经济截面积可按式（7-1）计算。

3. 硬导体截面积校验

（1）按电晕条件校验。导体的电晕放电会产生电能损耗、噪声、无线电干扰和金属腐蚀等不良影响。为了防止发生全面电晕，要求110kV及以上裸导体的电晕临界电压U_{cr}应大于其最高工作电压U_{max}。

在海拔不超过1000m的地区，下列情况可不进行硬导体电晕电压校验：

110kV采用了外径不小于20mm型管形导体时；

220kV采用了外径不小于30mm型的管形导体时。

（2）短路热稳定校验。硬导体截面积S应大于满足热稳定要求的最小截面积S_{min}，即

$$S \geqslant S_{min} = \frac{1000}{C}\sqrt{Q_k K_s} \tag{7-3}$$

式中：S_{min}为硬导体热稳定最小截面积，mm^2；C为热稳定系数，与导体材料及发热温度有关，短路前硬导体温度按最高允许温度时铝导体取89，铜导体取169；Q_k为短路电流的热效应，kA^2·s；K_s为导体的集肤效应系数。

（3）短路动稳定校验。硬导体的动稳定校验条件为最大计算应力σ_{max}不大于导体的最大允许应力σ_{al}，即

$$\sigma_{max} \leqslant \sigma_{al} \tag{7-4}$$

式中：σ_{max}为硬导体的最大计算应力；σ_{al}为硬导体的最大允许应力，铝及铝合金为30～

125MPa，硬铝为 70MPa，硬铜为 170MPa，$1MPa=1\times10^6 N/m^2=100\ N/cm^2$。

1）单条硬导体的最大计算应力计算与校验。矩形导体母线可以视为均匀荷载作用的多跨连续梁，单条矩形导体最大计算应力 σ_{max} 等于其最大相间计算应力 σ_{ph}。对于三相导体布置在同一平面的矩形导体，相间应力为

$$\sigma_{ph}=\frac{F_{max}L^2}{10W} \tag{7-5}$$

式中：σ_{ph} 为硬导体的最大相间计算应力，N/m^2；F_{max} 为单位长度导体上短路最大电动力，N/m；L 为母线绝缘子间的跨距，m；W 为导体的截面系数，m^3，即导体对垂直于电动力作用方向轴的抗弯矩，与导体尺寸和布置方式有关，见表 7-8。

表 7-8　　不同形状和布置的母线截面系数与惯性半径

母线布置草图及其截面形状	截面系数 W	惯性半径 r_1
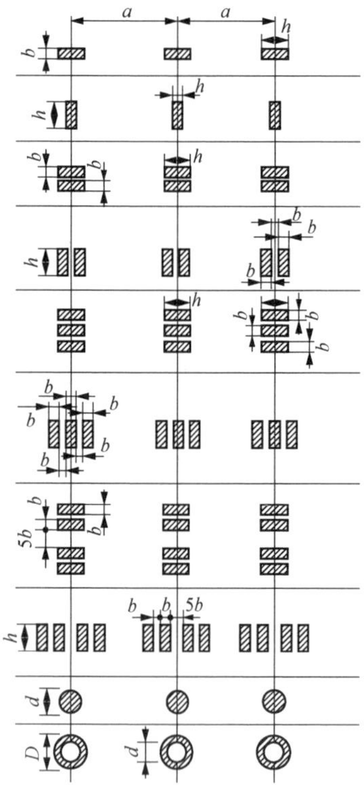	$0.167bh^2$	$0.289h$
	$0.167b^2h$	$0.289b$
	$0.333bh^2$	$0.289b$
	$1.44h^2h$	$1.04b$
	$0.5bh^2$	$0.289b$
	$3.3b^2h$	$1.66b$
	$0.667bh^2$	$0.289b$
	$12.4b^2h$	$4.13b$
	$\sim0.1d^2$	$0.25d$
	$\sim0.1\frac{D^4-d^4}{D}$	$\frac{\sqrt{D^2+d^2}}{4}$

注　b，h，d 及 D 的单位为厘米。

不满足动稳定时，可适当减小支柱绝缘子跨距 L，重新计算，也可以用绝缘子间最大允许跨距 L_{max} 校验动稳定。只要支柱绝缘子跨距 $L\leqslant L_{max}$，即可满足动稳定要求。各种尺寸与布置方式矩形导体的最大允许跨距的计算可查电力工程设计手册。导体支柱绝缘子跨距一般不超过 1.5m。

矩形导体母线直角三角形布置时的应力计算、槽形与管形母线的动稳定校验见相关电力工程设计手册。

2）多条矩形导体母线的应力计算与校验。每相为多条导体时，除受相间电动力的作用外，矩形导体还受到同相中条与条之间的电动力作用，满足动稳定时，应当有

$$\sigma_{max} = \sigma_{ph} + \sigma_{b} \leqslant \sigma_{al} \tag{7-6}$$

多条矩形导体的相间计算应力 σ_{ph} 与单条矩形导体时的相同，按式（7-5）计算。

多条导体中，相邻导体条间距离一般为矩形导体厚度 b 的2倍或等于导体厚度。由于条间距离很小，故条间应力 σ_b 比相间应力 σ_{ph} 大。为了减小条间计算应力，一般在同相导体的条间每隔30～50cm装设一个金属衬垫，如图7-7所示。衬垫跨距 L_b 可通过动稳定校验条件式（7-11）～式（7-13）来确定。

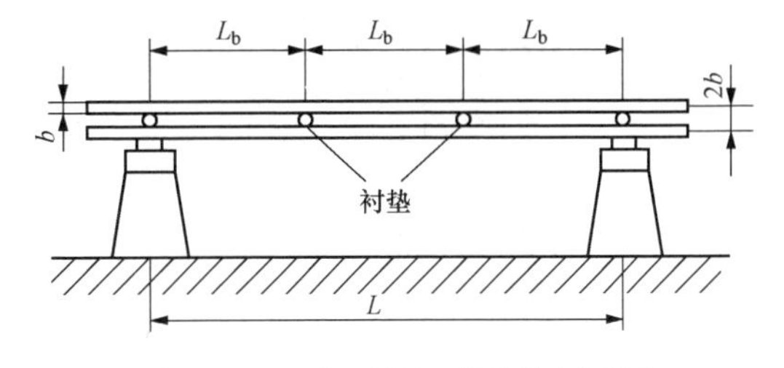

图7-7　双条平放矩形导体侧视图

每相多条矩形导体中，同相导体条间的电动力的应力为

$$\sigma_b = \frac{F_b L_b^2}{hb^2} \tag{7-7}$$

式中：σ_b 为同相导体条间的电动力的应力，N/m^2；F_b 为单位长度导体的条间电动力，N，可按式（7-8）、式（7-9）计算；L_b 为每相导体条间衬垫的跨距，m；b 为导体厚度，m；h 为导体高度，m。

每相为两条导体时，单位长度导体条间的电动力为

$$F_b = 2.55K_{12}\,\frac{i_{sh}^2}{b} \tag{7-8}$$

每相为三条导体时，单位长度导体条间的电动力为

$$F_b = 0.8(K_{12} + K_{13})\,\frac{i_{sh}^2}{b} \tag{7-9}$$

式中：K_{12} 和 K_{13} 分别是第1、2条导体和第1、3条导体间的形状系数，如图7-8（a）所示。

对于条间距离等于导体厚度，每相由2～3条矩形导体组成时，式（7-8）、式（7-9）可简化为

$$F_b = 9.8K_x\,\frac{i_{sh}^2}{b} \tag{7-10}$$

式中：K_x 为条间形状系数，可由图7-8（b）查得。

按 $\sigma_{max} = \sigma_{ph} + \sigma_b \leqslant \sigma_{al}$ 校验动稳定时，为避免重复计算导体条间衬垫跨距 L_b，常用条间最大允许衬垫跨距 L_{bmax} 进行校验。令 $\sigma_{max} = \sigma_{al}$，得到条间最大允许应力为 $\sigma_{bmax} = \sigma_{al} - \sigma_{ph}$，代入式（7-7），有导体条间衬垫的最大允许跨距 L_{bmax} 为

$$L_{bmax} = b\sqrt{\frac{h(\sigma_{al} - \sigma_{ph})}{F_b}} \tag{7-11}$$

式中：L_{bmax} 单位为m；b 为矩形导体的厚度（短边）、h 为矩形导体的宽度，单位m；σ_{al} 为导体的允许应力，σ_{ph} 为导体相间的计算应力，$10^6\,N/cm^2$；F_b 为单位长度导体的条间电动力，N。

为防止因 L_b 过大，同相各条导体在条间电动力作用下弯曲接触，还应计算导体条间衬垫的临界跨距 L_{cr}，有

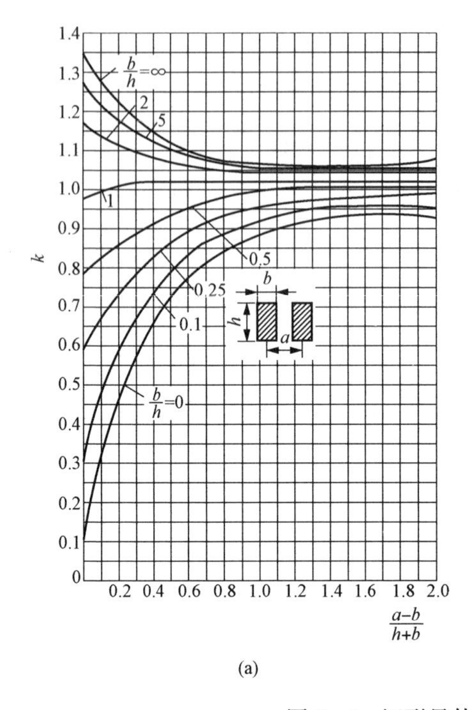

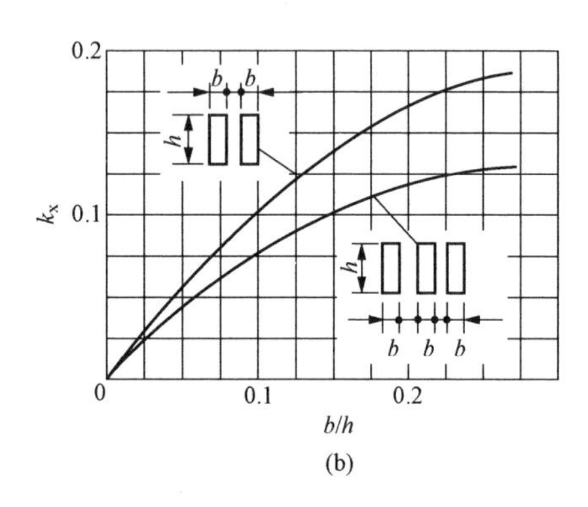

图 7-8 矩形导体形状系数 K 曲线

(a) 形状系数 K 曲线；(b) 条间形状系数 K_x 曲线

$$L_{cr} = 1.77\lambda b\sqrt[4]{\frac{h}{F_b}} \tag{7-12}$$

式中：L_{cr}为厘米；b 为矩形导体的厚度（短边），cm；h 为矩形导体的宽度，cm；λ 为系数，取值各不相同取值（铝：每相双条时为 57，三条为时 68；铜：每相双条时为 65，三条为时 77）；F_b为单位长度导体的条间电动力，N。

多条导体的动稳定还应当满足

$$L_b = \frac{L}{n+1} \leqslant \min(L_{bmax}, L_{cr}) \tag{7-13}$$

式中：L_b为导体条间衬垫的跨距，m；L 为绝缘子之间的跨距，m；n 每跨中衬垫个数；L_{cr}为多条导体条间衬垫的临界跨距，m。

【例 7-1】 某降压变电站两台 50000kVA 主变压器分列运行，额定电压为 110/10.5kV。10kV 侧母线户内三相水平布置，相间距离 a=0.5m，支持绝缘子跨距 L=1.1m。主保护动作时间为 0.1s，后备保护动作时间为 2.2s，无限容量系统下短路电流 25kA，断路器全开断时间为 0.1s，户内环境温度为 37℃。试选择变电站 10kV 母线导体。

解：(1) 汇流母线按最大持续工作电流发热条件选择导体截面积。

变压器 10kV 侧回路正常时的最大持续工作电流为

$$I_{max} = 1.05\frac{S_{NT}}{\sqrt{3}U_{N2}} = 1.05\times\frac{50000}{\sqrt{3}\times 10.5} = 2887(\text{A})$$

考虑变压器短时 1.3 倍过负荷时，其 10kV 侧回路最大持续工作电流为

$$I_{max.0} = 1.3\frac{S_{NT}}{\sqrt{3}U_{N2}} = 1.3\times\frac{50000}{\sqrt{3}\times 10.5} = 3574(\text{A})$$

室内环境温度为37℃时，温度修正系数为

$$K_\theta=\sqrt{\frac{\theta_{al}-\theta}{\theta_{al}-\theta_0}}=\sqrt{\frac{70-37}{70-25}}=0.86$$

由 $I_{max}\leqslant KI_{al}$，可得母线导体的最小基准载流量为

$$I_{al.min}\geqslant\frac{I_{max}}{K_\theta}=\frac{3574}{0.86}=4156(A)$$

附录D-1中矩形铝导体LMY的长期允许载流量表，并根据铜导体TMY的载流量是同截面积铝导体的1.27倍，可知有两种导体的基准载流量 I_{al}满足长期发热条件要求，可选：

3×LMY-100×10矩形铝导体三条竖放，基准载流量 $I_{al}=4194A>4156A$。$K_s=1.80$；或2×TMY-125×10矩形铜导体双条竖放，基准载流量为 $I_{al}=1.27\times3282=4168$（A）>4156A。

一般应选择2×TMY-125×10双条竖放，集肤效应系数 $K_s=1.45$（以下按此规格校验）。

(2) 热稳定校验。母线的短路电流持续时间按主保护动作时间，有 $t_k=0.1+0.1=0.2$（s），则

$$Q_p=\frac{t_k}{12}(I''^2+10I_{t_k/2}{}^2+I_{t_k}{}^2)=0.2\times25^2=125(kA^2\cdot s)$$

$$Q_{np}=TI''^2=0.05\times25^2=31.25(kA^2\cdot s)$$

短路电流热效应 $Q_k=Q_p+Q_{np}=125+31.25=156.25$（$kA^2\cdot s$）

计算热稳定最小截面积，铜导体热稳定系数 $C=169$，有

$$S_{min}=\frac{1000}{C}\sqrt{Q_k k_s}=\frac{1000}{169}\times\sqrt{156.25\times1.45}=89(mm^2)$$

所选导体截面积 $S=2\times125\times10=2500(mm^2)>S_{min}=89mm^2$，满足热稳定要求。

(3) 汇流母线需进行共振校验。

查表7-8，两条竖放导体的惯性半径公式为 $r_0=1.04b$，有 $r_0=1.04\times0.01=0.0104$(m)，计算该导体的固有频率 f_0，ε为材料系数，铝为155，铜为114，有

$$f_0=112\frac{r_0}{L^2}\varepsilon=112\times\frac{0.0104}{1.1^2}\times114=110(Hz)<155Hz$$

需考虑共振影响，查图6-4中曲线，取动态应力系数 $\beta=1.28$。

(4) 动稳定校验。短路冲击电流 $i_{sh}=2.55I''=2.55\times25=63.75$（kA）。

单位长度导体相间电动力计算：本题每相2×TMY-125×10矩形导体竖放，条间距离等于导体厚度时，其 a、b、h 分别为500、10、125mm，其 $\frac{a-b}{b+h}=\frac{500-10}{10+125}=3.63>2$，故形状系数 $K=1$，则单位长度导体相间的最大电动力为

$$F_{max}=1.73\times10^{-1}K\frac{L}{a}i_{sh}^2\beta=1.73\times10^{-1}\times1\times\frac{1.1}{0.5}\times63.75^2\times1.28=1980(N)$$

导体相间应力为 $\sigma_{ph}=\frac{F_{max}L^2}{10W}$，查表7-8并计算，得到导体的截面系数 $W=1.44hb^2=1.44\times0.125\times0.01^2=18\times10^{-6}$（$m^3$），有

$$\sigma_{ph}=\frac{F_{max}L^2}{10W}=\frac{1980\times1.1^2}{10\times18\times10^{-6}}=13.3\times10^6(N/m^2)=13.3(MPa)$$

取每相条间距离等于导体厚度，根据式（7-10），单位长度上的条间电动力为

$$F_b = 9.8K_x \frac{i_{sh}^2}{b} \times 10^{-2}$$

根据 $\frac{b}{h} = \frac{10}{125} = 0.08$，可由图7-8（b）中曲线查得条间形状系数 K_x 为0.09，则单位长度上双条导体的条间电动力为

$$F_b = 9.8K_x \frac{i_{sh}^2}{b} \times 10^{-2} = 9.8 \times 0.09 \times \frac{63.75^2}{0.01} \times 10^{-2} = 3585(\text{N})$$

求导体条间衬垫的临界跨距。每相双条铜导体时 λ 为65，b、h 单位采用厘米，有

$$L_{cr} = 1.77\lambda b \sqrt[4]{\frac{h}{F_b}} = 1.77 \times 65 \times 1 \times \sqrt[4]{\frac{12.5}{3585}} = 28.0(\text{cm})$$

若每跨选取1个衬垫时，$L_b = 1.1/2 = 0.55$（m）$> L_{cr} = 0.28$m，不满足动稳定要求。

每跨选取3个衬垫，有

$$L_b = \frac{L}{n+1} = \frac{1.1}{3+1} = 0.275\text{m} < 0.28\text{m}$$

此时导体的条间应力为

$$\sigma_b = \frac{F_b L_b^2}{hb^2} = \frac{3585 \times 0.275^2}{0.125 \times 0.01^2} = 21.7 \times 10^6(\text{N/m}^2) = 21.7(\text{MPa})$$

双条铜导体的最大应力为

$$\sigma_{max} = \sigma_{ph} + \sigma_b = 13.3 + 21.7 = 35.0(\text{MPa}) < \sigma_{al} = 170(\text{MPa})$$

满足动稳定要求。

故所选母线2×TMY-125×10满足要求。

7.3 架空电力线路导线选择

思 考　架空电力线路导线选择的基本步骤是什么？

7.3.1 一般要求

架空电力线路的导线一般采用钢芯铝绞线，中压线路可采用铝绞线，地线可采用镀锌钢绞线。在沿海和其他对导线腐蚀比较严重的地区，可使用耐腐蚀、增容导线。导线的型号应根据电力系统规划设计和工程技术条件的要求确定。导线截面积超过300mm^{2}时，宜采用分裂导线。地线的型号应根据防雷设计工程技术条件的要求确定。

市区10kV及以下架空线路遇下列情况时，可采用绝缘铝绞线：线路走廊狭窄，与建筑物的安全距离不能满足安全要求；高层建筑邻近地段；繁华街道或人口密集地区；游览区和绿化区；空气严重污秽地段；建筑施工现场。

导线在通过正常最大负荷电流时产生的发热温度不超过其正常运行时的最高允许温度。导线在通过正常最大负荷电流时产生的电压损失应小于规定的电压损失，以保证供电质量。

架空线路的导线在运行时要承受导线自重、风压、冰冻等。在正常工作条件下，导线应

有足够的机械强度以防止断线，故要求导线截面积不应小于机械强度允许最小截面积。

导线正常条件下应能够避免电晕的发生。

高压架空输电线路的导线截面积，宜根据系统需要按照经济电流密度选择。

大跨越的导线截面积宜按允许载流量选择，其允许最大输送电流应与陆上线路相配合，并通过综合技术经济比较确定。

35～110kV电力线路跨区域供电时，导线截面积宜按高标准区域选取。导线截面积选取宜适当留有裕度，避免频繁更换导线。

7.3.2　导线选择与校验

1. 导线形式选择

不同场合架空线路的导线类型及其性能特点如下：

(1) 普通线路导线：使用钢芯铝绞线、铝合金绞线、铝包钢芯铝绞线、铝合金芯铝绞线，强度一般，载流量较大，耐振能力一般。

(2) 普通线路地线：使用钢绞线或光纤复合地线，强度较高，耐振能力一般。

(3) 大跨越导线：使用多种高强度导线，载流量较高，耐振能力一般。

(4) 大跨越地线：使用高强度的铝包钢绞线、钢绞线或光纤复合地线，耐振能力高。

(5) 重污染线路：使用防腐型钢芯铝绞线或铝包钢芯铝绞线，载流量较高，耐振能力一般。

(6) 增容改造线路导线：使用铝合金绞线或钢芯耐热铝合金绞线，强度一般，载流量高，耐振能力一般。

(7) 重覆冰线路：使用强度较高的钢芯铝绞线或钢芯铝合金绞线，载流量较高，耐振能力一般。

(8) 城镇架空中低压配电线路：使用架空绝缘导线，其导线采用铝绞线或钢芯铝绞线，外包绝缘层，可大大减少裸导线的单相接地故障。

2. 导线截面积选择

导线截面积选择应保证安全经济地输送电能。电力系统中的电力线路应当按照系统规划的要求选择导线截面积，详见7.1.3节。

大容量、高最大负荷利用小时数的用户线路的导线截面积一般先按经济电流密度初选导线经济截面积，见式(7-1)；负荷不大且基本无较大增长的用户线路可按载流量发热温度条件选择截面积，见式(7-2)。

导线截面积确定后，再按允许电压损失、发热、电晕、机械强度等条件校验，且满足可听噪声和无线电干扰的指标。钢芯铝绞线机械强度的最小截面积要求为25mm²，铝绞线机械强度的最小截面积要求为35mm²，一般架空线路的截面积都能满足机械强度要求。

3. 电压损失校验

电压损失ΔU是指线路首端电压U_1和末端电压U_2的绝对值之差。电压损失通常以线路额定电压的百分数表示，即

$$\Delta U\% = \frac{U_1 - U_2}{U_N} \times 100\% = \frac{\Delta U}{U_N} \times 100\% \tag{7-14}$$

电力线路的电压损失 $\Delta U\%$一般不应大于 5%。

对于 110kV 及以上的高压输电线路，一般通过无功补偿等调压手段来满足电压质量，可不校验导线的电压损失。

公共配电网中，一般通过配电网规划确定配电线路的导线截面与较短的供电半径来满足末端电压质量的要求。在规划的导线截面积与正常负荷下，10kV 电力线路的供电半径如下：

(1) A+、A、B 类供电区域不宜超过 3km；

(2) C 类供电区域不宜超过 5km；

(3) D 类供电区域不宜超过 15km。

配电网中的线路和用户的中低压电力线路应校验线路电压损失。工程简化后的电力线路电压损失计算公式为

$$\Delta U = \frac{P_2 R + Q_2 X}{U_N} = \frac{P_2 L}{U_N}(r_1 + x_1 \tan\varphi) \tag{7-15}$$

式中：ΔU 为电力线路的电压损失，V；P_2 为线路末端负荷最大有功功率，kW；Q_2 为线路末端负荷无功功率，kvar；R、X 为输电线路的总电阻与总电抗，Ω；U_N 为电力线路的标称电压，kV；L 为线路的长度，km；r_1、x_1 为线路单位长度的电阻与电抗，Ω/km；φ 为负荷的功率因数角。

结合式（7-14）与式（7-15），可得到电压损失百分数 $\Delta U\%$的计算公式为

$$\Delta U\% = \frac{100 P_2 L}{U_N^2}(r_1 + x_1 \tan\varphi) \tag{7-16}$$

式中：P_2 为线路末端负荷最大有功功率，MW；其他参数含义及单位同上式。

4. 按电晕条件校验

高压架空电力线路正常条件下应当避免电晕的发生，一般通过限定不同电压等级线路的最小截面积可以保证。66kV 及以下的架空线路不考虑电晕影响。海拔不超过 1000m 的地区，110kV 及以上的架空线路在常用相间距离下，不用考虑电晕校验的最小规格见表7-9。线路电晕校验的方法见相关参考资料。

表 7-9　不用考虑电晕校验的各级电压架空线路导线最小规格

标称电压（kV）	110	220	330	500
导线型号规格	LGJ-70	LGJ-300	LGKK-600 2×LGJ-300	2×LGKK-600 3×LGJ-500

【例 7-2】 C 类供电区 35kV 某架空电力线路长度 20km，规划饱和输送功率 9.4MW，功率因数按 0.94 计。线路采用钢芯铝绞线，环境温度为 40℃ 。试完成：

(1) 按经济电流密度 J 分别取 1.65、1.15、0.9A/mm² 和 0.6A/mm² 时，选择此回路的导线截面积规格。

(2) 校验其中最小与最大导线截面积规格下的发热条件与电压损失。

注：规划饱和输送功率是全生命周期内输电线路最终的规划总负荷功率。

解： 线路的最大工作电流为

$$I_{max} = \frac{1.05 P_{max}}{\sqrt{3} U_N \cos\varphi} = \frac{1.05 \times 9.4 \times 10^3}{\sqrt{3} \times 35 \times 0.94} = 173(\text{A})$$

(1) 经济电流密度 J 取 1.65A/mm^2 时，导线经济截面积为

$$S_{ec}=\frac{I_{max}}{J}=\frac{173}{1.65}=105(\text{mm}^2)$$

选取导线截面积规格为 120mm^2。

经济电流密度 J 取 1.15A/mm^2 时，导线经济截面积为

$$S_{ec}=\frac{I_{max}}{J}=\frac{173}{1.15}=150(\text{mm}^2)$$

选取导线截面积规格为 150mm^2。

经济电流密度 J 取 0.9A/mm^2 时，导线经济截面积为

$$S_{ec}=\frac{I_{max}}{J}=\frac{173}{0.9}=192(\text{mm}^2)$$

选取导线截面积规格为 185mm^2。

经济电流密度 J 取 0.6A/mm^2 时，导线经济截面积为

$$S_{ec}=\frac{I_{max}}{J}=\frac{173}{0.6}=288(\text{mm}^2)$$

选取导线截面积规格为 300mm^2。

(2) 环境温度 40℃，导体最高允许温度 70℃时的温度修正系数为

$$K_\theta=\sqrt{\frac{\theta_{al}-\theta}{\theta_{al}-\theta_0}}=\sqrt{\frac{70-40}{70-25}}=0.816$$

功率因数为 0.94 时，$\tan\varphi=0.363$。

导线最小规格 120mm^2，查附录得到 120/25 导线的单位长度参数为：$r_1=0.235\Omega/\text{km}$，$x_1=0.392\Omega/\text{km}$，基准载流量 393A。

温度修正后，有：$K_\theta I_{al}=0.816\times393=321\text{A}>I_{max}=173\text{A}$，满足发热条件。

其电压损失为

$$\Delta U\%=\frac{100P_2L}{U_N^2}(r_1+x_1\tan\varphi)=\frac{100\times9.4\times20}{35^2}\times(0.235+0.392\times0.363)=5.79>5$$

不满足电压损失要求。

导线最大规格 300mm^2，查附录得到 300/40 导线的单位长度参数为：$r_1=0.096\Omega/\text{km}$，$x_1=0.365\Omega/\text{km}$，基准载流量 680A。

温度修正后，有：$K_\theta I_{al}=0.816\times680=555(\text{A})>I_{max}=173\text{A}$，满足发热条件。

其电压损失为

$$\Delta U\%=\frac{100P_2L}{U_N^2}(r_1+x_1\tan\varphi)=\frac{100\times9.4\times20}{35^2}\times(0.096+0.365\times0.363)=3.51<5$$

满足电压损失要求。

练习 7.2 校验上题中其他两种导线截面积规格下的发热条件与电压损失。

(答案：线路截面积为 150mm^2 时，发热条件满足，电压损失 $\Delta U\%=5.38$；线路截面积为 185mm^2 时，发热条件满足，电压损失 $\Delta U\%=4.23$)

7.4 电力电缆选择

思考 电力电缆选择的基本步骤是什么？

7.4.1 电力电缆类型选择

1. 电力电缆的种类

可根据不同的特征对电力电缆进行分类。常见的分类如下：

（1）按电压等级，分为低压、中压、高压、超高压电力电缆。

（2）按导体材料，可分为铝芯、铜芯、铝合金电力电缆。

（3）按导体芯数，分为单芯、二芯、三芯、四芯、五芯；电压超过 35kV 时，多数采用单芯电缆。

（4）按绝缘材料，主要分为油浸纸绝缘、塑料绝缘、橡胶绝缘电缆。

（5）按敷设环境，可分为直埋（土壤）、架空和水下电缆。

（6）按传输电流，分为直流电缆与交流电缆。

2. 电力电缆类型的选择

应当根据电缆的用途、敷设方法和场所，选择电缆的芯数、芯线材料、绝缘种类、保护层以及电缆的其他特征，最后确定电缆型号，如移动机械选用重型橡套电缆、高温场所宜用耐热电缆、重要直流回路或保安电源回路宜用阻燃电缆。

曾经广泛使用的聚氯乙烯绝缘电缆（电缆型号 VLV、VV），由于火灾燃烧时会释放出强烈的浓烟和酸雾，可致人几分钟内中毒窒息，环境污染大，目前基本被交联聚乙烯绝缘电缆或乙丙橡胶电缆替代。有研究认为聚氯乙烯材料的毒性指数约是交联聚乙烯的 9 倍。

交联聚乙烯是利用低密度聚乙烯经过物理或化学方法合成的一种热固性绝缘材料。交联聚乙烯绝缘电缆（电缆型号 YJLV、YJV）耐热特性优异、电气性能优良、机械性能好、化学特性优、安装维护方便，在中低压范围内已替代传统的油浸纸绝缘电缆，在高压和超高压等级与自容式充油浸纸绝缘电缆有竞争。交联聚乙烯与其他电缆绝缘材料的性能对比见表 7-10。

表 7-10　交联聚乙烯与其他电缆绝缘材料的性能对比

性能		交联聚乙烯	聚乙烯	聚氯乙烯	乙丙橡胶	油浸纸
电气性能	体积电阻（20℃，Ω·m）	10^{14}	10^{14}	10^{11}	10^{13}	10^{12}
	介电常数（20℃，50Hz）	2.3	2.3	5.0	3.0	3.5
	介质损耗角正切值	0.0005	0.0005	0.07	0.003	0.003
	击穿场强（kV/mm）	30～70	30～50	—	—	—
耐热性能	导体最大工作温度（℃）	90	75	70	85	65
	允许最大短路温度（℃）	250	150	135	250	250

续表

性能		交联聚乙烯	聚乙烯	聚氯乙烯	乙丙橡胶	油浸纸
机械性能	抗张强度（N/mm）	18	14	18	9.5	—
	伸长率（%）	600	700	250	850	—
耐老化性能	100℃	优	良	可	优	良
	120℃	优	熔	差	良	可
	150℃	良	熔	—	可	差
其他性能	抗热变形（150℃）	良	熔	差	优	良
	耐油（70℃）	良	良	良	差	—
	柔软（−10℃）	良	差	差	优	—

电缆芯线一般使用铝芯电缆，但电流较大时经技术经济比较可以使用铜芯。相关标准规范中规定的重要与特殊场所应使用铜芯电缆。铝合金电力电缆一般用于1kV以下。

在110kV及以上的交流装置中一般为单芯充油或充气电缆；在35kV及以下三相三线制的交流装置中，使用三芯电缆；低压配电网中，根据接地方式的不同，使用四芯或五芯电缆；在直流装置中，用单芯或者双芯电缆。

电缆要按敷设方式和环境条件选用外护层。直埋电缆一般采用带保护层的铠装电缆。周围潮湿或有腐蚀性介质的地区应选用塑料护套电缆。垂直或高差较大处选用不滴流电缆或塑料护套电缆。

敷设在管道（或没有可能使电缆受伤的场所）中的电缆，可用没有钢铠装的铅包电缆或黄麻护套电缆。有化学腐蚀的地方，应选用有防腐外护套的电缆。南方白蚁危害严重地区可使用防白蚁电缆。

−15℃以下低温环境、化学液体浸泡场所，以及有低毒难燃性要求场所的电缆宜选用聚乙烯外护层，其他场所可选用聚氯乙烯外护套。

7.4.2 电缆电压与截面积的选择与校验

电力电缆的选择与校验应包括如下内容：电缆芯线材料和型号、额定电压、截面选择、允许电压损失校验、热稳定校验。

1. 电力电缆额定电压选择

电力电缆的额定电压应不小于其所在电网处的标称电压U_{Ns}。

电力电缆的额定电压用三个名义值表示，即U_0/U（U_m）。其中，U_0为缆芯对地（与绝缘屏蔽层或金属护套之间）的相电压，U为缆芯之间的线电压或称为系统电压，U_m为系统的最高电压，是电缆绝缘水平的表征。电缆型号中一般可省略U_m。

根据接地故障持续时间的不同，相关标准将电力电缆的使用系统分为A、B、C三类。

（1）A类为中性点直接接地或经小电阻接地系统，也称为大接地电流系统，其中的单相接地故障一般在几十秒时间内切除。

（2）B类为中性点经消弧线圈接地系统，也称为小接地电流系统。其中的单相接地故障持续时间一般不超过 1h，接地过载时间不超过 2h。

（3）C 类为接地故障长时间运行系统。其中的电缆绝缘水平比 A、B 类高一个档次，虽然增加了绝缘成本，但是提高了电缆的过电压承受能力，可以确保供电安全。

有观点认为 B 类系统中，电缆短时带接地故障过载运行期间，电缆绝缘上过高的电场强度会减少电缆的使用寿命，增加能耗，因此将 B 类系统归为 C 类更合适。

三类交流供电系统的电力电缆额定电压见表 7 - 11。

表 7 - 11　　电力电缆额定电压　　kV

系统标称电压	选用电力电缆的额定电压 U_0/U（U_m）		
	A 类系统	B 类系统	C 类系统
1	0.6/1（1.2）	0.6/1（1.2）	0.6/1（1.2）
3	—	1.8/3（3.6）	3/3（3.6）
6	—	3.6/6（7.2）	6/6（7.2）
10	6/10（12）	6/10（12）	8.7/10（12）
15	8.7/15（17.5）	8.7/15（17.5）	12/15（17.5）
20	12/20（24）	12/20（24）	18/20（24）
35	21/35（40.5）	21/35（40.5）	26/35（40.5）
66	37/66（72.5）	37/66（72.5）	48/66（72.5）
110	64/110（126）	—	—
220	127/220（252）	—	—

2. 电力电缆截面积的选择

公共配电网中 10kV 电力电缆截面积的选择按配电网规划要求，见表 3 - 6。

当用户电力电缆的年最大负荷利用小时 T_{max}>5000h，且长度超过 20m 时，应按经济电流密度选择截面积，见式（7 - 1）。

一般情况下的用户电力电缆截面积可按长期发热允许电流选择，为

$$KI_{al} > I_{max} \tag{7-17}$$

式中：I_{max} 为通过电缆的最大长期工作电流，A；K 为载流量综合修正系数；I_{al} 为相应电缆在指定敷设方式下的长期允许载流量基准值，A。电力电缆的基准载流量见附录。

在按长期发热允许电流选择电缆截面积时，载流量综合修正系数 K 与电缆的环境温度和敷设方式有关。环境温度对电缆载流量的影响较大，其取值正确与否关系到电缆的寿命。电力电缆的环境温度取值应按使用地区的多年气象温度平均值，并计入实际环境的升温影响，宜符合表 7 - 12 的规定。

表 7 - 12　　电缆允许持续载流量的环境温度　　℃

电缆敷设场所	有无机械通风	选取的环境温度
土中直埋	—	埋深处的最热月平均地温
水下	—	最热月的日最高水温平均值

续表

电缆敷设场所	有无机械通风	选取的环境温度
户外空气中、电缆沟	—	最热月的日最高温平均值
有热源设备的厂房	有	通风设计温度
	无	最热月的日最高温平均值加5℃
一般性厂房、室内	有	通风设计温度
	无	最热月的日最高温平均值
户内电缆沟	无	最热月的日最高温平均值加5℃
隧道		
隧道	有	通风设计温度

各种敷设条件下的载流量综合修正系数 K 为：空气中敷设时，$K=K_{\theta}K_1$；空气中穿管敷设时，$K=K_{\theta}K_2$；直接埋地敷设时，$K=K_{\theta}K_3K_4$。

其中，K_{θ}为电缆的环境温度修正系数，可按式（6-4）计算；K_1为空气中多根电缆并列敷设的修正系数；K_2为空气中穿管敷设的修正系数，10kV及以下的电缆截面积不超过95mm²时 $K_2=0.9$，电缆截面积为120～185mm²时 $K_2=0.85$；K_3为直埋电缆因土壤热阻不同的修正系数，见表7-13；K_4为土壤中多根电缆并列敷设的修正系数；K_1、K_4 系数见附录。

表7-13　　不同土壤热阻系数时电缆载流量的修正系数（K_3）

土壤热阻系数（K·m/W）	土壤与雨水分类特征	修正系数
0.8	土壤很潮湿，经常下雨。如湿度大于9%的沙土；湿度大于10%的沙-泥土等潮湿地区；沿海、湖、河畔地带，雨量多的地区，如华东、华南地区	1.05
1.2	土壤潮湿，规律性下雨。如湿度大于7%～9%的沙土；湿度为12%～14%的沙-泥土等普通土壤；如东北、华北地区的黑土或黄土、黄黏土、沙土等	1.00
1.5	土壤较干燥，雨量不大。如湿度为8%～12%的沙-泥土等较干燥土壤，如高原地区。雨量较少的山区、丘陵、干燥地带	0.93
2.0	土壤干燥，少雨。如4%～7%的沙土，湿度为4%～8%的沙-泥土等干燥土壤；如高原地区。雨量少的山区、丘陵、干燥地带	0.87
3.0	多石地层，非常干燥。如湿度小于4%的沙土等	0.75

注　（1）本表适用于缺乏实测土壤热阻系数时的粗略分类，不适用于三相交流高压单芯电缆。

（2）电缆直埋时埋深不小于0.7m。

土壤干燥时的热阻系数较大，不利于散热。当选择交联聚乙烯绝缘（YJLV或YJV）电缆直埋敷设时，由于此类电缆的缆芯最高工作温度为90℃，电缆表面温度也较高，往往造成电缆沿线周围土壤干化，产生“水分迁移”现象。由于水分迁移，土壤热阻系数持续加大，从而使电缆散热条件劣化，可能导致电缆过热现象的发生。为避免此种不利情况，GB 50217—2018《电力工程电缆设计标准》中第3.6.4条提出，电缆导体工作温度大于70℃的电缆，持续允许载流量计算应符合下列规定：电缆直埋敷设在干燥或潮湿土壤中，除实施换土处理能避免水分迁移的情况外，土壤热阻系数取值不宜小于 2.0 K·m/W。

3. 允许电压损失校验

对于供电距离较远、输送容量较大的电缆线路，还应校验其电压损失。要求线路末端的电压损失 $\Delta U\%\leqslant 5\%$。

4. 热稳定校验

电力电缆的热稳定校验采用最小截面积法，满足式（7-18）即认为电缆满足短路热稳定：

$$S \geqslant S_{\min} = \frac{1000}{C}\sqrt{Q_k} \tag{7-18}$$

式中：S 为电力电缆选择截面积，mm^2；$S_{\min}$ 为热稳定最小截面积，mm^2；C 为电力电缆热稳定系数，与导体材料及发热温度有关。Q_k 为短路电流的热效应，$kA^2\cdot s$。

常用中压电力电缆的热稳定系数 C 参考值见表 7-14。

表 7-14　　常用中压电力电缆的热稳定系数 C 参考值

电力电缆种类及材料		热稳定系数 C
交联聚乙烯绝缘电缆	铜芯	135
	铝芯	80
橡皮绝缘电缆	铜芯	131
	铝芯	87
油浸纸绝缘电缆	铜芯	153
	铝芯	88

【例 7-3】 某 110/10kV 变电站主变压器额定容量 50MVA，其一回 10kV 电缆线路向某用户供电，供电距离 L=2.4km。用户 $P_{\max}$=3000kW，$\cos\varphi$=0.9。电缆末端短路电流 I''=7.5kA，短路时间 t_k=1.12s。电缆地下直埋多根并列敷设时的修正系数 K_4 为 0.85，土壤温度 θ=20℃，土壤热阻系数为 1.2 K·m/W。试完成：

（1）若用户 $T_{\max}$=3000h，选择该回路电缆。

（2）若用户 $T_{\max}$=5200h，两部制电价为 0.540 元/kWh，选择该回路电缆。

解： 电缆额定电压和结构类型等选择：

10kV 系统为小电流接地系统，可按 C 类接地故障长时间运行系统选择额定电压；地下直埋需带铠装，故选择 U_N=8.7/10kV 的 $YJLV_{22}$ 型电缆（交联聚乙烯绝缘钢带铠装铝芯电缆），其 θ_{al}=90℃。根据（7.1.3 节）配电网规划要求及题意，此用户回路为分支线电缆回路，主变压器容量 50MVA 时的 10kV 分支线回路电缆截面积可选铜芯 240、185、150mm^2。

（1）因用户 $T_{\max}$=3000h<5000h，所以按发热条件，即最大持续工作电流选择截面积，有

$$I_{\max} = \frac{1.05P_{\max}}{\sqrt{3}\times U_N\times\cos\varphi} = \frac{1.05\times 3000}{\sqrt{3}\times 10\times 0.9} = 202(\text{A})$$

查附录 D-4，在基准条件下，即环境温度 θ_N=25℃，电缆在土壤中直埋，土壤热阻系数

为 2.0 K・m/W 时，初步选择截面积 $A=150\text{mm}^2$ 的铝芯电力电缆，电缆基准载流量为 $I_N=219\text{A}$。

土壤温度 $\theta=20℃$ 时的温度修正系数为

$$K_\theta=\sqrt{\frac{\theta_{al}-\theta}{\theta_{al}-\theta_0}}=\sqrt{\frac{90-20}{90-25}}=1.04$$

实际土壤热阻系数为 1.2 K・m/W。根据《电力工程电缆设计标准》3.6.4 条，工作温度 90℃的电缆，不考虑换土时，土壤热阻系数不宜小于 2.0 K・m/W，所以土壤热阻系数不需修正，即取 $K_3=1$。直埋多根电缆并列敷设时修正系数 $K_4=0.85$。

此时电缆长期允许载流量 I_{al} 为

$$I_{al}=KI_N=K_\theta K_3K_4I_N=1.04\times1.0\times0.85\times219=194(\text{A})<I_{max}=202(\text{A})$$

不满足长期发热要求。

再选择截面积 $A=185\text{mm}^2$ 的电缆，基准条件下载流量为 $I_N=247\text{A}$，修正后的电缆长期允许载流量 I_{al} 为

$$I_{al}=KI_N=K_\theta K_3K_4I_N=1.04\times1.0\times0.85\times247=218(\text{A})>I_{max}=202(\text{A})$$

满足长期发热要求。

允许电压损失校验：

查附录 D-5 得 10kV 交联聚乙烯绝缘钢带铠装铝芯 185mm^2 电缆的单位电阻 $r_1=0.211\Omega/\text{km}$，单位电抗 $x_1=0.090\Omega/\text{km}$，$\cos\varphi=0.9$ 时，$\tan\varphi=0.484$，则

$$\Delta U\%=\frac{100P_2L}{U_N^2}(r_1+x_1\tan\varphi)=\frac{100\times3\times2.4}{10^2}\times(0.211+0.090\times0.484)=1.83<5$$

满足电压损失要求。

热稳定校验：

简化取 $I_\infty=I''=7.5\text{kA}$，$t_k=1.12\text{s}$，则短路电流热效应为

$$Q_k=I''^2t_k=7.5^2\times1.12=63(\text{kA}^2\cdot\text{s})$$

查表 7-14 得交联聚乙烯绝缘铝芯电缆热稳定系数 $C=80$，则

$$S=185(\text{mm}^2)\geqslant S_{min}=\frac{1000}{C}\sqrt{Q_k}=\frac{1000}{80}\sqrt{63}=99(\text{mm}^2)$$

满足热稳定要求。

故所选交联聚乙烯绝缘钢带铠装铝芯电缆 $YJLV_{22}$-8.7/10-3×185 满足要求。

(2) 因用户 $T_{max}=5200\text{h}>5000\text{h}$，所以按经济电流密度选择电缆截面积。查图 7-2 中曲线 2，得到相应铝芯电力电缆的经济电流密度 $J=0.4\ \text{A/mm}^2$，则电缆线路经济电流截面积为

$$S_{ec}=\frac{I_{max}}{J}=\frac{202}{0.4}=505(\text{mm}^2)$$

电缆截面积过大，制造与施工不便，应换成铜芯电缆。查图 7-2 中曲线 4，得到铜芯电缆经济电流密度 $J=1.15\ \text{A/mm}^2$，则有

$$S_{ec}=\frac{I_{max}}{J}=\frac{202}{1.15}=176(\text{mm}^2)$$

选取接近的电缆截面积 $A=185\text{mm}^2$，查得其 $\theta_{al}=90℃$，在环境温度 $\theta_N=25℃$、土壤中直埋、土壤热阻系数 2.0 K・m/W 的基准条件下，铝芯电缆长期载流量为 247A。

土壤温度 θ=20℃时的温度修正系数为

$$K_\theta = \sqrt{\frac{\theta_{al}-\theta}{\theta_{al}-\theta_0}} = \sqrt{\frac{90-20}{90-25}} = 1.04$$

同前述原因，土壤热阻修正系数 K_3 取 1.0；直埋多根电缆并列敷设时修正系数 K_4=0.82；铜芯电缆载流量约为同等条件下铝芯电缆的 1.29 倍，此时该电缆长期允许载流量 I_{al} 为

$$I_{al} = KI_N = K_\theta K_3 K_4 I_N = 1.04\times1.0\times0.85\times247\times1.29 = 282(\text{A}) > I_{max} = 202(\text{A})$$

满足长期发热要求。

允许电压损失校验：

$\cos\varphi$=0.9 时，$\tan\varphi$=0.484，查附录 D-5，该电缆单位电阻 r_1=0.128Ω/km，单位电抗 x_1=0.090Ω/km，则电压损失百分数为

$$\Delta U\% = \frac{100P_2L}{U_N^2}(r_1+x_1\tan\varphi) = \frac{100\times3\times2.4}{10^2}\times(0.128+0.090\times0.484) = 1.24 < 5$$

满足电压损失要求。

电缆热稳定校验：

简化取 $I_\infty = I'' = 7.5$kA，t_k=1.12s，则短路电流热效应为

$$Q_k = I''^2 t_k = 7.5^2\times1.12 = 63(\text{kA}^2\cdot\text{s})$$

查表 7-14 得交联聚乙烯绝缘铜芯电缆热稳定系数 C=135，则

$$S = 185\text{mm}^2 \geqslant S_{min} = \frac{1}{C}\sqrt{Q_k} = \frac{1000}{135}\times\sqrt{63} = 59(\text{mm}^2)$$

满足热稳定要求。

故所选交联聚乙烯绝缘铜芯电缆 YJV_{22}-8.7/10-3×185 满足要求。

练习 7.3 ［例7-3］中若 P_{max}=4000kW，其他条件不变。试选择并校验电缆截面积。

（答案：最大工作电流为 269.4A，J 取 1.15A/mm²，选择 10kV 交联聚乙烯绝缘铜芯电缆 YJV22—8.7/10—3×240，发热条件满足，电压损失 $\Delta U\%$=1.27）

习题

7-1 某 110/10kV 变电站两台额定容量 40000kVA 的主变压器分列运行，额定电压为 110/10.5kV。10kV 侧的主保护动作时间为 0.1s，后备保护动作时间为 2.0s，断路器全开断时间为 0.1s，无限大容量系统短路电流 23kA，母线硬导体三相水平户内布置，相间距离 a=0.5m，支持绝缘子跨距 L=1.1m，跨距数大于 2。环境温度为 37℃。试选择该变电站的 10kV 母线。

7-2 C 类供电区 35kV 某架空电力线路长度 15km，规划饱和输送功率 6.0MW，功率因数按 0.95。线路采用钢芯铝绞线，环境温度为 40℃。试完成：

（1）按经济电流密度 J 分别取 1.65、1.15、0.9A/mm² 和 0.6A/mm² 时，选择此回路的导线截面规格。

（2）校验其中最小与最大导线截面积规格下的发热条件与电压损失。

7-3　某110/10kV变电站主变压器额定容量40MVA。其10kV侧通过一回电缆线路向某用户供电。用户的两部制电价为0.540元/kWh，最大负荷为2.9MW，$\cos\varphi=0.92$，$T_{max}=5100h$。电缆长度3km，电缆的短路电流热效应$Q_k=135kA^2 \cdot s$。试完成：

（1）若电缆地下直埋多根并列敷设的修正系数K_4为0.80，土壤温度20℃，土壤热阻系数为1.5 K·m/W时，选择此回路的电力电缆型号与规格。

（2）若电缆在空气中与多根电缆并列敷设，修正系数K_1为0.80时，选择此回路的电力电缆型号与规格。

第8章 过电压、绝缘配合、接地与电气安全

学习目标

（1）了解电力系统过电压的种类与特性，会进行电力系统防雷保护初步设计。

（2）理解电力系统绝缘配合的意义与方法，会进行变电站电气设备绝缘配合初步设计。

（3）了解电气接地的类型及要求，会计算接触电压、跨步电压允许值；能答出对变电站接地网的要求与降低接地电阻的措施。

（4）了解电流对人体的作用、安全电压与安全电流的含义及标准，能答出电击防护的基本措施。

（5）了解低压配电系统的常用接地形式与漏电保护器的工作原理，能够根据电气安全要求，在不同低压配电系统中选择适当的漏电保护配置方案，并画出正确的接线图。

8.1 电力系统过电压与防雷保护

电气装置的绝缘上会受到各种电压的作用，过电压对电力系统的正常运行会产生许多不利影响，同时超高压电力系统的绝缘水平对电力系统的经济性有重要影响。选择适当的过电压保护措施与电气设备绝缘水平有利于实现电力系统的安全可靠运行，提高电力系统的整体经济性。为此，需要分析电力系统过电压、防雷保护与绝缘配合。

思考 **电力系统过电压的种类及其特点是什么？过电压对电力系统有什么影响？**

8.1.1 电气装置绝缘上作用的电压

电气装置绝缘上作用的各种电压及其特征如下：

1. 持续运行电压

电气设备的持续运行电压幅值不超过系统最高工作电压，工频，长时间持续。

2. 暂时过电压

暂时过电压包括工频过电压和谐振过电压，持续时间不超过3600s。其中，工频过电压由空载长线路的电容效应及不对称短路、甩负荷等引起，过电压倍数不高，一般对设备绝缘危险性不大，但在超高压、远距离输电确定绝缘水平时起重要作用。

谐振过电压由系统电容及电感回路组成谐振回路时引起，包括线性谐振、铁磁谐振与参数谐振，其频率为10～500Hz。某个或几个谐波的过电压倍数高、持续时间长，对电力系统危害较大。

3. 操作过电压

操作过电压由电力系统内开关操作引起，特点是具有随机性，最不利情况下的过电压倍数较高，持续时间一般不超过0.1s。操作过电压为瞬态缓波前过电压，波前（峰值）时间20～5000μs，半峰值时间20ms以内，幅值可达系统标称电压的数倍。

4. 雷电过电压

雷电过电压又称为外部过电压或大气过电压，由直击雷、感应雷或侵入雷电波引起，特点是持续时间短暂，冲击性强，与雷击活动强度有直接关系，与设备电压等级无关。雷电过电压为瞬态快波前过电压，波前（峰值）时间在20μs以内，平均为2.6μs左右，半峰值时间300μs以内，幅值高，电磁能量极大。

5. 特快瞬态过电压（VFTO）

GIS或H-GIS变电站中隔离开关开合会产生特快瞬态过电压VFTO。VFTO的特点是波前时间很短；波前之后的振荡频率大于1MHz；幅值最大值可达2.5p.u.。

雷电流的波前时间范围为0.1～20μs，所以称为快波前波。操作过电压的波前时间大于20μs，所以称为缓波前波。而特快瞬态过电压VFTO的波前时间小于0.1μs。

过电压按其产生的原因不同，还可分为外部过电压和内部过电压。雷电过电压是外部过电压，其他过电压都是与电气设备电压等级有关的内部过电压。

电力系统过电压的分类如图8-1所示。

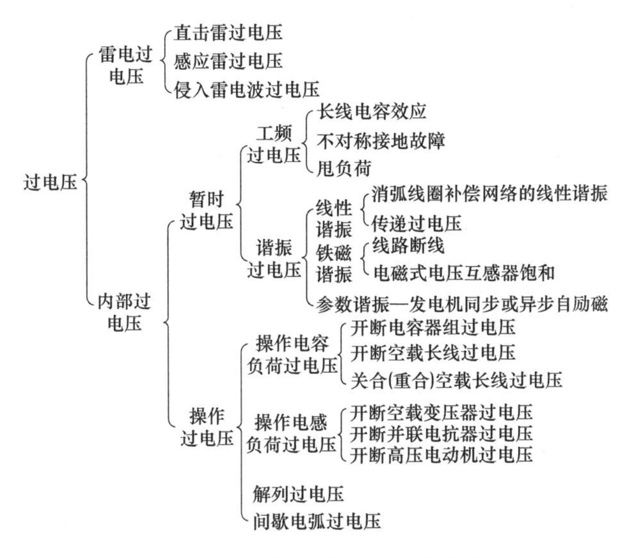

图8-1 电力系统过电压的分类

练习8.1 根据电力系统过电压的特征选择：

1.（ ）是瞬态快波前过电压，波前（峰值）时间20μs以内，平均为2.6μs左右，半峰值时间300μs以内，幅值高，电磁能量极大。

2.（ ）可能是高频、工频或低频，某几个谐波过电压倍数高、持续时间长。

3.（ ）具有随机性，持续时间一般不超过0.1s。波前（峰值）时间20～5000μs的缓波前波，半峰值时间20ms以内，幅值达标称电压的数倍。

4.（ ）由空载长线路的电容效应及不对称短路、甩负荷等引起。

5. （ ）是GIS或H-GIS设备中的隔离开关操作时产生的高频特快振荡波，波前时间0.1μs以内。

A 雷电过电压；B 操作过电压；C VFTO过电压；D 谐振过电压；E 工频过电压

8.1.2 过电压对电力系统安全运行的影响

1. 雷电过电压及其对电力系统的影响

雷电的电场强度达每米几千千伏，电流可达几十至几百千安，电磁能量巨大。标称电压220kV及以下的电力系统中，雷电过电压对电力系统的绝缘水平起主要作用。

雷电过电压的类型有直击雷、绕击雷、感应雷，以及雷电波侵入。

（1）直击雷：落在电气设备或架空输电线路上，如落在线路杆塔上或避雷线上的雷击。

（2）绕击雷：绕过架空线路避雷线落在线路导线上的雷击。

（3）感应雷：没有直接雷击，但由于雷云的静电感应或电磁感应，在线路上产生的过电压。

（4）雷电波侵入：是经输电线路侵入到发电厂、变电站电气设备上的雷电过电压。

直击雷或绕击雷会在导线上产生数千千伏的过电压，可能引起绝缘子闪络，需要采取防护措施。

感应雷过电压的幅值一般为300～400kV，可能引起35kV及以下电压等级架空线路的闪络，而对110kV及以上电压等级线路，一般不会引起闪络。

极特殊情况下会产生球形雷。球形雷是直径几十厘米的雷球，贴近地面缓慢漂移。多数情况下球形雷会自行消失，也可能沿缝隙进入室内或电缆沟内。

雷击过电压对电力系统的影响主要有：

（1）雷击跳闸。雷击跳闸是电力系统跳闸的首要因素。电力系统停电事故中40%以上的故障是由雷击线路引起的。

（2）反击。避雷针或避雷线受雷击时，会引起其接地装置电位升高，形成“反击”。正常时电位为零的接地装置引下线、接地体以及与它们相连接的金属导体，在引导直击雷强大的雷电流流入大地时，会产生与雷电流幅值成正比的高瞬时电压，使接地金属导体对大地形成巨大的电位差。这个电位差可能高于周围电力设备的冲击放电电压，接地体与导体之间的绝缘间隙可能被击穿，从而对周围的其他金属物体及电气设备放电。此现象称为反击。比如雷击线路杆塔顶部时，如果塔顶产生的瞬时电位高于线路绝缘子串的冲击放电电压，会引起绝缘子串的雷击闪络（也称为逆闪络），即发生反击。

（3）闪络。沿绝缘体表面的破坏性放电叫闪络。在高电压作用下，绝缘体表面上的状态符合一定条件时，气体或液体介质沿绝缘体表面将产生破坏性放电。绝缘子与套管上发生闪络后，电极间的电压迅速下降到零或接近于零。闪络通道中的火花或电弧使绝缘表面局部过热造成炭化，损坏表面绝缘，而闪络时设备的内部绝缘未损坏。主要由污秽引起的闪络称为污闪，由潮湿引起的称为湿闪。闪络放电时的电压称为闪络电压。

闪络不同于设备绝缘的击穿。击穿是绝缘体内部的破坏性放电，击穿后设备绝缘损坏。

(4) 雷击电磁脉冲。雷电流的电磁效应导致电涌和辐射脉冲电磁场效应，作用在周围的电子信息设备上，会引发过电压或过电流的瞬态波，产生信号噪声干扰及测量误差，甚至造成敏感电子设备损坏。

2. 操作过电压对电力系统的影响

投切空载线路、变压器等设备时产生的操作过电压可达到系统标称电压的几倍。对标称电压330kV及以上的超高压电力系统，操作过电压对电力系统的绝缘水平起主要作用。

3. 谐振过电压对电力系统的影响

电力系统中由于操作或发生故障而出现扰动时，系统中的电感、电容元件可能形成不同的振荡回路，引起谐振过电压。谐振过电压会危及绝缘，烧毁设备，破坏保护设备的保护性能。

4. 特快瞬态过电压对电力系统的影响

高幅值VFTO会损害GIS、HGIS、变压器和电磁式电压互感器绝缘，或损害二次设备及对二次回路产生电磁骚扰。变压器与GIS经过架空线路或电缆相连时，在变压器上的VFTO幅值不高，波前时间也有所变缓。变压器与GIS之间通过油气套管相连时，在变压器上的VFTO较严重，可能损害变压器绕组匝间绝缘。

8.1.3 雷电的基本知识

思 考 如何用雷电参数表述雷电现象？

1. 雷电现象

当空气中有足够的水汽，并具有强对流和一定的气象条件时，会形成雷云。雷云带有大量电荷，实测表明，在距地面5～10km的高度主要是带正电荷的云层，在距地面1～5km的高度主要是带负电荷的云层。在雷云的感应下，大地聚积了与雷云中电荷异性的电荷。雷云中的电荷分布是不均匀的，常常形成多个电荷聚集中心，一个电荷中心的总电荷为0.1～10C，一块大雷云中同极性总电荷可达数百库仑。雷云中的平均场强约为150kV/m，雷云下地表的场强一般为10～40kV/m，最大可达150kV/m。随着雷云中电荷的逐步积累，带不同性质电荷的雷云接近到一定距离时，空气被击穿，产生剧烈放电。雷云放电绝大多数是空中雷云之间的放电，称为云闪；只有很小一部分是雷云对大地的放电，称为雷击。雷击直接威胁人类的生命财产安全和电力系统的安全可靠运行。

雷电的放电过程分为先导放电、主放电和余辉放电三个阶段。

当雷云中的电场强度超过3000kV/m时，该处的空气被击穿，形成一个导电通道，称为先导放电。先导放电不是连续的，而是一个一个脉冲跳跃式向前发展（称为阶段先导），每段延续时间约为1μs，向前推进长度约50m，然后有30～90μs的脉冲间隔。先导放电的平均发展速度为10^5～10^6m/s。先导放电外观常表现为树枝状，其原因是放电是沿着空气电离最强、最容易导电的路径发展的。整个先导放电时间为5～10ms，其雷电流仅为100A左右。

当先导放电的电荷流柱离地面100～300m时，地面（或建筑物）感应出来的异性电荷易于聚集在较高的突出物上，形成迎雷先导。迎雷先导和雷电先导在空中相互靠近，当二者接触时，正负电荷强烈中和，产生强大的雷电流并伴有雷鸣和闪光，即开始主放电阶段。主放电时间极短，一般为 50～100μs。主放电的雷电流峰值可达数十至数百千安，有记录的最大雷电流达 515kA。

主放电阶段过后，雷电的剩余电荷沿主放电通道继续流向大地，称为余晖放电阶段，时间为 0.03～0.05s，但电流较小，约几百安。

雷云中可能存在多个电荷中心。第一个电荷中心放电后，可能引起其他电荷中心向第一个电荷中心放电。因此，雷云放电大多数是重复的。一次雷击重复数最多可达到 40 次，一般只有 3～4 次，重复放电也包括先导放电和主放电，但重复放电的先导是连续的，重复放电的电流峰值一次比一次小。

雷击放电受气象条件、地形、土壤地质类型等多种因素影响，其发生时间地点具有很大随机性；根据统计数据也表现出一定的规律性。一般山岳地区有利于雷云形成，山的东坡、南坡雷击概率较大。雷击概率较大的地区还有土壤电阻率很低的地区、良导体与不良导体交界的地区，如山坡与稻田边界处。地面上较高的物体及建筑物也容易遭受雷击。

2. 雷电参数

许多国家在典型地区建立雷电观测点，进行长期而系统的观察，并对观测数据进行统计分析，得到相应的雷电参数，为雷电研究和防雷保护设计提供依据。主要的雷电参数有：雷暴日及雷暴小时、地面落雷密度、主放电通道波阻抗、雷电流极性、幅值、雷电冲击等效波形、雷电流陡度等。其中雷暴日及雷暴小时用来表征一个地区雷电活动的频繁程度，其他雷电参数的介绍见高电压技术课程。

(1) 雷暴日（T_d）：该地区平均一年内有雷电放电的平均天数，单位 d/a。

(2) 雷暴小时（T_h）：该地区平均一年内有雷电放电的小时数，单位 h/a。一般一个雷暴日折合 3 个雷暴小时。

GB/T 50064—2014《交流电气装置的过电压保护和绝缘配合设计规范》中，根据年平均雷暴日数绘制了全国雷暴日分布图，并把我国划分为以下 4 类雷电活动强度地区，作为防雷设计的依据。

(1) 少雷区：$T_d \leqslant 15$，如西北地区。

(2) 中雷区：$15 < T_d \leqslant 40$，如东北、华北、华中地区。

(3) 多雷区：$40 < T_d \leqslant 90$，如南方大部地区。

(4) 雷电强烈区：$T_d > 90$，如海南省与雷州半岛。

8.1.4 避雷针和避雷线

思 考 如何计算避雷针、避雷线的保护范围？

雷电是具有强大威力的自然现象，其发生是难以避免的。通过对雷电机理与雷电保护的不断研究，人们提出了多种防雷保护措施。比如对直击雷，一般采用设置避雷针、避雷线或建筑物顶部的避雷带进行保护；对雷电波侵入，采用线路引线段与避雷器保护等。

避雷针（避雷线）高于被保护对象，能使雷云先导放电向着避雷针（避雷线）发展而落在避雷针（避雷线）上，并通过接地装置将雷电流泄入大地，从而防止其保护范围内的设备或建筑受到雷直击。因此，避雷针也可以说是引雷针或接闪器。避雷针（避雷线）应具有足够截面积的接地引下线和良好的接地装置。

由于雷电的路径受很多偶然因素影响，因此要保证被保护物绝对不受直击雷是不现实的。一般防雷保护范围是指具有 99.9%保护概率的空间范围。

我国电力行业中传统使用折线法进行配电装置与架空线路防雷保护范围的计算。多年的运行经验表明折线法能够满足要求。现行的国家标准 GB/T 50064—2014《交流电气装置的过电压保护和绝缘配合设计规范》中也采用了折线法。国际上一般按 IEC 标准，即利用滚球法进行避雷针（接闪器）保护范围的计算。国家标准 GB 50057—2010《建筑物防雷设计规范》中规定建筑物应采用滚球法确定防雷保护范围。

利用滚球法确定的防雷保护范围半径一般要小于利用折线法确定的保护范围半径，同样的面积就需要设置更多的避雷针。因此，电力系统中防雷保护范围的计算一般仍可采用折线法，而对重要的大型发电厂、变电站配电装置与建筑物要使用滚球法。

1. 避雷针的保护范围计算

（1）折线法。

1）单支避雷针的保护范围。其保护范围是一个以避雷针为轴的近似锥体的空间，边缘为折线，如图 8-2 所示。

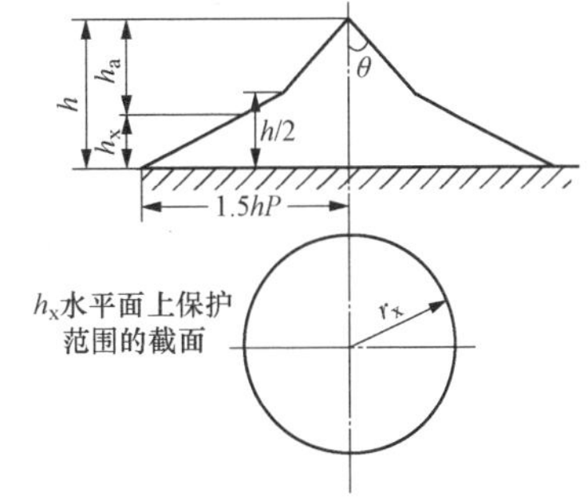

图 8-2　单支避雷针的保护范围

避雷针在被保护物高度 h_x水平面上的保护半径 r_x可以按下列方法计算。

当 $h_x \geqslant 0.5h$ 时　　$r_x = (h - h_x)P$　　(8-1)

当 $h_x < 0.5h$ 时　　$r_x = (1.5h - 2h_x)P$　　(8-2)

式中：h 为避雷针高度，m；h_x为被保护物高度，m；P 为高度影响系数，当 $h \leqslant 30$m 时 $P=1$，当 $h \leqslant 30$m 时 $P=1$，当 $30\text{m} < h \leqslant 120$m 时 $P = 5.5/\sqrt{h}$，当 $h > 120$m 时 $P=0.5$。

由式（8-6）可知，避雷针在地面的保护半径 r 为 $1.5hP$。

2）两支等高避雷针的保护范围。实际工程中多采用两支或多支避雷针以扩大保护范围。当两支等高避雷针相距不太远时，由于避雷针的联合屏蔽作用，使两针中间部分的保护范围比单针时要大，如图 8-3 所示。

两避雷针外侧的保护范围与单支时相同，两针中间保护范围的上部边缘应按通过两针顶点及中间最低点 O 的圆弧确定。圆弧的半径为 R'_0，O 点的高度 h_0计算方法如下

$$h_0 = h - \frac{D}{7P} \tag{8-3}$$

式中：h_0为保护范围上部边缘最低点高度，m；D 为两支避雷针间距离，m；h、P 同前。

两针中间被保护物高度 h_x水平面上的保护范围的一侧最小宽度 b_x与避雷针的高度 h 及两针间距离 D 有关，应按图 8-4 确定，其中 $h_a = h - h_x$，m。当 $b_x > r_x$时，取 $b_x = r_x$。求出 b_x后，可按图 8-3 绘出避雷针在 h_x水平面上的保护范围。

为保证两针中间联合保护效果，一般两针间距离与避雷针针高之比 D/h 不宜大于 5。

3）两支不等高避雷针的保护范围如图 8-5 所示。

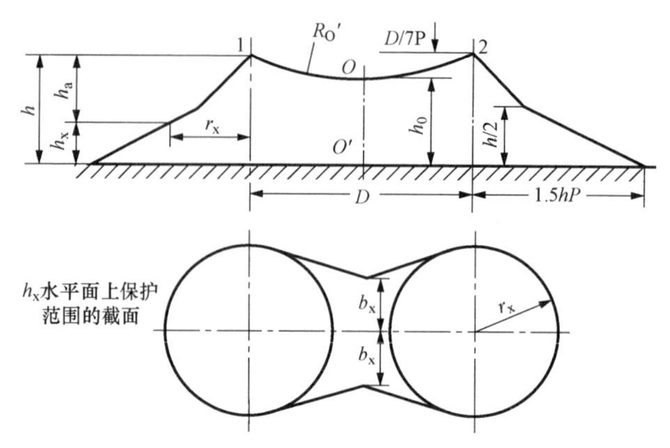

图 8-3　两支等高避雷针的保护范围

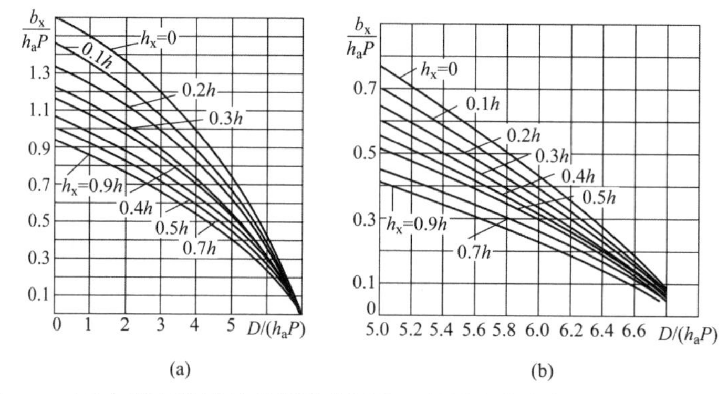

图 8-4　两支等高避雷针的保护范围的一侧最小宽度与 $D/(h_aP)$ 的关系

(a) $D/(h_aP)$ 为 0～7；(b) $D/(h_aP)$ 为 5～7

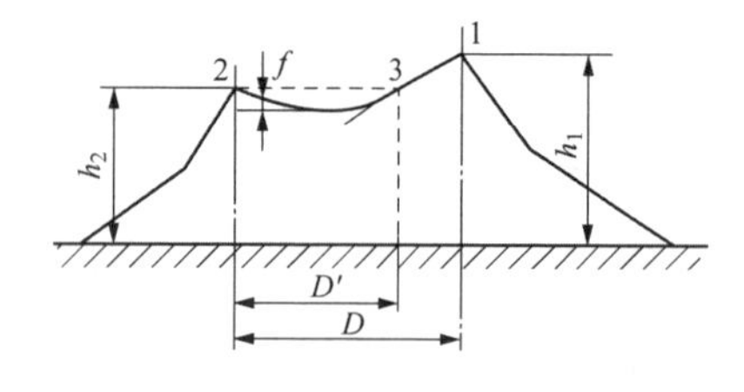

图 8-5　两支不等高避雷针的保护范围

两避雷针外侧的保护范围分别按单支避雷针的方法计算。两针中间的保护范围先按单支避雷针的计算方法，确定较高针 1 的保护范围，然后由较低针 2 的顶点，作水平线与避雷针 1 的保护范围相交于点 3，取点 3 为等效避雷针的顶点，再按两支等高避雷针的计算方法确定避雷针 2 和避雷针 3 间的保护范围。保护范围上部边缘按通过避雷针 2、避雷针 3 顶点及中间最低点的圆弧确定。保护范围高度 h_0 为

$$h_0 = h_2 - f \tag{8-4}$$

式中：f 为圆弧的弓高，$f=D'/7P$，m；D'为避雷针 2 与等效避雷针 3 之间距离，m。

4）多支避雷针的保护范围。发电厂和变电站中大都采用多支避雷针保护。三支和四支等高避雷针的保护范围分别如图 8-6 和图 8-7 所示。

对三支等高避雷针的保护范围，要分别按相邻两支等高避雷针的计算方法确定。在被保护物高度 h_x水平面上，如各相邻避雷针间保护范围的外侧最小宽度 $b_x>0$ 时，则三角形内全部面积得到保护。

四支及以上等高避雷针所形成的四边形或多边形，可先将其分成两个或多个三角形，然后分别按三支等高避雷针的方法计算。

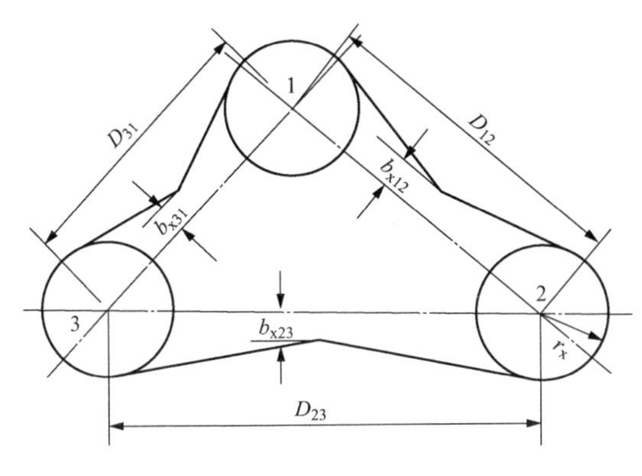

图 8-6 三支等高避雷针的保护范围

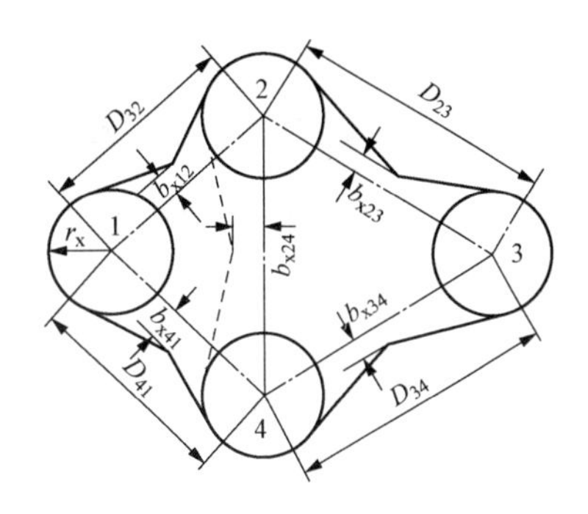

图 8-7 四支等高避雷针的保护范围

(2) 滚球法。滚球法采用电气几何模型与滚球半径（又称击距）的概念。其保护范围可以设想成一个半径为 h_r 的球体围绕避雷针滚动，并认为可被此球接触到的地方均可能被雷击，而避雷针附近未能被此球接触到的地方即是有效的保护范围。国家标准中对第一、二、三类防雷等级的建筑物规定的滚球半径分别是 30、45m 和 60m。变电站中建筑的防雷分类一般为第三类。

单支避雷针的保护范围如图 8-8 所示。当避雷针高度 $h \leqslant h_r$ 时，距地面处作一平行于地面的平行线；以避雷针针尖为圆心、h_r 为半径作弧线，交于平行线的 A、B 两点；以 A、B 为圆心、h_r 为半径作弧线，该弧线与针尖相交并与地面相切。从此弧线起到地面止就是避雷针保护范围。避雷针在高度为 h_x 的水平面上的保护半径 r_x，按下式计算

$$r_x = \sqrt{h(2h_r - h)} - \sqrt{h_x(2h_r - h_x)} \qquad (8-5)$$

式中：h_r 为滚球半径，m；r_x、h、h_x 同前。

当避雷针高度 $h > h_r$ 时，在避雷针高度上取高度为 h_r 的一点代替单支避雷针的针尖作为圆心，其余的做法同上。

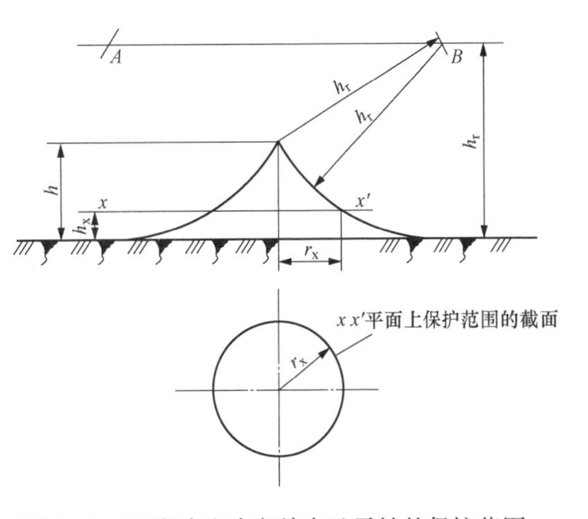

图 8-8 用滚球法确定单支避雷针的保护范围

GB 50057—2010《建筑物防雷设计规范》还对利用滚球法确定多支避雷针（接闪器）保护范围的方法做了明确规定，可见相关资料。

【例 8-1】 某变电站 110kV 户外配电装置构架两角上分别设有一支高度均为 30m 的避雷针，两避雷针间距离 40m，中间的被保护物高度 10m，试完成：

(1) 用折线法计算此 2 支避雷针的保护范围。

(2) 若滚球半径 60m，用滚球法计算单支避雷针的保护范围。

解：(1) 采用折线法计算两等高避雷针的保护范围，有 h=30m、D=40m、P=1，则有被保护物高度 h_x=10m<0.5h=0.5×30=15 (m)，故有：

两避雷针外侧被保护物高度 h_x 水平面上的保护半径 r_x 为

$$r_x = (1.5h - 2h_x)P = (1.5 \times 30 - 2 \times 10) \times 1 = 25(\text{m})$$

两避雷针之间保护范围上部边缘最低点高度 h_0 为

$$h_0 = h - \frac{D}{7P} = 30 - \frac{40}{7 \times 1} = 24.3(\mathrm{m})$$

两针中间被保护物高度 h_x 水平面上的保护范围的一侧最小宽度 b_x 计算为

$h_a = h - h_x = 30 - 10 = 20(\mathrm{m})$，$P = 1$，有 $h_x/h = 10/30 = 0.33$，即 $h_x = 0.33h$，且 $\frac{D}{h_a P} = \frac{40}{20 \times 1} = 2$。

查图 8-4 中，有 $b_x/(h_a P)$ 为 1.0，故 $b_x = 1 \times h_a P = 1 \times 20 \times 1 = 20$（m）。

（2）若按滚球半径 $h_r = 60\mathrm{m}$ 计算单支避雷针的保护范围，有 $h = 30\mathrm{m}$、$h_r = 60\mathrm{m}$、$h_x = 10\mathrm{m}$，则有

避雷针在高度为 h_x 的水平面上的保护半径 r_x 为

$$r_x = \sqrt{h(2h_r - h)} - \sqrt{h_x(2h_r - h_x)} = \sqrt{30 \times (2 \times 60 - 30)} - \sqrt{10 \times (2 \times 60 - 10)} = 18.8(\mathrm{m})$$

练习 8.2 ［例 8-1］中若两支避雷针的高度均为 35m，$D = 42\mathrm{m}$，其他条件不变。试用折线法计算两支避雷针的保护范围。（$P = 0.93$，$r_x = 30.2\mathrm{m}$，$h_0 = 28.5\mathrm{m}$，$b_x = 25.1\mathrm{m}$）

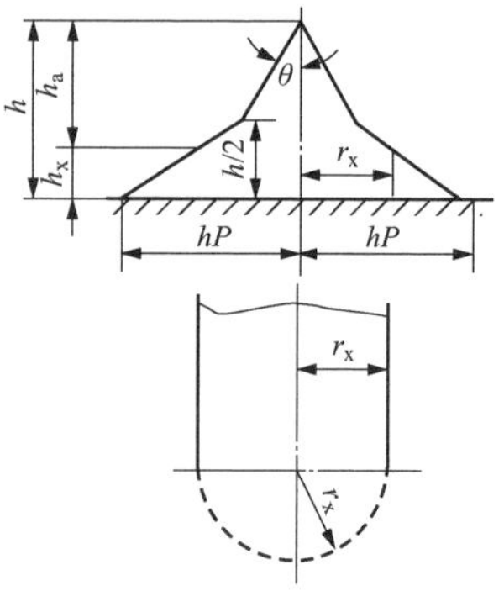

2. 避雷线的保护范围

避雷线对雷云与大地间电场畸变的影响比避雷针小，故其引雷作用和保护宽度比避雷针小。但避雷线的保护长度等于避雷线全长，所以特别适合保护架空线路和大型建筑物。近年来许多国家已采用避雷线保护 500kV 大型超高压变电站。

图 8-9　单根避雷线的保护范围

高度为 h 的单根避雷线的保护范围如图 8-9 所示，图中 $h \leqslant 30\mathrm{m}$ 时，$\theta = 25°$。

高度为 h 的单根避雷线，在被保护物高度 h_x 水平面上的保护范围 r_x 按下列方法计算：

当 $h_x \geqslant 0.5h$ 时
$$r_x = 0.47(h - h_x)P \tag{8-6}$$

当 $h_x < 0.5h$ 时
$$r_x = (h - 1.53h_x)P \tag{8-7}$$

两根避雷线的保护范围如图 8-10 所示，其外侧的保护范围按单根时确定，两线内侧的保护范围的横截面可通过两根线 1、2 点及圆弧最低点 O 确定。圆弧最低点的高度为

$$h_0 = h - \frac{D}{4P} \tag{8-8}$$

式中：h_0 为保护范围上部边缘最低点高度，m；D 为两避雷线间距离，m；h、P 同前。

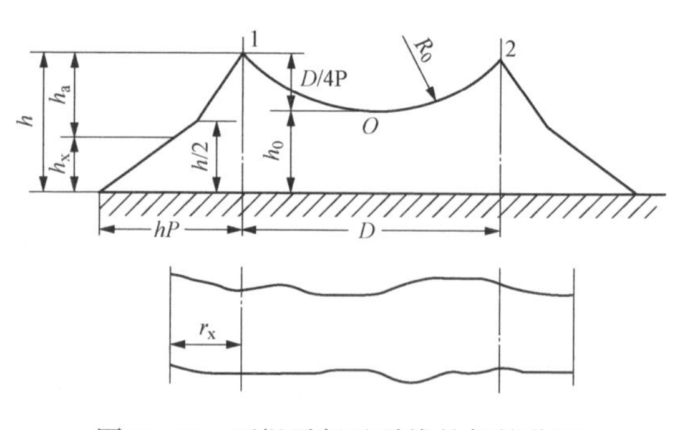

图 8-10　两根平行避雷线的保护范围

用避雷线保护架空线路时，常用保护角

α 表示避雷线对导线的保护程度。保护角是指避雷线与所保护的外侧导线之间的连线与经过避雷线的铅垂线之间的夹角。显然，保护角越小，避雷线对导线的保护作用越有效。220～330kV 线路保护角 α 一般为 20°～30°，500kV 线路保护角 α 一般不大于 15°。

8.1.5 电力系统防雷保护措施

思 考 电力系统如何实现对雷电过电压的保护?

架空输电线路翻山越岭，连接各方，其防雷问题最为突出。电力系统中的雷电过电压大多来自架空输电线路，而且雷电侵入波会沿着线路传播到发电厂和变电站。因此，提高线路的防雷性能，不仅可以减少雷击线路造成的跳闸，还有利于发电厂和变电站中电气设备的安全运行。同时，发电厂和变电站也存在遭受雷击的可能性。因此，电力系统的防雷保护应包括输电线路、发电厂和变电站等各个环节。

线路雷害事故主要经历以下阶段：线路受雷击时，线路绝缘发生闪络，然后从冲击闪络转换为稳定的工频电弧，引起线路跳闸。如果跳闸后线路不能迅速恢复绝缘，则发生停电事故。因此，提高线路的防雷性能，首先要防止线路闪络。雷击线路时，线路绝缘不发生闪络的最大雷电流幅值称为线路的耐雷水平。雷击跳闸率是统一在 40 个雷暴日和 100km 长度的条件下，线路每年因雷击而引起的跳闸的次数。

电力系统防雷保护应结合当地已有线路和发电厂、变电站的运行经验、地区雷电活动强度、地闪密度、地形地貌及土壤电阻率等，通过计算分析和技术经济比较，按差异化原则进行设计。有关的分析计算可参考其他资料。

1. 输电线路的防雷要求及防雷措施

针对线路雷害事故的主要发展阶段，输电线路的防雷要做好“四道防线”，即防止输电线路导线遭受直击雷、防止输电线路受雷击后绝缘发生闪络、防止雷击闪络后建立稳定的电弧、防止产生工频电弧后引起电力供应中断。

架空输电线路常用的防雷措施有：

(1) 在架空输电线路上方装设避雷线。避雷线是高压输电线路最基本的防雷措施，其主要作用是防止雷电直击导线。此外，避雷线还对雷电流有分流作用，对导线有耦合作用，可以降低导线上的感应过电压。

我国有关标准规定：330kV 及以上输电线路应全线架设双避雷线；220kV 宜全线架设双避雷线；110kV 一般全线架设双避雷线，但在少雷区或运行经验证明雷电活动轻微的地区可不沿全线架设避雷线；35kV 及以下线路，一般不沿全线架设避雷线。

(2) 降低线路杆塔接地电阻。对于一般高度的杆塔，降低杆塔接地电阻是提高线路耐雷水平、防止反击的有效措施。相关标准规定，有避雷线的线路，每基杆塔的工频接地电阻(不含避雷线时)，在雷季干燥时不宜超过表 8-1 中的数值。

表 8-1　有避雷线的线路杆塔的工频接地电阻

土壤电阻率 (Ω·m)	100 及以下	100～500	500～1000	1000～2000	2000 以上
接地电阻 (Ω)	10	15	20	25	30

（3）架设耦合地线。雷电活动强烈的地方和经常发生雷击故障的杆塔和线段，在降低杆塔接地电阻有困难时，可在导线下方4～5m处架设耦合地线，其作用是增加避雷线与导线间的耦合作用以降低绝缘子串上的电压，增加对雷电流的分流作用。

（4）采用不平衡绝缘方式降低双回路雷击同时跳闸率。在高压及超高压线路中，同杆架设的双回路线路日益增多，对此类线路在采用通常的防雷措施尚不能满足要求时，还可采用不平衡绝缘方式来降低双回路雷击同时跳闸率，以保证不中断供电。不平衡绝缘的原则是使两回路的绝缘子串片数有差异，由此雷击时绝缘子串片数少的回路先闪络，闪络后的导线相当于地线，增加了对另一回路导线的耦合作用，提高了另一回路的耐雷水平，使之不发生闪络以保证继续供电。

（5）装设避雷器。在雷电活动强烈、土壤电阻率很高或降低杆塔接地电阻困难的地区，装设复合绝缘外套金属氧化物避雷器以限制过电压。该避雷器由氧化锌阀片和串联间隙组成，并接在线路绝缘子两端。雷击造成线路绝缘闪络时，串联间隙放电，由于非线性电阻的限流作用，通常可在1/4工频周期内切断工频电弧，断路器不必动作。运行经验表明，线路复合绝缘外套金属氧化物避雷器能够消除或大大减少线路的雷击跳闸率。

（6）加强绝缘。大跨越杆塔、超高压、特高压线路的杆塔高度较高，感应过电压和绕击率随之增加，可采用在其杆塔上增加绝缘子片数的方法加强绝缘，一般全高超过40m的有避雷线杆塔，每增高10m，应增加1个绝缘子。对35kV及以下线路，可采用瓷横担绝缘子以提高冲击闪络电压。

（7）装设线路自动重合闸装置。由于雷击造成的闪络大多能在跳闸后自行恢复绝缘性能，所以线路重合率较高。因此，各级电压的线路都应尽量装设自动重合闸装置以减少供电中断时间。

（8）对35kV及以下线路采用中性点非有效接地方式。绝大多数的单相接地故障能够自动消除，不致引起相间短路和跳闸。我国的消弧线圈接地方式运行效果较好，雷击跳闸率约降低1/3。

2. 发电厂和变电站的防雷措施

发电厂和变电站是区域电力系统的枢纽，其中电气设备相对集中，价格较高，而且发电厂和变电站中电气设备的绝缘水平比线路的绝缘水平低。一旦发生雷害事故，往往导致重要电气设备的损坏，并造成大面积停电和严重经济损失，因此，要求发电厂和变电站的防雷保护应非常可靠。

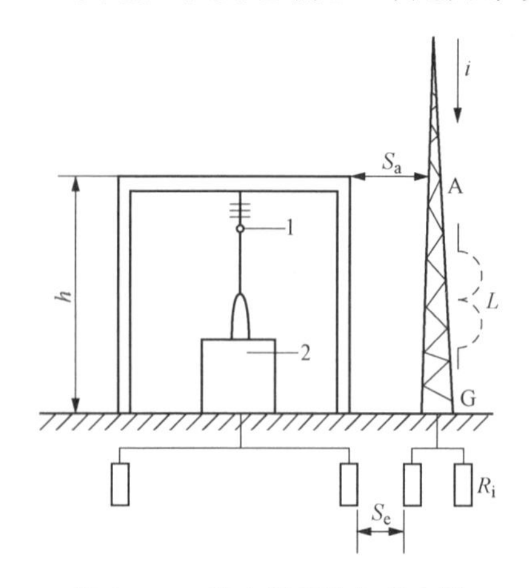

图8-11 独立避雷针与变电站被保护物间距离

1—母线；2—变压器

发电厂和变电站遭受的雷电危害主要来自直击雷过电压和雷电波侵入过电压。

（1）对直击雷过电压的防护。对直击雷防护的措施主要是装设避雷针或避雷线，使被保护设备处于避雷针或避雷线的保护范围之内，同时还必须防止引起反击事故。反击可引起电气设备绝缘损坏，金属管道被击穿，甚至引起火灾、爆炸和人身伤亡。

避雷针或避雷线的直击雷防雷保护设计见上节。为了防止反击事故的发生，独立避雷针与被保护的配电构架或设备之间必须保持足够的安全距离，如图8-11所示。

独立避雷针与被保护的配电构架或设备之间的空气中安全距离S_a应满足

$$S_a \geqslant 0.2R_i + 0.1h \tag{8-9}$$

式中：S_a为空气中的安全距离，m；R_i为独立避雷针的冲击接地电阻，Ω；h为避雷针校验点的高度，m。

独立避雷针的接地体与变电站接地网间的最小地中距离应满足

$$S_e \geqslant 0.3R_i \tag{8-10}$$

式中：S_e为地中的安全距离，m。

在一般的情况下，S_a不宜小于5m，S_e不宜小于3m。

对于110kV及以上的变电站，可以将避雷针架设在配电装置的构架上，这是由于此类电压等级配电装置的绝缘水平较高，雷击避雷针时在配电构架上出现的高电位不会造成反击事故。装设避雷针的配电构架应装设集中接地装置，此接地装置与变电站接地网的连接点离主变压器接地装置与变电站接地网的连接点之间的距离不应小于15m，目的是使雷击避雷针时在避雷针接地装置上产生的高电位，在沿接地网向变压器接地点传播的过程中逐渐衰减，以便到达变压器接地点时不会造成变压器的反击事故。由于变压器的绝缘较弱又是变电站中最重要的设备，故在变压器门形构架上不应装设避雷针。

对于35kV及以下的户外配电装置，因其绝缘水平较低，故不允许将避雷针装设在配电构架上，以免出现反击事故，而需要架设独立避雷针，并应满足不发生反击的要求。

关于线路终端杆塔上的避雷线能否与变电站构架相连的问题也可按上述装设避雷针的原则（即是否会发生反击的原则）来处理，110kV及以上的变电站允许相连，35kV及以下的变电站一般不允许相连。

户内变电站各侧进出线均为电缆时，主厂房的防雷保护一般按规范设置屋顶环形避雷带即可满足要求。对于采用架空进出线的户内变电站主厂房防雷保护，应结合进线段防雷保护一并考虑，可采用避雷线与屋顶避雷带联合保护、架设避雷针与避雷线联合保护等措施，进行防雷保护范围计算后确定。

发电厂的主厂房、主控制室和配电装置室一般不装设避雷针，以免发生反击事故和引起继电保护误动作。

（2）对雷电波侵入过电压的防护。发电厂和变电站对雷电侵入波过电压的主要防护措施是装设合适的避雷器与进行线路进线段保护。前者包括正确选择避雷器的类型、参数，合理确定保护接线方式及避雷器的台数、安装位置等以限制电气设备上的过电压；后者是在无全程避雷线的35～110kV输电线路临近变电站的1～2km进线段上架设避雷线，以限制雷电流幅值和降低侵入波的陡度。变电站进线段保护的接线如图8-12所示。

变压器中性点的电位在三相来波时会达到绕组首端电位的2倍，因此需要考虑变压器中性点的过电压保护问题。对于35kV及以下电力系统中性点非有效接地系统，变压器为全绝缘，即变压器中性点的绝缘水平与相线相同，一般不用接避雷器保护。

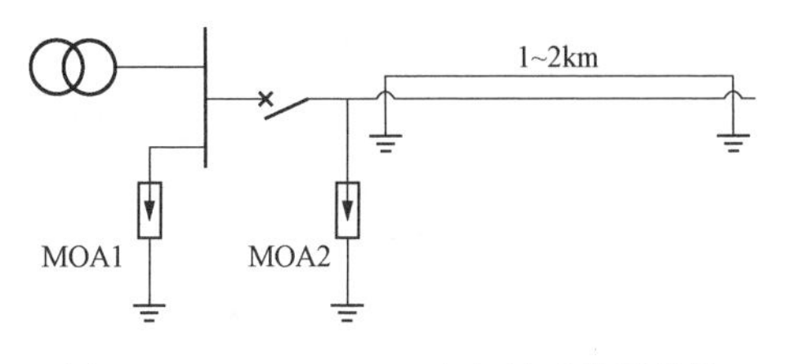

图8-12　35～110kV变电站进线段保护

对110kV及以上电力系统中性点有效接地系统，运行时一部分变压器的中性点直接接地，同时为了限制单相接地电流和满足继电保护需要，一部分变压器的中性点是不接地的。这种系统的变压器中性点大多是分级绝缘的，即变压器中性点绝缘水平比相线低得多，此时需在变压器中性点采用避雷器保护。

对于 GIS 设备的雷电波侵入保护措施可参考有关资料。

8.2 电力系统绝缘配合基础

电力系统的绝缘包括输电线路的绝缘和发电厂、变电站中电气设备的绝缘。绝缘问题已成为影响电力系统尤其是超高压电力系统正常安全运行与经济性的重要因素。过电压是造成线路闪络与设备绝缘损坏的主要原因。

8.2.1 电力系统绝缘配合概述

思 考 什么是电力系统绝缘配合？绝缘配合的目的与方法是什么？

1. 电力系统绝缘配合及其目的

进行电气设计时要合理确定电力线路与电气设备的绝缘水平，一方面不因绝缘水平太高而使投资过高，经济性下降；另一方面也不会由于绝缘水平不足，导致电力系统频繁出现闪络与绝缘击穿事故，造成停电与维护费用大增，使电力系统可靠性、经济性降低。

电力系统绝缘配合的最终目的就是确定输电线路与电气设备的绝缘水平。

绝缘配合要正确处理电力系统中可能承受的各种电压、各种限压措施和电气设备的绝缘耐受能力三者之间的配合关系，全面考虑设备造价、维修费用以及故障损失三个方面，以获得较高的经济效益。

绝缘配合的基本思路为：考虑所采用的过电压保护措施后，决定电气设备上可能的作用电压，并根据设备的绝缘特性及可能影响绝缘特性的因素，从安全运行和技术经济合理性两方面确定电气设备的绝缘水平；或者根据已有设备的绝缘水平，选择适当的保护装置，以便把作用于设备上的各种电压所引起的设备损坏和影响连续运行的概率，降低到在经济上和技术上能接受的水平。

输电线路上发生的绝缘故障主要是绝缘子串的沿面放电和导线对杆塔或线与线之间空气间隙的击穿。确定输电线路绝缘水平，就是要确定线路绝缘子串的长度（即绝缘子片数），以及确定导线间及导线与杆塔之间的空气间隙距离。

对于 220kV 及以下的电气设备和线路，正常情况下能承受系统内部过电压的作用，外部的雷电过电压是其主要威胁。雷电过电压的主要保护措施是避雷器，因此在选择设备绝缘水平时，应以避雷器的保护水平（即雷电冲击残压）为基础确定设备的绝缘水平。

对于超高压电力系统，随着电压等级的升高，操作过电压幅值也随之增高，并在绝缘配合中起主导作用。内部过电压的数值与防护措施有关。多数国家通过改进断路器性能、采用并联电抗器等措施，将电力系统内部过电压限制到预定的水平，然后以避雷器作为操作过电压的后备保护。所以，超高压电力系统绝缘水平仍然可以参考雷电过电压来决定。

2. 绝缘配合的一般原则

首先介绍几个与电气绝缘相关的术语。

(1) 外绝缘：空气间隙及设备固体绝缘外露在大气中的表面，它承受作用电压并受大气和其他现场的外部条件，如污秽、湿度、虫害等的影响。

(2) 内绝缘：密封在设备箱体内，不受大气和其他外部条件影响的固体、液体或气体绝缘。

(3) 自恢复绝缘：在试验期间的破坏性放电后，在短时间内可完全恢复其绝缘特性的设备绝缘，如气体和液体绝缘。

(4) 非自恢复绝缘：在试验期间的破坏性放电之后，丧失或不能完全恢复其绝缘特性的设备绝缘，如固体绝缘。

绝缘配合应遵照国家标准 GB/T 50064—2014《交流电气装置的过电压保护和绝缘配合设计规范》，以及其他相关标准与电力行业标准的要求。绝缘配合的一般原则如下：

(1) 不同电力系统，因结构不同以及在不同的发展阶段，可以有不同的绝缘水平。

(2) 电气装置外绝缘应符合现场污秽度等级下的耐受持续运行电压要求。电气设备应能在设计寿命内承受持续运行电压。

(3) 电气设备应能承受一定幅值和时间的过电压。

(4) 谐振过电压对电气设备和保护装置的危害极大，应在设计和运行中避免或消除出现谐振过电压的条件。在绝缘平衡中不考虑谐振过电压。

(5) 配电装置中的自恢复绝缘和非自恢复绝缘的绝缘强度，在过电压各种波形的作用下均应高于保护设备的保护水平，并考虑各种因素，留有适当裕度。不考虑各种绝缘之间的自配合。

(6) 电气设备的操作过电压和雷电过电压冲击绝缘水平，以避雷器相应保护水平为基础进行绝缘配合。

3. 绝缘配合的方法

目前进行绝缘配合的方法有惯用法（也称为确定性法）、统计法和简化统计法。前者根据确定的最大过电压确定绝缘水平，后两者基于统计数据计算绝缘故障的概率，再经过技术经济比较后确定绝缘水平。

(1) 惯用法（确定性法）。首先确定电气设备上可能出现的最危险的过电压，然后根据经验乘上一个考虑各种因素影响和一定裕度的配合系数，从而确定设备绝缘应能承受的电压水平。

惯用法简单明了，但无法估计绝缘故障的概率以及此概率与配合系数之间的关系，因此对绝缘的要求偏高。我国标准规定的惯用法配合系数为 1.25～1.4，国际电工委员会 IEC 规定的配合系数为 1.2。

惯用法适用于 220kV 及以下电气设备在各电压和过电压下的绝缘配合。按惯用法确定的电力系统绝缘水平偏保守，对于超高压电力系统来说经济性较差。

(2) 统计法。把过电压幅值和绝缘强度都看作随机变量，在已知过电压幅值及绝缘闪络电压统计特性后，用计算方法求出绝缘闪络的概率来确定故障率，通过改变敏感的影响因素，使故障率达到可以被接受的程度，在技术经济比较的基础上合理确定绝缘水平。

在超高压系统中，统计法通过降低设备绝缘水平可以获得显著的经济效益，但由于统计法中的随机因素较多，难以得到全部已知值，实际中采用较多的是简化统计法。

(3) 简化统计法。为便于计算，假定过电压与绝缘放电概率的统计分布均服从正态分布。相关标准推荐采用出现概率 2%的过电压作为统计最大过电压 U_s，取闪络概率 10%的电压作为绝缘的统计耐受电压 U_w，在不同的统计安全系数 $\gamma=U_w/U_s$情况下，计算出绝缘的故障率 R。根据技术经济比较，在成本与故障率之间协调，定出可以接受的故障率 R，再根据相应的统计安全系数 γ 及电网的统计过电压 U_s，就可以确定绝缘水平 U_w。

简化统计法的计算简单易行，并有现成曲线可查。虽然故障率数值不一定很准确，但便于在工程上做方案比较，因此应用较广泛。

简化统计法仅用于 330kV 及以上电气设备操作过电压下的绝缘配合、自恢复型绝缘设备的绝缘配合，如输变电设施的外绝缘。由于非自恢复绝缘设备的绝缘试验成本很高，使用统计法很不经济，故超高压系统的非自恢复绝缘设备的绝缘水平应根据惯用法确定。

4. 电气设备的绝缘水平

电气设备的绝缘水平是指电气设备可以承受（不发生闪络、放电或其他损坏）的试验电压值。根据电气设备运行中可能承受的运行电压、工频过电压、操作过电压和雷电过电压，对电气设备绝缘水平规定了短时（1min）工频耐压试验、操作冲击耐压试验和雷电冲击耐压试验。考虑到在运行电压和工频过电压作用下绝缘的老化和外绝缘的污秽影响，还规定了长时间工频耐压试验。

确定电气设备绝缘水平的基础是避雷器的保护水平（包括对雷电过电压和操作过电压冲击的保护水平）。对 220kV 及以下的电气设备，根据避雷器的雷电冲击保护水平可以确定设备的雷电冲击基本绝缘水平（BIL），设备的操作冲击基本绝缘水平（BSL）可以用短时（1min）工频耐受电压即工频绝缘水平来代替。这是因为雷电或操作冲击电压对绝缘结构的作用，经过换算后可以用工频耐压试验来等价，即电气设备的工频耐压值在某种程度上也代表了绝缘对雷电过电压和操作过电压的耐受水平。凡是能通过工频耐压试验的，可以认为设备在运行中能保证其可靠性。

工频耐压试验比较简单，220kV 及以下电气设备的出厂试验只需做工频耐压试验。而对超高压电气设备，操作冲击过电压幅值很高，其对绝缘的作用与在工频电压下的情况不能确认等价，因此相关标准规定要进行雷电冲击耐受电压试验和操作冲击耐受电压试验。

为了加强标准化，根据运行经验，我国将设备的最高运行电压与标准耐受电压相关联，规定了设备的标准绝缘水平。6～220kV 电气设备的标准绝缘水平见表 8 - 2。

表 8 - 2　　6～220kV 电气设备的标准绝缘水平　　kV

系统标称电压 U_N	设备最高电压 U_m	额定雷电冲击耐受电压（峰值）		额定短时工频耐受电压（有效值）
		系列Ⅰ	系列Ⅱ	
6	7.2	40	60	25
10	12.0	60	75，90	30/42*，35
15	18	75	95，105	40，45
20	24	95	125	50，55
35	40.5	185，200		80/95*，85
66	72.5	325		140
110	126	450，480		185，200
220	252	850		360
		950		395
		1050		460

注　3～20kV 所对应设备系列Ⅰ的绝缘水平在我国仅用于中性点直接接地（含小电阻接地）系统。逗号之后的数据仅用于变压器类设备的内绝缘。

* 斜线上的数据为设备在湿状态下的耐受电压，斜线下的数据为设备在干燥状态下的耐受电压。

8.2.2 变电站电气设备的绝缘配合

交流电气设备的绝缘配合，应参照国家标准GB/T 11032—2020《交流无间隙金属氧化物避雷器》、GB/T 50064—2014《交流电气装置的过电压保护和绝缘配合设计规范》确定的原则进行。

这里介绍220kV及以下变电站中电气设备的绝缘配合。超高压电气设备、输电线路与变电站绝缘子串及空气间隙的绝缘配合可参考有关资料。

220kV及以下变电站中电气设备的雷电冲击耐压应当满足

$$u_{e.l} \geqslant K_c U_{l.p} \tag{8-11}$$

式中：$u_{e.l}$为电气设备的雷电冲击耐压，kV；K_c为配合系数，一般取1.4，对变压器等设备内绝缘，MOA避雷器紧靠设备时，取为1.25；$U_{l.p}$为避雷器雷电冲击保护水平，kV。

工程设计中，变电站内电气设备的绝缘配合包括各电压等级电气设备及主变压器中性点绝缘水平参数的选择、各级避雷器参数的选择，以及电气设备外绝缘爬电距离的要求。下面介绍变电站中常见的220、110、35、10kV电气设备绝缘配合的方法。

1.220kV电气设备的绝缘配合

(1) 避雷器选择。220kV氧化锌避雷器的主要技术参数见表8-3。

表8-3　220kV氧化锌避雷器的主要技术参数　kV

名称	额定电压	持续运行电压	操作冲击电流500A残压（峰值）	雷电冲击10kA残压（峰值）	陡波冲击10kA残压（峰值）
参数	204	159	452	532	594

(2) 220kV电气设备的绝缘水平。220kV系统以雷电过电压决定设备的绝缘水平，不考虑操作过电压冲击的配合；雷电冲击以10kA残压为基准，配合系数取1.4，则220kV电气设备上可能承受的最高过电压为1.4×532=744.8（kV），查表8-2，220kV设备的雷电冲击耐受电压为850kV（峰值），满足绝缘配合要求。

2.110kV电气设备的绝缘配合

(1) 避雷器选择。110kV氧化锌避雷器的主要技术参数见表8-4。

表8-4　110kV氧化锌避雷器的主要技术参数　kV

名称	额定电压	持续运行电压	操作冲击电流500A残压（峰值）	雷电冲击10kA残压（峰值）	陡波冲击10kA残压（峰值）
参数	102	79.6	226	266	297

(2) 110kV电气设备的绝缘水平。110kV系统以雷电过电压决定设备的绝缘水平，不考虑操作过电压冲击的配合；雷电冲击以10kA残压为基准，配合系数取1.4，则110kV电气设备上可能承受的最高过电压为1.4×266=372.4（kV），查表8-2，110kV设备的雷电冲击耐受电压为450kV，变压器内绝缘的雷电冲击耐受电压为480kV（峰值），均满足绝缘配合要求。

3.35kV电气设备的绝缘配合

(1) 避雷器选择。35kV中性点不接地系统氧化锌避雷器的额定电压不低于$1.25U_m$，即 1.25×40.5=50.6kV。因此，主变压器 35kV 侧配置 51/134 型氧化锌避雷器，其主要技术参数见表 8-5。典型的变压器中性点用避雷器技术参数见表 8-6。

表 8-5　35kV 氧化锌避雷器的主要技术参数　kV

名称	额定电压	持续运行电压	操作冲击电流下残压	雷电冲击（8/20μs）5kA 残压	陡波冲击（1/5μs）5kA 残压
参数	51	40.8	114	134	154

表 8-6　典型的变压器中性点用避雷器技术参数　kV

名称	系统标称电压	避雷器额定电压	避雷器持续运行电压	操作冲击电流下残压（峰值）	雷电冲击残压（峰值）
参数	35	60	48	135	144
	66	96	77	243	260
	110	72	58	174	186
	220	144	116	299	320

（2）35kV 电气设备及主变压器中性点的绝缘水平。35kV 系统以雷电过电压决定设备的绝缘水平；雷电冲击以 5kA 残压为基准，配合系数取 1.4，则 35kV 电气设备上可能承受的最高过电压为 1.4×134=187.6（kV）。35kV 电气设备绝缘水平见表 8-7，满足绝缘配合要求。

110kV 主变压器中性点避雷器的保护水平为 186kV，取配合系数 1.25，则变压器中性点可能承受的最高过电压为 1.25×186=232.5（kV）。查表 8-7，110kV 主变压器中性点的雷电冲击耐受电压为 250kV，满足绝缘配合要求。

表 8-7　35kV 电气设备及主变压器中性点的绝缘水平　kV

设备名称 \ 试验电压	设备耐受电压值			
	雷电冲击耐压（峰值）		1min 工频耐压（有效值）	
	全波			
	内绝缘	外绝缘	内绝缘	外绝缘
主变压器低压侧	200	200	85	80
220kV 主变压器中性点	不直接接地：400 直接接地：185	不直接接地：400 直接接地：185	200	
110kV 主变压器中性点	250	250	95	95
其他电器	185		95	

4.10kV 电气设备的绝缘配合

（1）避雷器选择。根据 GB/T 50064—2014《交流电气装置的过电压保护和绝缘配合设计规范》的规定，当变压器高低压侧接地方式不同时，低压侧宜装设操作过电压保护水平较低的避雷器；10kV 中性点经消弧线圈接地系统的氧化锌避雷器额定电压不低于 $1.25U_m$，即 1.25×12=16（kV）。因此，主变压器 10kV 侧配置 17/45 型氧化锌避雷器，其主要技术参数见表8-8。

表 8-8　　10kV 氧化锌避雷器的主要技术参数　　kV

名称	额定电压	持续运行电压	操作冲击电流下残压	雷电冲击（8/20μs）5kA 残压	陡波冲击（1/5μs）5kA 残压
参数	17	13.6	38.3	45	51.8

（2）10kV 电气设备的绝缘水平。10kV 系统以雷电过电压决定设备绝缘水平；雷电冲击以 5kA 残压为基准，配合系数取 1.4，则 10kV 电气设备上可能承受的最高过电压为 $1.4\times45=63$（kV）。查表 8-2，10kV 设备的雷电冲击耐受电压为 75kV，满足绝缘配合要求。

5. 变电站电气设备外绝缘爬电距离要求

电气设备（包括绝缘子串）的外绝缘，应具有足够的爬电比距以防止在工作电压下发生污闪。爬电比距的定义为

$$S=\frac{n\lambda}{U} \tag{8-12}$$

式中：S 为绝缘子的爬电比距，mm/kV；n 为每串绝缘子的片数；λ 为每片绝缘子的爬电距离，mm；U 为设备上的最高运行电压，kV。

爬电比距与环境污秽情况有关。环境污秽按程度分为很轻、轻、中等、重、很重五个等级，依次用 a、b、c、d、e（或 0、Ⅰ、Ⅱ、Ⅲ、Ⅳ）表示。不同等级污秽地区所要求的最小爬电比距 S_0 见表 8-9。户内设备的外绝缘最小爬电比距可比户外设备降低一个污秽等级选取。

表 8-9　　不同等级污秽地区的最小爬电比距　　mm/kV

污秽等级	最小爬电比距		污秽等级	最小爬电比距	
	线路	电站设备		线路	电站设备
a	13.9	14.8	d	25	25
b	16	16	e	31	31
c	20	20			

若变电站处于 e 级污秽区，根据相关要求，变电站所有电气设备外绝缘爬电比距应为：户外设备外绝缘爬电比距≥31mm/kV，户内设备外绝缘爬电比距≥25mm/kV。

8.3 电气装置的接地

电气装置的接地是保障电力系统安全必不可缺的重要环节。电力系统、装置或设备应按规定进行电气接地。

8.3.1 电气接地概述

思 考　电气接地的种类与作用是什么？接地装置如何构成？对接地电阻有何要求？

1. 电气接地的类型

根据功能的不同，电气接地可分为系统接地（或称为工作接地）、保护接地、防雷接地与防静电接地。

（1）系统接地。系统接地是根据电力系统运行需要所设的功能性接地，如电力系统中性点的直接接地、中性点经消弧线圈或电阻接地。

（2）保护接地。为保证电气安全，将电气设备的金属外壳及底座、配电装置的金属框架、构架、支架和带地线的架空线路杆塔等平时无电，当绝缘击穿时可能带电的部分与大地做良好的连接，称为保护接地。

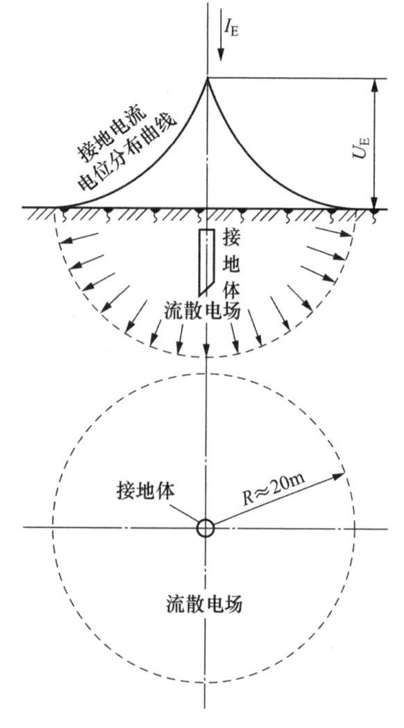

图 8-13 接地电流和对地电压分布示意图

（3）防雷接地。防雷接地为防雷装置（避雷针、避雷器、避雷线等）向大地泄放雷电流而设的接地。

（4）防静电接地。防静电接地也称为电磁兼容性（EMC）接地，是为防止静电对易燃油、天然气、氢气储罐和管道等造成危险而设的接地。

2. 接地电阻及其要求

（1）接地部分的对地电压。大地是导电体，具有一定的电阻率。通常情况下认为大地具有零电位。但当电气设备发生接地故障时，接地故障电流 I_E通过接地体向大地作半球形散开，在接地极周围产生流散电场，形成一定的电位。该半球体就是接地电流的导体。距接地体越近，半球面积越小，其流散电阻越大，接地电流通过此处的电位也越高；反之，距接地体越远，半球面积越大，其流散电阻越小，接地电流通过此处的电位也越低。在距接地体 20m 以外的地方，电位趋近于零。该电位等于零的地方称为电气上的“地”或“参考地”。接地电流和对地电压分布如图 8-13 所示。

电气设备的接地部分与零电位地之间的电位差，称为接地部分的对地电压，用 U_E表示。

（2）工频接地电阻。工频接地电阻是给定工作频率下，系统、装置或设备的给定点与参考地之间的电阻。其中，通过接地极流入地中工频交流电流时求得的电阻称为工频接地电阻，一般简称为接地电阻，用 R 表示。工频接地电阻的允许值见表 8-10。

表 8-10 工频接地电阻允许值

应用范围	电气系统特点	接地电阻（Ω）
发电厂、变电站接地网	中性点有效接地、低电阻接地系统，站用变压器的低压侧应采用 TN 系统、低压电气装置应采用保护总等电位连接系统	$R\leqslant 2000/I_G$（电阻不满足时可经技术经济比较升至 $R\leqslant 5000/I_G$）
	中性点不接地、消弧线圈和高电阻接地系统，站用变压器的低压电气装置应采用保护总等电位连接系统	$R\leqslant 120/I_g\leqslant 4$

续表

应用范围	电气系统特点	接地电阻（Ω）
高、低压配电电气装置	高压侧中性点不接地、经消弧线圈和高电阻接地系统，低压侧 TN 系统时	$R\leqslant50/I\leqslant4$
	高压侧中性点低电阻接地，低压侧 TN 系统时	$R\leqslant2000/I_G\leqslant4$
	低压 TT 系统	$R\leqslant50/I_a$
	低压 IT 系统	$R\leqslant50/I_d$

注　R 为采用季节变化的最大接地电阻，Ω；I_G为计算用经接地网入地的最大接地故障不对称电流有效值，A；I_g为计算用的接地网入地的对称电流有效值，A；I 为计算用的单相接地故障电流，消弧线圈接地系统为故障点残余电流，A；I_a为保护电器的自动动作电流，保护电器采用漏电保护器时，为其额定的漏电动作电流；I_d为相导体与外露可导电部分间第一次出现不计阻抗故障时的故障电流，A。

（3）冲击接地电阻。通过接地极流入冲击电流时得到的电阻称为冲击接地电阻，用 R_i 表示。

3. 接地装置的构成

接地装置由接地极与接地线组成。直接与大地接触的金属导体，称为接地极；连接接地极之间及接地极与电气设备接地部分的金属导体，称为接地线。接地装置的典型结构如图 8-14所示。

接地极包括人工接地极与自然接地极。自然接地极是直接与大地接触的各种金属构件、钢筋混凝土结构中的钢筋、架空避雷线、电力电缆的金属外护层（长度大于 2km 时）、金属井管、金属管道等用来兼作接地极的金属导体。接地装置应充分利用自然接地极。人工接地极是专门用于接地的金属导体，可分为水平接地极与垂直接地极。一般人工接地极宜垂直埋设于地中，为了避免机械损坏及气候对接地装置流散电阻的影响，应将接地极顶部埋于地表以下 0.6～0.8m。在多岩石地区，接地极可水平埋设。水平接地极可采用圆钢、扁钢；垂直接地极可采用角钢、钢管，长度一般为 2.5m。腐蚀较重地区的水平接地极可采用圆铜、扁铜、铜绞线、铜覆钢绞线、铜覆圆钢、铜覆扁钢；垂直接地极可采用圆铜、铜覆圆钢等。接地线可采用圆钢、扁钢或圆铜、扁铜等。

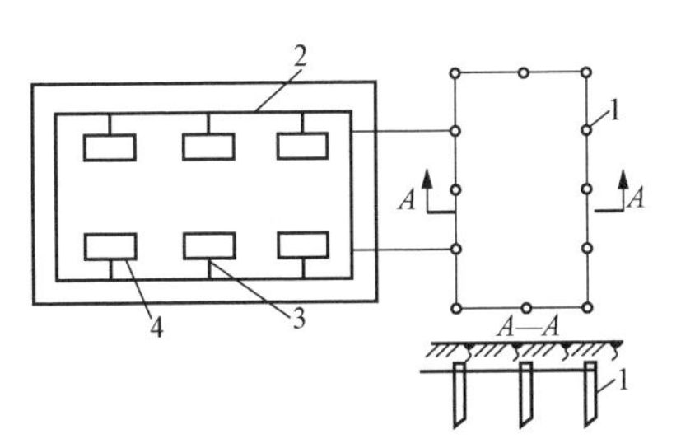

图 8-14　接地装置示意图

1—接地极；2—接地干线；3—接地支线；4—电气设备接地部分

4. 接地电阻计算

接地电阻包括自然接地极与人工接地装置的接地电阻。接地电阻除与接地极的形状、数量、尺寸有关，还与土壤电阻率密切相关。电力工程手册中给出了自然接地极，包括架空避雷线、埋地管道、电缆外皮、钢筋混凝土基础接地的接地电阻的估算方法。发电厂与大型变电站在均匀土壤或典型双层土壤中人工垂直、水平与复合接地极的工频接地电阻、冲击接地电阻可采用专用接地工程设计软件计算。

（1）计算用土壤电阻率。土壤电阻率在一年中是变化不定的。确定土壤电阻率时应考虑测量时的具体条件，如季节、天气等。设计中采用的计算值为测量土壤电阻率乘以季节系数。季节系数范围 1.0～3，具体见设计手册。几种典型土壤和水的近似电阻率见表 8-11。

表 8-11　典型土壤和水的电阻率参考值　Ω·m

土壤类别		电阻率近似值	土壤和水类别	电阻率近似值
陶黏土		10	砂质黏土	100
泥炭、沼泽地		20	黄土	200
黑土、田园土、陶土		50	含砂黏土、砂土	300
黏土		60	多石土壤	400
混凝土	在水中	40～55	砂、砂砾	1000
	在湿土中	100～200	砾石、碎石、多岩山地	5000
	在干土中	500～1300	海水	1～5
	在干燥大气中	12000～18000	湖水、池水	30

(2) 均匀土壤中人工接地极工频接地电阻的简易计算。自然接地极的电阻可通过实测或计算求得。人工接地装置的接地电阻的详细计算可见电力工程设计手册。均匀土壤中人工接地极工频接地电阻的简易计算公式，可见表 8-12。其中，复合接地网的计算公式适用于按规范要求的形式布置的人工接地网。

表 8-12　人工接地极工频接地电阻的简易计算式

接地极型式	简易计算式（Ω，Ω·m）	备注
垂直式	$R\approx 0.3\rho$	长度为 2.5～3m 的垂直接地极
单根水平式	$R\approx 0.03\rho$	长度为 60m 左右的水平接地极
复合式接地网	$R\approx 0.5\rho/\sqrt{S}=0.28\rho/r$	S 为大于 100m² 的闭合接地网的面积，m²；r 为与接地网面积 S 等效的圆的半径，m

练习 8.3　某 220kV 变电站面积为 196m×201m，土壤电阻率为 200Ω·m，试估算其接地网的工频接地电阻。

（答案：0.5Ω）

8.3.2　接触电压与跨步电压

思考　接触电压与跨步电压是什么？其允许值如何计算？如何降低相关危险？

1. 接触电压、跨步电压及其允许值

当接地故障短路电流流过接地装置时，在大地表面形成分布电位，大地相当于一个电动势源。接地极处的电位最高，约 20m 外的电位可认为已降为 0。此时，人若在接地极附近的地面上接触到设备外壳、架构或墙壁，或在接地极附近的地面上行走时，会产生危险的电位差。

GB/T 50065—2011《交流电气装置的接地设计规范》中，定义在距设备边沿水平距离 1.0m 处的地面上到距地垂直距离 2.0m 高处的设备外壳、架构或墙壁离地面的两点之间的电位差称为接地网的接触电位差或接触电压，如图8-15（a）中的U_t所示；定义人在接地故障点附近行走时，地面上水平距离1.0m的两点之间的电位差，为跨步电位差或跨步电压，如图8-15（b）中的U_s所示。

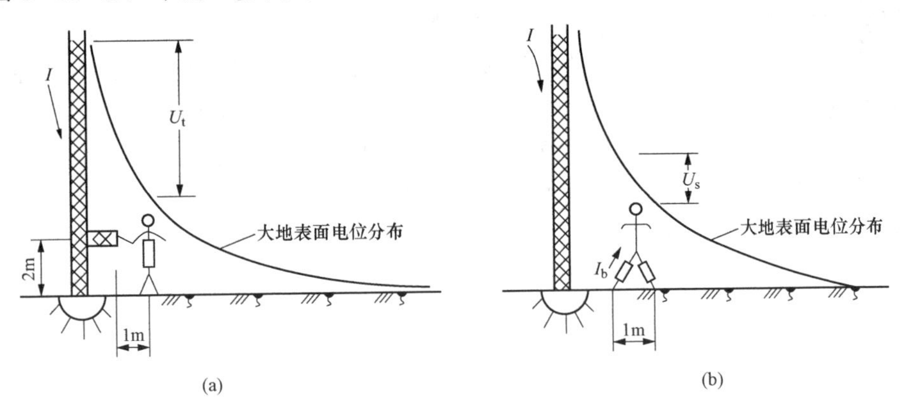

图8-15 接地网的接触电压和跨步电压

（a）接触电压；（b）跨步电压

人遭受电击时身体吸收的能量正比于流过人体电流的平方与电流持续时间t_s的乘积。根据国外研究，体重50kg的人体可承受的最大交流电流有效值I_b（mA）为

$$I_b = \frac{116}{\sqrt{t_s}} \tag{8-13}$$

式中：t_s为接地故障短路电流持续时间，允许范围为0.01～5s。

取人体电阻为1500Ω，人单脚站在电阻率为ρ_s的地面上的电阻经简化后计算为$3\rho_s$。考虑到人维修设备时双脚并立，跨步时两脚分开，故计算最大接触电压时取设备-人体-双脚-大地回路的总电阻$R_{\Sigma t}$近似为$1500+1.5\rho_s$；计算最大跨步电压时，取脚-人体-另一脚-大地回路的总电阻$R_{\Sigma s}$近似为$1500+6\rho_s$；有最大允许接触电压$U_t=I_bR_{\Sigma t}$；最大允许接触电压$U_s=I_bR_{\Sigma s}$。利用此方法可得到接地网最大允许接触电压及跨步电压的计算式（8-14）与式（8-15）。

根据GB/T 50065—2011，在确定发电厂和变电站接地网的形式和布置时，应符合下列要求：

（1）110kV及以上中性点直接接地系统中发生单相接地或同点两相接地时，接地网的接触电压和跨步电压不应超过下列公式计算所得的数值

$$U_t = \frac{174 + 0.17\rho_s C_s}{\sqrt{t_s}} \tag{8-14}$$

$$U_s = \frac{174 + 0.7\rho_s C_s}{\sqrt{t_s}} \tag{8-15}$$

式中：U_t为接触电压允许值，V；U_s为跨步电压允许值，V；ρ_s为地表层的土壤电阻率，Ω·m；C_s为土壤表层衰减系数，当接地装置的地面未铺设高电阻率层时，取为1；t_s为接地故障短路电流持续时间，s。

当变电站接地网的接触电压与跨步电压不符合要求时，可在地面铺设高电阻率的表层材料以提高相关电压阈值。地表高电阻率表层材料主要有砾石或鹅卵石、沥青、沥青混凝土、

绝缘水泥。即使在下雨天，砾石或沥青混凝土仍能保持 5000Ω·m 的电阻率。建议在站内道路上敷设沥青或沥青混凝土，在设备周围敷设鹅卵石。

特别应当注意，普通的混凝土路面不能用来作为提高表层电阻率的措施，因为混凝土具有吸水性能，在下雨天其电阻率将降至几十欧姆米。

随着高阻层厚度的增加，接触电位差和跨步电位差允许值的增加具有饱和趋势，即增加高阻层厚度来提高安全水平具有饱和性。因此要使接触电压和跨步电压的提高满足人身安全要求，还必须将接地电阻降低到合适的值。地表高阻层的厚度一般可取 10～35cm。

土壤表层衰减系数 C_s 用来计算地面具有高电阻率材料表层时人脚的有效电阻。工程上对接触电压与跨步电压的计算误差要求在 5%以内时，C_s 计算式为

$$C_s = 1 - \frac{0.09 \times \left(1 - \frac{\rho}{\rho_s}\right)}{2h_s + 0.09} \tag{8-16}$$

式中：ρ 为下层土壤电阻率，Ω·m；h_s 为表层高电阻率材料厚度，m。

【例 8-2】 某 110kV 变电站主变压器中性点直接接地。土壤电阻率为 200Ω·m。发生单相接地短路时，短路持续时间为 0.1s，其接地网最大计算接触电压为 1760V，计算最大跨步电压为 3200V。试求：

（1）地面不铺设高阻层时的接地网允许接触电压与允许跨步电压是否满足要求？

（2）地面铺设厚度 0.1m、电阻率 5000Ω·m 的高阻层后，接地网允许接触电压与允许跨步电压是否满足要求？

解：（1）地面无高阻层时，土壤电阻率 ρ_s=200Ω·m，C_s 为 1，代入式（8-19）、式(8-20)，有：

允许接触电压 $$U_t = \frac{174 + 0.17\rho_s C_s}{\sqrt{t_s}} = \frac{174 + 0.17 \times 200 \times 1}{\sqrt{0.1}} = 658\text{V}$$

允许跨步电压 $$U_s = \frac{174 + 0.7\rho_s C_s}{\sqrt{t_s}} = \frac{174 + 0.7 \times 200 \times 1}{\sqrt{0.1}} = 993\text{V}$$

分别小于相关电压最大计算值，因此不满足接地网接触电压与跨步电压要求。

（2）地面铺设厚度 0.1m、土壤电阻率 ρ_s=5000Ω·m 的高阻层后，有：

土壤表层衰减系数 $$C_s = 1 - \frac{0.09 \times \left(1 - \frac{\rho}{\rho_s}\right)}{2h_s + 0.09} = 1 - \frac{0.09 \times \left(1 - \frac{200}{5000}\right)}{2 \times 0.1 + 0.09} = 0.70$$

允许接触电压 $$U_t = \frac{174 + 0.17\rho_s C_s}{\sqrt{t_s}} = \frac{174 + 0.17 \times 5000 \times 0.70}{\sqrt{0.1}} = 2432\text{V}$$

允许跨步电压 $$U_s = \frac{174 + 0.7\rho_s C_s}{\sqrt{t_s}} = \frac{174 + 0.7 \times 5000 \times 0.70}{\sqrt{0.1}} = 8298\text{V}$$

均大于计算的接地网最大接触电压与跨步电压，因此满足要求。

练习 8.4 上题中，地面铺设厚度 0.15m、土壤电阻率 2500Ω·m 的高阻层后，接地网允许接触电压与允许跨步电压分别是多少？ （答案：1612V，4922V）

（2）在 6～66kV 中性点不接地、经消弧线圈接地和高电阻接地的系统中，发生单相接地故障后，当不迅速切除故障时，发电厂和变电站接地装置的接触电压和跨步电压不应超过

下列公式计算所得的数值

$$U_t = 50 + 0.05\rho_s C_s \tag{8-17}$$

$$U_s = 50 + 0.2\rho_s C_s \tag{8-18}$$

需要注意的是，上述接触电压与跨步电压的计算公式是适用于均匀土壤电阻率地区的。对土壤情况比较复杂地区的重要发电厂和变电站，推荐使用考虑分层土壤条件的接地工程设计专用软件进行分析设计。

2. 降低接地网接触电压和跨步电压危险的措施

当人工接地网的地面上局部地区的接触电压和跨步电压超过允许值，因地形、地质条件的限制扩大接地网的面积有困难。全面增设均压带又不经济时，可采取下列措施：

（1）在经常维护的通道、操动机构四周、保护网附近局部增设1～2m网孔的水平均压带，可直接降低大地表面电位梯度，此方法比较可靠，但需增加钢材消耗。

（2）铺设砾石地面或沥青地面，用以提高地表面电阻率，以降低人身承受的电压。此时地面上的电位梯度并不改变。

1）采用碎石、砾石或卵石的高电阻率路面结构层时，其厚度不小于15cm。电阻率可取2500Ω·m。

2）采用沥青混凝土结构层时，电阻率取5000Ω·m。

为了节约，也可将沥青混凝土重点使用。如只在经常维护的通道、操动机构的四周、保护网的附近铺设，其他地方可用砾石或碎石覆盖。

采用高电阻率路面的措施，在使用年限较久时，若地面的砾石层充满泥土或沥青地面破裂时会不安全，因此定期维护是必需的。具体采用哪种措施，应因地制宜地选定。

8.3.3 电气接地装置形式与设置

1. 发电厂、变电站的接地网

发电厂、变电站中的系统接地（工作接地）、保护接地和防雷接地是很难完全分开的。发电厂、变电站中的接地装置实际上是集系统接地（工作接地）、保护接地和防雷接地于一体的一个统一接地网，除利用自然接地极以外，还在厂站内避雷针和避雷器安装处增加3～5根集中接地极以满足防雷接地的要求。当接地装置的接地电阻不满足表8-10中的要求时，应采取相应技术措施降低接地电阻或提高接地电阻允许值。

（1）110kV及以上发电厂和变电站接地网设计的一般要求。设计时应根据有关建筑物的布置、结构、钢筋配置情况，确定可利用为接地网的自然接地极。

应根据当前和远景的最大运行方式下一次系统电气接线、母线连接的送电线路情况、故障时系统的电抗与电阻比值等，确定设计水平年的最大接地故障不对称电流有效值。

应计算流过设备外壳接地导体和经接地网入地的最大接地故障不对称电流有效值。

接地网的尺寸及结构应根据站址土壤结构和电阻率，以及要求的接地网的接地电阻值初步拟定，并宜通过数值计算获得接地网的接地电阻值和地电位升高，且将其与要求的限值比较，并通过修正接地网设计使其满足要求。

应通过计算获得地表面的接触电位差和跨步电位差分布，并应将最大接触电位差和最大跨步电位差与允许值加以比较。不满足要求时，应采取降低措施或采取提高允许值措施。

接地导体（线）和接地极的材质及相应的截面，应计及设计使用年限内土壤对其的腐蚀，通过热稳定校验确定。

应根据实测结果校验设计。当不满足要求时，应补充与完善或增加防护措施。

（2）发电厂、变电站的水平接地网应符合以下要求：水平接地网应利用直接埋入地中或水中的自然接地极，发电厂和变电站接地网除应利用自然接地极外，还应敷设人工接地极。

当利用自然接地极和引外接地装置时，应采用不少于2根导线在不同地点与水平接地网相连接。

发电厂（不含水力发电厂）和变电站的接地网，应与110kV及以上架空线路的地线直接相连，并应有便于分开的连接点。6～66kV架空线路的地线在土壤电阻率大于500Ω·m的地区不得直接和发电厂和变电站配电装置架构相连。

在高土壤电阻率地区，可采取下列降低接地电阻的措施：

1）在发电厂和变电站2000m以内有较低电阻率的土壤时，敷设引外接地极；当地下较深处的土壤电阻率较低时，可采用井式、深钻式接地极或采用爆破式接地技术。

2）填充电阻率较低的物质或降阻剂，但应确保填充材料不会加速接地极的腐蚀和其自身的热稳定。

3）敷设水下接地网。水力发电厂可在水库、上游围堰、施工导流隧洞、尾水渠、下游河道或附近的水源中的最低水位以下区域敷设人工接地极。

发电厂、变电站的人工接地网的外缘应闭合，外缘各角应做成圆弧形，圆弧的半径不宜小于均压带间距的1/2，接地网内应敷设水平均压带接地网的埋设深度不宜小于0.8m。多根垂直接地极并联使用时，为降低接地极之间散流效果相互屏蔽的影响，一般要求相邻垂直接地极之间的距离不小于接地极长度的2倍，即5～6m。

接地网均压带可采用等间距或不等间距布置。

35kV及以上变电站接地网边缘经常出入的走道处应铺设沥青路面或在地下装设2条与接地网相连的均压带。在现场有操作需要的设备处，应铺设沥青、绝缘水泥或鹅卵石。

6kV和10kV变电站和配电站，当采用建筑物的基础作接地极且接地电阻满足规定值时，可不另设人工接地。

在接地导体（线）引进建筑物的入口处应设置标志。明敷的接地导体（线）表面应涂15～100mm宽度相等的绿色和黄色相间的条纹。

（3）接地网的防腐蚀设计。计及腐蚀影响后，接地装置的设计使用年限应与地面工程的设计使用年限一致。接地装置的防腐蚀设计，宜按当地的腐蚀数据进行。接地网可采用钢材，但应采用热镀锌。镀锌层应有一定的厚度。接地导体（线）与接地极或接地极之间的焊接点，应涂防腐材料。

腐蚀较重地区的330kV及以上发电厂和变电站、全户内变电站、220kV及以上枢纽变电站、66kV及以上城市变电站、紧凑型变电站，以及腐蚀严重地区的110kV发电厂和变电站，通过技术经济比较后，接地网可采用铜材、铜覆钢材或其他防腐蚀措施。

2. 低压配电系统接地形式

低压配电系统按接地形式特征的不同可分为TN、TT、IT三类。

第一个字母表示电源中性点的接地情况：T为中性点直接接地，I表示中性点不接地或经阻抗接地。

第二个字母表示电气设备外壳与电源中性点接地点的连接情况：T表示设备外壳不与电源中性点接地点连接而单独直接接地，N表示设备外壳与电源中性点接地点进行电气连接。

配电系统图中各种导线的文字符号与画法：①相线：符号（L1～L3）；②中性线：符号（N）；③保护线：符号（PE）；④保护中性线：符号（PEN）。

（1）TN系统。在电源处应有一点直接接地，装置的外露可导电部分应经保护线PE接到接地点。TN系统中一旦电气设备发生单相碰壳，保护设备可迅速将故障设备切除。我国绝大部分的220/380V三相低压配电系统采用TN系统。TN系统按中性线N与保护线PE的配置不同，分为TN-S、TN-C、TN-C-S三种类型。

1）TN-S系统。整个系统全部采用单独的保护线PE，装置的PE也可另外增设接地，即重复接地。其接线如图8-16（b）中系统部分所示。

2）TN-C系统。在全系统中，N的功能与PE的功能合并在一根导体PEN中，装置的PEN也可另外增设接地。其接线如图8-16（a）中系统部分所示。TN-C目前已经很少采用，尤其是在民用建筑配电系统中已基本上不允许采用TN-C系统。

3）TN-C-S系统。从电源出来的一段采用TN-C系统，到用电设备附近某一点处，再将PEN线分成单独的N线和PE线，从这一点开始，系统相当于TN-S系统。装置的PEN或PE也可另外增设接地。其接线如图8-16（c）中系统部分所示。

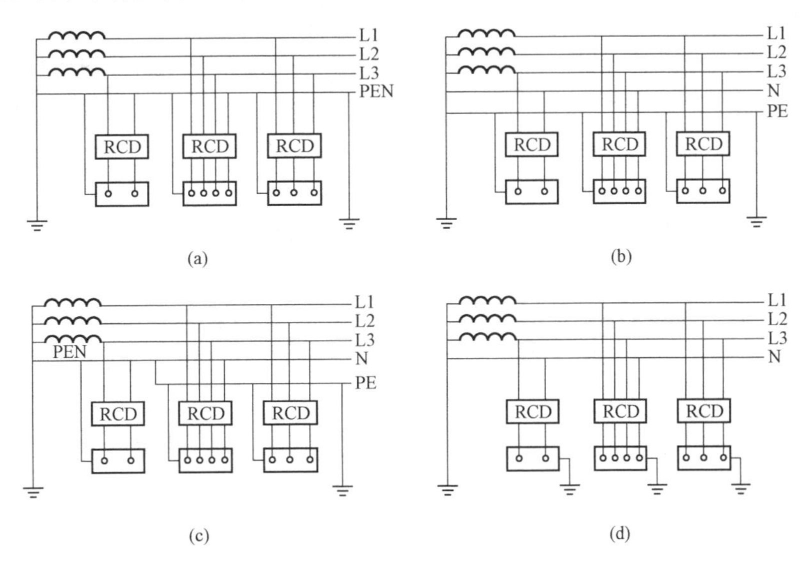

图8-16 不同低压配电系统中漏电保护器及用电设备的接线示意图

（a）TN-C系统中接线；（b）TN-S系统中接线；

（c）TN-C-S系统中接线；（d）TT系统中接线

（2）TT系统。TT系统是电源直接接地、用电设备外露可导电部分也直接接地的系统，且这两个接地必须是相互独立的，它们之间没有有意或无意的电气连接。其接线如图 8 - 16（d）中系统部分所示。

（3）IT 系统。IT 系统是电源中性点不接地、用电设备外露可导电部分直接接地的系统，常用于对供电连续性要求较高或对电击防护要求较高的场所，前者如矿山的巷道供电，后者如医院手术室的供电等，其接线示意如图 8 - 17 所示。

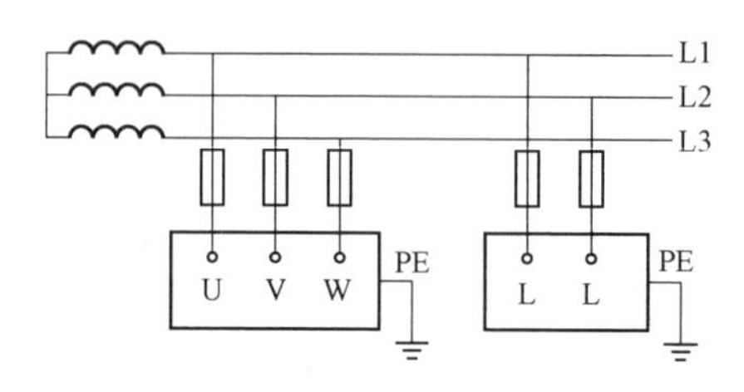

图 8 - 17　IT 低压配电系统接线示意图

8.4　电气安全基础

思　考　人体安全电流与安全电压是多少？是如何确定的？电击防护的措施有哪些？

8.4.1　电气安全概述

1. 电流对人体的作用

电流通过人体会令人有发麻、刺痛、打击等感觉。人体触电事故分为电伤与电击。电伤是指由电流的热效应、化学效应或机械效应对人体造成的伤害，它可伤及人体内部，甚至骨骼，会在人体体表留下电流印等伤痕；电击会令人产生痉挛、血压升高、昏迷、心率不齐、窒息、心室颤动等症状，严重时导致死亡。

电流对人体的伤害程度与通过人体的电流大小、持续时间、路径和电流的种类等多种因素有关。

（1）感知电流与摆脱电流。根据研究，电流是造成人身伤害的直接原因。通过人体的电流越大，人体的生理反应越明显，伤害越严重。人体产生触电感觉的感知电流、不能自主脱离带电体的摆脱电流的阈值如下：

1）感知电流：成年男性约为 1.1mA，女性为 0.7mA；IEC 认定的感知电流为 0.5mA。

2）摆脱电流：成年男性平均约为工频 16mA，直流 76mA；女性为工频 10.5mA，直流 51mA。对应于 0.5%概率不能摆脱的工频电流值为：男子 9mA，女子 6mA。IEC 认定的摆脱电流为 10mA。

（2）伤害程度与电流及其持续时间的关系。通过人体的电流越大、持续时间越长，越容易引起心室颤动，危险性就越大。典型体重 50kg 的人可能引起心室颤动的工频电流 I 与通电时间 t 的关系见式（8 - 18）。

如果通过人体的电流低于 50mA，通过时间较长也比较安全；超过 50mA，只要通电时间低于相应时间t，仍属安全；超过100mA，即使时间很短，也是危险的。对身体不好、心脏衰弱的病人，电流的危害较健康人更加严重。

（3）伤害程度与电流路径的关系（不同的后果）。电流通过心脏会引起心室颤动，电流较大时会使心脏停止跳动；电流通过中枢神经，会引起中枢神经严重失调而导致死亡；电流通过头部会使人昏迷，电流较大时会对脑组织产生严重损坏而导致死亡；电流通过脊髓会使人瘫痪。

左手到胸部是最危险的电流途径，手与手、手与脚是较危险的电流途径，脚与脚是危险性较小的电流途径。

（4）伤害程度与电流种类的关系。直流电流、交流电流、高频电流、静电电荷以及特殊波形电流对人体都有伤害作用，通常以25～300Hz的交流电流对人体的危害最为严重；直流电流次之；1000Hz以上的高频电流对人体的伤害作用明显下降。

2. 安全电压与安全电流

（1）安全电压。安全电压又称为安全特低电压（ELV），是指为防止电击事故而采用的由特定电源供电的电压系列。可以认为安全电压是不致发生直接电击伤害的电压值，它取决于人体允许的电流和人体电阻。国家标准GB/T 3805—2008《特低电压（ELV）限值》规定了安全电压的定义和等级。在最不利的情况下，安全电压限值内的电压对人体有致命危险的概率小于0.5%。

我国标准规定，一般环境中，工频交流安全电压（有效值）的上限值为50V，直流安全电压的上限值为120V。工频电压有效值的额定值有42、36、24、12、6V，分别对应于不同的使用环境。具体规定为：在特别危险环境中使用携带式电动工具或潮湿而有粉尘的环境，如无特殊安全结构或安全措施，应采用42V或36V；金属容器内、隧道内、矿井内等工作地点狭窄、行动不便以及周围有大面积接地导体的环境，应采用24V或12V；水下作业场所采用6V。以安全电压（12、24、36V）供电的网络中，应将其供电网络的中性线或一个相线接地。

（2）人体电阻。人体电阻是一个阻容性的非线性阻抗，由体内电阻和皮肤电阻构成。

体内电阻约500Ω，不受外界影响。皮肤电阻较大，集中在角质层，正常时为10000～100000Ω。皮肤电阻是非线性的，接触电压增高，会击穿角质层，降低人体电阻；皮肤潮湿、多汗、有损伤等情况下，会降低皮肤电阻。

正常环境下的人体阻抗随电压值、接触面积、压力、皮肤潮湿等情况不同而不同，一般为1000～2000Ω，典型值取1500Ω。

（3）安全允许电流。在有防止触电保护装置的情况下，我国一般环境下的安全允许电流取人体通过30mA（50Hz）电流的时间不超过1s计，即30mA·s。特殊场所如井下、手术室的安全电流更低。对高空或水面作业，因触电可能导致作业人员摔落或溺水，此时的安全允许电流以不引起强烈痉挛为宜。

3. 接地故障电气火灾

接地故障是带电导体与大地之间意外出现导电通路。其导电路径可能通过有瑕疵的绝缘、结构物或植物，具有显著的阻抗。接地故障产生的泄漏电流比单相接地短路电流小得多。与接地故障有关联的电气设备和管道的外露可导电部分对地或装置外的可导电部分存在故障电压，可造成电击或因对地电弧或电火花而引起火灾或爆炸。

电弧引起火灾的发生概率远高于带电导体间的短路火灾，是导致火灾的重大隐患。研究表明，接地电弧能量达到300mA以上就能引起火灾。而装置过电流保护的整定值不足以保护泄漏电流，因此，为防止线路绝缘损坏引起接地电弧火灾，应设置剩余电流保护。

8.4.2 漏电保护器工作原理和应用

1. 漏电保护器（剩余电流动作保护器）的工作原理

国内外普遍使用漏电保护器，又称为剩余电流动作保护器（Residual Current Protective Device，RCD），来防止触电伤亡事故及接地电弧引起的火灾事故。

漏电保护器有三相与单相产品，主要包括检测元件（零序电流互感器TAN）、中间环节（包括放大器A、比较器、脱扣器等）、执行元件（主开关QF）以及试验元件几个部分，如图8-18所示。

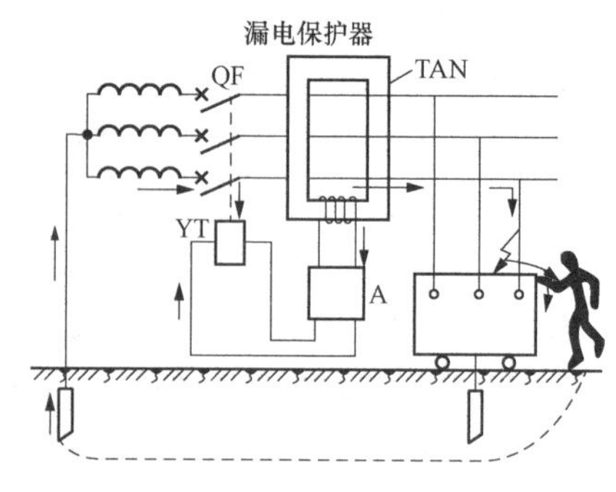

图8-18　漏电保护器的工作原理

当用电设备正常运行时，线路中电流呈平衡状态，RCD中电流相量之和为零（不论是单相还是三相设备，穿过RCD的是2根、3根还是4根导线）。

由于一次线圈中没有剩余电流，所以不会感应二次线圈，漏电保护器的开关装置处于闭合状态运行。

当设备外壳发生漏电并有人触及时，则在故障点产生分流，此漏电电流经人体-大地-工作接地，返回变压器中性点（未经电流互感器），致使互感器中流入与流出的电流出现了不平衡（电流相量之和不为零），一次线圈中产生剩余电流。在交变磁通作用下，TAN二次线圈就有感应电动势产生，此漏电信号经中间环节进行处理和比较，当达到预定值时，使主断路器分励脱扣器线圈YT通电，驱动主断路器QF自动跳闸，切断故障电路，从而实现漏电保护。

2. 漏电保护器额定漏电动作电流的选择

正确合理地选择漏电保护器的额定漏电动作电流非常重要：一方面在发生触电或泄漏电流超过允许值时，漏电保护器可有选择地动作；另一方面，漏电保护器在正常泄漏电流作用下不应动作，防止供电中断而造成不必要的经济损失。

漏电保护器应采用分级保护，一般分为两级或三级保护。其额定动作电流范围6～2000mA，其中30mA及以下为高灵敏度，主要用于电击防护；50～1000mA为中灵敏度，用于电击和漏电火灾防护；1000mA以上为低灵敏度，用于漏电火灾防护与接地故障监视。

为保证电网可靠运行，额定漏电动作电流应躲过低电压电网正常漏电电流。

为保证多级漏电保护的选择性，下一级额定漏电动作电流应小于上一级额定漏电动作电流，各级额定漏电动作电流应有约3倍的级差。三级保护的延时时间可设置为：末级无延时，二级延时0.2s，一级延时0.4s。

第一级漏电保护器安装在配电变压器低压侧出口处。该级保护的线路长，漏电电流较大，其额定漏电动作电流在无完善的多级保护时，最大不得超过100mA；具有完善多级保护时，漏电电流较小的电网，非阴雨季节为75mA，阴雨季节为200mA；漏电电流较大的电网，非阴雨季节为100mA，阴雨季节为300mA。

第二级漏电保护器安装于配电分支线路出口处，被保护线路较短，用电量不大，漏电电流较小。漏电保护器的额定漏电动作电流应介于上、下级保护器额定漏电动作电流之间，一般取30～75mA。

第三级漏电保护器用于特殊场所中保护单个或多个用电设备，是直接防止人身触电的保护设备。被保护线路和设备的用电量小，漏电电流小，一般不超过10mA。

3. 漏电保护器的接线方式

漏电保护器要可靠工作，首先必须要有正确的接线。

安装漏电保护器时必须严格区分中性线N和保护线PE。漏电保护器的中性线，不管其负荷侧中性线是否使用都应将电源中性线N接入漏电保护器的输入端。

经过漏电保护器的中性线不得作为保护线，不得重复接地或接设备外露可导电部分，保护线不得接入漏电保护器。不同低压配电系统中漏电保护器及用电设备的接线示意如图8-16所示。

8.4.3　电击防护措施

1. 直接接触防护

直接接触防护是无故障时的电击防护，也称为基本防护。具体措施有：

（1）将带电导体绝缘。

（2）设置遮栏或外护物。交流25V以上的裸带电体必须设置遮栏或外护物。

（3）采用阻挡物。采用遮栏或外护物有困难时，在相关区域采用栏杆或网状屏蔽，阻挡人无意识接近裸带电体。

（4）将人可能无意识同时触及的不同电位的可导电部分置于伸臂范围之外。

2. 间接接触防护

间接接触防护是指发生单一接地故障时的电击防护，也称为故障防护。具体措施有：

（1）装设剩余电流保护器，故障时自动切断电源。

（2）特定场合中采用特低电压（ELV）系统供电。特低电压系统包括安全特低电压系统（SELV）和保护特低电压系统（PELV）。工程中通常采用安全特低电压系统（SELV），其导体不接地，设备金属外壳可接地，但不得连接PE导体接地。

（3）采用保护接地。电气装置的外露可导电部分应进行保护接地。

（4）采用等电位连接。建筑物进行等电位连接可以有效降低人体触电时的接触电压值，从而实现触电保护。等电位连接包括建筑物的总等电位连接、辅助等电位连接与特殊场所如浴室、游泳池中的局部等电位连接。等电位连接的具体内容可见其他参考资料。

3. 严格安全管理

电力专业人员进行检修等工作时，应严格遵守安全管理规章制度。

（1）进行电气安全教育与培训合格后才能上岗工作。

（2）实施工作票制度。明确检修的操作人员与监护人员、操作内容、安全措施等细节，严格遵守安全操作规程。

（3）停电检修的安全措施包括停电、验电、放电、装设临时接地线、装设遮栏、悬挂警示牌六个步骤。

习题

8-1 某110kV变电站采用户外配电装置，变电站内设有3支高度均为25m的避雷针，各支避雷针间的距离分别为$D_{12}=49m$、$D_{23}=56m$、$D_{31}=63m$，中间的被保护物高度10m。试完成：

（1）用折线法计算此变电站的防雷保护范围参数。

（2）按1∶1000比例画出避雷针1、2及其之间的防雷保护范围。

8-2 对某110/10kV变电站中的110、10kV电气设备及110kV主变压器中性点进行绝缘配合设计。

8-3 某220kV变电站主变压器中性点直接接地。土壤电阻率为200Ω·m。发生单相接地短路时，短路持续时间为0.1s，其接地网允许接触电压和跨步电压分别是多少？降低接触电压和跨步电压危险的措施有哪些？

8-4 某35kV变电站主变压器中性点经消弧线圈接地，允许带单相接地短路运行一段时间。变电站土壤电阻率为200Ω·m，其接地网允许接触电压和跨步电压分别是多少？

8-5 画出各种低压配电系统接地接线图并答出其特点。

8-6 一般用途建筑物的漏电保护应如何设置？画出漏电保护器与单相、三相电气设备在TT、各种TN低压配电系统中的接线图。

第9章 电力信息化背景下的电气二次系统

学习目标

（1）了解电力系统信息化的作用与基本构成，能答出电力系统信息化发展需要解决的主要问题。

（2）了解电气二次系统的基本功能与主要构成部分，会初步识读电气二次接线图。

（3）了解断路器典型控制回路、信号回路、测量与电流电压回路、了解断路器智能终端的采样方式与跳闸方式及其特点，能答出断路器控制回路分、合闸操作的工作过程。

（4）了解我国电力通信协议体系及其主要特点，能答出IEC 61850标准中MMS、GOOSE、SV报文服务的基本作用。

（5）了解变电站计算机监控系统的主要功能与系统结构，会进行变电站计算机监控系统的初步设计方案说明。

（6）了解电力系统继电保护的作用、基本要求与种类，了解电力系统常用继电保护与自动装置的配置。

9.1 电力系统信息化概述

思考 什么是信息化？电力系统信息化的构成与作用是什么？

通过信息化促进工业化的发展是我国迎接新时代挑战的重要战略。电力系统信息化是运用信息技术改造传统的发、输、变、配、用电和调度的电力系统全过程，构成集电能生产经营管理于一体的高度自动化管理信息系统。电力系统信息化是智能电网发展的基础。

电力系统信息化可以提高电力系统的供电可靠性、供电质量与经济性，提升用户满意度和信任度，全面提高电力服务质量和工作效率。

1. 数据、信息、知识及三者关系

（1）数据。数据是指描述物体、概念、情况的文字符号、图形图像、声音等，包括数值和非数值数据两大类。数据可以在物理介质上记录与传输。

数据是信息的载体，约定是数据传递信息的基础。没有约定的数据是一组不能表达信息的符号，在技术上被称为乱码。

（2）信息。信息是人们对一切事物运动变化的主观认识，是具有目的性的、结构化、组织化的数据。人们通过约定描述信息，通过感官获得信息，通过信息区别事物及其变化。

信息的三个条件为约定、发出者、接收者。在通信技术中，对数据信息含义的约定称为通信规约。

(3) 知识。知识是结构性经验、关联信息及专家见识的综合，是对信息的应用。信息经过加工和处理，应用于实践才能转变为知识。只有知识才能作为决策和行动的依据。

(4) 数据、信息与知识的关系。根据对数据、信息与知识的定义，可以从宏观上认识三者之间的关系。首先，信息是有意义的数据；其次，知识是对决策有价值的信息。从数据到信息再到知识是一个认识逐步提高的过程。

例如，3000 是个数据，某回路电流 $I=3000A$ 是信息，而相关的知识与决策见表 9-1。

表 9-1　　数据、信息、知识与决策示例

数据	信息	知识	决策
3000	某回路电流 $I=3000A$	是正常工作电流	监视
		是过负荷电流	报警
		是短路故障电流	跳闸

(5) 信息化。信息化是在先进的管理理念指导下，应用信息技术、通信技术、计算机网络、智能控制等技术改造传统产业，建立生产、运行、营销、发展等一系列信息系统，为管理决策提供准确、及时、完整、有效的信息，以整合资源、提高工作效率与工作质量，加强核心竞争力，促进社会发展的系统工程。信息化是现代信息社会的发展趋势。

2. 电力系统信息化的基本框架

电力系统信息化覆盖电力生产与消费的全过程，包括发电厂、变电站、电网、配电网及用户侧的相应自动化系统和电力信息化基础设施与架构。电力系统信息化的相关应用如图 9-1 所示。

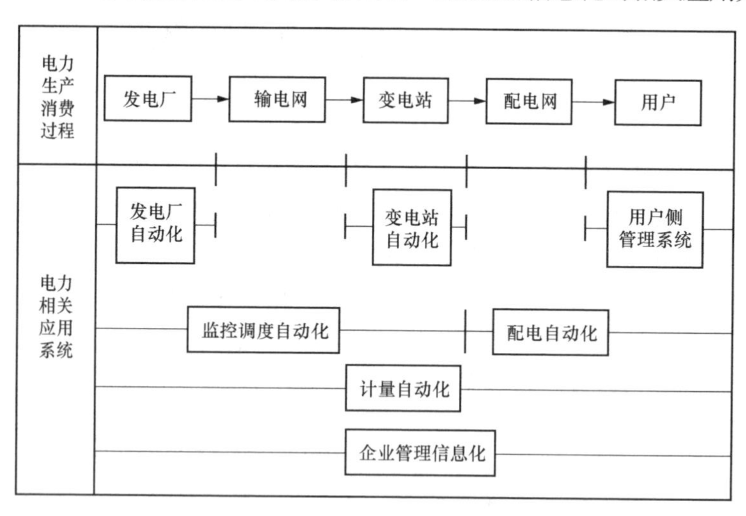

图 9-1　电力系统信息化相关应用

(1) 电力信息化基础设施与架构。电力信息化基础设施与架构包括计算与存储设施、网络与通信、数据中心/机房、信息安全设施等计算机软、硬件和网络基础设施与架构。

(2) 电能生产运行管理信息化。电能生产运行管理信息化包括发电厂分散控制系统 DCS、厂级监控系统 SIS、变电站自动化系统、输配电生产管理系统、用户侧管理系统等。

(3) 电网监控调度信息化。电网监控调度信息化包括能量管理系统 EMS 与配电管理系统 DMS。

(4) 电力企业管理信息化。电力企业管理信息化主要是管理信息系统MIS或企业资源规划EPR。

3. 信息技术

信息技术（Information Technology，IT），是在信息科学的基本原理和方法的指导下，利用传感与检测技术、通信技术、计算机技术与自动控制等技术实现信息的采集、变换、处理、显示、传输、集成、控制、分析和决策等应用的技术的总称。

在信息的获取—传递—处理—利用的过程中，各种技术相互融合又各司其职：传感与检测技术用来获取信息；通信技术用来传递信息；计算机技术用于处理信息；自动控制技术用来利用信息。

其中，计算机技术是信息技术的基础与核心。

4. 电力系统信息化的发展

我国电力系统信息化的建设已经取得了显著成绩。电力信息基础设施已相对完善，建成了专用的国家电力通信数据网，发电厂自动化、变电站自动化、电力调度自动化系统应用成熟，用电营销管理系统得到广泛应用，管理信息系统的建设与应用逐渐推进。

随着智能电网建设与电力体制改革的发展，电力系统出现了一些新趋势，对电力信息化技术也提出了新的要求：如支持包含分布式发电与储能的微电网，支持消纳大容量新能源发电，支持由可通信的智能电力设备组成的泛在物联网，支持可互动的终端用电解决方案，支持智能实时监测与调度控制，支持电力市场化应用等。

电力系统信息化发展需要解决的主要问题：一是建设统一的信息标准体系，传统电力系统自动化应用各自信息模型独立，难以交换信息，如监控、保护、自动装置等。已有的电力自动化系统的内部编码和信息系统开发软件标准不统一，造成重复开发，并使成果难以推广。二是信息资源共享问题，不同自动化系统之间与自动化系统内部的许多业务系统没有实现整合，通过进一步改革，理顺机制，实现信息资源共享，可以节约资源，提高效率。

国际电工委员会（IEC）运用面向对象的方法提出了电力系统公共信息模型CIM，是IEC 61970标准的重要组成部分，并扩展形成了IEC 61850、IEC 61968标准。相关标准已在包括我国在内的绝大多数国家采用。

电力系统公共信息模型CIM通过定义一种基于CIM的公共语言（即语法和语义），使得多个应用能够不依赖于信息的内部表示而访问公共数据和交换信息。基于CIM的多个国际标准及其改进为实现电力数据的信息交换与共享提供了基础。相关内容可见后续课程或其他参考资料。

9.2　电气二次系统与二次回路

9.2.1　电气二次系统与二次接线图

1. 电气二次系统与二次设备

电气二次系统是对一次系统进行测量、监控、保护、调度的系统，是电力系统信息化与智能化技术应用的主要载体，是电力系统不可缺少的重要组成部分。

电气二次系统的主要构成部分包括：计算机监控系统、继电保护及自动装置系统、调度自动化系统、配电自动化系统、系统及站内通信、操作电源系统、二次辅助系统、智能用电信息采集系统等。本章主要介绍变电站的二次系统，发电厂与其他系统的二次系统可参考有关资料。

在电力系统规划中，要统筹考虑二次系统的整体设计方案，确保各子系统之间有序衔接、相互配合和信息共享，积极探索应用新技术，以提升电力系统智能化水平，充分挖掘电网资源优化配置、电能合理利用、节能降耗和提高能效等方面的潜力，改善供电服务质量，提高运营效率。

在发电厂和变电站中，对电气一次系统进行监测、控制、调节、保护，以及为运行、维护人员提供运行工况或生产指挥信号所需的电气设备称为电气二次设备或二次元件。

早期电气二次系统的功能实现是建立在各种继电器与模拟式仪表、控制开关、转换开关、指示灯、警铃等的基础上的。相关二次设备组成大量继电器屏与控制屏、信号屏等布置到控制室中，需要值班人员监视与记录运行信息，根据灯光与音响信号及时查找并处理故障与异常。

目前的电气二次系统建立在计算机、测量合并单元 MU、微机测控保护综合装置、各种智能电子装置 IED 等设备与数字通信网络的基础上，其监视、控制、信号、保护等功能均通过计算机实现。变电站自动化系统中的二次系统一般分为三个层次，由低到高依次是面向具体一次设备的过程层、整合一个回路或间隔中各一次设备的间隔层与面向变电站事件的变电站层。

就地电气一次设备的二次部分除了智能电子装置与数字式仪表外，还有指示灯、按钮、转换开关、辅助触点、端子排等传统二次元件。

2. 电气二次接线图

将电气二次设备与元件用标准的图形和文字符号按工作顺序和一定要求连接，详细地表示二次设备的基本组成和连接关系的电路图称为电气二次接线图。

电气二次接线图中，为了标明各种设备或元件的名称、类型和功能，应在电气设备或元件的图形符号近旁标上规定的文字符号。

需要注意的是，由于历史原因，常用电气设备与元件的文字符号与图形符号在不同时期的国家、国际与不同行业的相关标准中有不同的表示。在实际电气工程设计中，电气设备与元件的文字符号与图形符号的新旧标准一般处于共存状态。本书附录 A 中列出了常用电气设备与元件的文字符号与图形符号的新符号与其他标准或传统的表示符号，还列出了电气技术中物理量常用下标文字符号的含义以供参考。

目前电气二次系统已进入计算机时代，传统的电气二次系统及继电器等二次元件已较少使用，但传统的电气二次接线图对了解二次系统的原理与构成依然很有帮助，需要掌握。

在电气二次接线图中，断路器、隔离开关、接触器的辅助触头及继电器的触点所表示的位置是设备在正常状态的位置。所谓正常状态是指断路器、隔离开关、接触器及继电器处于断路和失电的状态。

动合（常开）触点、动断（常闭）触点的含义是指这些设备在正常状态即断路或失电状态下辅助触点分别是断开或闭合的，线圈得电动作后其辅助触点分别闭合或断开。

传统的电气二次接线图一般分为三种：原理接线图、展开接线图和安装接线图。

（1）原理接线图，简称为原理图。图9-2所示为10kV线路过电流保护原理接线图。原理图的特点是：将二次接线与一次接线的有关部分绘在一起，图中各元件用整体形式表示；其相互联系的交流电流回路及直流回路都综合在一起，并按实际连接顺序绘出。原理图的优点是能清楚地表明各元件的形式、数量、相互联系和作用，利于对装置的构成形成明确的整体概念，便于理解装置的工作原理。但原理接线图不能表明元件的内部接线、引出端子与具体接线，不便于对电气二次回路进行安装配线与检查、维修。

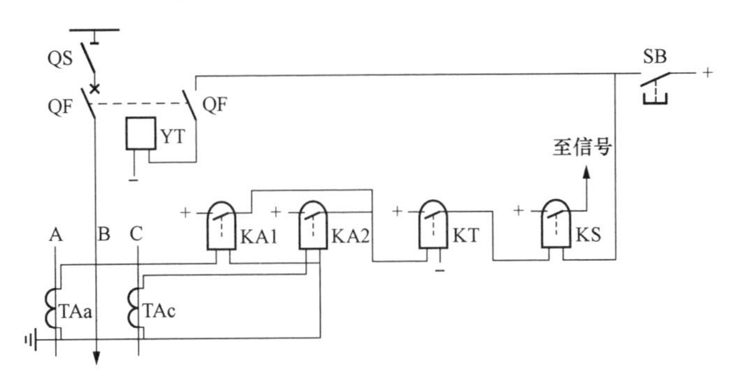

图9-2　10kV线路过电流保护原理接线图

（2）展开接线图，简称为展开图。展开图按照原理图中的继电器等元件电气回路的特性，把继电器分成线圈、触点两部分，不同部分分别布置在相互独立的电流回路中，线圈和触点用不同的图形符号表示，属于同一元件的线圈和触点按照同一文字符号标注。展开图按电气二次接线的各个独立电源，依次表示出交流电流回路、交流电压回路、直流操作回路、信号回路等。图中各二次元件的线圈和触点按实际动作顺序排列。图9-3所示为10kV线路过电流保护的展开接线图。

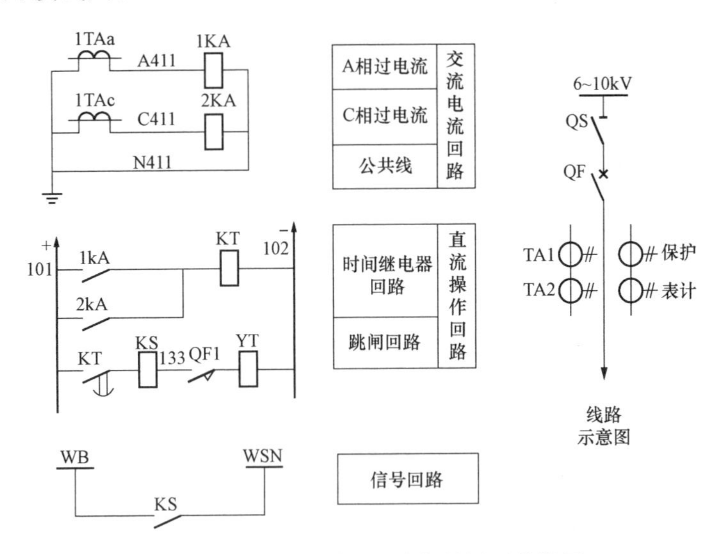

图9-3　10kV线路过电流保护展开接线图

交流回路展开图：交流电流回路和交流电压回路的接线图。

直流回路展开图：控制回路、保护回路、信号回路等接线图。

1）展开接线图的特点。展开接线图的特点是交、直流回路各分为若干行，交流回路按A、B、C相顺序，直流回路则基本上按元件的动作顺序从上到下排列。

每行中各元件的线圈和触点按实际连接顺序由左至右排列。每回路的右侧有文字说明框，元件及触点通常也有端子编号。

2）二次回路编号。二次接线展开图设计完成后，二次回路的所有元件之间的连线都要进行标号。进行二次回路编号的目的是便于安装图的设计和满足安装、检修等工作的要求。

二次回路编号的作用：表明该回路的性质和用途。

二次回路编号的方式：二次回路编号采用数字和文字结合的方式，按照“等电位原则”进行编号。等电位原则就是在电气二次回路中，将连接于同一个点上的所有连线均给以相同的回路编号。

展开图的每个元件（包括触点、线圈、端子排的端子等）之间的线段都标号，以便于安装。

二次回路编号一般由三个及以下的数字组成，对于交流回路为了区分相别，在数字前面加上A、B、C、N等文字符号；对于不同用途的回路规定了编号的数字范围；对于比较重要的常见回路都给予了固定的编号。

二次回路的编号主要有直流回路编号、交流回路编号和小母线编号三种形式。

对不同用途的直流回路，使用不同的数字范围，如控制与保护回路使用1～599，励磁回路使用601～699，信号及其他回路使用701～999。

直流回路正极回路线段按奇数标号，负极回路线段按偶数标号。每经过回路的主要压降元（部）件（如线圈、绕组、电阻等）后，即行改变其极性，其奇偶顺序随之改变。对不能标明极性或其极性在工作中改变的线段，可任选奇数或偶数。

对于某些特定的主要回路通常给予专用的标号组。例如：正电源为101、201，负电源为102、202，合闸回路中的绿灯回路为105、205、305、405，跳闸回路中的红灯回路编号为35、135、235，等等。

交流回路的控制、保护与信号的编号范围为1～399，交流电流回路的编号使用400～599，交流电压回路的编号使用600～799。一般控制与保护回路的编号每一百为一组，对应一个一次设备如断路器的二次回路，即断路器QF1的二次回路编号使用101～199，断路器QF2的二次回路编号使用201～299。

展开接线图接线清晰，便于阅读，易于了解整套装置的动作程序和工作原理，便于查找和分析故障，实际工作中用得最多。

（3）安装接线图。表示二次设备的具体安装位置和布线方式的图称安装接线图。它是二次设备制造、安装的实用图，也是运行、调试、检修的主要参考图。安装接线图包括屏面布置图、屏后接线图和端子排图。

屏面布置图是表明二次设备的尺寸、在控制屏面上的安装位置及相互距离的图，应按比例绘制。

屏后接线图是表明屏后布线方式的图，该图不要求按比例绘制。

端子排图表明开关柜或控制屏内二次组件连接和柜（屏）内组件与柜（屏）外设备连接关系，包括端子类型、数量以及排列顺序，回路编号（与展开图对应），端子连接的电缆去向、电缆的编号，与现场实际设备的安装情况完全对应。

安装单元：在一个屏内，某个一次回路所有二次组件或这些二次设备再按功能模块分类后的每个子组件，称为一个安装单元，每个安装单元都有自己的端子排。

传统二次系统中，保护装置或元件可能与相应一次设备及其附件安装在不同的地点，如配电室与控制室中，需要通过电缆进行连接以构成二次回路。

在图9-4传统的10kV线路过电流保护元件的展开接线图示例中，曲线包围范围外的元件安装于配电室中，曲线所包围部分内的二次元件安装于控制室内的控制屏中，见控制屏内该安装单元的安装接线图，包括端子排图与各继电器元件的屏后接线图（为便于理解，在图9-4展开图中虚线框内标出1、2、3等数字对应端子排中的端子序号，正常展开图中无）。

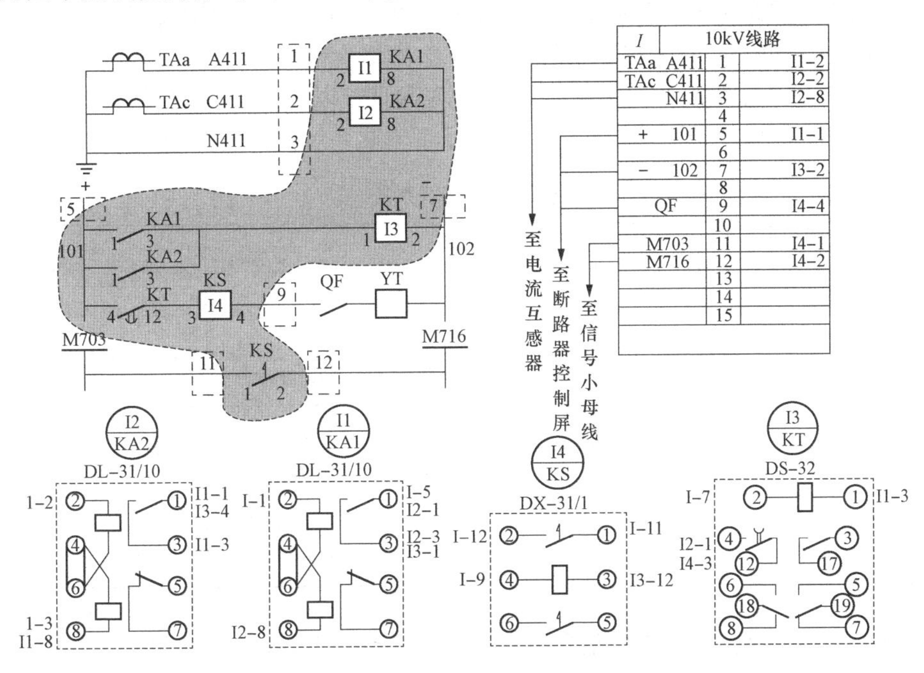

图9-4　传统的10kV线路过电流保护元件安装接线示例图

目前，中压开关柜一般已采用集成的微机测控保护综合装置，就地安装于开关柜上。开关柜二次系统内部的连接及其与外部的连接关系也需要用相应的二次接线展开图、安装接线图与端子排接线图表示。

3. 虚端子

在数字化保护测控装置中，大量的继电器出口、触点开入、交流输入及开关的操作回路被过程层智能设备所涵盖，数字化装置本身无触点、无端子、无接线，其特性由相应的ICD文件所描述，装置通过光纤接口与外部连接。

为了更方便地了解与使用数字化保护测控装置，需要使用虚端子直观反映数字化控制装置的配置情况。

虚端子包括装置虚端子、虚端子逻辑联系表（或图）及虚端子信息流图。

（1）装置虚端子。源于装置的ICD文件，内容包括虚开入、虚开出及合并单元MU输入三部分。每部分由虚端子编号、虚端子描述、虚端子引用、GOOSE软压板及源头（目的）装置组成。装置虚端子示例见表9-2。

表 9-2　　装置虚端子表

源头目标地址	虚端子引用	GOOSE 软压板	虚端子号	虚端子描述
主变压器保护装置	TEMPLATEP1/PTRC01 Tr. general TEMPLATEP1/PTRC04 Tr. general TEMPLATEP1/PTRC07 Tr. general		OUT01 OUT02 OUT03	主变压器高压侧断路器跳闸 主变压器中压侧断路器跳闸 主变压器低压侧断路器跳闸

（2）虚端子逻辑联系表。根据继电保护原理，将全站二次设备间以虚端子连线方式联系起来，直观反映各间隔层及过程层设备间联系。

每部分以某保护装置的开出虚端子 OUTx 为起点，以另一装置的开入虚端子 Inx 为终点，包括连接方式、虚端子引用及描述。虚端子逻辑联系示例见表 9-3。

表 9-3　　虚端子逻辑联系表

虚端子号	GOOSE 开出描述	GOOSE 开出引用	连接方式	关联装置	虚端子号	GOOSE 开入描述
GOOUT1	跳高压 1 侧断路器	PIGO/goPTRC2. Tr. general	直跳	750kV 7511 智能终端 B	GOIN111	三跳-直跳
GOOUT2	启动高压 1 侧失灵	PIGO/goPTRC2. StrBF. general	GOOSE	750kV 7552 断路器保护 B	GOIN11	保护三相跳闸-3
GOOUT3	跳高压 2 侧断路器	PIGO/goPTRC3. Tr. general	直跳	750kV 7510 智能终端 B	GOIN111	三跳-直跳

（3）虚端子信息流图。虚端子信息流图是在具体电力工程设计中，根据工程项目的技术方案、继电保护原理及具体配置确定的，反映某间隔的数字化二次系统整体工作过程的二次系统图。虚端子信息流图示例如图 9-5 所示。

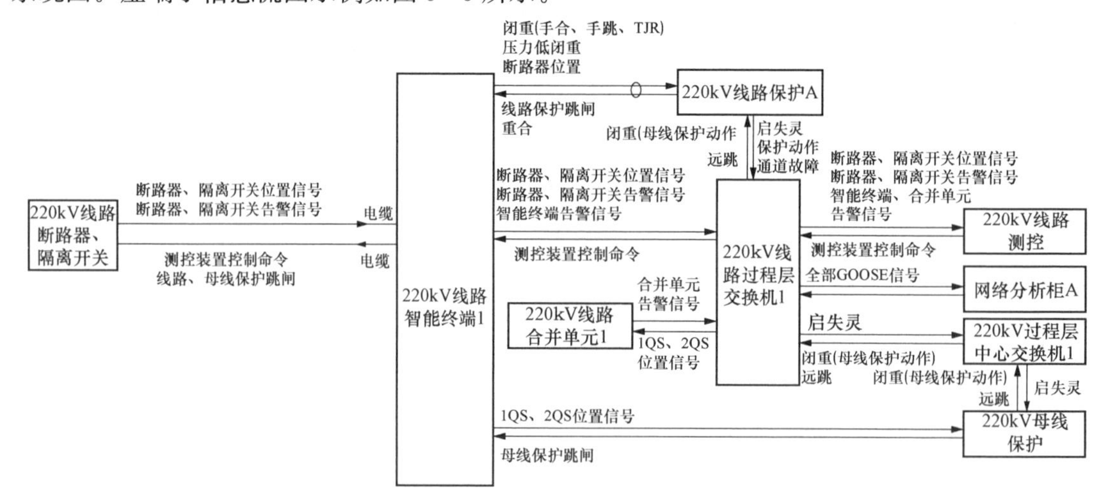

图 9-5　220kV 线路间隔过程层设备间虚端子信息流图

9.2.2　控制回路要求及断路器控制回路

发电机、变压器、输电线路等的投入和切除，是通过相应的断路器进行合闸和跳闸操作来实现的。发电厂和变电站中采用计算机监控系统。各种开关电器（如断路器、电动隔离开关、接地开关等）可以就地控制，也可以在远方，如控制室或调度端进行遥控。变电站正常的设备操作与控制优先采用遥控方式，就地控制作为后备操作或检修操作手段。

一般发电厂和变电站内控制距离由几十米至几百米，按控制系统的电压可分为强电控制和弱电控制，其中，强电控制的直流电压为220V或110V，弱电控制的直流电压为48V、24V或12V。工矿企业的小型中压变电站直流电源不易取得时，可以采用交流220V控制。

对110kV及以下的断路器，多采用三相重合闸，一般用三相联动方式。

对220kV及以上的断路器，多采用单相重合闸和综合重合闸，需用分相操作的方式。

1. 对断路器控制回路的基本要求

断路器控制回路应：

(1) 能用控制开关进行手动合、跳闸，且能由自动装置和继电保护实现自动合、跳闸；应能监视控制回路的电源及其合、跳闸回路是否完好。

(2) 能在合、跳闸动作完成后迅速自动断开合、跳闸回路。断路器操动机构中的合、跳闸线圈的热容量是按短时通电设计的，故合闸或跳闸完成后应使命令脉冲自动解除。

(3) 能指示断路器合闸与跳闸的位置状态，自动合闸或跳闸时应有明显信号。

(4) 有防止断路器多次合、跳闸的“防跳”电气闭锁装置。

(5) 对于采用气压、液压和弹簧操动机构的断路器，应有压力是否正常、弹簧是否拉紧到位的监视回路和闭锁回路；对于分相操作断路器，应有监视三相位置是否一致的措施。

2. 断路器典型控制回路

不同类型，如弹簧、电磁、液压式操动机构的断路器控制回路略有差异。断路器典型控制回路如图9-6所示。KCT、KCC分别为跳闸位置继电器和合闸位置继电器，断路器合闸前，跳闸位置继电器KCT线圈带电，其动合触点KCT闭合，绿灯HG亮。

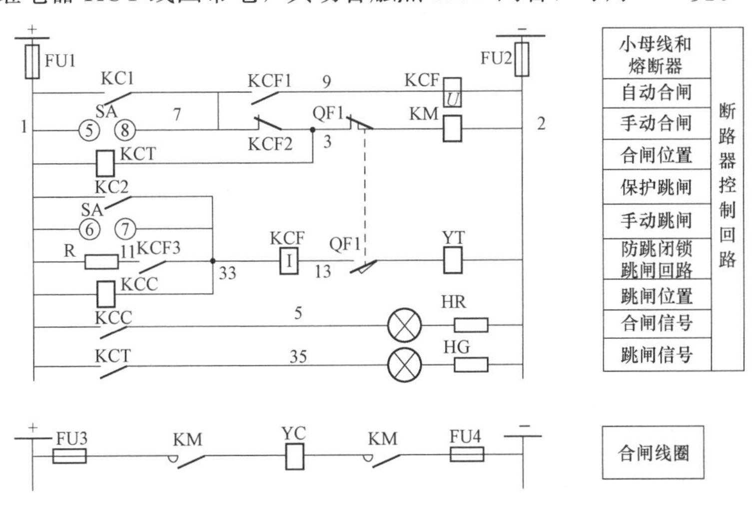

图9-6　断路器典型控制回路

KM 为合闸接触器，YC 为合闸线圈，YT 为跳闸线圈；KCF 为防跳继电器，包括自保持电压线圈和启动电流线圈；SA 为操作控制开关，具有多组触点；HR 为红色指示灯，HG 为绿色指示灯。KC1、KC2 分别为远方合闸、继电保护跳闸命令动合触点。

（1）断路器合闸操作过程。

1）合闸前：断路器在跳闸状态，QF1 动断触点闭合，KCT 动合触点 KCT 闭合，绿灯 HG 亮，表示电源与合闸回路完好。

2）手动合闸：控制开关 SA 触点 5、8 接通，经断路器辅助动断触点 QF1 接通合闸接触器 KM 的线圈，KM 动作，其动合触点闭合，接通断路器合闸线圈，断路器即合闸。

自动合闸：合闸控制信号 KC1 动合触点闭合，接通合闸回路。

3）合闸完成后，断路器辅助动断触点 QF1 断开，切断合闸回路，KCT 失电，绿灯 HG 熄灭。

4）QF1 的辅助动合触点闭合，接通 KCC、KCF、YT 回路，KCC 启动，其常开节点闭合，点亮红灯 HR，说明断路器目前在合闸状态，且跳闸回路完好。

（2）断路器跳闸操作过程。

1）手动跳闸：控制开关 SA 触点 6、7 闭合，经断路器辅助动合触点 QF1 接通跳闸线圈 YT，断路器即跳闸。

自动跳闸：保护跳闸信号 KC2 动合触点闭合，接通跳闸回路。

2）跳闸后，QF1 动合触点断开，切除跳闸回路，KCC 失电，红灯 HR 熄灭。QF1 动断触点在合位，KCT 启动，其动合触点闭合，点亮绿灯 HG。

（3）断路器的防跳闭锁。

1）跳跃。当断路器合闸后，在控制开关 SA 触点 5、8 或自动装置触点 KC1 被卡死的情况下，合闸回路一直接通，如遇到永久性故障，继电保护动作使断路器跳闸，则会出现多次跳合闸现象，这种现象称为“跳跃”。“跳跃”对电力系统与断路器都有较大损害，需要防止其发生。

2）电气“防跳”措施。电气“防跳”措施是指不管断路器操动机构本身是否带有机械闭锁，均在断路器控制回路中加设电气防跳电路。

利用防跳继电器 KCF 防跳的原理为：当合闸到永久故障时，保护动作使 KC2 触点闭合，接通跳闸回路，使 QF 跳闸。

跳闸电流通过 KCF 电流线圈，启动 KCF，其动断触点 KCF2 断开合闸回路，其动合触点 KCF1 接通 KCF 电压线圈，此时若合闸信号未解除，则 KCF 电压线圈经合闸信号实现自保持，使 KCF2 保持断开，QF 不能再次合闸。

3. 微机测控保护综合装置的断路器控制回路示例

使用微机测控保护综合装置的某 10kV 中置式（移开式）开关柜的真空断路器控制回路示例如图 9-7 所示。断路器使用弹簧操动机构。图中 1n 为线路微机测控保护综合装置代号，虚线框内为移开式断路器中二次元件，M 为弹簧储能电机。

需要远方遥控操作时，开关柜上设置就地/远方操作切换开关 SA。此开关有三个位置：就地操作、断开、远方操作。转动切换开关手柄可选择断路器的就地或远方控制方式，选择远方控制时，断路器分/合闸只能由遥控命令实现；选择就地控制时，断路器分/合闸只能由

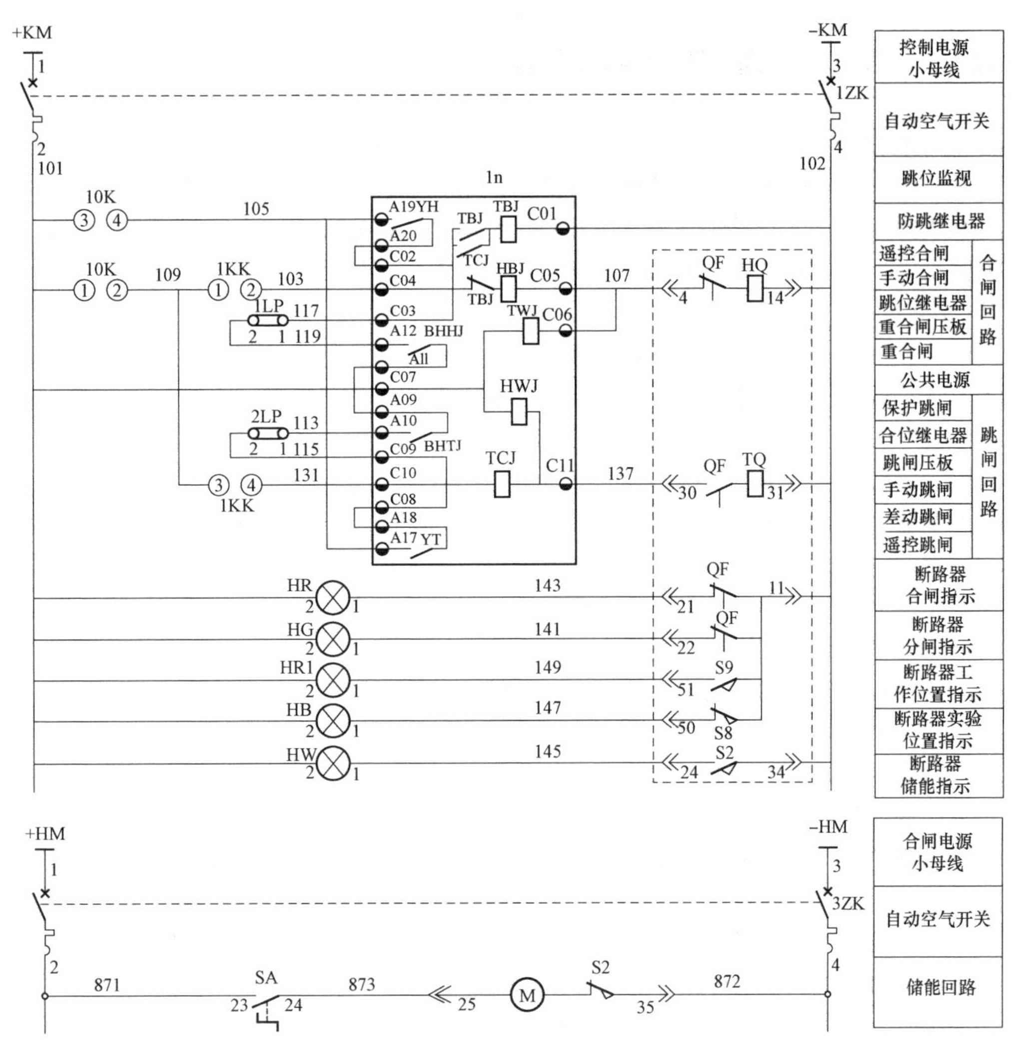

图 9-7　使用微机测控保护综合装置的某 10kV 中置式开关柜断路器控制回路示例图

开关柜上的控制开关操作。开关柜断路器一般以远方控制为主，就地控制仅用于检修、试验。

就地操作的开关柜分/合闸控制开关手柄有三个位置：一个固定的正常位置（预备或操作后）、一个合闸操作位置、一个分闸操作位置。操作时，控制开关手柄由正常（预备）位置左旋转 45°至分闸位置，或右旋转 45°至合闸位置，保持到确认断路器已完成分闸或合闸动作后，松开手柄，控制开关在弹簧作用下自动返回至正常（预备或操作后）位置。

开关柜常用 LW39 系列万能转换开关作为就地/远方操作切换开关与就地分/合闸控制开关，其操作面板示意如图 9-8 所示。

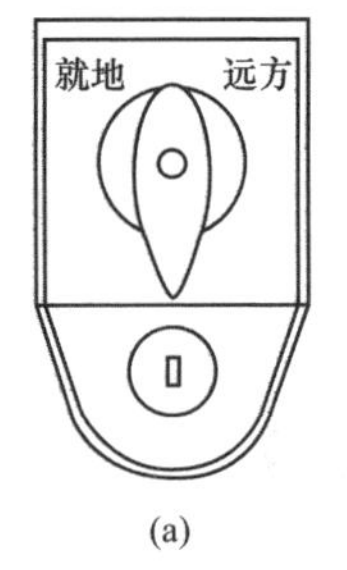

(a)

(b)

图 9-8　开关柜就地/远方操作切换开关与就地分/合闸控制开关面板示意图

(a) 就地/远方操作切换开关；

(b) 就地分/合闸控制开关

9.2.3 信号、测量与电流电压回路

1. 信号回路

（1）总体要求。监控系统与其他装置的信息采集应统一考虑，实现信息共享。

计算机监控系统的信号分为状态信号与报警信号。信号数据可通过硬接线方式或与装置通信方式采集，通信方式应保证信号的实时性和通信的可靠性，装置闭锁信号通过硬接线方式实现。

继电保护及安全自动装置的动作信号、装置故障信号和断路器等设备的信号应接入计算机监控系统。计算机监控系统的开关量输入回路电压宜采用强电电压。

（2）信号回路实现方式。早期的发电厂、变电站装设中央信号系统，其由中央事故信号和中央预告信号组成，用以掌握各电气设备的工作状态。每种信号都由灯光信号和音响信号组成。音响信号引起值班人员注意，灯光信号便于判断故障设备及故障性质。中央信号装置装在控制室的中央信号屏上。这种中央信号系统由冲击继电器构成，结构复杂，各功能继电器的逻辑配合继电器的机械动作实现，可靠性较低，已被淘汰。

目前广泛采用的计算机监控系统中，厂、站内所有信号都由计算机监控系统采集完成并在监控后台显示。故障时自动弹出故障或预警信息并发出相应报警声。

2. 测量回路与电流电压回路

测量回路也称为电流与电压回路，一般是指电流与电压模拟量的测量，电能量可以通过微机装置计算得到。

计算机监控系统的模拟量测量回路宜采用交流采样方式。直流设备的测量可通过直流采样方式或数据通信方式实现。

目前二次测量回路大部分由计算机监控系统完成，少数回路如电能量计量回路仍有测量仪表测量运行参数。

使用微机测控保护综合装置的某10kV中置式开关柜的交流电流电压回路示例如图9-9所示。图中1n为线路微机测控保护综合装置代号，PZ为数字式显示仪表代号。

3. 电子式互感器与合并单元的配置

智能变电站中已开始使用电子式互感器与合并单元。正确选择和配置电流、电压互感器对继电保护、自动装置、电能计量和监控系统的准确工作，保障发电厂、变电站的可靠运行十分重要。

电子式互感器的特点：体积小、质量轻、频带响应宽，无饱和现象，抗电磁干扰性能好，便于数字化。电子式互感器通常由传感模块和合并单元MU两部分构成。传感模块又称为远端模块，安装在一次侧，合并单元安装在二次侧，负责对各相端模块传来的信号做同步合并。输出可为数字量或模拟量。

合并单元应该按间隔配置，一台合并单元完成一个间隔全部模拟量的采集。双重化保护装置对应的合并单元应分别独立配置。合并单元配置方案示例如图9-10所示。

断路器出线侧配置一套电子式电压、电流互感器，每套可输出保护电流、测量电流、电压信号。每条母线配置一套电子式电压互感器。每个远端模块配置两套电子式电压、电流互感器，分别用于两套主保护、测量、计量及录波。

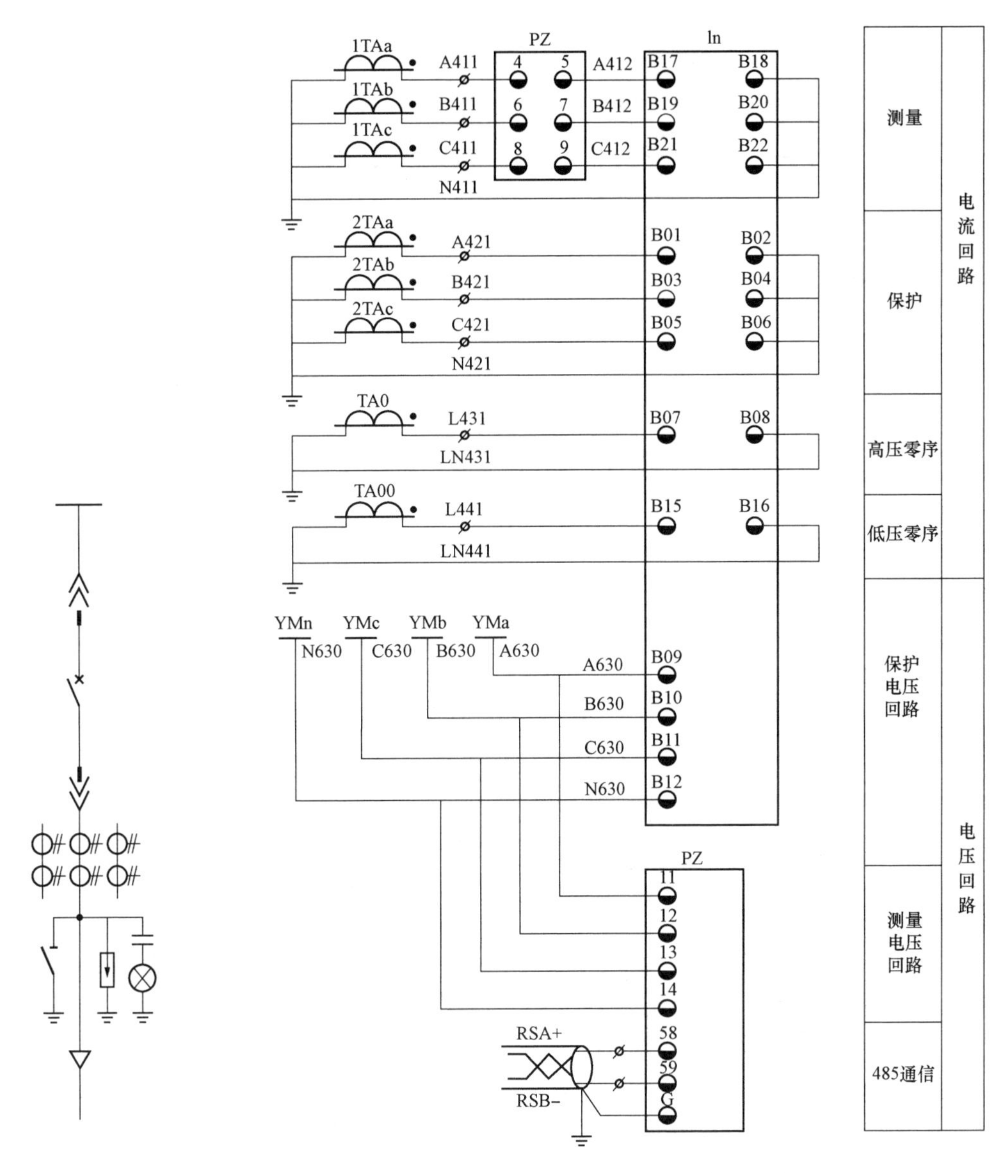

图 9-9 使用微机测控保护综合装置的某 10kV 中置式开关柜交流电流电压回路示例图

4. 断路器智能终端与采样方式、跳闸方式

智能终端是断路器的智能控制装置，该装置改变了传统的采样方式与跳闸方式。

（1）智能终端。智能终端实现了断路器操作的数字化和智能化。除输入、输出触点外，使操作回路功能通过软件来实现，使操作回路二次接线大大简化。断路器智能终端具备以下功能：

1）接收保护装置跳、合闸命令和测控装置的手合、手分命令。

2）提供跳闸出口接点和合闸出口接点，220kV 以上的智能终端至少应提供两组分相跳闸接点和一组合闸接点。

3）可以给保护、测控装置发送断路器、隔离开关、接地开关的位置，断路器本体信号等。

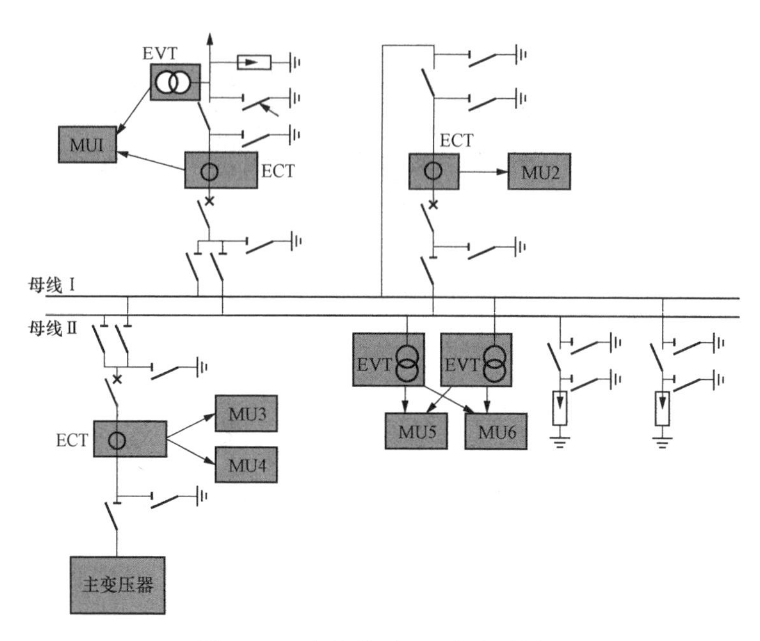

图 9-10　合并单元配置方案示例图

4）防跳功能、跳合闸自保持、控制回路断线监视、跳合闸压力闭锁等功能。

5）智能终端的报警信号可通过 GOOSE 口上送。

6）具备对时功能和事件报文记录功能。

对于 220kV 及以上电压等级的继电保护有双重化配置要求：两套保护的电压、电流采样分别取自相互独立的合并单元，两套保护的跳闸回路应与两套智能终端分别一一对应，两套智能终端与断路器的两个跳闸线圈分别一一对应。

（2）采样方式。常规保护装置的采样方式是通过电缆直接接入常规互感器的二次侧电流、电压，保护装置完成对模拟量的采样和 A/D 转换。智能变电站中数字化保护装置的采样方式变为接受合并单元送来的采样值数字量。也就是说，对智能保护装置而言，传统的采样过程变成了与合并单元的通信过程。

保护装置从合并单元接受采样值数据，可以直接点对点连接（通过光纤直接通信），这种方式称为直采；也可以经过 SV 网络（经过过程层交换机通信）得到，这种方式称为网采。

由于 SV 采样数据量较大（4000 点/s），如果采用网采的方式，对通信交换机的要求很高。考虑到采样的可靠性、快速性等要求，继电保护应采用直采方式。

（3）跳闸方式。常规保护装置采用电路板上的出口继电器经电缆直接连接到断路器操作回路实现跳闸；数字化保护装置则通过光纤接口接入到断路器智能终端实现跳、合闸。保护装置之间的闭锁、启动信号也由常规变电站的硬接点，电缆连接改为通过光纤、网络交换机来传递。

保护装置向智能终端发送跳闸命令，可以直接点对点连接（保护装置和智能终端通过光纤直接通信），这种方式称为直跳；也可以经过 GOOSE 网络（经过过程层交换机通信）得到，这种方式称为网跳。

GOOSE 报文是事件驱动的，数据量比 SV 报文小很多。但考虑到跳闸的可靠性、快速性等要求，对于单间隔的保护应采用直跳方式，涉及多间隔的保护（母线保护）宜采用直跳；如确有必要，在满足可靠性和快速性要求的情况下可以采用网跳。

9.3　电力系统通信及通信规约概述

9.3.1　电力系统通信基础

电力系统通信是电力系统安全、稳定、经济运行的重要支柱，是发电厂、变电站自动化、电网调度自动化、电力运营自动化和电网管理信息化的基础。

1. 电力系统通信内容

按照通信区域范围不同，电力系统通信分为系统通信和厂站通信。

系统通信也称站间通信，主要提供发电厂、变电站、调度、生产、管理机构等单位相互之间的通信连接，满足生产和管理等方面的通信要求。

厂站通信又称站内通信，其范围为发电厂或变电站内。与系统通信之间有互联接口，主要任务是满足厂（站）内部生产活动的各种通信需要，对抗干扰能力、通信覆盖能力、通信系统可靠性也有一些特殊的要求。

电力的主要通信业务形式可划分为四大类。

（1）语音业务。语音业务包括调度电话、行政电话、会议电话等。

（2）数据业务。数据业务包括系统继电保护和电网安全自动装置数据、调度自动化数据、电力市场数据、管理信息系统和办公自动化系统数据、电网动态监视和控制系统数据等。

（3）视频业务。视频业务包括会议电视、变电站视频监视等。

（4）多媒体业务。多媒体业务包括信息检索、科学计算和信息处理、电子邮件、Web应用、可视图文、多媒体会议、视频点播、视频广播、电子商务等。

2. 电力系统通信方式及应用

（1）光纤通信。光纤通信是以光波为载体，以光纤为传输介质传送信息的通信方式。光纤通信的优点有：可利用的频率带宽，通信容量大，抗干扰性强；光纤是绝缘体，通信两端可完全实现点的隔离；光纤损耗小，中继距离长，光纤细，质量轻，容易敷设。

目前电力系统骨干通信网基本全部采用光纤通信方式，配电自动化的10kV通信接入网采用光纤、无线等通信方式。

（2）电力线载波通信PLC。电力线载波通信PLC是利用传输电能的电力线作为通信介质，实现数据、话音、图像等综合业务传输的通信方式。按照电压等级划分，可分为高压电力线载波通信、中压电力线载波通信和低压电力线载波通信。按照使用的频率范围来划分，可分为使用500Hz以下频率、速率低于1Mbit/s的窄带通信和使用2～30MHz频段、速率高于200Mbit/s的宽带通信。

电力线载波通信是电网特有的通信技术，是电力系统继电保护信号有效的传输方式之一，应因地制宜，合理利用。在高压和中压方面，现在少量应用于无法敷设光纤或者光纤通信无法保证双重化配置等情况；在低压方面，主要与光纤或者无线方式混合组网，发挥各自长处，实现信息的采集和传送。

（3）无线通信。无线通信是利用无线电波在空间传送信息的通信方式。

无线通信的主要有微波通信、超短波通信、移动通信、卫星通信、扩频通信等。在电力系统中，无线通信不仅适合服务具有点多面广的分布特点对象，还有不受高压感应、地电位升高等强电危险影响的好处，主要缺点是容易受气候和环境影响，包括衰落及各种电磁干扰影响等。

同步数字序列 SDH 是新一代数字信号传输体制，不仅可以用于光纤通信系统，也可以用于微波通信、卫星通信中。现在电力系统的微波通信系统都是 SDH 数字微波通信系统，其兼有数字通信和微波通信两者的优点。由于微波在空间直线传输的特点，故这种通信方式又称为视距数字微波通信。SDH 数字微波通信的主要特点有传输信息容量大、通信稳定且可靠、通信灵活性较大、投资少、建设快、保密性强、抗干扰。SDH 数字微波通信网是光纤通信网不可缺少的补充和保护手段。

卫星通信具有不受地点、环境等因素限制，传输距离远，通信容量大，组网方式灵活、部署快速等优点，已成为应急通信的重要手段。常用的卫星应急通信系统有卫星地面站、应急通信车、机动便携站和卫星电话四种。

3. 电力通信网

电力通信网是指支撑和保障电网生产运行，由覆盖各电压等级输变配电设施、各级调度等电网生产运行场所的电力通信设备所组成的系统，主要由传输设备、数据设备、交换设备、终端设备及其他辅助设备构成。电力通信网最重要的特点是高度的可靠性、实时性和安全性。通信方式具有实用性和灵活性，不受电力系统故障的影响。

电力通信网按业务内容主要分为如下两种：

（1）生产调度数据网：电力企业生产调度业务管理的内部数据网络。

（2）综合数据通信网：电力企业行政业务管理的内部数据网络。

按照网络层级划分，电力系统通信网由骨干通信网、终端通信接入网组成。

其中骨干通信网包括省际骨干通信网、省级骨干通信网、地市骨干通信网三个层级，涵盖 35kV 及以上电网厂站及各类生产办公场所。

终端通信接入网包括 10kV 终端通信接入网和 0.4kV 终端通信接入网，涵盖 10kV（或 20kV）和 0.4kV 电网相关站点。

国家电网公司已建成先进可靠的电力通信网络，形成了以光纤通信为主，微波、载波、卫星等多种通信方式并存，分层分级自愈环网为主要特征的电力专用通信网络体系架构。

9.3.2 电力系统通信规约简介

1. 电力系统通信规约的发展

通信系统中，为实现有效的信息传输，收发两端需预先对数码传输速率、数据结构、同步方式等进行约定，相关的一组约定称为通信规约。通信系统中的设备应符合和遵守相应的通信规约。

电力系统通信是实现电力调度自动化与系统安全可靠运行的基础。其中电力生产调度通信体系由三个层次组成：厂站内通信、调度主站与厂站之间通信、调度主站侧系统之间通信。三个层次数据传输信息的内容、数量、距离及要求都有较大不同。传统上使用不同的通信规约。

(1) 早期的通信规约。电力系统早期使用的循环发送式远动规约CDT，属于串口同步通信方式，其以厂站远方终端RTU为主动方，以固定速率循环地向调度端上传数据，而主站被动接收。一台RTU要占用一条通道，只能采用点对点方式，通道占用率太高，投资大。

之后出现的Polling规约属于异步通信方式，其从调度端主动向厂站端RTU发送查询命令报文，子站响应后才上传信息。调度端收到所需信息后，才开始新一轮询问，否则继续向子站询问召唤此类信息。该规约节约通道，通道占用率低。

(2) IEC 60870-5通信规约。进入常规自动化时期后，电力系统中广泛使用了IEC 60870-5通信规约。该规约涵盖了各种网络配置（点对点、多个点对点、多点共线、多点环型、多点星型）、各种传输模式（平衡式、非平衡式）、网络的主从和平衡传输模式以及电力系统所需要的应用功能和应用信息。IEC 60870-5规约包括四个功能部分：

1) IEC 60870-5-101：基本远动任务，一般采用点对点方式传输。

2) IEC 60870-5-102：电能计量。

3) IEC 60870-5-103：继电保护信号。

4) IEC 60870-5-104：是IEC 60870-5-101规约的TCP/IP网络传输版。

IEC 60870-5-101和IEC 60870-5-104规约分别对应我国的电力行业标准DL/T 634.5101—2002《远动设备及系统 第5-101部分：传输规约 基本远动任务配套标准》和DL/T 634.5104—2002《远动设备及系统 第5-104部分：传输规约 采用标准传输协议子集的IEC 60870-5-101网络访问》。

经过几十年的发展，电力系统常规自动化存在的问题逐渐暴露：信息难以共享；设备间不具备互操作性，比如，使用IEC 60870-5-103规约时，对其中的一些未规定量，不同厂家的用法不同；系统集成、可扩展性差；系统可靠性受二次电缆影响等。

基于智能电网的通信系统要求基于统一的电力系统公共信息模型。

2. 电力系统的公共信息模型

电力系统的信息模型是对电力系统现实模型的抽象，是实现电力信息化的基础。

实现电力信息化，首先要对电力系统的设备及其相互关系、对其监控与管理的需求、对其数据结构及业务流程进行描述，即信息建模。

传统的电力自动化系统根据自己的需求建立独立的信息模型，形成了系列通信规约如IEC 60870-5系列等，但不同的系统间需要交换信息时，必须要进行模型（通信规约）转换，造成大量的资源浪费与成本增加。

国际电工委员会IEC TC57工作组通过面向对象的工具提出了电力系统公共信息模型CIM（Common Information Model）以解决此问题，并扩展形成了IEC 61850、IEC 61970、IEC 61968等一系列国际标准。

3. 电力系统信息标准的发展阶段

(1) 面向数据和点的常规标准。该标准侧重独立自动化功能的实现。

早期的电力系统受到通信技术和手段的限制，更多地关注数据如何传输。此时期的通信标准都是基于面向数据点（如某保护装置的某项定值或某个动作事件）的协议的。

为描述和交换数据，标准中定义了一系列报文。当各子系统之间以报文为载体进行数据交换时，数据的语义并不同时传输。

这样的标准包括远动通信协议体系 IEC 60870 - 5 系列、计算机数据通信协议体系 IEC 60870 - 6 系列。

（2）面向设备和对象的标准。该标准侧重于信息的共享与自动化功能的集成。

随着电力系统自动化水平的迅速发展，电力信息交互与共享的需求不断提高。从系统集成的角度考虑，信息交换的语义模型内容比数据如何在系统之间传输更为重要。

基于此认识，新一代面向设备和对象的电力系统自动化标准体系先后被制定，包括变电站自动化系统标准 IEC 61850 系列、能量管理系统 IEC 61970 系列、配电自动化系统 IEC 61968 系列等。

新一代标准建立了涵盖电力一、二次系统及通信系统的对象模型、服务模型以及它们之间的关系。

（3）面向统一对象模型。由于历史原因，在发电、输电和配电领域中 TC57 工作组内部没有使用相同的对象模型和建模语言。IEC 正在研究如何实现电力系统统一的公共模型，以便在将来标准的修订和新标准的开发中使用统一的对象模型和建模技术，即电力系统公共信息模型 CIM。

（4）实现“一个世界，一种标准，一种技术”。最终将基于 IEC 61850、IEC 61970、IEC 61968 系列标准，形成电力系统的统一信息架构。IEC 61850 的应用范围将不再局限于变电站内部，而将延伸到变电站之间、变电站与调度控制中心之间以及调度控制中心内部。未来电力系统的无缝通信体系将基于 IEC 61850 通信规约构建。

4. IEC 61850 通信规约

IEC 61850 通信规约，是国际电工委员会 IEC 制定的《变电站通信网络和系统》系列标准，是基于网络通信平台的变电站自动化系统唯一国际标准。我国基于 IEC 61850 制定了电力行业标准 DL/T 860《电力自动化通信网络和系统》。

IEC 61850 定义了变电站的信息分层结构，采用面向对象的建模技术，定义了基于客户机/服务器结构数据模型，总结了变电站内信息传输所必需的通信服务，设计了独立于所采用网络和应用层协议的抽象通信服务接口（ACSI）。IEC 61850 标准规范了数据的命名、数据定义、设备行为、设备自描述特征和通用配置语言，使不同的智能电气设备间的信息共享和互操作成为可能。IEC 61850 规约的目标是：实现不同变电站自动化设备和系统间的互操作，使变电站自动化能使用新的高性能通信网络。

（1）IEC 61850 标准的核心思想。

1）按功能划分逻辑节点，用逻辑设备抽象物理设备。避免了实际应用中由于不同的结构和厂家而造成的复杂通信系统，将物理设备之间的连接转变为逻辑节点之间的通信。

功能是变电站自动化系统执行的任务，如继电保护、监视、控制、录波等。

逻辑节点 LN 是表示功能的最小单元，代表了一些特定操作。逻辑节点之间通过逻辑连接交换数据。

逻辑设备 LD 是一种虚拟设备，是为通信而定义的一组逻辑节点的容器。一个逻辑设备只能位于同一物理设备内。

服务器用来表示一个设备外部可见的行为，它能提供数据，或允许其他功能节点访问它的资源。

基于IEC 61850标准的线路距离保护分层模型示例如图9-11所示。

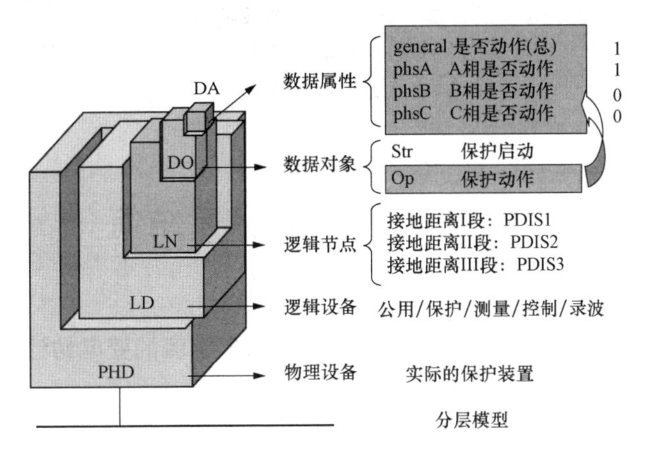

图9-11　IEC 61850面向对象的分层模型示例

2）定义抽象通信服务接口ACSI，使功能独立于具体的通信技术。IEC 61850可以在光纤物理层上实现MMS、TCP/IP、COBRA等的映射，也可以在无线网络的物理层或千兆以太网的链路层实现映射。在抽象接口之上定义的对象模型和相关服务不会因底层网络技术的更新而受到影响。

3）利用变电站配置文件，实现设备自我描述。IEC 61850定义了变电站配置描述语言SCL（Substation Configuration Description Language），所有符合IEC 61850标准的智能电子设备都使用这种语言进行装置级的自我描述，对整个变电站自动化系统的配置也基于SCL。SCL基于可扩展标记语言XML，具有面向对象、跨平台以及可扩展等优点。

（2）IEC 61850标准的工程方法。对支持IEC 61850的智能电子装置的工程配置如下：

1）利用厂家提供的装置配置工具，生成描述该智能电子装置IED的功能描述文件ICD（IED Capability Description）。

2）利用系统配置工具集成来自各装置的ICD文件，自动合并为一个文件。

3）由设计部门进行工程设计，并生成变电站配置描述文件SCD（Substation Configuration Description），其中包含变电站一次设备信息、通信网络信息、智能电子装置的配置信息以及它们之间的关联关系。

4）各厂家从SCD文件中提取各自所需的配置信息，并生成含有智能电子装置的配置信息的文件CID（Configured IED Description）。

5）利用智能电子装置的配置工具和CID文件，对装置进行自动配置。

（3）IEC 61850标准的通信信息服务模型。该模型包括三种服务类型。

1）MMS（Manufacturing Message Specification，制造报文规范）报文。面向变电站层的事件信息，如保护动作信息、异常告警信息、定值信息、录波信息等。

2）GOOSE（Generic Object-Oriented Substation Event）报文。面向对象的变电站通用事件，如断路器、保护装置等设备的开关量状态信息及其变化。

3）SV（Sampled Value）报文。模拟量采样值信息，如电压、电流、功率等。

练习 9.1　连线说明 IEC 61850 标准中 MMS、GOOSE、SV 报文的基本作用。

1. MMS 报文	A. 开关量采集与操作
2. GOOSE 报文	B. 模拟量采集
3. SV 报文	C. 变电站事件

9.4　计算机监控系统简介

思　考　变电站计算机监控系统的作用是什么？主流的变电站计算机监控系统采用什么结构方式？

9.4.1　计算机监控系统的设计原则与功能

计算机监控系统是现代变电站的重要组成部分，其技术水平、运行可靠性及维护水平与电网的安全稳定、经济运行密切相关。

1. 计算机监控系统的设计原则

现代变电站计算机监控系统主要遵循以下设计原则：

（1）根据重要性按少人或无人值班设计。

（2）采用模块化、开放式、分层分布式结构，通信规约统一采用 DL/T 860（对应 IEC 61850）。

（3）与远动数据传输设备信息资源共享，不重复采集。

（4）配有与电力数据网联网的接口，支持联网的通信技术及通信规约要求。

（5）向调度端上传的保护、远动信息量满足调度端的需求。

（6）应能满足电网二次系统安全防护的相关规定。

2. 变电站计算机监控系统的功能

（1）数据采集和处理功能。计算机监控系统应能实现数据采集和处理功能，数据采集应满足当地运行管理和调度中心及其他主站系统的数据要求。监控系统数据一般包括模拟量、开关量、电能量以及来自其他智能装置的数据。

（2）控制操作与同期功能。

1）操作功能。监控系统应能实现自动调节控制和人工操作控制功能。

自动调节控制由站内操作员工作站或远方控制中心设定，用于电压-无功自动调节。

人工操作控制由操作员对需要控制的电气设备进行控制操作。操作遵守唯一性原则，应能根据运行人员输入的命令实现设备的远程或就地控制操作。监控系统具有操作监护功能，为防止误操作，在任何控制方式下都必须采用分步操作，即选择、校核、五防闭锁、执行。控制方式还应具备手动应急控制功能，在站控层设备停运时，能够在间隔层对断路器进行手动控制。

控制操作的唯一性原则：同一时间应仅允许一个控制级别、一种控制方式、一个控制对象进行控制。任何操作方式下，应保证下一步操作只有在上一步操作完全完成后才实现。输出设备只接受一个主站的命令，禁止其他主站的命令进入。

安全原则：依据操作员权限的大小，规定操作员对系统及各种业务活动的范围，操作员应事先登录，并应有密码措施；具有操作监护功能。允许监护人员在操作员工作站上实施监护功能。

2）同期功能。监控系统应能检测和比较断路器两侧 TV 二次电压的幅值、相角和频率，自动捕捉同期点，发出合闸命令，满足断路器的同期合闸要求。

（3）防误闭锁功能。

（4）监视和报警处理功能。

（5）统计计算。统计计算包括交流采样后计算出电气量一次值 I、U、P、Q、f、$\cos\varphi$，并计算出日、月、年最大、最小值及出现的时间；电能累计值和分时段值；日、月、年电压合格率；主变压器的负荷率及损耗等数据。

（6）电压-无功自动控制（VQC）功能。

（7）事件顺序记录及事故追忆功能。

（8）显示和制表打印。

（9）远动功能。远动功能将监控系统所采集的信息与远动系统所需要的信息筛选出，按规定的通信规约上传至调度中心。

（10）时间同步功能。

（11）管理功能。

（12）维护功能和远程登录服务功能。

9.4.2 变电站计算机监控系统的系统结构

计算机监控系统早期利用远方终端单元 RTU 装置实现与调度的通信及遥测、遥信、遥控、遥调功能。随着计算机技术、网络技术、通信技术的不断发展，变电站计算机监控系统的结构也不断更新，从集中式、分布式发展到分层分布开放式结构。分层分布开放式监控系统实现了信息资源共享，利用了计算机系统的整体资源，是当前主流的计算机监控系统结构方式。相关内容可见电力系统自动化课程。

1. 变电站二次系统分层结构

电力系统近年来引入了基于 IEC 61850 标准的变电站二次系统分层结构，具体包括以下几种。

（1）站控层（也称为变电站层）。站控层设备负责汇总全站的实时数据信息，将相关数据发送至调度或远方控制中心，同时，也要对过程层和间隔层设备执行接收到的调度或控制中心命令，具有人机系统功能。

（2）间隔层。间隔层设备包括保护测控装置、故障录波装置和计量装置，主要功能是：收集本间隔的过程层实时数据，保护和控制一次设备，完成本间隔操作闭锁、操作同期等控制功能。

（3）过程层。过程层是一、二次设备的交汇处，主要完成电气量测量、设备状态检测和操作控制命令执行这三大功能。

为实现各层之间的通信，需要建立相应的通信网络。基于计算机局域网技术开发的变电站分层分布开放式的典型结构是三层两网形式，少量变电站采用站控层与间隔层两层设备与站控层网络的两层系统结构。

2. 典型的三层结构计算机监控系统

整个计算机监控系统由站控层、间隔层、过程层设备和站控层网络、过程层网络组成，如图 9-12 所示。传统的变电站自动化使用 IEC 60870-5 通信规约与传统一次设备连接，过程层使用电缆连接间隔层。智能变电站基于 IEC 61850 通信规约，使用智能一次设备，可以使用电子式互感器与传统互感器，设有站控层网络和过程层网络。智能变电站的主要特点可以归结为“一次设备数字化、二次设备网络化、通信接口标准化”。

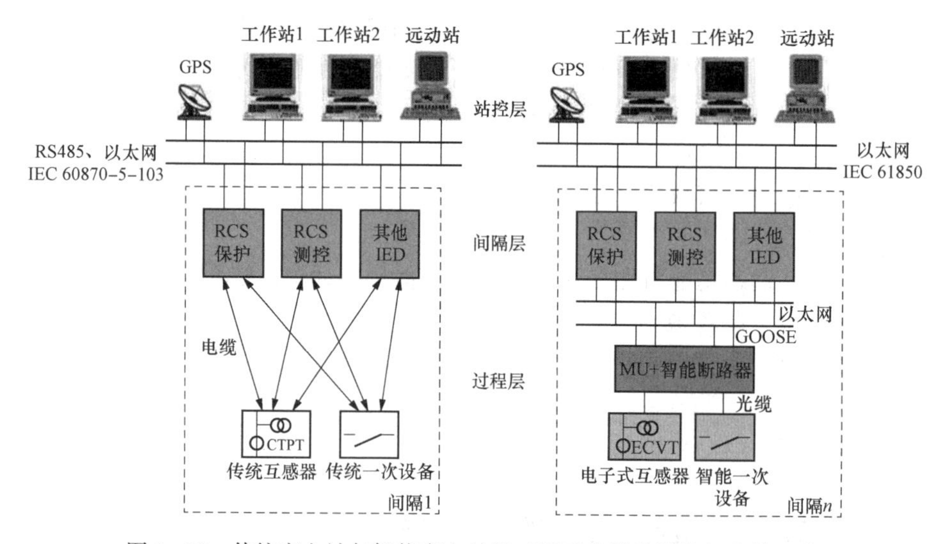

图 9-12 传统变电站与智能变电站的三层系统结构计算机监控系统

站控层设备由主机、工程师工作站、远动、五防工作站等组成，间隔层包括 I/O 测控、保护、其他 IED 等设备。过程层设备由智能终端和合并单元组成，可以采用电子式互感器或常规互感器＋合并单元。

站控层网络承载信息为 MMS 报文和 GOOSE 报文。过程层网络用于连接间隔层设备与过程层设备，过程层网络传输 SV 报文和 GOOSE 报文。为实现开关量与采样值的实时、可靠传输，间隔层设备与过程层设备之间可以用点对点光纤连接，也可用以太网连接。

考虑到变电站的重要性及智能化应用成熟程度，对于 220kV 及以上智能变电站，站控层网络与过程层网络独立。

过程层的 SV 网络和 GOOSE 网络，可以有三种组网方式。

（1）SV 网络和 GOOSE 网络分别独立组网，保护直采直跳。保护之外的其余装置如测控、录波等则分别通过独立的 SV 网络和 GOOSE 网络传输信息。

（2）SV 网络和 GOOSE 网络共网，保护直采直跳。通过网络流量的计算分析，100Mbit/s 的以太网交换机可接入合并单元的数量为 5～6 个，除中心交换机之外的其他各间隔过程层交换机只需处理本间隔数据，因此不存在因 SV 采样值信息量过大而导致交换机过负荷的现象。

GOOSE 信息高突发、低带宽，最大情况下仅有 10%负荷，与 SV 采样值共网运行不影响 GOOSE 的实时性传输。

(3) SV 网络和 GOOSE 网络共网，保护网络采样、网络跳闸。在采用高可靠性网络设备、优化网络结构、合理控制过程层网络流量的前提下，可采用保护“网络采样、网络跳闸”。对于普通的 110kV 智能变电站，一次设备数量不多时，可以采用 MMS、SV、GOOSE 网络共网，保护直采直跳方式。

*9.5 继电保护与自动装置

思考 电力系统继电保护的作用与对继电保护的基本要求是什么？常用的继电保护有哪些种类？常用的安全自动装置的种类与作用有哪些？

9.5.1 电力系统继电保护与自动装置概述

1. 电力系统继电保护的作用

电力系统运行中，常见的故障有单相接地、两相接地、两相短路、三相短路、断线等；常见的非正常运行状态有过负荷、过电压、非全相运行、振荡等。

电力系统故障和非正常运行都能引起系统事故，造成对用户停止送电或电能质量变坏，严重时会造成设备损坏、人身伤亡，甚至引起电力系统瓦解。

在电力系统中，除应采取各项积极措施消除或减少发生故障的可能性以外，故障一旦发生，必须迅速而有选择性地切除故障元件。

当出现电力系统故障或发生非正常运行状态时，继电保护的任务包括两个方面：

(1) 在尽可能短的时限和尽可能小的范围内，按预先设定的方式，自动、有选择地跳开断路器，从电力系统中切除故障元件，保证无故障部分迅速恢复正常，继续供电运行。

(2) 反应电气元件的不正常运行状态，并根据运行维护的条件（如有无经常值班人员），动作于信号、减负荷或延时跳闸。

2. 对电力系统继电保护的基本要求

实现电力系统继电保护功能的成套装置，称为继电保护装置。继电保护装置是电力系统安全稳定运行不可缺少的部分，是保证电力元件，如发电机、变压器、输电线路、母线及用电设备安全运行的基本装备。

作用于断路器跳闸的继电保护装置，应满足四个基本要求：可靠性、选择性、灵敏性和速动性。

(1) 可靠性。保护装置的可靠性是指保护在应该动作时可靠动作，即不拒动；不该动作时不动作，即不误动。可靠性主要取决于保护装置本身的制造质量、保护系统的设计、整定计算和运行维护水平。为保证可靠性，保护装置宜选用性能满足要求、原理尽可能简单的保护方案，并应具有必要的检测、闭锁和告警等措施，以便于整定、调试和运行维护。

(2) 选择性。选择性是指首先由故障设备或线路本身的保护切除故障，当故障设备或线路本身的保护或断路器拒动时，才允许由相邻设备、线路的保护或断路器失灵保护切除故障。

选择性的就近原则，是系统发生短路时，应由距离故障点最近的保护切除相应的短路点。图 9-13 系统中，当 k3 点短路时，应由 QF6 动作；当 k2 点短路时，应由 QF5 跳闸；k1 点短路时，应跳 QF1 和 QF2。变电站 A 经线路 WL2 向变电站 B 继续供电。

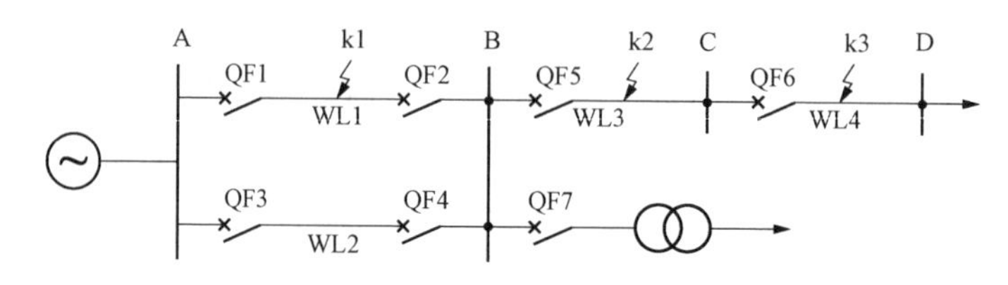

图 9-13　电力系统继电保护选择性说明

当 k3 点短路时，QF6 若由于某种原因拒动，这时应跳它的相邻上一级线路断路器 QF5，这也属于有选择性动作。这种作用称为远后备保护，虽然切除了一部分非故障线路，但尽可能地限制了故障的发展，缩小了故障影响范围。如果 QF6 及其保护装置都完好，k3 点短路时 QF5 跳闸，则称为越级跳闸，保护失去了选择性。

在某些条件下必须加速切除短路故障时，可使保护装置无选择性地动作，但必须采取补救措施，如利用自动重合闸或备用电源自动投入装置缩小停电范围。

只有合理地选择继电保护方式，并正确地进行整定才能保证良好的选择性。继电保护的配置和整定就是一个获得选择性的过程。

（3）灵敏性。灵敏性是指保护装置对在其保护范围内发生的故障和不正常运行状态的反应能力。

无论系统运行方式是最大还是最小，也无论故障点位置、故障类型如何以及故障点过渡电阻的大小，保护装置都应对保护范围内发生的故障灵敏反应，即具有足够的灵敏度。保护装置的灵敏系数，应根据不利（含正常检修）运行方式和不利故障类型（仅考虑金属性短路和接地故障）计算。必要时，应计及短路电流衰减的影响。各类保护的最小灵敏系数在 GB/T 50062—2008《电力装置的继电保护和自动装置设计规范》中有规定。

（4）速动性。速动性是指在电力系统发生故障时，继电保护装置尽可能快速地动作并将故障切除，避免故障电流损坏设备，并保证电力系统的稳定运行。

故障的切除时间等于继电保护装置动作时间与断路器动作（至熄弧）时间的总和，快速继电保护的动作时间为 0.02～0.06s；一般中压断路器的固有分闸时间不大于 0.06s，合闸时间不大于 0.15s，高压断路器固有分闸时间不大于 0.03s，合闸时间不大于 0.1s。

对不同电压等级，保护动作时间的要求不一样。保护和断路器动作时间应根据被保护元件的具体情况来确定。在保证系统及设备安全的条件下，允许保护装置的动作带有延时。

继电保护的以上四个基本要求既有联系，又有矛盾。其中，可靠性是基础，选择性是关键，灵敏性必须足够，速动性则应达到必要的程度；而选择性与速动性、灵敏性与可靠性之间又是存在矛盾的。继电保护应当根据使用的具体条件来保证侧重于主要的保护属性，达到对继电保护四种基本要求的辩证统一。

3. 电力系统继电保护的种类

电力系统继电保护可以根据不同的依据进行分类，常见的分类如下：

(1) 按被保护的对象分为电力线路的保护、电气设备元件（如发电机、变压器、母线、电动机、电容器组、电抗器等）的保护。

(2) 按继电保护原理分为过电流、低电压、过电压、功率方向、阻抗距离、纵联差动、气体保护等。

(3) 按继电保护所对应的故障类型分为相间短路保护、接地故障保护、非全相运行保护、失步保护、失磁保护等。

(4) 按继电保护装置的实现技术分为电磁型（也称为机电式）、晶体管型、集成电路型、微机型保护装置。

(5) 按继电保护所起的作用分为主保护、后备保护、辅助保护等。

主保护是指满足系统稳定和设备安全要求，能以最快速度有选择性地切除元件任意一点故障的保护装置。从动作时限上划分，主保护有全线瞬时动作（一般为纵联差动保护）及按阶梯时间动作两类。

后备保护是指当主保护动作失败或断路器拒绝动作时来切除故障的保护，具有相对选择性。后备保护可分为远后备和近后备两种方式。

远后备是当主保护或断路器拒动时，由相邻上级电力设备或线路的保护实现后备；远后备方式后备范围广，但动作时间长，在复杂电网变电站中往往因灵敏度或选择性不足而不能采用，故多用于110kV及以下电气设备和线路。

近后备是当主保护拒动时，由该电力设备或线路的另一套保护实现保护；当断路器拒动时，由断路器失灵保护来实现后备保护。含断路器失灵保护的近后备保护动作相对速度快，灵敏度及选择性均较好，主要用于220kV及以上电气设备和线路。

辅助保护是为补充主保护和后备保护的性能，或当主保护和后备保护退出运行而增设的简单保护。

4. 电力系统继电保护的基本原理

电力系统发生故障或非正常运行时，通常会出现电流增大、电压降低或升高、电流与电压之间的相位角改变，以及产生负序、零序电流、电压分量等现象。利用故障时系统电气量与非电气量的变化特征，可以构成不同原理的继电保护装置。常见保护原理种类如下：

(1) 过电流保护。短路或过负荷时，流过被保护元件的电流将大于正常工作电流，达到某个设定值时就使继电保护装置动作，从而构成过电流保护。

(2) 电压保护。正常运行时，各母线上的电压一般都在额定电压范围内变化。短路后，离短路点越近，电压降得越低。利用短路时电压幅值的大幅度降低，可以构成低电压保护。例如，当供电电压降低或外部故障切除后电压恢复时，多台大容量电动机自启动会使母线电压更加降低，从而造成重要电动机自启动困难。为此可以在次重要的电动机上装设低电压保护，限制其自启动。

发电机突然甩负荷会使发电机机端电压大大超过额定电压，可能造成定子绕组绝缘受损等多种不利影响。当电压升高到设定值时，保护装置动作，可构成过电压保护。

(3) 距离保护。母线上的电压和线路中电流的相量之比称为该线路的测量阻抗。正常运行时，母线电压额定，线路中流过正常负荷电流，线路的测量阻抗幅值大而阻抗角小；短路后，故障相电压降低，电流变大，距离变短，所以线路测量阻抗幅值变小，由于甩掉了负荷，阻抗角变大。

测量阻抗的幅值正比于该线路首端到故障点的距离。利用短路后测量阻抗幅值的变小和阻抗角的变大，可以构成线路的距离保护。当故障点在设定的某个距离之内，即测量阻抗小于整定阻抗时，保护动作。

（4）负序、零序保护。在发生电力系统不对称短路和三相负荷不平衡时，会出现负序、零序电流和电压，可以利用这些序分量构成零序或负序保护，比如发电机、变压器的负序保护、电力线路的零序保护等。

（5）纵联差动保护。差动保护是根据保护区内部发生故障和保护区外部发生故障时的某种电量（如电流及其方向）纵向的不同而构成保护动作的判据。差动保护能够躲过外部故障，而对被保护范围内任何地点及任何故障形态均能瞬时切除。

（6）其他保护。变压器内部短路时，利用变压器油受热分解所产生的气体，可构成反映气体体积和流速的气体保护，也称为瓦斯保护；利用线路故障时故障点产生的暂态行波分量的传播方向不同等特点，可以构成各种行波保护等。

5. 电力系统微机继电保护装置的基本组成结构

电力系统继电保护的发展中先后出现了电磁型（也称为机电式）、晶体管型、集成电路型和微机型四种类型的保护装置。前三种的继电保护原理与保护装置为基于布线逻辑设计，继电保护功能的实现依赖于多种类型继电器，如电流、时间、信号、位置等继电器的逻辑连接或电路的设计。而微机型继电保护是以微控制器为核心，基于数字信号处理技术的继电保护，其保护装置包括硬件与软件两部分，同样的硬件运行不同的软件程序可以实现不同原理的保护功能。微机继电保护是目前电力系统主流的继电保护技术。

自20世纪90年代出现以来，微机保护在硬件结构和软件技术方面趋于成熟。第一代微机保护装置采用8位的微处理器，单CPU工作，多插件组合；第二代以多个8位单片机组成多微机系统，多种保护的功能可分散于不同的单片机系统，增加了保护装置的可靠性；第三代是以16位单片机组成的多微机系统，具备多种外部接口，可用于变电站自动化系统中。目前主流的微机保护装置CPU使用32位微控制器或数字信号处理器DSP，可以快速完成大量复杂的保护算法计算，性能大为提升。

（1）微机保护装置的硬件架构。微机保护装置的硬件主要包括模拟量数据采集系统、开关量输入/输出系统、数字核心CPU主系统、人机接口系统和外部通信接口系统。模拟量数据采集系统将来自电压、电流互感器的模拟量转换为微机能够识别的数字量。开关量输入简称开入，主要用于识别运行方式、运行条件等，以控制程序的流程。开关量输出主要包括保护的跳闸出口、合闸出口、告警信号等。微机保护装置硬件的典型整体架构如图9-14所示。

（2）微机保护装置的软件架构。各种不同功能、不同原理的微机保护的区别主要体现在软件上。将继电保护算法与程序结合，合理安排程序的配置和结构成为实现微机继电保护功能的关键。

为实现保护的实时性，微机保护采用带层次要求的中断工作方式，确保CPU能够立即响应并及时处理外部事件，如电力系统状态采样、人机对话、外部系统机通信等要求。

微机保护装置的软件主要包括主程序（含初始化和自检循环程序）、故障处理程序、采样中断服务程序、通信及其他中断处理程序四部分。

在微机保护装置接通电源或复位时，微机保护进入主程序。主程序首先执行系统初始化

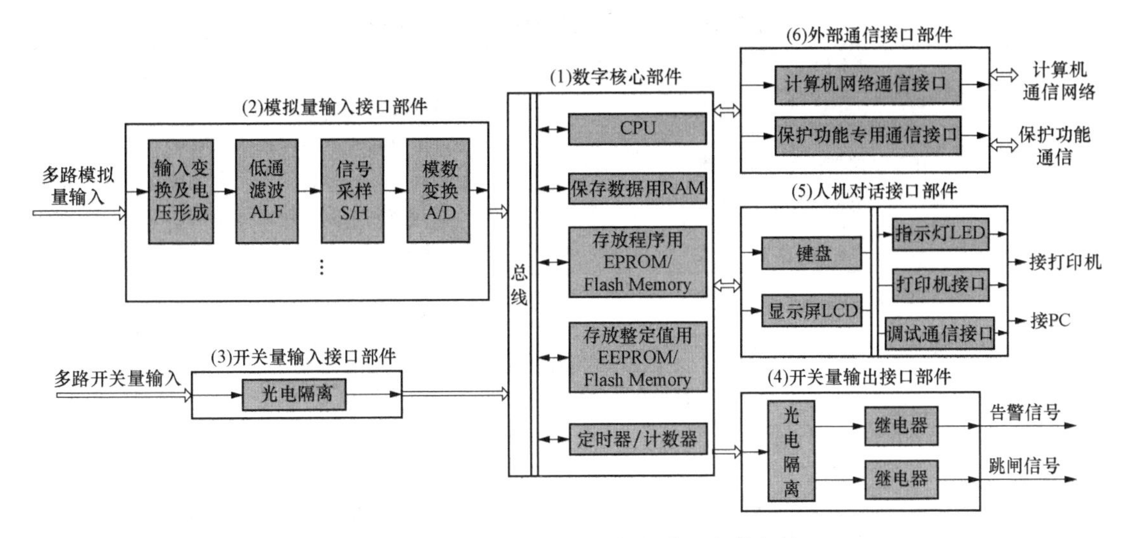

图 9-14　微机保护装置硬件的典型整体架构

和初始化自检功能，再开放中断，并根据是否满足故障启动条件而进入自检循环程序或故障处理程序。自检循环程序运行中接受中断请求而进入相应中断服务程序，完成中断服务后返回。故障处理程序进行各种保护的算法计算、跳闸逻辑判断与时序处理、告警与跳闸出口处理，以及事件报告、故障报告的整理等。

微机保护的算法计算是微机继电保护的核心模块，其主要内容有采样数据的数字滤波、故障特征量计算、保护的动作判据计算等。

(3) 微机继电保护的特点与应用。与传统的继电保护装置相比，微机继电保护易于实现复杂的保护原理，改善和提高了继电保护的性能；微机保护装置功耗低，降低了对常规电压、电流互感器二次负荷的要求；其具有良好的通信功能，节省了二次电缆；具有友好的人机界面，维护调试及整定方便；自检功能强，可实现自中断与自纠错，可靠性很高；还可兼有故障录波、故障测距、事件顺序记录和调度计算机交换信息等高级辅助功能，能够完成电力系统自动化要求的各种智能化测量、控制、通信及管理等任务，是现代电力系统不可或缺的组成部分。

微机继电保护的不足：成本相对较高；动作原理不够直观，需要专门的学习培训才能掌握其操作、维护与调试；需要在硬件与软件方面采取多种抗干扰措施等。

电力系统的变电站自动化系统、发电厂自动化系统中均包含了微机继电保护功能。微机综合监控保护装置可将对象的保护、控制、测量、信号、数据通信功能集于一体，在电力系统中得到广泛应用。

6. 安全自动装置

安全自动装置是用于防止电力系统稳定破坏、防止电力系统事故扩大、防止电网崩溃及大面积停电以及恢复电力系统正常运行的各种自动装置的总称。

科学合理地配置安全自动装置能够有效补充一次电网的不足，对提高电网输电能力和安全稳定水平作用明显，是电力系统安全可靠与稳定运行的又一道重要防线。变电站常见自动装置的种类及其作用见表 9-4。

表 9-4 变电站常见自动装置的种类及其作用表

类别	基本作用	应用场合	优缺点	备注
线路自动重合闸装置	当线路出现故障，继电保护使断路器跳闸后，经短时间间隔后使断路器重新合闸	用于架空线路	提高供电可靠性，减少停电时间。可纠正由保护造成的误跳闸。 造成故障电流二次冲击，影响电气设备寿命	只重合一次。分为三相重合闸与分相重合闸
备用电源自动投入装置	当工作电源因故障或其他原因消失，迅速将备用电源投入工作，并断开工作电源	一般配置于变电站的电源进线及母线分段处	提高供电可靠性，保证生产供电不中断。 需要与上级保护定值相互配合	需要与自动重合闸装置动作延时配合整定
低频自动减负荷装置	当系统因负荷过大引起频率下降到设定值时，自动切除用户馈出线	一般配置于变电站中压馈出线上	保证电力系统频率不会严重下降而造成系统解列	设置多级切除频率，根据负荷重要性由低到高依次切除
小电流自动选线装置	当中压馈出线中发生单相接地时，快速确定发生单相接地的回路	3～35kV 中性点不接地或中性点经电阻、消弧线圈接地系统	快速确定故障线路，提高了故障处理速度。 选线具有一定误判率	
故障录波装置	当电网中发生故障时，自动记录下该故障全过程中线路上的三相电流、零序电流的波形和有效值，母线上三相电压、零序电压的波形和有效值，并形成故障分析报告	220kV 及以上的变电站和 110kV 重要变电站及相应线路	正确分析事故原因并研究对策，同时可正确清楚地了解系统的情况，及时处理事故	

9.5.2 继电保护与自动装置的配置

1. 电力系统继电保护的配置原则

继电保护和安全自动装置是保障电力系统安全、稳定运行不可或缺的重要设备。

电气设备和线路因结构及电压等级等情况不同，发生短路和出现异常运行情况的种类、部位等也不同。原则上，电气设备和线路可能出现什么样的短路故障和异常运行状态，就应配置与之对应的保护方式。由于技术或经济上原因，继电保护还不能保证对任何结构形式的电网变电站都可满足“四性”的要求。

电力系统继电保护和安全自动装置的功能是在合理的电网结构前提下，保证电力系统和电力设备的安全运行。确定电网变电站结构、厂站主接线和运行方式时，必须与继电保护和安全自动装置的配置统筹考虑，合理安排。对导致继电保护和安全自动装置不能保证电力系统安全运行的电网变电站结构形式、厂站主接线形式、变压器接线方式和运行方式，如成串或成环的短线路、主干线上T接分支线等一般会严重恶化继电保护运行性能的接线方式，在设计及运行中均宜适当限制。

在确定继电保护和安全自动装置的配置方案时，应优先选用具有成熟运行经验的数字式装置。

电气设备和线路短路故障的保护应有主保护和后备保护，必要时可再增设辅助保护。

110kV及以下电压等级系统的主保护和后备保护按单套配置。220kV及以上电压等级系统的主保护和后备保护按双重化原则配置。各个相邻元件保护区域之间需有重叠区，不允许有无继电保护的区域和电气设备。

2. 电力变压器保护配置

电力变压器的故障及异常运行方式有：变压器绕组及其引出线的相间短路；绕组的匝间短路；中性点直接接地或经小电阻接地侧的单相接地短路；外部相间短路引起的过电流；中性点直接接地或经小电阻接地的电网变电站中外部接地短路引起的过电流及中性点过电压；过负荷；过励磁；油面降低；变压器油温过高、绕组温度过高、油箱压力过高、产生瓦斯或冷却系统故障等。根据相关规程，电力变压器一般装设以下保护：

(1) 电力变压器主保护。

1) 气体（瓦斯）保护。容量为400kVA及以上的车间内油浸式变压器、容量为800kVA及以上的油浸式变压器均应装设瓦斯保护，当变压器油箱内故障产生轻微瓦斯或油面下降时，应瞬时动作于信号；当产生大量瓦斯时，应动作于断开变压器各侧断路器。

瓦斯保护能反应油箱内各种故障、切除动作迅速、灵敏性高、接线简单，但不能反应油箱外的引出线和套管上的故障，必须与电流速断或纵差保护共同作为变压器的主保护。

2) 相间短路主保护。对变压器引出线、套管及内部的短路故障，应装设下列保护作为主保护，且应瞬时动作于断开变压器的各侧断路器。

电压为10kV以上的变压器，一般应采用纵联差动保护；10kV及以下、容量为10000kVA以下单独运行的变压器，采用电流速断保护。电压为10kV的重要变压器或容量为2000kVA及以上的变压器，当电流速断保护灵敏度不符合要求时，宜采用纵联差动保护。

(2) 电力变压器后备保护。

1) 相间短路后备保护。对由外部相间短路引起的变压器过电流，应装设下列保护作为后备保护，并应带时限动作于断开相应的断路器。

过电流保护宜用于降压变压器；复合电压启动的过电流保护或低电压闭锁的过电流保护，宜用于升压变压器、系统联络变压器和过电流保护不符合灵敏性要求的降压变压器。

当变压器低压侧无专用母线保护，高压侧相间短路后备保护对低压侧母线相间短路灵敏度不够时，应在低压侧配置相间短路后备保护。

2) 接地短路后备保护。中性点直接接地的110kV电网变电站中，当低压侧有电源的变压器中性点直接接地运行时，对外部单相接地引起的过电流，应装设零序电流保护。

双绕组及三绕组变压器的零序电流保护应接到中性点引出线的电流互感器上。

110kV中性点直接接地的电网中，当低压侧有电源的变压器中性点可能接地运行或不接地运行时，对外部单相接地引起的过电流，以及对因失去中性点接地引起的电压升高，应装设后备保护，并应符合下列规定：

a. 全绝缘变压器的零序保护应装设零序电流保护，并应增设零序过电压保护。当变压器所连接的电网变电站选择断开变压器中性点接地时，零序过电压保护应经0.3～0.5s时限动作于断开变压器各侧断路器。

b. 分级绝缘变压器的零序保护，应在变压器中性点装设放电间隙，装设用于中性点直接接地和经放电间隙接地的两套零序过电流保护，并应增设零序过电压保护。中性点直接接地运行的变压器应装设零序电流保护；中性点经间隙接地的变压器，应装设反应间隙放电的零序电流保护和零序过电压保护。当变压器所接的电网变电站失去接地中性点，且发生单相接地故障时，此零序电流电压保护应经0.3～0.5s时限动作于断开变压器各侧断路器。

（3）反应变压器异常运行状态的保护。

1）过负荷保护。对于额定容量400kVA及以上并联运行的变压器，或作为其他负荷备用电源的单独运行的变压器，应装设过负荷保护。过负荷保护应能反应变压器各侧的过负荷。过负荷保护可为单相式，具有定时限或反时限的动作特性。对有人值班的厂、站过负荷保护动作于信号；在无经常值班人员的变电站，过负荷保护可动作于跳闸或切除部分负荷。

2）过励磁保护。对于高压侧为330kV及以上的变压器，为防止由于频率降低和/或电压升高引起变压器励磁过高而损坏变压器，应装设过励磁保护。保护应具有定时限或反时限的动作特性并与被保护变压器的过励磁特性相配合。

3）其他保护。对于变压器油温、绕组温度及油箱内压力升高超过允许值和冷却系统故障，应装设动作于信号或跳闸的装置，如释压阀保护、压力保护、温控器保护、冷却器全停保护。

3. 电力线路保护与自动装置配置

电力线路的常见故障形式有相间短路、不对称短路（如单相接地），还可能出现过负荷。

（1）6～66kV电力线路保护。6～66kV配电网为中性点非直接接地电网，其中的电力线路一般为单侧电源运行，在采用环网供电或双侧电源供电结构时，两个电源也不并列运行，其单相接地故障电流也较小。

因此，线路可只在电源侧设置一套保护。保护既包括反应相间短路的阶段式电流保护，动作于跳闸，还包括反应单相接地故障的保护，一般带时限动作于信号。其后备保护采用远后备方式，由相邻上级线路的保护实现后备。电流保护装置应接于两相电流互感器上，同一网络的保护装置应装在相同的两相上。

1）相间短路保护。对6～10kV单侧电源线路可装设两段电流保护，第一段应瞬时电流速断保护，第二段应为限时电流速断保护。两段保护均可采用定时限或反时限特性的继电器。

对于35～66kV单侧电源线路，可采用一段或两段电流速断或电压闭锁过电流保护为主保护，并以带时限的过电流保护作后备保护。

对于35～66kV双侧电源线路，可装设带方向或不带方向的电流速断和过电流保护。当采用带方向或不带方向的电流速断和过电流保护不能满足选择性、灵敏性或速动性的要求时，应采用光纤纵联差动保护作主保护，并应装设带方向或不带方向的电流电压保护作后备保护。

2）单相接地保护。6～66kV中性点非直接接地电网中线路的单相接地故障，应装设接地保护装置，并应符合下列规定：

在发电厂和变电站母线上，应装设接地监视装置，并应动作于信号。

线路上宜装设有选择性的接地保护，并应动作于信号。当危及人身和设备安全时，保护装置应动作于跳闸。

3）过负荷保护。电缆线路或电缆架空混合线路应装设过负荷保护。保护装置宜动作于信号。当危及设备安全时，可动作于跳闸。

（2）110kV 线路保护。110kV 中性点直接接地电网的线路目前多采用单侧电源运行，应装设反应相间短路与接地短路故障的保护，其后备保护宜采用远后备方式。

对单侧电源线路，应装设三相多段式相电流和零序电流保护，作为相间和接地故障的保护。如不能满足要求，则装设阶段式相间距离和接地距离保护，并辅之用于切除经电阻接地故障的一段零序电流保护。

对多级串联或采用电缆的单侧电源线路，为满足快速性和选择性的要求，可装设全线速动保护作为主保护。

对双侧电源线路，可装设阶段式相间和接地距离保护，并辅之用于切除经电阻接地故障的一段零序电流保护。在需要满足系统稳定要求等条件时，双侧电源线路应装设一套全线速动保护。

（3）220kV 及以上电压等级线路保护。220kV 及以上电压线路重要性高，对保护的可靠性要求很高，需要配置双重化保护，即两套保护的电流、电压回路、直流电源应完全独立。电力线路两端各配置两套保护，每套保护都以反应线路发生故障时线路两端测量电气量变化的纵联差动保护为主保护，同时配有相间距离保护和接地距离保护作为后备保护。

（4）线路自动重合闸。3kV 及以上的架空线路和电缆与架空的混合线路，当用电设备允许且无备用电源自动投入时，应装设自动重合闸装置。单侧电源线路的自动重合闸应采用一次重合闸，当几段线路串联时，宜采用重合闸前加速保护动作或顺序自动重合闸。

4. 母线保护配置

（1）对于 220～500kV 电压母线，应装设快速有选择切除故障的母线保护。对一个半断路器接线，每组母线应装设两套母线保护；对双母线、双母线分段等接线，为防止母线保护因检修退出失去保护，母线发生故障会危及系统稳定和使事故扩大时，宜装设两套母线保护。

（2）对于发电厂和变电站的 35～110kV 母线，下列情况应装置专用母线保护：110kV 双母线；根据系统稳定或为保证重要用户最低允许电压要求，需快速切除母线上的故障时的 110kV 单母线、重要的发电厂和变电站 35～66kV 母线。

（3）对于发电厂和主要变电站的 3～10kV 母线及并列运行的双母线，宜由发电机和变压器的后备保护实现对母线的保护，下列情况应装置专用母线保护：需快速且选择性地切除一段或一组母线上的故障，保证发电厂及电力系统安全运行和重要负荷的可靠供电时；当线路断路器不允许切除线路电抗器前的短路时。

5. 并联补偿电容器组保护配置

（1）3kV 及以上并联补偿电容器组的下列故障及异常运行状态，应装设相应的保护：电容器内部故障及其引出线短路；电容器组和断路器之间连接线短路；电容器组中故障电容器切除后所引起的剩余电容器的过电压；电容器组的单相接地故障；电容器组过电压；电容器组所连接的母线失压；中性点不接地的电容器组各相对中性点的单相短路。

（2）并联补偿电容器组的保护配置。

1）电容器组和断路器之间连接线的短路，可装设带有0.1～0.3s短时限的电流速断和过电流保护，并动作于跳闸。速断保护的动作电流，应按最小运行方式下电容器端部引线发生两相短路时有足够的灵敏度，保护的动作时限应确保电容器充电产生涌流时不误动。过电流保护装置的动作电流，应按躲过电容器组长期允许的最大工作电流整定。

2）针对电容器内部故障及其引出线的短路，宜对每台电容器分别装设专用熔断器。熔丝的额定电流可为电容器额定电流的1.5～2.0倍。

3）不平衡保护。当电容器组中的个别电容器损坏切除或内部击穿时，会导致电容器组三相不平衡，使串联的电容器之间的电压分布发生变化，剩余的电容器将承受过电压。当电容器组中故障电容器切除到一定数量后，引起剩余电容器组端电压超过105%额定电压时，保护应带时限动作于信号；过电压超过110%额定电压时，保护应将整组电容器断开。

4）电容器组单相接地故障，可利用电容器组所连接母线上的绝缘监察装置检出；当电容器组所连接母线有引出线路时，可装设有选择性的接地保护，并应动作于信号；必要时，保护应动作于跳闸。安装在绝缘支架上的电容器组，可不再装设单相接地保护。

5）电容器组应装设过电压保护，带时限动作于信号或跳闸。

6）电容器组应装设失压保护，当母线失压时，带时限跳开所有接于母线上的电容器，可以防止电容器因电源失压而放电。

7）电网中出现的高次谐波可能导致电容器过负荷时，电容器组宜装设过负荷保护，并应带时限动作于信号或跳闸。

6. 电动机保护配置

电动机常见的故障包括定子绕组的相间短路、匝间短路以及单相接地故障。电动机的异常运行状态包括过负荷、低电压、堵转、相电流不平衡及断相，同步电动机的失步、失磁等。

（1）额定电压500V以下的电动机与额定容量75kW及以下的电动机，一般采用熔断器或自动空气开关作为相间短路和单相接地保护，用启动器或接触器中的热继电器作为过负荷与两相运行的保护。

（2）容量较大的高压电动机，需要装设以下专用保护装置：

1）纵联差动保护。容量2MW以上，或容量小于2MW且电流速断保护灵敏度不足的电动机，应装设纵联差动保护作为相间短路的主保护。保护瞬时动作于跳闸。

2）电流速断保护。容量小于2MW的电动机一般装设电流速断保护作为主保护。电流速断保护应躲开电动机的启动电流。

3）堵转保护。电动机发生堵转时，会使电动机电流急剧增大，可能烧毁电动机绝缘，故电动机应装设堵转保护，当电动机电流大于整定值且达到整定时间后，保护动作。

4）单相接地保护。定子绕组的单相接地故障危害程度取决于接地电流大小。单相接地电容电流小于5A时，可装设接地检测装置；接地电流大于5A时，应装设有选择性的接地保护装置，动作于信号或跳闸；接地电流10A及以上时，保护动作于跳闸。

5）过负荷保护。易发生过负荷的电动机或自启动困难、需防止启动时间过长的电动机，应装设过负荷保护，带时限动作于信号或跳闸。

6）低电压保护。对配电母线电压短时降低或消失，应装设电动机低电压保护，防止因大批电动机自启动造成母线电压进一步降低。其中，对不允许或不需要自启动的次要电动机，保护动作电压为额定电压的65%～70%，带0.5s时限动作于跳闸。

7）过热保护。电动机过热会降低电动机的使用寿命，严重时会烧毁电动机。因此，电动机应装设能综合反应正序、负序电流的过热保护，也可以作为电动机短路、启动时间过长、堵转等的后备保护。

7. 变电站继电保护与自动装置典型配置

某110/10kV典型变电站的电气主接线形式为：110kV线路本期2回，远期3回。电气主接线110kV本期内桥、远期采用内桥+线变组接线。10kV本期单母线分段接线、远期单母线三分段接线。主变压器本期2台，远期3台50MVA，每台主变低压侧装设（3+5）Mvar并联电容器组。110kV采用户内GIS设备，10kV采用户内移开式开关柜。

该变电站的继电保护与自动装置典型配置示例如下：

（1）系统继电保护与自动装置配置。

1）110kV线路保护。每回110kV线路在电源侧配置1套保护测控计量集成装置，负荷侧可不配置保护。转供线路、环网线及电厂并网线可配置1套纵联保护。线路保护直接采样、直接跳闸。

2）母线保护。可不配置母线保护。当系统需要快速切除母线故障时，可按远景规模单套配置母线保护。

3）桥保护。配置1套桥保护测控集成装置。

4）站域保护控制系统。站内配置1套站域保护控制系统，采用网采网跳方式采集站内信息，集中决策，实现全站备自投、主变压器过负荷联切、低频低压减负荷等紧急控制功能，实现10kV简易母线保护功能。

5）故障录波、网络报文记录分析系统。配置1台故障录波器，通过网络方式采集SV报文和GOOSE报文；配置1台网络报文分析主机、1台MMS网络报文记录装置、1台过程层网络报文记录装置。

（2）变电站元件继电保护与自动装置配置。

1）主变压器保护。每台主变压器配置双套主保护、后备保护一体化电量保护、配置1套非电量保护，与本体智能终端集成。变压器保护宜直接采样，直接跳各侧断路器。

2）10kV电压等级回路保护。各回路按单套配置集成保护、测控、计量、合并单元、智能终端功能的多合一装置，安装于开关柜内。其中：

a. 10kV线路回路配置电流速断保护、过电流保护及三相自动重合闸等；

b. 10kV分段回路配置充电保护、过电流保护等，备自投功能由站域保护控制装置实现；

c. 10kV电容器组回路配置电流速断保护、过电流保护、过电压、失电压及过负荷保护，根据一次接线形式配置差压、开口三角电压保护等；

d. 10kV站用变压器回路配置电流速断保护、过电流保护、零序保护及本体保护等。

9.5.3　单侧电源线路相间短路电流保护

35kV及以下单侧电源配电线路的相间短路电流保护一般按三段式设置。其中，第Ⅰ段为瞬时电流速断保护，第Ⅱ段为限时电流速断保护，第Ⅲ段为带时限过电流保护。第Ⅰ、Ⅱ

段作为线路的主保护，第Ⅲ段作为本线路的近后备保护和相邻线路的远后备保护。

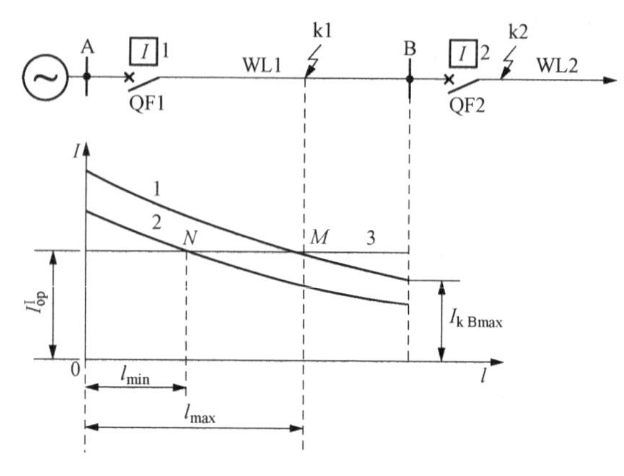

图 9-15 单侧电源线路瞬时电流速断保护整定计算示意图

1. 瞬时电流速断保护（Ⅰ段保护）

（1）工作原理与保护整定。瞬时电流速断保护动作电流的工作原理与整定可用图 9-15 来说明。设在两段线路 WL1 和 WL2 首端均装设了电流速断保护，即保护 1 和保护 2。图中曲线 1 是最大运行方式下三相短路时，WL1 线路中三相短路电流大小随线路长度变化的关系曲线；曲线 2 是最小运行方式下 WL1 线路中两相短路电流随线路长度变化的关系曲线。为保证选择性，当线路 WL2 首端 k2 点发生短路时，保护 1 的电流短路保护不应该动作，所以保护 1 的动作电流应大于本保护区末端 B 处的最大短路电流，即

$$I_{op1}^{I} = K_{rel}^{I} I_{k.Bmax} \tag{9-1}$$

式中：K_{rel}^{I}为Ⅰ段保护可靠系数，取 1.2～1.3；$I_{k.Bmax}$为母线 B 处短路的最大短路电流。

图 9-15 中水平直线 3 为保护 1 的动作电流，它与曲线 1 和 2 分别交于 M 点和 N 点。在交点前发生短路时，由于短路电流大于动作电流，保护装置动作。在交点后发生短路时，由于短路电流小于动作电流，保护装置不动作。因此，瞬时电流速断保护不能用于保护线路的全长，M 点对应的横坐标为最大保护范围，N 点对应的横坐标为最小保护范围。

（2）瞬时电流速断保护灵敏度校验。瞬时电流速断保护的灵敏度，可用保护范围来衡量，要求其最小保护范围 l_{min}不小于线路全长 L_{AB}的 15%。l_{min}可按最小运行方式下两相短路电流等于动作电流求得，即

$$I_{op1}^{I} = \frac{\sqrt{3}}{2} \times \frac{E_s}{X_{smax} + x_1 l_{min}} \tag{9-2}$$

式中：E_s和 X_{smax}分别为系统等效电源相电动势和等效最大电抗；x_1为被保护线路单位长度的正序电抗。

由式（9-2）可得

$$l_{min} = \frac{1}{x_1}\left(\frac{\sqrt{3}E_s}{2I_{op1}^{I}} - X_{smax}\right) \tag{9-3}$$

另一种校验瞬时电流速断保护灵敏度的方法，是按被保护线路首端的最小两相短路电流来求它的灵敏度。以保护 1 为例，若 A 点的最小两相短路电流为 $I_{k.Amin}$，则其灵敏系数为

$$K_s^{I} = \frac{I_{k.Amin}}{I_{op1}^{I}} \geqslant 2.0 \tag{9-4}$$

（3）瞬时电流速断保护的应用。瞬时电流速断保护接线简单、快速，但因不能保护线路全长，而且受系统运行方式影响很大，因此它不能单独作为主保护，必须和其他保护配合使用。但瞬时电流速断保护能快速切除线路近端短路故障，对电力系统稳定运行发挥重要作用。

2. 限时电流速断保护（Ⅱ段保护）

由于瞬时电流速断保护不能保护本线路全长，因此必须增加一段带时限动作的电流速断保护，用来切除本线路上瞬时速断保护范围以外的故障，同时也作为瞬时速断保护的后备。对限时电流速断保护的要求是在任何情况下都能可靠保护本线路全长，且动作时间尽可能短，因此，其保护范围应延伸至相邻线路中。为保证保护的选择性，本线路的限时电流速断保护的动作电流与动作时间必须与相邻线路的瞬时电流速断保护配合。

限时电流速断保护的构成与瞬时电流速断保护相似，不同的是增加了延时环节 KT。

（1）限时电流速断保护的整定。因为限时电流速断保护为保护本线路全长而延伸至相邻线路，所以在下级线路首端及临近点短路时也会启动。为保证选择性，即本线路短路时保护动作，下级线路首端及临近点短路时作为远后备保护，本线路限时电流速断保护的动作电流 I_{op1}^{II} 要大于下级线路瞬时速断保护动作电流 I_{op2}^{I}，用公式表示为

$$I_{op1}^{II} = K_{rel}^{II} I_{op2}^{I} \tag{9-5}$$

式中：K_{rel}^{II} 为Ⅱ段保护可靠系数，一般取为 1.1～1.2。

在动作时间上，本线路带时限电流速断保护的动作时限要比下级线路速断保护的动作时间大一个时限级差 Δt，Δt 取为 0.3～0.5s。因此，Ⅱ段保护动作时间一般取为 0.3s 或 0.5s。

线路上装设了瞬时电流速断和带时限电流速断保护以后，它们联合工作，就可以保证全线范围内的故障都能在 0.5s 内予以切除，在一般情况下都能满足速动性要求，因此可以做主保护。这种主保护适用于 110kV 以下配电网对保护速动性要求不是很高的系统。

（2）灵敏度校验。为了能够保护本线路全长，限时电流速断保护必须对在系统最小运行方式下，线路末端 B 处发生两相短路时有足够的反应能力。其灵敏系数要求为

$$K_{s}^{II} = \frac{I_{k.Bmin}}{I_{op1}^{II}} \geqslant 1.5 \tag{9-6}$$

式中：$I_{k.Bmin}$ 为本线路末端短路时流过 QF1 处保护的最小短路电流；K_{s}^{II} 为限时电流速断保护灵敏系数，当线路长度小于 50km 时，不小于 1.5。

当该保护灵敏度不满足要求时，Ⅱ段保护动作电流可降低，采用与相邻线路的电流Ⅱ段保护整定值配合以提高灵敏度，但其动作时限就应比下一级线路的限时速断的时限再高一个 Δt。

3. 带时限过电流保护（Ⅲ段保护）

带时限动作的线路过电流保护有定时限过电流保护和反时限过电流保护两种。

定时限过电流保护是动作时限与通过的电流水平（大于过电流元件的起动值）无关的，能保护线路全长的延时过电流保护。常用作多段式线路过电流保护的第Ⅲ段保护。

反时限过电流保护是利用反时限电流继电器构成的线路延时过电流保护。故障点离保护装置安装处越近，通过的电流越大，其动作时间也越短。恰当地选择所需要的动作反时限特性，可以同时获得本线路短路故障时有较短的动作时间，而当相邻电力设备故障时又可以与后者的保护选择配合。

（1）带时限过电流保护的作用。带时限过电流保护正常时不应启动，在电网发生故障时能反应电流的增大而动作。带时限过电流保护不仅能保护本线路的全长，也能保护下一级线路的全长，可作为本线路和下级线路的后备保护。

（2）定时限过电流保护的整定计算。定时限过电流保护的动作电流要躲过本线路正常运行时的最大负荷电流，有

$$I_{op1}^{Ⅲ} = K_{rel}^{Ⅲ} I_{L.max} \tag{9-7}$$

式中：$K_{rel}^{Ⅲ}$为Ⅲ段保护可靠系数，一般取 1.15～1.25；$I_{L.max}$为正常运行时的最大负荷电流。

若下级母线上带有电动机，则还应考虑外部故障切除后电压恢复时，过电流保护的返回电流必须大于电动机的自启动电流，以避免误动作。因此，引入电动机自启动系数与保护电流元件返回系数后，Ⅲ段过电流保护的一次侧动作电流为

$$I_{op1}^{Ⅲ} = \frac{K_{rel}^{Ⅲ} K_{ss}}{K_{re}} I_{L.max} \tag{9-8}$$

式中：K_{ss}为电动机自启动系数，其大小由网络接线与负荷性质决定，一般 $K_{ss}=1.5～3$；K_{re}为返回系数，一般取 0.85～0.95。

由式（9-8）可知，返回系数 K_{re}越大，动作电流越小，其灵敏性越好，因此过电流继电器应有较高的返回系数，但也不能等于 1。

由于过电流保护的动作电流是按躲过最大负荷电流整定的，数值较小，当被保护线路某点故障时，从电源到故障点的各处的过电流保护都会启动。为了满足保护的选择性，需要各级过电流保护带有不同的保护时限，即每一级过电流保护的动作时间都比相邻下级的动作时间大 Δt。这样越靠近电源，动作时间越长。如图 9-15 中，线路 WL1 过电流保护的动作时间 $t_1^{Ⅲ}$ 比相邻下一级线路 WL2 的过电流保护的动作时间 $t_2^{Ⅲ}$ 大一个 Δt。

（3）灵敏度校验。为保证在保护范围末端最小短路时，过电流保护也能够可靠动作，应进行过电流保护的灵敏度校验。过电流保护作为本线路的近后备保护时，有

$$K_s^{Ⅲ} = \frac{I_{k.1min}}{I_{op1}^{Ⅲ}} \geqslant 1.5 \tag{9-9}$$

式中：$I_{k.1min}$为系统最小运行方式下，本线路末端两相短路时流过保护装置的短路电流。

当过电流保护作为相邻线路的远后备保护时，有

$$K_s^{Ⅲ} = \frac{I_{k.2min}}{I_{op1}^{Ⅲ}} \geqslant 1.2 \tag{9-10}$$

式中：$I_{k.2min}$为系统最小运行方式下，相邻线路末端两相短路时流过保护装置的短路电流。

当过电流保护的灵敏度不满足要求时，可采用低电压闭锁的过电流保护或复合电压启动的过电流保护。

4. 阶段式电流保护的配合及应用

阶段式电流保护的优点是简单、可靠，在一般情况下能够满足快速切除故障的要求，因此在 35kV 及以下配电网中得到广泛应用。其缺点是受电网接线与电力系统运行方式变化的影响，保护范围与灵敏度有时达不到要求。

当线路较短或无下级线路时可简化阶段式电流保护配置，比如配置两段保护。而最末一级线路只需配置一段保护即可，其动作电流按Ⅲ段保护原则整定，时限为 0s，这样可以做到灵敏度高，且动作迅速。

阶段式电流保护必须处理好保护区和动作时限的相互配合，其各段的保护范围和时限配合关系如图 9-16 所示。

9-1　电力系统信息化的作用与发展趋势是什么？

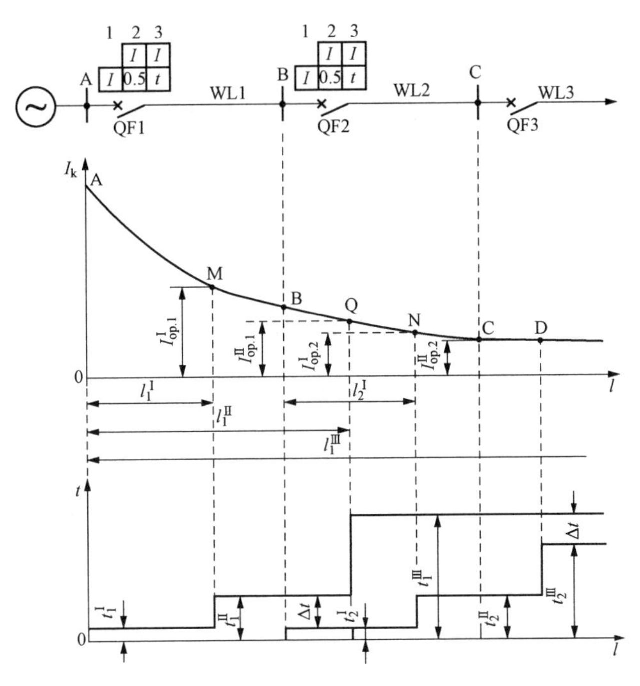

图 9-16　阶段式电流保护的保护范围与动作时限配合

9-2　电气二次系统的基本功能与构成是什么?

9-3　结合断路器控制回路图答出断路器合闸与跳闸的工作过程。

9-4　我国电力通信协议体系及其主要特点是什么?

9-5　变电站自动化系统中的分层结构及其功能分别是什么?主流的变电站计算机监控系统采用什么结构方式?

9-6　对高低压侧均为单母线分段接线的某110/10kV变电站进行继电保护与自动装置配置。

讨论

你认为未来的电力信息化及物联网等技术会使电力系统发生哪些变化?

第10章 电力工程的环境与社会影响

学习目标

（1）了解我国环境保护的原则与对电力工程环境保护的要求；能答出电力工程污染防治的基本思路与方法，会进行变电站初步设计中环境保护方案说明。

（2）了解电力工程水土流失的基本知识，会进行变电站初步设计中水土保持方案说明。

（3）了解电力工程中的主要危险有害因素，会进行变电站初步设计中职业安全与职业卫生方案说明。

（4）了解节能减排的意义与要求以及电力系统节能减排的一般措施，会进行变电站初步设计中节能减排方案说明。

10.1 电力工程环境保护

思考 我国的环境保护原则与制度是什么？电力工程的环境保护标准有哪些？

10.1.1 电力工程环境保护概述

保护环境是我国的基本国策。生态文明建设关系到中华民族的永续发展，必须树立和践行绿水青山就是金山银山的理念，实行严格的生态环境保护制度，形成绿色发展方式和生活方式，走可持续发展道路，并为全球的生态安全作出应有贡献。

发电厂和输变电建设工程应当依法进行环境影响评价。同时，我国电力发展中提高清洁可再生能源发电比重，逐步降低火电比重的趋势，也是基于环境保护的原因。

1. 我国的环境保护原则与制度

我国环境保护坚持的原则：保护优先、预防为主、综合治理、公众参与、损害担责。基于以上原则形成了我国的环境保护制度。

（1）环境影响评价制度。部分规划和建设项目须进行环境影响评价。根据建设项目对环境的影响程度，分类管理，由各级环保部门分级审批。未通过环境影响评价的发电厂和输变电工程项目，不得开工建设。

（2）污染物总量控制制度。我国实行重点污染物排放总量控制制度。发电厂和输变电工程在执行国家和地方污染物排放标准的同时，应当遵守落实到本单位的重点污染物排放总量控制指标。

（3）排污许可制度。国务院环境保护主管部门按行业制订并公布排污许可分类管理名录。环保部门对企业发放排污许可证并实施监管。

排污许可制度衔接环境影响评价管理制度，融合总量控制制度。企业依法申领排污许可证，持证排污，自证守法。直接向环境排放应税污染物的发电厂和输变电工程应依法缴纳环境保护税。

（4）环保信息公开和公众参与制度。建设单位在报批建设项目环境影响评价报告书前，应当通过举行论证会、听证会等方式，征求有关单位、专家和公众的意见。

发电企业应当如实向社会公开其主要污染物的名称、排放方式、排放浓度和总量、超标排放情况，以及防治污染设施的建设和运行情况，接受社会监督。

（5）环境保护责任制度。排放污染物的企业应当制定环境保护责任制度，明确单位负责人和相关人员的责任。

2. 电力工程项目环境保护工作与环保设计要求

工程项目的环境保护管理工作主要包括环境影响评价和后评价、排污许可管理、竣工环境保护验收、施工环境监理、环境监测、突发环境事件应急预案、缴纳环境保护税、环保宣传和教育培训、信息公开和公众参与等。

环境影响评价的基础是电力工程项目的环境保护设计。

电力工程项目在设计阶段应采取可靠、有效措施，避免或降低电力工程项目在建设及运行期间对项目所在地外部环境产生有害影响。

电力工程项目的环境保护设计一般在可行性研究和初步设计阶段进行，各阶段设计内容逐步深入。生态脆弱地区的重大工程项目宜进行环境保护施工图设计。

3. 我国电力工程环境保护现状和成效

通过采取各种环保技术措施，我国电力工业的环保水平已经取得了巨大进步。

我国2019年的火电发电量是1980年的约20倍，而烟尘排放量仅为1980年的10%。火电厂的除尘效率达99.9%以上。烟尘排放绩效由1979年的25.9g/kWh降至0.08g/kWh；燃煤脱硫效率97%以上；污水排放绩效由2000年的1.38kg/kWh降至2016年的0.06kg/kWh。

同时也应当看到，我国的火电占比依然较高，污染物排放总量还很巨大。截至2023年2月底，全国发电装机容量26.0亿kW，其中燃煤发电装机容量11.3亿kW。

4. 电力工程环境保护标准

电力工程的环境保护标准主要涉及两类，一类是项目所在地执行的环境质量标准，另一类是项目产生的污染物排放标准。电力工程所涉及的环境主要包括环境空气、水环境、声环境和电磁环境等。

（1）环境空气质量标准。GB 3095—2012《环境空气质量标准》规定了环境空气功能分类、标准分级、污染物项目、平均时间及浓度限值等内容。环境空气功能区分两类，一类区为自然保护区、风景名胜区和其他需要特殊保护的区域，二类区为居住区、文化区、工业区和农村地区等。主要污染物有二氧化硫、二氧化氮、一氧化碳、臭氧、汞、悬浮颗粒物（不大于10μm）、悬浮颗粒物（不大于2.5μm）等。

（2）水环境质量标准。GB 3838—2002《地表水环境质量标准》规定了五类地表环境的水质量应控制的项目及限值。GB /T 14848—2017《地下水质量标准》规定了五类地下环境的水质量应控制的项目及限值。GB 3097—1997《海水质量标准》规定了四类海域的水质量应控制的项目及限值。

（3）声环境质量标准。GB 3096—2008《声环境质量标准》规定了五类声环境功能区对噪声的排放与控制要求。其中：0类区指康复疗养区等特别需要安静的区域；1类区指以居民区、医疗卫生、文化教育、科研设计、行政办公为主要功能，需要保持安静的区域；2类区指以商业金融、集市贸易为主要功能，或居住、商业、工业混杂，需要维护住宅安静的区域；3类区指以工业生产、仓储物流为主要功能，需要防止工业噪声对周围环境产生严重影响的区域；4类区指交通干线两侧一定距离之内，需要防止交通噪声对周围环境产生严重影响的区域，其中4a为公路与城市轨道交通地面段。内河航道两侧区域，4b为铁路干线两侧。声环境功能区的环境噪声限值，见表10-1。

表10-1　环境噪声限值　dB

声环境功能区类别		日间	夜间
0类		50	40
1类		55	45
2类		60	50
3类		65	55
4类	4a类	70	55
	4b类	70	60

（4）电磁环境控制限值。针对电磁污染防护，我国于1988年制定了两个国家标准，2014年修订合并为GB 8702—2014《电磁环境控制限值》。我国交流电频率为50Hz，工频电场强度公众暴露控制限值为4kV/m，架空输电线路下的耕地、园地、牧草地、畜禽饲养地、养殖水面、道路等场所，工频电场强度控制限值为10kV/m。工频磁场强度公众暴露控制限值为100μT，见表10-2。

根据GB 8702—2014《电磁环境控制限值》，从电磁环境保护管理角度，100kV以下电压等级的交流输变电设施属于豁免范围，可免于管理。

表10-2　电磁环境控制限值

公众暴露控制限值	
工频电场强度（kV/m）	工频磁场强度（μT）
4	100
10（架空输电线路下）	—

为加强环境保护，我国出台了电力工程相关的污染物排放标准。在此基础上，许多地方环保部门根据区域特点，制订了更为严格的污染物排放标准。因此，在污染物评分标准执行时，有地方标准的按地方标准执行。

10.1.2　电力工程的主要污染物及其防治技术

1. 电力工程中的主要污染物

（1）燃煤电厂主要污染物。

1）大气污染物。大气污染物包括SO_2、NO_x、烟尘、汞及其化合物、粉尘。

2）废水。废水包括冲洗、脱硫、排污、酸碱废水、生活污水。

3）噪声。噪声包括机械性噪声（如磨煤机）、空气动力性噪声（如风机）、电磁性噪声（变压器、电机、线路电晕）、交通噪声。

4）固体废物。固体废物包括灰、渣、石子煤（磨煤机未能磨碎的杂质）、脱硫石膏、污水处理污泥与废催化剂等。

除以上4种污染外，还包括电磁环境污染。

（2）核电厂主要污染物。核电厂主要污染物包括核废燃料棒、核废料废水、噪声、电磁。

（3）输变电工程的主要污染物。输变电工程的主要污染物包括噪声、电磁环境污染和污废水。

2. 大气污染防治技术

大气污染防治技术主要包括燃煤电厂的脱硫技术、脱氮技术、除尘技术和脱汞技术。

（1）脱硫技术。脱硫技术可分为燃烧前、中、后三个阶段的脱硫。

1）燃烧前脱硫：主要是煤炭洗选，通过物理、化学或微生物法去除或减少原煤中的硫分和灰分等杂质。其中，物理洗选脱硫最经济，可去除煤中硫分的15%～30%。

2）燃烧中脱硫：煤炭燃烧时炉内喷入脱硫剂。

3）燃烧后脱硫：烟气脱硫是使用最广泛的脱硫技术。目前较为成熟的技术有：石灰石/石灰-石膏湿法脱硫技术、烟气循环流化床脱硫技术、海水脱硫技术、氨法脱硫技术、活性焦脱硫技术、氧化镁湿法脱硫技术、有机胺脱硫技术、生物脱硫技术。

以上脱硫技术的脱硫效率可达95%～99.8%。

（2）脱氮技术。脱氮技术也分为燃烧前、中、后三个阶段的脱氮。

1）燃烧前脱氮：煤炭洗选。

2）燃烧中脱氮：通过控制燃烧条件及燃烧器结构减少氮氧化物的生成量，如空气分级燃烧、燃料分级燃烧、使用低氮燃烧器、烟气再循环技术。

3）燃烧后脱氮：较成熟的技术有：选择性催化还原SCR脱硝、选择性非催化还原SNCR脱硝、选择性催化还原法与选择性非催化还原法联合脱硝。

（3）除尘技术。除尘技术可分为燃烧前和燃烧后除尘。

1）燃烧前除尘：主要是煤炭洗选技术。

2）燃烧后除尘：也称为烟气除尘，包括以下几种：

a. 电除尘（干式、湿式）：利用高频电源、脉冲电源产生高压强电场，使气体电离、烟尘带电，吸附在电极板上来除尘。效率可达99.2%～99.9%，维护方便，运行费用低。

b. 袋式除尘：设纤维织物袋过滤粉尘，效率可达99.5%～99.9%。

c. 电袋复合除尘：前级电除尘收集大部分粒径较大烟尘，同时使烟尘带电，后级袋式除尘去除细微烟尘，效率可达99.5%～99.99%。

（4）脱汞技术。脱汞技术可分为燃烧前、中、后三个阶段的脱汞。

1）燃烧前脱汞：洗煤、煤热处理（使汞受热挥发）。

2）燃烧中脱汞：通过控制燃烧条件或添加吸附剂减少汞及其化物的生成量，如流化床燃烧、低氮燃烧技术。

3）燃烧后脱汞：称为烟气脱汞，火电厂配套的除尘、脱硫、脱硝设施具有协同脱汞作用。

3. 污废水处理技术

针对不同的污废水，采用不同的工艺流程如下：

(1) 对工业废水集中处理：氧化、pH 值调节、絮凝、澄清、过滤、污泥脱水处理、回用或排放。

(2) 对含煤废水处理：混凝、沉淀、过滤、气浮、回用。

(3) 对含油废水处理：隔油、油水分离、气浮、过滤、回用或排放。

(4) 对脱硫废水处理：澄清、中和、凝聚、絮凝、澄清、过滤、回用或排放。

(5) 对冲灰水处理：澄清、中和、过滤、回用。

(6) 对冷却水排水处理：沉淀、澄清、杀菌、回用或排放。

(7) 对生活污水处理：二级处理（生物接触氧化法结合缺氧 - 好氧活性污泥脱氮）＋深度处理过滤。

(8) 废水零排放处理：通过预处理（混凝澄清加药去除悬浮物与部分重金属离子）、浓缩减量、蒸发结晶（将盐通过结晶器结晶为固体）三种工艺或其组合工艺，实现废水固体回收而不向地面水域排放任何废水。

4. 固体废物处置技术

(1) 灰渣：年产数亿吨，综合利用率 83%以上（建筑材料如混凝土、砂浆、水泥，建筑制品，填筑工程，改良土壤等）。

(2) 脱硫石膏：年产数千万吨，综合利用率 80%以上（建筑材料如砂浆、水泥，建筑制品，填筑材料，改良土壤等）。

(3) 污废水处理系统污泥：浓缩、消化、脱水、综合利用或填埋。

(4) 石子煤：填筑材料。

(5) 储灰场污染防治：防渗处理、推平、洒水、压实，到达设计高度后顶部覆盖。

5. 电磁污染防治技术

(1) 合理选址选线：尽量远离电磁环境敏感目标。

(2) 合理布置站内设备：将产生较大地面磁场的设备远离站界布置。

(3) 合理确定导体对地高度：合理增加导线对地高度。

(4) 合理优化线路导线参数与布置方式：根据线路所经区域电磁环境敏感性，优化线路形式。

(5) 电磁场的屏蔽：变压器采用户内布置方式。

(6) 优化设备选型：用干式铁芯电抗器代替空心电抗器，设置均压环，选择合适的设备连接方式等。

(7) 适当的个体防护：进入高水平工频电磁场区域作业时，穿戴屏蔽服。

6. 噪声污染防治技术

噪声会对人的健康和正常生活造成严重危害和影响。噪声的要素是声源、声传播途径和接受者三者同时存在。

噪声污染控制措施应考虑声源的特性、传播方式及允许的标准，结合所需降噪量的大小、经济技术条件等具体情况。噪声污染控制的基本方法有技术和管理两个方面，分别称为噪声污染工程控制与管理控制。对工业噪声的控制，主要采用工程控制技术。

（1）噪声污染工程控制。

1）声源噪声控制。声源是振动的固体或流体。控制噪声源是降低噪声的最根本和最有效的方法，如避免机器或部件强烈的振动、减少运作部件的振动加速度等。

对旋转的机械设备，选用噪声小的传动方式，如减少齿轮线速度、改用斜齿轮或皮带传动、提高零部件加工装配精度、提高机壳刚度等。

2）噪声传播途径控制。空气声传播控制方法：增加接受点到声源的距离，利用天然地形或设置足够高度的建筑屏障减弱噪声传播；对指向性噪声源，如高压容器排气口，将其指向上空或野外；采用局部声学处理措施，增加声源在传播途径中的声能损失，如隔声罩、隔声门窗、吸声材料、消声器等。

固体声传播控制方法：隔振、选用内阻尼高的材料制作机械零件以抑制振动；在振动机械基础上安装隔振器；在固体传声媒质上采取阻尼措施。

3）接受者听力保护。在声源和传播途径上采取的措施达不到预期效果时，应对噪声环境中人员进行个人防护，常用的防护用具有耳塞、防声棉、耳罩、防声帽等。

当噪声超过140dB时，不但对听觉、头部有严重危害，对人的胸腹部内器官也有极严重的危害，此时应采用具有铝板等内衬多孔吸声材料的防护衣实现对胸腹部的保护。

燃煤电厂主要噪声源声强取值见表10－3。

表10－3　燃煤电厂主要噪声源声强　dB

噪声区域	主要噪声源	推荐声强取值
汽轮机区域	汽机本体	90
	发电机	90
	给水泵	90
锅炉区域	锅炉本体	80
	一次风机	95
	送风机	95
	磨煤机	90
除尘脱硫区域	引风机	90
冷却塔区域	淋水噪声	82
变压器区域	电磁噪声	75
其他噪声	泵	90
	电机	85

（2）噪声污染管理控制。噪声污染管理控制包括：

1）行政管理：合理安排工作时间和劳动过程。改变坐班制、组织工种轮换等。

2）技术管理：加强对设备的维修和管理；更新机械设备和生产工艺，选用低噪声设备；合理布置或调整设备的安装布局，尽可能将高噪声设备隔开。

10.1.3　变电站环境保护方案示例

下面为某变电站初步设计的环境保护方案。

1. 环境保护要求

本工程对环境影响应满足以下三个方面要求：在项目建设中落实可研项目书所制订的环保措施；要求施工部门强化施工期间的环境管理，保护植被，妥善处理施工垃圾、弃渣、噪声及扬尘；变电站合理配置低噪声设备，确保周围噪声达标，对站内污水，集中处理达标后外排。

2. 污水处理措施

站内生活污水采用污废合流，室外排水采用雨污分流。站内污水接入市政污水管网或由高效化粪池收集，定期处理。站内雨水采用有组织排水、排至站外排水点或接入市政雨水管网。

主变压器下方设置事故油坑，事故时废油全部排入油坑储存不外排，事故后经油水分离后，废水排入站内污水管，废油由具备资质的部门专门外运处理。

3. 噪声源及其控制措施

变电站的噪声污染主要来自变压器运行时产生的电磁噪声和机械噪声。电磁噪声主要是由硅钢片的磁致伸缩和绕组中的电磁力引起的。机械噪声是由设备振动、冷却风扇引起的。

在设备选型时选择工艺水平较高的变压器；选择自冷变压器、市区将变压器布置在室内，可以降低噪声，达到控制要求。

4. 电磁环境控制措施

工程选址时已尽量远离居民密集区与无线电干扰敏感点；对电气设备合理布局，保证导体、电气设备安全距离符合规定要求；选用电磁辐射水平低的设备；选配质量高的设备及配件，外型和尺寸合理，避免出现高电位梯度点产生的放电与火花；对产生大频率电磁振荡的设备采取必要的屏蔽，选用带屏蔽层的电缆，屏蔽层接地。

本工程厂界处无线电干扰场强可以满足标准 55dB（μV/m）限值要求，工频电场场强可以满足不超过 4kV/m 要求，工频磁感应强度不超过 0.1mT 要求。

10.2　电力工程水土保持

思考　电力工程水土保持的要求与防治措施有哪些？

10.2.1　电力工程水土保持概述

水土保持是我国的一项基本国策。2010 年通过的《中华人民共和国水土保持法》中强调了生产建设项目编制水土保持方案的管理制度，提出我国水土保持工作的指导方针为：预防为主、保护优先、全面规划、综合治理、因地制宜、突出重点、科学管理、注重效益。

电力工程水土保持的总体要求为：建设项目应严格按照“水土保持设施必须与主体工程同时设计、同时施工、同时投产使用，预防为主，先拦后弃”的原则，有效控制水土流失。

建设项目水土流失防治的基本要求须符合国家标准 GB 50433—2018《开发建设项目水土保持技术规范》的规定：应结合自然条件，因地制宜，优化布局，与周边协调；控制和减少对原地貌、地表植被、水系的损毁，提高利用效率，做到技术可行、经济合理；施工过程必须有临时防护措施。

电力工程（输电线路、变电站/换流站、发电厂）建设主要分为施工准备期、施工期、运行期三个阶段。造成水土流失的活动主要有场地平整、基础开挖、回填、厂房修建、管线铺设、道路修筑、储灰场建设等。

由于电力工程建设活动损坏了地表植被，对土壤层进行开挖，土方堆垫，使土壤直接暴露于雨水与风的侵蚀中，从而造成水土流失。

电力工程的水土流失防治措施如果不到位，除了造成环境破坏，还会对电力工程本身的运行安全产生较大影响，如雨水对线路塔基的冲刷、厂外边坡的侵蚀和塌方等。

电力工程水土保持的设计要求：从水土保持角度论证项目主体设计方案的合理性及制约因素；分析项目选址（线）、总体布置、施工组织等比选方案，提出推荐意见；明确项目水土流失防治主要任务及目标；分析项目建设过程中可能引起水土流失的环节、因素、危害程度等；提出项目水土流失防治措施体系及防治方案；基本确定水土保持监测内容、地点、方法；编制项目水土保持投资估算，分析防治效果。

10.2.2 电力工程的水土流失防治措施

1. 水土流失防治措施

根据 GB 50433—2018《开发建设项目水土保持技术规范》，从水土流失防治措施的功能上区分，生产建设项目水土流失防治措施包括八种类型，考虑对表土的保护后共计九种工程：

（1）拦渣工程。项目在施工期和上传运行期有大量弃土弃渣时，必须布置专门的堆放场地，将其做必要的分类处理，并修建拦渣工程。拦渣工程可分为拦渣坝、挡渣墙、拦渣堤和围渣堰四种形式。

（2）斜坡防护工程。对因建设形成的各种坡面，应根据地形、地质、水文条件等因素，采取边坡防护措施，如锚喷工程支护、砌石护坡、植物护坡、削坡开级、削坡反压、拦排地表水、排除地下水、造林、抗滑桩、抗滑墙等措施。

（3）土地整治工程。土地整治工程是指将损坏的土地恢复到可利用状态所采取的措施。

（4）防洪排导工程。防洪排导工程是指当场地易受洪水与泥石流危害时，布置的排水、排洪和排导泥石流的工程措施，如拦洪坝、排洪渠、涵洞、防洪堤、护岸护滩工程。

（5）降雨蓄渗工程。降雨蓄渗工程是指北方干旱半干旱地区、西南缺水区、海岛，为利用项目区或周边的降水资源而采取的措施，包括建设蓄水设施、布设渗水措施（对地面、人行道路面透水铺装）。

（6）临时防护工程。临时防护工程是指对施工场地及周边等的非永久性防护措施，如临时围挡、覆盖、排水、沉沙、临时种草等。

（7）植被建设工程。植被建设工程是指对厂区、道路、施工占地等采取的造林种草或景观绿化措施。

（8）防风固沙工程。防风固沙工程是指可能引起土地沙化或遭受风沙危害时采取的营造固沙林带、草带等的措施。

（9）表土保护工程。表土是适合作物生长的熟化土壤，一般形成 1cm 的表土腐殖质层需要 200～400 年，因此表土是难以再生的宝贵资源。施工时应先将表土剥离、临时堆置并防护，施工后回覆至实施植物措施区域表层。我国各区域土壤条件不同，一般按西北黄土高原、风沙区、黑土区、土石山区、南方红壤区等因地制宜选择剥离措施。

2. 火电工程常规水土流失防治措施体系

火电工程常规水土流失防治措施体系见表 10 - 4。

表 10 - 4　　火电工程常规水土流失防治措施体系

序号	防治区域	措施分类	主要措施内容
1	厂区	工程措施	表土保护、斜坡防护、防洪排导、土地整治、降水蓄渗
		植物措施	植被建设（厂区绿化）
		临时措施	临时排水、沉沙、临时堆土拦挡、遮盖
2	施工生产生活区	工程措施	表土保护、土地整治
		植物措施	植被建设
		临时措施	临时排水、沉沙、拦挡、遮盖
3	厂外道路区	工程措施	表土保护、斜坡防护、防洪排导
		植物措施	植被建设（行道树、斜坡绿化等）
		临时措施	临时拦挡
4	厂外管沟区	工程措施	表土保护、土地整治、防洪排导
		植物措施	植被建设
		临时措施	临时拦挡、遮盖
5	储灰场区	工程措施	表土保护、斜坡防护、防洪排导、土地整治、降水蓄渗
		植物措施	施工期植被建设、分期坡面绿化、终期绿化
		临时措施	临时拦挡、排水、沉沙
6	铁路专用区	工程措施	表土保护、斜坡防护、防洪排导、土地整治
		植物措施	施工基地植被建设
		临时措施	临时排水、沉沙、拦挡、遮盖

3. 输变电项目水土流失防治措施体系

输变电工程水土流失防治措施体系见表 10 - 5。

表 10-5　　输变电工程水土流失防治措施体系

序号	防治区域		措施分类	主要措施内容
1	输电线路工程	塔基区	工程措施	表土保护、斜坡防护、防洪排导、土地整治
			植物措施	植被建设
			临时措施	—
2		塔基施工区	工程措施	土地整治
			植物措施	植被建设
			临时措施	临时拦挡、排水、沉沙、遮盖
3		牵张场区、跨越施工区	工程措施	土地整治
			植物措施	植被建设
			临时措施	临时铺垫
4		施工道路区	工程措施	土地整治
			植物措施	植被建设
			临时措施	—
5	变电站（换流站、开关站）工程	站区	工程措施	表土保护、斜坡防护、防洪排导、土地整治
			植物措施	植被建设
			临时措施	临时堆土拦挡、排水、沉沙、遮盖
6		进站道路区	工程措施	表土保护、边坡防护、土地整治
			植物措施	植被建设
			临时措施	临时遮盖
7		施工生产生活区	工程措施	土地整治
			植物措施	植被建设
			临时措施	临时拦挡、排水、沉沙、遮盖
8		施工力能引接区、站外供排水管线区	工程措施	表土保护、土地整治
			植物措施	植被建设
			临时措施	临时遮盖

10.2.3　变电站水土保持方案示例

下面为某变电站初步设计的水土保持方案。

1. 水土保持要求

本工程水土保持应满足两个方面要求：

（1）在施工期间做好水土保持。

（2）项目建成后，及时恢复临时占地植被，做好站内水土保持工作。

2. 水土保持措施

（1）根据变电站总平面布置情况，为避免基坑出土和填方区域土石方的重复搬运，考虑在施工生产区内设置临时堆土场地。堆土场地应采用彩条布遮盖，防止土壤流失。

(2) 土方开挖时应尽量避免在雨季施工。如果雨季施工注意采取防护措施，同时避免破坏征地边界外的自然植被和排水系统。

(3) 站外道路修建中临时占地，应在施工结束后平整土地，选择当地适宜本地生长物种恢复植被。

(4) 工程建成后，站区设置完善的排水系统、进站道路设排水沟及相应防护措施，站区防治区采用硬化或植物措施，以防水土流失。

10.3 电力职业安全与职业卫生

思 考　电力职业安全与职业卫生的要求与防治措施有哪些?

10.3.1 职业安全

职业安全又称为安全生产，是指在生产经营活动中为避免造成人员伤害和财产损失的事故而采取的相应事故预防和控制措施，使生产工程在符合规定的条件下进行，以保障从业人员的人身安全与健康、设备和设施免遭损坏、环境免遭破坏，保证生产经营活动得以顺利进行的相关活动。

1. 职业安全的本质

职业安全的本质是以人为本，保护劳动者的生命安全和职业安全是安全生产的最根本、最深刻的内涵。

安全生产突出强调最大限度的保护，即在现实经济社会所能提供的客观条件的基础上，尽最大的努力，采取加强安全生产的一切措施，保护劳动者的生命安全和职业安全。

安全生产突出在生产过程中的保护。安全是生产的前提，又贯穿于生产过程的始终。

安全生产是在一定历史条件下的保护，要充分利用和发挥现实条件，加强安全生产。

2. 职业安全的原则

目前我国职业安全管理的基本方针是：安全第一、预防为主、综合治理。安全生产监督管理的基本原则是：有法必依、执法必严、违法必究。这些原则体现在以下几个方面：

(1) 以人为本的原则。生产服从于安全，安全第一。必须预先分析危险源，预测和评价危险、有害因素，掌握危险出现的规律和变化，采取相应的预防措施，将危险和安全隐患消灭在萌芽状态。

(2) 谁主管谁负责的原则。安全生产的重要性要求主管者也必须是责任人，要全面履行安全生产责任。

(3) 管生产必须管安全的原则。工程项目各级领导和全体员工在生产过程中必须坚持安全与生产的统一，两者不能分割，更不能对立，应将安全寓于生产之中。

(4) 安全具有否决权的原则。安全生产工作是衡量工程项目管理的一项基本内容，它要求具有一票否决的作用。

（5）建设项目三同时原则。基本建设项目中的职业安全、卫生技术和环保措施和设施，必须与主体工程同时设计、同时施工、同时投入使用的法律制度。

（6）四不放过原则。事故原因未查清不放过、当事人与群众没有受到教育不放过、事故责任人未受到处理不放过、没有制订切实可行的预防措施不放过。

（7）生产组织五同时原则。企业的生产组织及领导者在计划、布置、检查、总结、评比生产工作的同时，同时计划、布置、检查、总结、评比安全工作。

3. 安全生产的主要法律法规

目前，我国的安全生产法律法规已初步形成一个以宪法为依据，由有关法律、行政法规、地方性法规和有关行政规章、技术标准组成的综合体系。

《中华人民共和国宪法》第四十二条规定："国家通过各种途径，创造劳动就业条件，加强劳动保护，改善劳动条件，并在发展的基础上，提高劳动报酬和福利待遇。"

《中华人民共和国安全生产法》规定了安全生产的方针、安全生产的相关主体及职责、安全事故责任追究制度、安全生产教育培训、安全警示标志、劳动防护、从业人员的安全生产权利与义务、生产安全事故的应急救援与调查处理、安全生产的法律责任等内容。

《中华人民共和国劳动法》规定了劳动者劳动卫生安全的权利、用人单位劳动卫生安全的职责。劳动合同应当以书面形式订立，在合同应具备的条款中必须包含有关劳动保护和劳动条件的条款。用人单位必须建立、健全劳动安全卫生制度，严格执行国家劳动安全卫生规程和标准，对劳动者进行劳动安全卫生教育，防止劳动过程中的事故，减少职业危害。劳动者在劳动过程中必须严格遵守安全操作规程。劳动者对用人单位管理人员违章指挥、强令冒险作业，有权拒绝执行；对危害生命安全和身体健康的行为，有权提出批评、检举和控告。

《中华人民共和国消防法》《中华人民共和国建筑法》《中华人民共和国电力法》《中华人民共和国防震减灾法》《中华人民共和国特种设备安全法》《中华人民共和国放射性污染防治法》等法律对相应领域的安全生产分别作出了规定。

安全生产的标准规范还有许多，从事相关工作必须遵守。

4. 安全生产管理

安全生产管理的目的是减少和控制危害、减少和控制事故，加强对风险的管理，提高系统的安全性，最大程度地避免生产安全事故发生。

企业安全生产管理应重点对生产作业行为进行规范化管理，严格落实安全生产责任制，制定系统、规范的安全生产管理制度，加强作业人员的安全生产培训。提高作业水平和遵章作业的意识，严格规范危险源管理，制定相应的应急预案，落实隐患排查，遏制生产安全事故，全面贯彻"安全第一、预防为主、综合治理"的安全方针。

电力企业应当按照国家有关规定，制定本企业的事故应急预案。一般来说，电力企业应急预案主要包括以下方面：

（1）综合应急预案。企业需结合自身条件与社会可利用资源，编制综合应急预案（或突发事件应急的预案），便于进行综合性协调、求助。

（2）生产设备事故应急预案和现场处置方案。企业需针对存在的大型设备、设施或系统可能发生的事故编制专项的应急预案，如发供电机组、锅炉设备、制粉系统、制氢系统、输煤系统、供水系统、变配电系统等。

（3）火灾事故应急预案和现场处置方案。企业需结合生产区域、重点防火区域可能发生的火灾编制消防应急预案，重点应针对油区、供油系统、氢站等。

（4）气象灾害、地震等自然灾害及其次生灾害应急预案和现场处置方案，应包括电站防汛抢险、台风、地震、大暴雨等应急预案。

（5）人身伤害事件应急预案和现场处置方案，应包括触电、机械伤害、交通伤害、淹溺等。

（6）公共卫生事件应急预案和现场处置方案，如食物中毒等。

10.3.2 电力工程主要危险及有害因素

电力工程的主要危险及有害因素包括以下方面：主要物料的危险因素、厂址危险因素、总平面布置及建（构）筑物危险因素、生产系统危险因素、特种设备危险因素、有限空间作业场所危险因素。

1. 主要物料的危险因素

火力发电厂的燃料主要有：煤、天然气、生活垃圾、生物质（秸秆、麦草等）。

一般火力发电厂的主要物料及副产物有：轻柴油、润滑油、变压器油、SF_6 气体、酸碱化学物质、灰渣、高温高压汽水等。

主要物料的危险因素有：煤，可自燃，自燃温度 140～350℃，煤粉在一定浓度和条件下易爆炸；天然气，易燃，液化时超低温－162℃；生活垃圾在堆放和燃烧过程中产生恶臭与硫化物、二噁英、氟化氢、一氧化碳等有害物质和甲烷等易燃物；生物质燃料易燃烧；核燃料及核废料具有放射性。

危险化学品中，氢气易燃易爆；液氨易燃易爆；盐酸、硫酸强腐蚀性；氢氧化钠、次氯酸钠具有强腐蚀性；SF_6 气体的高温分解物有毒；乙炔易燃易爆。

2. 厂址危险因素

厂址危险因素包括：气象灾害，如雷击、极端高温低温、台风龙卷风等；洪涝灾害，如洪水、泥石流；地质灾害，如边坡崩塌、滑坡、地基不均匀沉降、海水与土壤对钢筋腐蚀、地震等；盐雾对室外线路、绝缘子、金属的腐蚀与绝缘降低；邻近不安全因素，邻近存在严重火灾、爆炸危险及危险化学品相关企业。

3. 总平面布置及建（构）筑物危险因素

总平面布置危险因素包括：安全、防火间距不符合要求；功能区布局不合理，人流、物流未分开；平面布置不符合当地风向和建筑物朝向要求，火险时易对其他建筑造成不利影响，不利于人员及时疏散；厂区内道路交通安全标志设置不规范。

建（构）筑物危险因素包括：建（构）筑物载荷计算未达标准、选材不当、防腐措施不当、地基处理不到位、屋面强度不足、抗震措施未达要求等。

4. 生产系统危险因素

生产系统危险因素包括：火灾、爆炸；机械伤害；高处坠落、淹溺、物体打击、灼烫、冻伤；窒息、中毒、化学伤害；触电；控制系统、通信网络、调节装置故障与破坏。

5. 特种设备危险因素

特种设备包括：锅炉；压力容器，如气瓶、压力管道；电梯与起重机械；厂内专用机动车辆，如叉车、翻斗车、运输车等。

6. 有限空间作业场所危险因素

有限空间包括：封闭、半封闭设备如锅炉、储罐、压力容器等；地下有限空间，如地下通道、建筑桩孔、生活污水处理装置等；危险化学品储藏间。

进入有限空间作业时，如未采取安全隔绝、通风、置换及监测防护等措施，易发生触电、机械伤害、高处坠落、窒息中毒甚至火灾爆炸等事故。

10.3.3 电力安全防护设计

电力工程项目在初步设计阶段，建设单位应当委托有相应资质的设计单位对建设项目安全设施同时进行设计。

安全防护设计主要内容有设计依据、建设项目概况、危险和有害因素分析及危害程度、主要防范措施与管理措施等。

（1）危险和有害因素分析。危险和有害因素分析包括自然危险因素分析，物料危险有害性分析，生产过程中的危险有害因素分析，施工及调试过程中的危险有害因素分析，检修、维修过程中的危险有害因素分析，火灾危险性分类和爆炸危险区域划分，重大危险源识别及等级划分。

（2）安全防护设计。根据发电厂、变电站、输电线路等不同类型，安全防护设计分别有：

1）火电厂电气部分安全防护措施。安全防护措施有电气设备安全布置、防火防爆、防电伤、防误操作、事故照明等。

2）变电站（换流站）安全防护措施。安全防护措施包括站址选择、规划及总平面布置的安全要求、建（构）筑物的安全防护、生产工艺系统安全防护设施（防火防爆、防雷击、防触电、物料危险因素防护）等。

3）输电线路安全防护措施。输电线路安全防护措施包括路径选择、防雷击和污闪、防冰灾、防舞动、对地距离及交叉跨越。

10.3.4 电力职业卫生

职业卫生是指以职工的健康在职业活动过程中免受有害因素侵害为目的的工作措施及其在法律、技术、设备、组织制度和教育等方面所采取的相应措施。职业卫生的目的是促进和保持所有作业工人身体、精神和社会活动的健康水平，预防工作环境对工人健康的影响，保护工人不受工作中有害因素的危害，改造职业环境使之保持符合工人的生理和心理状况。

1. 职业卫生的基本方针与相关法律法规标准规范

目前，我国职业病防治工作的基本方针是：预防为主、防治结合。职业病防治工作的机制是：用人单位负责，行政机关监督，行业自律，职工参与和社会监督。

电力职业卫生相关的部分法律规范标准规范有：《中华人民共和国职业病防治法》、《中华人民共和国劳动法》；GB 5083《生产设备安全卫生设计总则》、GBZ1《工业企业设计卫生标准》、GB/T 50087《工业企业噪声控制设计规范》、DL/T 325《电力行业职业健康监护技术规范》、DL 5454《火力发电厂职业卫生设计规程》、DL/T 1518《变电站噪声控制技术导则》等。

2. 电力工程职业危害因素及其防护措施

火电厂职业病危害因素主要有粉尘、化学因素、噪声、振动、高温、低温、工频电磁场。变电站职业危害因素主要有工频电磁场、噪声、高温、SF_6 及其分解物。

应针对各种职业危害因素采取相应的防护措施，具体可参考相应设计手册。

10.3.5 变电站职业安全与职业卫生方案示例

下面为某 110kV 变电站初步设计阶段的职业安全与职业卫生方案。

根据国家有关规定要求，本工程在设计中对工作人员的劳动安全与职业卫生做了全面考虑，采取了不同的安全防范措施，以便工作人员有较好的工作条件和良好环境，保证设备的安全运行。

本工程执行的有关标准和规范（略）。

1. 防火、防爆

预防为主，防消结合。各建（构）筑物的最小间距、最低耐火等级均严格按照 GB 50016—2014《建筑设计防火规范》和 GB 50060—2017《3～110kV 高压配电装置设计规范》进行设计。站区道路满足消防要求。站内安全疏散设施设有充足的照明和疏散指示标志。

各建筑物按规定配备化学灭火器、火灾探测报警与控制系统；各建筑物按规定设置了安全通道和安全出入口；建筑物室内采用难燃材料进行装修；变电站现场设防火器材，生产房间设灭火器等；电缆沟和电缆夹层内分段设置防火墙，电缆沟在进入主控室时设防火堵墙，电缆竖井中设防火堵墙。室内电缆穿墙进入盘、柜处进行封堵和刷防火涂料。

2. 防毒、防化学伤害

变电站产生有毒、有化学污染危害的设备和场所主要有蓄电池组和主控室等。采取的防护措施有选用阀控式密封铅酸蓄电池组、主控室照明灯具选用防爆型等。

3. 防电气伤害、防机械伤害及其他伤害

变电站全站的防雷接地、电气设备的接地安全措施等均严格按照有关规定进行设计。

本工程采用具有“五防”功能的设备，远程监控及就地操作均考虑了隔离开关防误操作功能；电气布置上保证各带电体的安全距离；全站设统一的接地网。接地电阻满足规程要求，保证人员和设备安全；全站的电气设备采用接地保护措施，即所有的电气设备外壳及需要接地的设备均采用此保护，接地点的设备及其连线均有可靠的电气连线。照明设备按有关规定均采用接零保护措施。

4. SF_6 设备场所的防护

SF_6 电气设备的配电装置及检修室，应设置机械排风装置，室内空气不允许再循环。SF_6 电气设备配电装置室，应配备 SF_6 气体净化回收装置，在户内设备安装场所的地面应安装带报警装置的氧量仪和 SF_6 浓度仪。

5. 防暑降温

在人员相对集中的场所，根据工艺的要求及暖通技术规定，应设有空调及通风装置。

6. 防噪声

变电站的噪声主要来自电气设备，如主变压器运行时产生的噪声、站内辅助设备如配电装置室通风设备运行时的噪声等。防治措施为选用工艺水平高的低噪声变压器。噪声控制要求较高的房间，采用隔声措施。

7. 防电磁辐射

本工程110kV配电装置采用SF_6气体全封闭设备GIS，可以有效控制高压设备产生的电磁辐射。对产生大频率的电磁振荡设备采取必要的屏蔽。选用带屏蔽层的电缆，屏蔽层接地。现场工作人员按规定做好防护措施。

10.4 电力节能减排

10.4.1 节能减排概述

1. 节能减排的意义及法律政策要求

能源和各种资源的大量利用使人类的物质生活不断改善，但却逐渐恶化了自身的生存环境。环境保护与可持续发展是全人类的共识，也是我国的基本国策。发展清洁能源、实施节能减排是环境保护的重要部分。节能减排需要社会各行业与全体成员的参与。

节能减排的首要途径是从设计环节，包括生产生活的基础环节，如城市规划、建筑和各行业工程与产品设计等开始采取节能减排措施。其次是使用环节的节能减排全民行动。

节能减排的相关法律政策与行业要求有《中华人民共和国节约能源法》、《国务院关于加强节能工作的决定》、国家发展改革委《固定资产投资项目节能评估工作指南》、国家电网公司《关于全面推广实施“资源节约型、环境友好型、工业化”变电站建设的通知》等。

2. 电力节能减排

电力工程项目在设计时应当考虑采取节能减排措施。节能设计的思想应贯穿于电力工程项目设计的整个过程，具体的方法有：厂站合理选址有助于减少电网能耗；厂站内布置紧凑合理可以减少占地与管线长度；使用节能电气设备；按全生命周期方法规划与选择变压器及电力线路；优化运行方式等。

变电站电气节能减排设计主要通过对变电站主要耗能设备进行优化选型、合理选择低压侧无功补偿容量及运行方式、选用低耗能的辅助生产系统等措施实现整体的节能减排。

变压器的电能损耗约占电网总损耗的25%～30%，其节能效果明显。变压器系列号高的一般节能效果更好。同容量的S11型变压器比S9型变压器空载损耗降低30%，年综合损耗降低10%以上。S15型非晶合金变压器的空载损耗比S11变压器又下降60%以上。

主变压器应选用节能变压器。在满足将各侧短路电流水平限制在规定值的前提下，尽量不使用高阻抗变压器，优先选用效能高、功率小、噪声低的风扇组。

照明应充分有效利用自然光，合理选用高效节能灯具。应分区确定照度标准，采用混合照明和局部照明等方式确定照明设计方案。

建筑、供暖通风空调部分在设计与运行时应采取必要的节能措施。

优化给水系统，分质供水，减少管网漏损，使用节水设备，防止二次污染。

中水处理与回用：绿化、道路喷洒、冲厕所等。

雨水处理与回用：根据站区条件选用。

建设“两型一化”变电站，是国家电网公司落实节能减排的具体要求。

10.4.2 变电站节能减排方案示例

下面为某110kV变电站初步设计阶段的节能减排方案。

本工程减排是减少生活污水排放。本工程最终按无人值班变电站设计，将生活污水排放降至最低。

本工程节能目标从三个方面实现：减少电能损耗；节地、节省建设成本；节约运行维护成本。

1. 减少电能损耗

站址选择合理，缩短了110kV与10kV的供电半径，降低了输电环节的电能损耗；配置无功功率补偿装置，减少了电能损耗；主变压器采用低损耗变压器；电容器选用全膜产品，降低了损耗。

2. 节地、节省建设成本

减少配电装置楼冗余房间，建筑体形设计为规则矩形，减少外表面积；节约用地，不设站前区，因地制宜，利用站内边角空地布置事故油坑、污水泵池等；根据本地气候特点，仅在主控室配置空调。户外配电装置区域不绿化，采用碎石铺设。

3. 节约运行维护成本

降低站用电用量，站用变压器选择容量合理的低损耗变压器；全站选用节能型灯具，严格采用符合国标的设备和导线；综合楼外窗采用双层中空玻璃保温隔热结构，减少空调的能耗；最终按无人值班变电站设计，将用电、用水降至最低。

10-1 小结电力工程污染防治问题的基本解决思路与方法。

10-2 小结电力工程节能减排问题的基本解决思路与方法。

10-3 若习题4-3中变电站110kV配电装置采用GIS户内布置，试进行变电站职业安全与职业卫生方案初步设计说明。

10-4 若习题4-3中变电站110kV配电装置采用GIS户内布置，试进行变电站环境保护与节能减排方案初步设计说明。

附 录

附录A 电气常用文字符号与图形符号

表 A-1 常用电气设备、装置与元件文字符号表

序号	设备、装置与元件名称	新符号	其他符号	序号	设备、装置与元件名称	新符号	其他符号
1	发电机	G	F	27	电流表	PA	A
2	变压器	T	B	28	电压表	PV	V
3	电动机	M	D	29	有功功率表	PPA	PW，P
4	电抗器	L	DK	30	无功功率表	PPR	Q
5	断路器	QF	QA，DL	31	有功电能表	PJ	Wh
6	隔离开关	QS	QB，GK	32	无功电能表	PRJ	varh
7	负荷开关	QL	QB，FK	33	指示灯，光字牌	HL	XD，GP
8	接地开关	QE	QE	34	红灯	HR	HD
9	熔断器	FU	RD	35	绿灯	HG	LD
10	避雷器	F	BL，FA，FV	36	白灯	HW	BD
11	接触器	KM	HC，CJ	37	黄灯	HY	WD
12	母线	W	M	38	电铃	HAB	DL
13	线路	WL	L	39	蜂鸣器	HAU	FM
14	电压互感器	TV	YH，PT	40	控制开关，刀开关	SA	KK，QK，DK
15	电流互感器	TA	LH，CT	41	选择（转换）开关	SA	ZK
16	零序电流互感器	TAN	ZLH	42	按钮开关	SB	AN
17	电子式电压互感器	EVT		43	复归按钮，试验按钮	SB	FA，YA
18	电子式电流互感器	ECT		44	电流继电器	KA	LJ
19	合并单元	MU		45	电压继电器	KV	YJ
20	智能电子设备	IED		46	中间继电器	KM	ZJ
21	备用电源自动投入装置	APD	AAT，BZT	47	时间继电器	KT	SJ
22	线路自动重合闸装置	APR	ZCH	48	信号继电器	KS	XJ
23	自动低频减负荷装置	AFL		49	功率方向继电器	KW	KP
24	故障录波装置	AFO		50	重合闸继电器	KRC	ZCH
25	连接片	XB	LP，QP	51	差动继电器	KD	CD
26	端子排	XT	X	52	温度继电器	KT	WJ

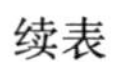
续表

序号	设备、装置与元件名称	新符号	其他符号	序号	设备、装置与元件名称	新符号	其他符号
53	气体继电器	KG	WSJ	60	合闸位置继电器	KCC	HWJ
54	热继电器	KR	FR，KH，RJ	61	电源监视继电器	KVS	JJ
55	合闸线圈	YC	HQ，YO	62	闭锁继电器	KCB	BSJ
56	跳闸线圈	YT	TQ，YR	63	脉冲继电器	KM	XMJ
57	防跳继电器	KCF	TBJ，KLB	64	控制回路电源小母线	WC	KM
58	保护出口继电器	KCO	BCJ	65	信号回路电源小母线	WS	XM
59	跳闸位置继电器	KCT	TWJ	66	合闸回路电源小母线	WO	HM

表 A-2　　电气技术常用角标文字符号表

文字符号	含义	备注	同义符号	文字符号	含义	备注	同义符号
a	年	annual，year	n	re	返回	returning	
ac	交流	alternating current		re	残留	remains	
al	允许	allowable		rel	可靠	reliability	
av	平均	average		S	系统	system	
b	同相条间	多条矩形导体间应力	x	s	集肤效应	skin effect	f，p
br	开断	break		s	跨步	step	
C	电容	capacitance		sen	灵敏	sensitivity	s
c	计算	calculate	js	set	整定	set	
c	配合	coordinate		sh	冲击	shock	ch
cab	电缆	cable		ss	自启动	self - start	
con	接线	connection		st	启动	start	
cr	临界	critical value		t	时间	time	
d	基准	标幺值计算基准值	B，j	t	接触	touch	tou
d	差动	differential	C	T	变压器	transformer	
d	直轴	direct axis		unb	不平衡	unbalance	
dc	直流	direct current		w	工作	work	g
E	地，接地	earthing		WL	输电线路		L
ec	经济	economic		x	某一数值	a number	
eq	等效	equal		θ	温度	temperature	t
err	误差	error		Σ	总和	total，sum	
es	动稳定	electrodynamics stable		∞	稳态	steady state	
G	发电机	generator		0	空载	empty	

续表

文字符号	含义	备注	同义符号	文字符号	含义	备注	同义符号
H	谐波	harmonic		0	周围环境	ambient	
ima	假想	imaginary		0	漏磁	leakage flux	
in	固有	instinct		0	零序	zero - sequence	
k	短路	short - circuit	d，f	1	正序	positive - sequence	
L	线对线	line to line		1	每单位	per unit	0
L	负载	load	LD	1	首端	输电线路	
L	电感	inductance		1	高压绕组	变压器	H
m	幅值	peak value		1	一次绕组	变压器	
m	励磁	magnetic		1	定子绕组	电机	
max	最大	maximum		2	二次绕组	变压器	
min	最小	minimum		2	末端	输电线路	
N	额定，标称	rated，nominal	e	2	负序	negative - sequence	
N	中性	neutral		2	转子绕组	电机	
np	非周期	non - periodic	fz	2	中压绕组	三绕组变压器时	M
oh	架空	over - head		3	低压绕组	三绕组变压器时	L
OL	过负荷	over - load		L1	交流电源第一相		A，a
op	动作	operate		L2	交流电源第二相		B，b
p	周期	periodic	z	L3	交流电源第三相		C，c
PE	保护接地	protective earthing		U	交流设备端第一相		A，a
ph	相	phase	φ	V	交流设备端第二相		B，b
pr	保护	protective	b，p	W	交流设备端第三相		C，c
q	交轴	quadrature axis		+，−	直流正极、负极		

表 A-3　　常用电气设备与元件图形符号表

序号	设备、元件名称	图形符号	序号	设备、元件名称	图形符号
1	交流发电机	G ~	4	电动机	M ~
2	变压器		5	电抗器	
3	自耦变压器		6	消弧线圈	

续表

序号	设备、元件名称	图形符号	序号	设备、元件名称	图形符号
7	断路器		21	电喇叭	
8	手车（抽出）式开关插头和插座		22	蜂鸣器	
9	电缆终端头		23	蓄电池组	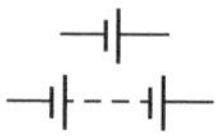
10	隔离开关		24	继电器	
11	负荷开关		25	过电流继电器	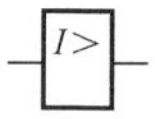 $I>$
12	熔断器		26	反时限过电流继电器	 $I>$
13	熔断器开关		27	欠压继电器	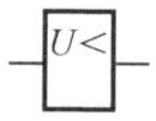 $U<$
14	避雷器		28	气体继电器	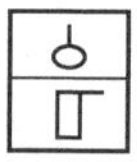
15	火花间隙		29	热继电器热元件	
16	电压互感器	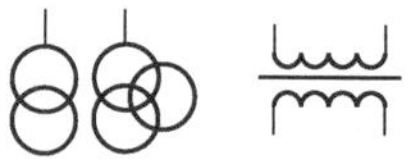	30	动合（常开）触点	
17	电流互感器		31	动断（常闭）触点	
18	连接片	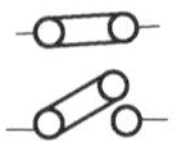	32	延时闭合动合触点（瞬时断开，延时闭合的动合触点）	
19	指示灯		33	延时断开动合触点（瞬时闭合，延时断开的动合触点）	
20	电铃		34	延时闭合动断触点（瞬时断开，延时闭合的动断触点）	

续表

序号	设备、元件名称	图形符号	序号	设备、元件名称	图形符号
35	延时断开动断触点（瞬时闭合，延时断开的动断触点）		41	位置开关动合触点	
36	接触器动合触点		42	位置开关动断触点	
37	接触器动断触点		43	机械保持动合触点	
38	按钮开关（动合）		44	机械保持动断触点	
39	按钮开关（动断）		45	非电量继电器动合触点与动断触点	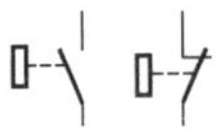
40	旋转开关		46	热继电器动断触点	 FR

注 图中元件触点为不带电（或开关未闭合）时的状态，即“常”态。

附录B 短路电流标幺值计算曲线数字表

表 B-1 汽轮发电机短路电流标幺值计算曲线数字表

X_c^*	t(s)										
	0	0.01	0.06	0.1	0.2	0.4	0.5	0.6	1	2	4
0.12	8.963	8.603	7.186	6.400	5.220	4.252	4.006	3.821	3.344	2.795	2.512
0.14	7.718	7.467	6.441	5.839	4.878	4.040	3.829	3.673	3.280	2.808	2.526
0.16	6.763	6.545	5.660	5.146	4.336	3.649	3.481	3.359	3.060	2.706	2.490
0.18	6.020	5.844	5.122	4.697	4.016	3.429	3.288	3.186	2.944	2.659	2.476
0.20	5.432	5.280	4.661	4.297	3.715	3.217	3.099	3.016	2.825	2.607	2.462
0.22	4.938	4.813	4.296	3.988	3.487	3.052	2.951	2.882	2.729	2.561	2.444
0.24	4.526	4.421	3.984	3.721	3.286	2.904	2.816	2.758	2.628	2.515	2.425
0.26	4.178	4.088	3.714	3.486	3.106	2.769	2.693	2.644	2.551	2.467	2.404
0.28	3.872	3.705	3.472	3.274	2.939	2.641	2.575	2.534	2.464	2.415	2.378
0.30	3.603	3.536	3.255	3.081	2.785	2.520	2.463	2.429	2.379	2.360	2.347
0.32	3.368	3.310	3.063	2.909	2.646	2.410	2.360	2.332	2.299	2.306	2.316
0.34	3.159	3.108	2.891	2.754	2.519	2.308	2.264	2.241	2.222	2.252	2.283
0.36	2.975	2.930	2.736	2.614	2.403	2.213	2.175	2.156	2.149	2.109	2.250
0.38	2.811	2.770	2.597	2.487	2.297	2.126	2.093	2.077	2.081	2.148	2.217
0.40	2.664	2.628	2.471	2.372	2.199	2.045	2.017	2.004	2.017	2.099	2.184
0.42	2.531	2.499	2.357	2.267	2.110	1.970	1.946	1.936	1.956	2.052	2.151
0.44	2.411	2.382	2.253	1.170	2.027	1.900	1.879	1.872	1.899	2.006	2.119
0.46	2.302	2.275	2.157	2.082	1.950	1.835	1.817	1.812	1.845	1.963	2.088
0.48	2.203	2.178	2.069	2.000	1.879	1.774	1.759	1.756	1.794	1.921	2.057
0.50	2.111	2.088	1.988	1.924	1.813	1.717	1.704	1.703	1.746	1.880	2.027
0.55	1.913	1.894	1.810	1.757	1.665	1.589	1.581	1.583	1.635	1.785	1.953
0.60	1.748	1.732	1.662	1.617	1.539	1.478	1.474	1.479	1.538	1.699	1.884
0.65	1.610	1.596	1.535	1.497	1.431	1.382	1.391	1.388	1.452	1.621	1.819
0.70	1.492	1.479	1.426	1.393	1.336	1.297	1.298	1.307	1.375	1.549	1.734
0.75	1.390	1.379	1.332	1.302	1.253	1.221	1.225	1.235	1.305	1.484	1.596
0.80	1.301	1.291	1.249	1.223	1.179	1.154	1.159	1.171	1.243	1.424	1.474
0.85	1.222	1.214	1.176	1.152	1.114	1.094	1.100	1.112	1.186	1.358	1.370
0.90	1.153	1.145	1.110	1.089	1.055	1.039	1.047	1.060	1.134	1.279	1.279
0.95	1.091	1.084	1.052	1.032	1.002	0.990	0.998	1.012	1.087	1.200	1.200

续表

X_c^*	t(s)										
	0	0.01	0.06	0.1	0.2	0.4	0.5	0.6	1	2	4
1.00	1.035	1.028	0.999	0.981	0.954	0.945	0.954	0.968	1.043	1.129	1.129
1.05	0.985	0.979	0.952	0.935	0.910	0.904	0.914	0.928	1.003	1.067	1.067
1.10	0.940	0.934	0.908	0.893	0.870	0.866	0.876	0.891	0.966	1.011	1.011
1.15	0.898	0.892	0.869	0.854	0.833	0.832	0.842	0.857	0.932	0.961	0.961
1.20	0.860	0.855	0.832	0.819	0.800	0.800	0.811	0.825	0.898	0.915	0.915
1.25	0.825	0.820	0.799	0.786	0.769	0.770	0.781	0.796	0.864	0.874	0.874
1.30	0.793	0.788	0.768	0.756	0.740	0.743	0.754	0.769	0.621	0.836	0.836
1.35	0.763	0.758	0.739	0.728	0.713	0.717	0.728	0.743	0.800	0.802	0.802
1.40	0.735	0.731	0.713	0.703	0.688	0.693	0.705	0.720	0.769	0.770	0.770
1.45	0.710	0.705	0.688	0.678	0.665	0.671	0.682	0.697	0.740	0.740	0.740
1.50	0.686	0.682	0.665	0.656	0.644	0.650	0.662	0.676	0.713	0.713	0.713
1.55	0.663	0.659	0.644	0.635	0.623	0.630	0.642	0.657	0.687	0.687	0.687
1.60	0.642	0.639	0.623	0.615	0.604	0.612	0.624	0.638	0.664	0.664	0.664
1.65	0.622	0.619	0.605	0.596	0.586	0.594	0.606	0.621	0.642	0.642	0.642
1.70	0.604	0.601	0.587	0.579	0.570	0.478	0.590	0.604	0.621	0.621	0.621
1.75	0.586	0.583	0.570	0.562	0.554	0.562	0.574	0.589	0.602	0.602	0.602
1.80	0.570	0.567	0.554	0.547	0.539	0.548	0.559	0.573	0.584	0.584	0.584
1.85	0.554	0.551	0.539	0.532	0.524	0.534	0.545	0.559	0.566	0.566	0.566
1.90	0.540	0.537	0.525	0.518	0.511	0.521	0.532	0.544	0.550	0.550	0.550
1.95	0.526	0.523	0.511	0.505	0.498	0.508	0.520	0.530	0.535	0.535	0.535
2.00	0.512	0.510	0.498	0.492	0.486	0.796	0.508	0.517	0.521	0.521	0.521
2.05	0.500	0.497	0.486	0.480	0.474	0.485	0.496	0.504	0.507	0.507	0.507
2.10	0.488	0.485	0.475	0.469	0.463	0.474	0.485	0.792	0.494	0.494	0.494
2.15	0.476	0.474	0.464	0.458	0.453	0.463	0.474	0.481	0.482	0.482	0.482
2.20	0.465	0.463	0.453	0.448	0.443	0.453	0.464	0.470	0.470	0.470	0.470
2.25	0.455	0.453	0.443	0.438	0.430	0.444	0.454	0.459	0.459	0.459	0.459
2.30	0.445	0.443	0.433	0.428	0.424	0.435	0.444	0.448	0.448	0.448	0.448
2.35	0.435	0.433	0.424	0.419	0.415	0.426	0.435	0.438	0.438	0.438	0.438
2.40	0.426	0.424	0.415	0.411	0.407	0.418	0.426	0.428	0.428	0.428	0.428
2.45	0.417	0.415	0.407	0.402	0.399	0.410	0.417	0.419	0.419	0.419	0.419
2.50	0.409	0.407	0.399	0.394	0.391	0.402	0.409	0.410	0.410	0.410	0.410
2.55	0.400	0.399	0.391	0.387	0.383	0.394	0.401	0.402	0.402	0.402	0.402

续表

X_c^*	t(s)										
	0	0.01	0.06	0.1	0.2	0.4	0.5	0.6	1	2	4
2.60	0.392	0.391	0.383	0.379	0.376	0.387	0.393	0.393	0.393	0.393	0.393
2.65	0.385	0.384	0.376	0.372	0.369	0.380	0.385	0.386	0.386	0.386	0.386
2.70	0.377	0.377	0.369	0.365	0.362	0.373	0.378	0.378	0.378	0.378	0.378
2.75	0.370	0.370	0.362	0.359	0.356	0.367	0.371	0.371	0.371	0.371	0.371
2.80	0.363	0.363	0.356	0.352	0.350	0.361	0.364	0.364	0.364	0.364	0.364
2.85	0.357	0.356	0.350	0.346	0.344	0.354	0.357	0.357	0.357	0.357	0.357
2.90	0.350	0.350	0.344	0.340	0.338	0.348	0.351	0.351	0.351	0.351	0.351
2.95	0.344	0.344	0.338	0.335	0.333	0.343	0.344	0.344	0.344	0.344	0.344
3.00	0.338	0.338	0.332	0.329	0.327	0.337	0.338	0.338	0.338	0.338	0.338
3.05	0.332	0.332	0.327	0.324	0.322	0.331	0.332	0.332	0.332	0.332	0.332
3.10	0.327	0.326	0.322	0.319	0.317	0.326	0.327	0.327	0.327	0.327	0.327
3.15	0.321	0.321	0.317	0.314	0.312	0.321	0.321	0.321	0.321	0.321	0.321
3.20	0.316	0.316	0.312	0.309	0.307	0.316	0.316	0.316	0.316	0.316	0.316
3.25	0.311	0.311	0.307	0.304	0.303	0.311	0.311	0.311	0.311	0.311	0.311
3.30	0.306	0.306	0.302	0.300	0.298	0.306	0.306	0.306	0.306	0.306	0.306
3.35	0.301	0.301	0.298	0.295	0.294	0.301	0.301	0.301	0.301	0.301	0.301
3.40	0.297	0.297	0.293	0.291	0.290	0.297	0.297	0.297	0.297	0.297	0.297
3.45	0.292	0.292	0.289	0.287	0.286	0.292	0.292	0.292	0.292	0.292	0.292

表 B-2　　水轮发电机短路电流标幺值计算曲线数字表

X_c^*	t(s)										
	0	0.01	0.06	0.1	0.2	0.4	0.5	0.6	1	2	4
0.18	6.127	5.695	4.623	4.331	4.100	3.933	3.867	3.807	3.605	3.300	3.081
0.20	5.526	5.184	4.297	4.045	3.856	3.754	3.716	3.681	3.563	3.378	3.234
0.22	5.505	4.767	4.026	3.806	3.633	3.556	3.531	3.508	3.430	3.302	3.191
0.24	4.647	4.402	3.764	3.575	3.433	3.378	3.363	3.348	3.300	3.220	3.151
0.26	4.290	4.083	3.538	3.375	3.253	3.216	3.208	3.200	3.174	3.133	3.098
0.28	3.993	3.816	3.343	3.200	3.096	3.073	3.070	3.067	3.060	3.049	3.043
0.30	3.727	3.574	3.163	3.039	2.950	2.938	2.941	2.943	2.952	2.970	2.993
0.32	3.494	3.360	3.001	2.892	2.817	2.815	2.822	3.828	2.851	2.895	2.943
0.34	3.285	3.168	2.851	2.755	2.692	2.699	2.709	2.719	2.754	2.820	2.891
0.36	3.095	2.991	2.712	2.627	2.574	2.589	2.602	2.614	2.660	2.745	2.837

续表

X_c^*	t(s)										
	0	0.01	0.06	0.1	0.2	0.4	0.5	0.6	1	2	4
0.38	2.922	2.831	2.583	2.508	2.464	2.484	2.500	2.515	2.569	2.671	2.782
0.40	2.767	2.685	2.464	2.398	2.361	2.388	2.405	2.422	2.484	2.600	2.728
0.42	2.627	2.554	2.356	2.297	2.267	2.297	2.317	2.336	2.404	2.532	2.675
0.44	2.500	2.434	2.256	2.204	2.179	2.214	2.235	2.255	2.329	2.467	2.624
0.46	2.385	2.325	2.164	2.117	2.098	2.136	2.158	2.480	2.258	2.406	2.575
0.48	2.280	2.225	2.079	2.038	2.023	2.064	2.087	2.110	2.192	2.348	2.527
0.50	2.183	2.134	2.001	1.964	1.953	1.996	2.021	2.044	2.130	2.293	2.482
0.52	2.095	2.050	1.928	1.895	1.887	1.933	1.958	1.983	2.071	2.241	2.438
0.54	2.013	1.972	1.861	1.831	1.826	1.874	1.900	1.925	2.015	2.191	2.396
0.56	1.938	1.899	1.798	1.771	1.769	1.818	1.845	1.870	1.963	2.143	2.355
0.60	1.802	1.770	1.683	1.662	1.665	1.717	1.744	1.770	1.866	2.054	2.263
0.65	1.658	1.630	1.559	1.543	1.550	1.605	1.633	1.660	1.759	1.950	2.137
0.70	1.534	1.511	1.452	1.440	1.451	1.507	1.535	1.562	1.663	1.846	1.964
0.75	1.428	1.408	1.358	1.349	1.363	1.420	1.449	1.476	1.578	1.741	1.794
0.80	1.336	1.318	1.276	1.270	1.286	1.343	1.372	1.400	1.498	1.620	1.642
0.85	1.254	1.239	1.203	1.199	1.217	1.274	1.303	1.331	1.423	1.507	1.513
0.90	1.182	1.169	1.138	1.135	1.155	1.121	1.241	1.268	1.352	1.403	1.403
0.95	1.118	1.106	1.080	1.078	1.099	1.156	1.185	1.210	1.282	1.308	1.308
1.00	1.061	1.050	1.027	1.027	1.048	1.105	1.132	1.156	1.211	1.225	1.225
1.05	1.009	0.999	0.979	0.980	1.002	1.058	1.084	1.105	1.146	1.152	1.152
1.10	0.962	0.953	0.936	0.937	0.959	1.015	1.038	1.057	1.085	1.087	1.087
1.15	0.919	0.911	0.896	0.898	0.920	0.974	0.995	1.011	1.029	1.029	1.029
1.20	0.880	0.872	0.859	0.862	0.885	0.936	0.955	0.966	0.977	0.977	0.977
1.25	0.843	0.837	0.825	0.829	0.852	0.900	0.916	0.923	0.930	0.930	0.930
1.30	0.810	0.804	0.794	0.798	0.821	0.866	0.878	0.884	0.888	0.888	0.888
1.35	0.780	0.774	0.765	0.769	0.792	0.834	0.843	0.847	0.849	0.849	0.849
1.40	0.751	0.746	0.738	0.743	0.766	0.803	0.810	0.712	0.813	0.813	0.813
1.45	0.725	0.720	0.713	0.718	0.740	0.774	0.778	0.780	0.780	0.780	0.780
1.50	0.700	0.696	0.690	0.695	0.717	0.746	0.749	0.750	0.750	0.750	0.750
1.55	0.677	0.673	0.668	0.673	0.694	0.719	0.722	0.722	0.722	0.722	0.722
1.60	0.655	0.652	0.647	0.652	0.673	0.694	0.696	0.696	0.696	0.696	0.696
1.65	0.635	0.632	0.628	0.633	0.653	0.671	0.672	0.672	0.672	0.672	0.672
1.70	0.616	0.613	0.610	0.615	0.634	0.649	0.649	0.649	0.649	0.649	0.649

续表

X_c^*	t(s)										
	0	0.01	0.06	0.1	0.2	0.4	0.5	0.6	1	2	4
1.75	0.598	0.595	0.592	0.598	0.616	0.628	0.628	0.628	0.628	0.628	0.628
1.80	0.581	0.578	0.576	0.582	0.599	0.608	0.608	0.608	0.608	0.608	0.608
1.85	0.565	0.563	0.561	0.566	0.582	0.590	0.590	0.590	0.590	0.590	0.590
1.90	0.550	0.548	0.546	0.552	0.566	0.572	0.572	0.572	0.572	0.572	0.572
1.95	0.536	0.533	0.532	0.538	0.551	0.556	0.556	0.556	0.556	0.556	0.556
2.00	0.522	0.520	0.519	0.524	0.537	0.540	0.540	0.540	0.540	0.540	0.540
2.05	0.509	0.507	0.507	0.512	0.523	0.525	0.525	0.525	0.525	0.525	0.525
2.10	0.497	0.495	0.495	0.500	0.510	0.512	0.512	0.512	0.512	0.512	0.512
2.15	0.485	0.483	0.483	0.488	0.497	0.498	0.498	0.498	0.498	0.498	0.498
2.20	0.474	0.472	0.472	0.477	0.485	0.486	0.486	0.486	0.486	0.486	0.486
2.25	0.463	0.462	0.462	0.466	0.473	0.474	0.474	0.474	0.474	0.474	0.474
2.30	0.453	0.452	0.452	0.456	0.462	0.462	0.462	0.462	0.462	0.462	0.462
2.35	0.443	0.442	0.442	0.446	0.452	0.452	0.452	0.452	0.452	0.452	0.452
2.40	0.434	0.433	0.433	0.436	0.441	0.441	0.441	0.441	0.441	0.441	0.441
2.45	0.425	0.424	0.424	0.427	0.431	0.431	0.431	0.431	0.431	0.431	0.431
2.50	0.416	0.415	0.415	0.419	0.422	0.422	0.422	0.422	0.422	0.422	0.422
2.55	0.408	0.407	0.407	0.410	0.413	0.413	0.413	0.413	0.413	0.413	0.413
2.60	0.400	0.399	0.399	0.402	0.404	0.404	0.404	0.404	0.404	0.404	0.404
2.70	0.385	0.384	0.384	0.387	0.388	0.388	0.388	0.388	0.388	0.388	0.388
2.80	0.371	0.370	0.370	0.372	0.373	0.373	0.373	0.373	0.373	0.373	0.373
2.90	0.358	0.357	0.357	0.359	0.359	0.359	0.359	0.359	0.359	0.359	0.359
3.00	0.345	0.345	0.345	0.346	0.346	0.346	0.346	0.346	0.346	0.346	0.346
3.10	0.334	0.333	0.333	0.334	0.334	0.334	0.334	0.334	0.334	0.334	0.334
3.20	0.323	0.322	0.322	0.323	0.323	0.323	0.323	0.323	0.323	0.323	0.323
3.30	0.312	0.312	0.312	0.313	0.313	0.313	0.313	0.313	0.313	0.313	0.313
3.40	0.303	0.302	0.302	0.303	0.303	0.303	0.303	0.303	0.303	0.303	0.303

附录C 常用电气设备技术数据

表 C-1 部分 6～10kV 电力变压器技术数据

型号	额定容量（kVA）	额定电压（kV）	联结组号	空载损耗（kW）	短路损耗（kW）	空载电流（%）	短路阻抗（%）	备注
SC（B）11-100/10	100	高压 11，10.5，10， 6.3，6 高压分接范围 ±5%或 ±2×2.5% 低压 0.4	Yyn0 或 Dyn11	0.360	1.500	2.04	4	S-三相 C-干式 成型固体 浇注 B-铜箔
SC（B）11-160/10	160			0.495	2.020	1.87		
SC（B）11-200/10	200			0.565	2.400	1.70		
SC（B）11-250/10	250			0.650	2.620	1.53		
SC（B）11-31510	315			0.795	3.300	1.53		
SC（B）11-400/10	400			0.885	3.790	1.53		
SC（B）11-500/10	500			1.050	4.640	1.53		
SC（B）11-630/10	630			1.170	5.665	1.36	6	
SC（B）11-800/10	800			1.370	6.610	1.36		
SC（B）11-1000/10	1000			1.600	7.720	1.19		
SC（B）11-1250/10	1250			1.885	9.210	1.19		
SC（B）11-1600/10	1600			2.210	11.150	1.19		
SC（B）11-2000/10	2000			2.990	13.730	1.02		
SC（B）11-2500/10	2500			3.600	16.320	1.02		
S11-M-100/10	100			0.20	1.5	1.6	4	S-三相 油浸不标 M-密封式
S11-M-160/10	160			0.28	2.2	1.4		
S11-M-200/10	200			0.34	2.6	1.3		
S11-M-250/10	250			0.40	3.05	1.2		
S11-M-315/10	315			0.48	3.65	1.1		
S11-M-400/10	400			0.57	4.30	1.0		
S11-M-500/10	500			0.68	5.1	1.0		
S11-M-630/10	630			0.81	6.2	0.9	4.5	
S11-M-800/10	800			0.98	7.5	0.8		
S11-M-1000/10	1000			1.15	10.3	0.7		
S11-M-1250/10	1250			1.36	12.0	0.6		
S11-M-1600/10	1600			1.64	14.5	0.6		
S11-M-2000/10	2000			2.10	17.8	0.4		
S11-M-2500/10	2500			2.50	20.7	0.32		
SGBH11-100/10	100			0.13	1.85	0.6	4	S-三相 G-干式 空气自冷 B-铜箔 H-非晶 合金
SGBH11-160/10	160			0.17	2.50	0.5		
SGBH11-200/10	200			0.20	2.97	0.5		
SGBH11-250/10	250			0.23	3.24	0.5		
SGBH11-315/10	315			0.28	4.08	0.4		
SGBH11-400/10	400			0.30	4.69	0.4		
SGBH11-500/10	500			0.36	5.74	0.4		
SGBH11-630/10	630			0.40	7.01	0.2	4.5	
SGBH11-800/10	800			0.48	8.18	0.2		
SGBH11-1000/10	1000			0.55	9.56	0.1		

表 C-2　　部分 35kV 双绕组电力变压器技术数据

型号	额定容量（kVA）	额定电压（kV）	联结组号	空载损耗（kW）	短路损耗（kW）	空载电流（%）	短路阻抗（%）	备注
S10-1000/35	1000	高压 35±5% 低压 10.5，6.3，3.15	Yd11	1.26	11.54	0.70	6.5	
S10-1250/35	1250			1.54	13.94	0.63		
S10-1600/35	1600			1.93	16.67	0.60		
S10-2000/35	2000			2.38	16.93	0.53		
S10-2500/35	2500			2.80	19.67	0.53		
S10-3150/35	3150	高压 38.5，35±5% 低压 10.5，6.3，3.15		3.33	23.09	0.50	7.0	
S10-4000/35	4000			4.00	27.36	0.50		
S10-5000/35	5000			4.73	31.40	0.42		
S10-6300/35	6300			5.74	35.06	0.42	7.5	
SZ10-2000/35	2000	高压 38.5，35 ±3×2.5% 低压 10.5，6.3		2.52	17.76	0.70	6.5	有载调压
SZ10-2500/35	2500			2.98	20.65	0.70		
SZ10-3150/35	3150			3.54	24.71	0.63	7.0	
SZ10-4000/35	4000			4.24	29.20	0.63		
SZ10-5000/35	5000			5.08	34.20	0.60		
SZ10-6300/35	6300			6.16	36.08	0.60	7.5	

表 C-3　　部分 110kV 电力变压器关键参数

额定容量（MVA）	电压比（kV）	联结组号	空载损耗≤（kW）	短路损耗≤（kW）	空载电流≤（%）	短路阻抗（%）	噪声水平≤(dB)
20/20	110±8×1.25%/10.5	YNd11	22.0	93	0.3	10.5	65
31.5/31.5			28.8	126		10.5	
40/40			34.3	148		10.5，12	
50/50			40	184		10.5，17	
63/63			45	220		10.5，17	
80/80			55	280		24	
50/50	110±8×1.25%/21	YNd11	40	200	0.3	12	65
63/63			40	240			
80/80			45	280			
20/20/20	110±（8×1.25%）/38.5±（2×2.5%）/10.5	YNyn0d11	26.4	112	0.4	高中 10.5 高低 17.5 中低 6.5	65
31.5/31.5/31.5			28.8	149			
40/40/40			34.5	179			
50/50/50			40.9	213			
63/63/63			42	220			
80/80/80			42	220			

注　110kV 变压器按绕组数量分为双绕组变压器和三绕组变压器。变压器容量推荐 31.5、40、50、63MVA 四种典型值，变压器各侧容量比统一为 100/100 和 100/100/100。110kV 变压器均采用油自然循环自然风冷却方式(ONAN)。户外 110kV 变电站的变压器采用散热器挂本体方案，户内变电站的变压器采用散热器挂本体和与本体分离两种方案。变压器高压侧都采用有载调压，调压范围±8×1.25%。某些地区中压侧仍保留±2×2.5%分接头。部分双绕组变压器有普通阻抗与高阻抗两类。

表 C-4　　部分 220kV 电力变压器关键参数

额定容量（MVA）	电压比（kV）	联结组号	短路阻抗（%）	自耦变压器		噪声水平≤(dB)
				联结组号	短路阻抗（%）	
120/120/60	230（220）±2×2.5%/121（115）/38.5（37） 230（220）±8×1.25%/121（115）/38.5（37）	YNyn0d11 YNyn0yn0d11	高中 14/高低 23/中低 8	—		75
150/150/75				YNa0d11	高中 11 高低 34 中低 22	
180/180/90						
240/240/120						
120/120/60	230（220）±8×1.25%/121（115）/10.5	YNyn0d11	高中 14/高低 23/中低 8	—		75
150/150/75			高中 14/高低 23/中低 8			
180/180/90			高中 14/高低 54/中低 38	YNa0d11	高中 11 高低 34 中低 22	
240/240/120			高中 14/高低 35/中低 20			
180/180/90	230（220）±8×1.25%/115/21	YNyn0d11	高中 14/高低 23/中低 8	—		75
240/240/120						
180/180	230（220）±2×2.5%/38.5 230（220）±8×1.25%/38.5	YNd11	16	—		75
240/240						

注　（1）220kV 变压器按绕组数量及类型分为三相双绕组、三相三绕组及三相三绕组自耦变压器三种。220kV 变压器容量推荐 120、150、180、240MVA 四种典型值，变压器各侧容量比推荐为 100/100/50。180MVA 及以下容量变压器采用油自然循环自然风冷却方式（ONAN），240MVA 容量变压器采用油自然循环自然风冷却方式（ONAN）或油自然循环强迫风冷却方式（ONAF）。常规户外 220kV 变电站的变压器统一采用散热器直接挂本体方案，户内 220kV 变电站的变压器统一采用散热器与本体分离方案。无励磁调压变压器的调压范围±2×2.5%，有载调压变压器的调压范围±8×1.25%。

（2）电力变压器型号 □□□□□□—□/□□ 中各符号含义依次为：

相数：D—单相，S—三相

冷却方式：自冷不标，F—油浸风冷（新标注方式为 ONAN 或 ONAF 等）

绕组数：双绕组不标，S—三绕组，F—双分裂

导线材料：铜线不标，L—铝线

调压方式：无励磁调压不标，Z—有载调压

设计序号：9，10，11，15 等

额定容量：kVA

高压绕组额定电压：kV

防护代号：一般不标，TH—湿热，TA—干热

表 C-5　　35kV 及以上高压变压器单台额定容量系列

额定电压（kV）	额定容量系列（MVA）
1000	3000，4500
750	1500，2100
500	500，750，1000，1200，1500

续表

额定电压（kV）	额定容量系列（MVA）
330	90，120，150，180，240，360
220	31.5，40，50，63，90，120，150，180，240，300
110	6.3，8，10，12.5，16，20，25，31.5，40，50，63，80
66	6.3，8，10，12.5，16，20，25，31.5，40，50，63
35	1，1.25，1.6，2，2.5，3.15，4，5，6.3，8，10，12.5，16，20，25，31.5

表 C-6　GIS 气体绝缘金属封闭成套开关设备主要数据

<table>
<tr><th colspan="2">参数名称</th><th>单位</th><th colspan="4">典型参数</th></tr>
<tr><td colspan="7">GIS 共用参数</td></tr>
<tr><td colspan="2">设备编号</td><td></td><td>1GIS-2000/40</td><td>1GIS-3150/40</td><td>2GIS-3150/50</td><td>2GIS-4000/50</td></tr>
<tr><td colspan="2">额定电压</td><td>kV</td><td colspan="2">126</td><td colspan="2">252</td></tr>
<tr><td colspan="2">额定电流</td><td>A</td><td>2000</td><td>3150</td><td>3150</td><td>4000</td></tr>
<tr><td colspan="2">额定短路开断电流</td><td>kA</td><td colspan="2">40</td><td colspan="2">50</td></tr>
<tr><td colspan="2">额定短路关合电流</td><td>kA</td><td colspan="2">100</td><td colspan="2">125</td></tr>
<tr><td colspan="2">额定短时耐受电流及持续时间</td><td>kA/s</td><td colspan="2">40/3</td><td colspan="2">50/3</td></tr>
<tr><td colspan="2">额定峰值耐受电流</td><td>kA</td><td colspan="2">100</td><td colspan="2">125</td></tr>
<tr><td colspan="2">噪声水平</td><td>≤dB</td><td colspan="4">110</td></tr>
<tr><td colspan="2">检修周期</td><td>年</td><td colspan="4">≥20</td></tr>
<tr><td colspan="2">使用寿命</td><td>年</td><td colspan="4">≥40</td></tr>
<tr><td colspan="7">常规电流互感器</td></tr>
<tr><td colspan="2">额定电流比</td><td></td><td>2000/5（1）</td><td>3000/5（1）</td><td colspan="2">2500～4000/5（1）</td></tr>
<tr><td rowspan="5">绕组类型 1</td><td>准确度等级</td><td></td><td colspan="2">5P/0.2S</td><td colspan="2">5P/5P/0.2S/0.2S</td></tr>
<tr><td>额定负荷</td><td>VA</td><td colspan="2">15/15</td><td colspan="2">15/15/15/15</td></tr>
<tr><td>中间抽头额定电流</td><td></td><td>1000/5（1）</td><td>1500/5（1）</td><td colspan="2">1250～2000/5（1）</td></tr>
<tr><td>中间抽头准确度等级</td><td></td><td colspan="2">0.2S</td><td colspan="2">0.2S/0.2S</td></tr>
<tr><td>中间抽头额定负荷</td><td>VA</td><td colspan="2">10</td><td colspan="2">10/10</td></tr>
<tr><td rowspan="5">绕组类型 2</td><td>准确度等级</td><td></td><td colspan="2">5P/5P/0.2S/0.2S</td><td colspan="2">TPY/TPY/5P/5P/0.2S/0.2S</td></tr>
<tr><td>额定负荷</td><td>VA</td><td colspan="2">15/15/15/15</td><td colspan="2">15/15/15/15/15/15</td></tr>
<tr><td>中间抽头准确度等级</td><td></td><td colspan="2">0.2S/0.2S</td><td colspan="2">0.2S/0.2S</td></tr>
<tr><td>中间抽头额定电流</td><td></td><td>1000/5（1）</td><td>1500/5（1）</td><td colspan="2">1250～2000/5（1）</td></tr>
<tr><td>中间抽头额定负荷</td><td>VA</td><td colspan="2">10/10</td><td colspan="2">10/10</td></tr>
<tr><td colspan="7">常规电压互感器</td></tr>
<tr><td colspan="2">额定电压比</td><td></td><td colspan="2">$\frac{110}{\sqrt{3}}/\frac{0.1}{\sqrt{3}}$
$\frac{110}{\sqrt{3}}/\frac{0.1}{\sqrt{3}}/\frac{0.1}{\sqrt{3}}/\frac{0.1}{\sqrt{3}}/0.1$</td><td colspan="2">$\frac{220}{\sqrt{3}}/\frac{0.1}{\sqrt{3}}/\frac{0.1}{\sqrt{3}}$
$\frac{220}{\sqrt{3}}/\frac{0.1}{\sqrt{3}}/\frac{0.1}{\sqrt{3}}/\frac{0.1}{\sqrt{3}}/0.1$
$\frac{220}{\sqrt{3}}/\frac{0.1}{\sqrt{3}}/\frac{0.1}{\sqrt{3}}/\frac{0.1}{\sqrt{3}}$</td></tr>
<tr><td colspan="2">容量</td><td>VA</td><td colspan="2">10、10/10/10/10</td><td colspan="2">10/10、10/10/10/10、10/10/10</td></tr>
</table>

续表

参数名称	单位	典型参数	
准确度等级		0.5（3P）、 0.2/0.5（3P）/0.5（3P）/6P	0.5（3P）/0.5（3P）、 0.2/0.5（3P）/0.5（3P）/6P、 0.2/0.5（3P）/0.5（3P）
接线组别		-（单相）、Yyyd	-/-（单相）、Yyyd、Yyy

注 GIS共用设备包括断路器、隔离开关、快速接地开关、互感器、母线等。电流互感器绕组抽头及准确度等级排列可根据工程实际情况确定。H-GIS设备除不包含母线外，其他参数与GIS设备相同。

表C-7　　部分高压断路器技术数据

型号	额定电压(kV)	额定电流(A)	额定开断电流(kA)	极限通过电流峰值(kA)	热稳定电流(kA)	固有分闸时间(s)	合闸时间(s)	类别
ZN12-12	12	1250、1600、2000、2500	31.5	80、100	31.5（4s）	≤0.065	≤0.1	真空户内
		1600、2000、3150	40	100、130	40（4s）			
		1600、2000、3150	50	125、140	50（3s）			
ZN28-12		630	20	50	20（4s）	≤0.06		
		1250	25	63	25（4s）			
		1250、1600、2000	31.5	80	31.5（4s）			
		2500、3150	40	100	40（4s）			
ZW1-12 ZW8-12		630	6.3	16	6.3（4s）			真空户外
			12.5	31.5	12.5（4s）			
			16	40	16（4s）			
			20	50	20（4s）			
LN2-12		1250	31.5	80	31.5（4s）	≤0.06	≤0.15	SF_6户内
LW3-12		400、630、1250	12.5	31.5	12.5（4s）			SF_6户外
			16	40	16（4s）			
			20	50	20（4s）			
ZN12-40.5 ZN39-40.5	40.5	1250、1600	25	63	25（4s）			真空户内
		2000	31.5	80	31.5（4s）			
ZW7-40.5 ZW□-40.5		1250、1600	25	63	25（4s）	≤0.06	≤0.15	真空户外
		2000	31.5	80	31.5（4s）	≤0.085		
LN2-40.5		1600	25	63	25（4s）	≤0.06	≤0.15	SF_6户内
LW8-40.5		1600、2000	25	63	25（4s）		≤0.1	SF_6户外按结构形式分为瓷柱式和罐式
			31.5	80	31.5（4s）			
LW33-126	126	3150	31.5	80	31.5（4s）	≤0.03	≤0.1	
LW35-126		3150	40	100	40（4s）			
LW□-126		2000、3150	40	100	40（3s）			
LW□-252	252	4000	50	125	50（3s）	≤0.03	≤0.1	
		5000	63	160	63（3s）			

表 C-8　部分高压隔离开关技术数据

<table>
<tr><th>型号</th><th>额定电压（kV）</th><th>额定电流（A）</th><th>极限通过电流峰值（kA）</th><th>4s 热稳定电流（kA）</th><th>备注</th></tr>
<tr><td rowspan="2">GN10-12</td><td rowspan="8">12</td><td>3000</td><td>160</td><td>70（5s）</td><td rowspan="6">户内</td></tr>
<tr><td>4000</td><td>160</td><td>85（5s）</td></tr>
<tr><td rowspan="4">GN19-12</td><td>400</td><td>31.5</td><td>12.5</td></tr>
<tr><td>630</td><td>50</td><td>20</td></tr>
<tr><td>1000</td><td>80</td><td>31.5</td></tr>
<tr><td>1250、1600、2000</td><td>100</td><td>40</td></tr>
<tr><td rowspan="2">GW4-12</td><td>400</td><td>25</td><td>10</td><td rowspan="21">户外</td></tr>
<tr><td>630</td><td>50</td><td>20</td></tr>
<tr><td rowspan="3">GW4-40.5</td><td rowspan="5">40.5</td><td>630</td><td>50</td><td>20</td></tr>
<tr><td>1250</td><td>80</td><td>31.5</td></tr>
<tr><td>2000、2500</td><td>100</td><td>40</td></tr>
<tr><td rowspan="2">GW5-40.5</td><td>630</td><td>50</td><td>20</td></tr>
<tr><td>1250、1600</td><td>80</td><td>31.5</td></tr>
<tr><td rowspan="3">GW4-126</td><td rowspan="7">126</td><td>630</td><td>50</td><td>20</td></tr>
<tr><td>1250</td><td>80</td><td>31.5</td></tr>
<tr><td>2000</td><td>100</td><td>40</td></tr>
<tr><td rowspan="2">GW5-126</td><td>630</td><td>50</td><td>20</td></tr>
<tr><td>1250、1600</td><td>80</td><td>31.5</td></tr>
<tr><td rowspan="2">GW□-126</td><td>1250</td><td>80</td><td>31.5（3s）</td></tr>
<tr><td>2000、3150</td><td>100</td><td>40（3s）</td></tr>
<tr><td rowspan="3">GW4-252</td><td rowspan="7">252</td><td>1250</td><td>80</td><td>31.5</td></tr>
<tr><td>2000</td><td>100</td><td>40</td></tr>
<tr><td>2500</td><td>125</td><td>50</td></tr>
<tr><td rowspan="2">GW7-252</td><td>1250</td><td>80</td><td>31.5</td></tr>
<tr><td>2500、3150</td><td>125</td><td>50（3s）</td></tr>
<tr><td rowspan="2">GW□-252</td><td>2500、3150、4000</td><td>125</td><td>50（3s）</td></tr>
<tr><td>5000</td><td>160</td><td>63（3s）</td></tr>
</table>

注　隔离开关可以带单接地、双接地开关或不带接地开关。

表 C-9　　部分电流互感器技术数据

型号	额定电压（kV）	额定一次电流（A）	二次绕组级次组合	准确度等级及额定输出（VA）				热稳定电流（kA/1s）	动稳定电流峰值（kA）	备注
				0.2	0.5	(5)10P	(5)10P			
LZZBJ12-10A	10	100	0.2/5P 0.2/10P 0.5/5P 0.5/10P	10	20	30	15	31.5	80	L—电流互感器； Z—支柱式； Z—环氧树脂浇注绝缘； B—带保护绕组； J—加强型； A 型为普通型； B 型为高动、热稳定电流型； C 型为三绕组型； 户内
		150、200				30	15	45	112.5	
		300、400				30	25	50	120	
		500、600				30		80	160	
		800～1200		15	30	40		80	160	
		1500～3000			40	40		100	180	
LZZBJ12-10B		100	0.2/5P 0.2/10P 0.5/5P 0.5/10P	10	20	15		45	112.5	
		150、200				20		63	130	
		300～500			30	20		80	160	
		600～1250			40	30				
		1500～3150	0.2/5P 0.5/5P	15			15	100	180	
LZZBJ12-10C		100	0.2/0.5/5P 0.2/10P/10P	10	20	20		21	52.5	
		150		10	20	20		31.5	80	
		200		15	20	25		40	100	
		300、400		15	20	25		45	112.5	
		500、600		15	20		20	55	130	
		800～1200		20	20		20	63	130	
		1500～3000		20	30		30	100	180	
LZZBW-10	10	50～100	0.2/10P 0.5/10P	10 或 15				25	63	W—户外
		150～200						50	125	
		300～800						60	150	
		1000						80		
LZZB9-35A LZZB9-35B LZZB9-35C LZZB9-35D	35	100	0.2/0.2 0.5/5P 5P/5P 0.2/5P/5P	15	30	50	30	25	63	户内，支柱式，浇注绝缘
		200、250						31.5	80	
		300～500						31.5(2s)		
		600～800						31.5(3s)		
		1000～3150						40(4s)	100	
LB-35	35	100、800、1600、2000、4000	0.2S/10P	15				25(3s) 31.5(3s) 40 (3s)	100	户外，油浸式

续表

型号	额定电压（kV）	额定一次电流（A）	二次绕组级次组合	准确度等级及额定输出（VA）				热稳定电流（kA/1s）	动稳定电流峰值（kA）	备注
				0.2	0.5	(5)10P	(5)10P			
LZZBW-35	35	150～500 600～1500	0.2S/5P 0.2S/5P/5P 0.2S/0.5/10P/10P	10或15				31.5(3s)	80	户外，干式
		2000～3150						31.5(4s)	130	
LB□-110W2 LGB-110W2 LVB-110	110	2×300、 2×600、 2×800、 2×1250	（5）10P/（5）10P/0.2S/0.2S（主变压器进线） （5）10P/0.2S（出线、分段、母联）	15（50）		10（50）		31.5(3s)	80	油浸式、干式、SF_6式
								40(3s)	100	
LB□-220W2 LVQB-220W2	220	2×600、 2×800、 2×1250、 2×2000	5P/5P/0.2S/0.2S	15（50）		10（50）		40（3s）	100	油浸式、SF_6式
								50（3s）	125	
								63（3s）	160	

注（1）电流互感器额定一次电流系列（A）：5，10，15，20，30，40，50，75，100，150，200，300，400，500，600，750，800，1000，1200，1250，1500，2000，2500，3000，4000，5000，6000。电流互感器额定二次电流为5A或1A。

（2）各厂家型号与数据不同，本表仅为参考。

表C-10　　部分电压互感器技术数据

型号	额定电压（kV）			级次组合	准确度等级及额定输出（VA）				备注
	一次绕组	二次绕组	辅助线圈		0.2	0.5	1	3P（6P）	
JDZ□-10	$10/\sqrt{3}$	$0.1/\sqrt{3}$		0.2、0.5、1 0.2/0.5	40 15	120 20	240		户内，单相，浇注式
JDZX□-10	$10/\sqrt{3}$	$0.1/\sqrt{3}$	0.1/ 3	0.2/0.2/6P 0.2/0.5/6P	30 40	30 60		100 150	
JDZXW-35	$35/\sqrt{3}$	$0.1/\sqrt{3}$	0.1/ 3	0.2/0.2/6P 0.2/0.5/6P	15 15	15 20		100 100	户外，单相，浇注式
JSZW-10	$10/\sqrt{3}$	$0.1/\sqrt{3}$	0.1/ 3	0.2/0.5/3P	75	100		150	户外，三相，浇注式
JD6X-35	$35/\sqrt{3}$	$0.1/\sqrt{3}$	0.1/ 3	0.2/3P 0.2/0.5/3P	80 50	 50		100 100	单相，油浸式
YDR-110	$110/\sqrt{3}$	$0.1/\sqrt{3}$	0.1	0.2/0.5/3P 0.5/3P/3P	150 250	150 250		100 100	单相，电容式
YDR-220	$220/\sqrt{3}$	$0.1/\sqrt{3}$	0.1						

注（1）电压互感器二次绕组有1～3个。

（2）各厂家型号与数据不同，本表仅为参考。

表 C-11　　部分 10kV 并联电容器关键数据

系统标称电压（kV）	标称容量（Mvar）	单台电压（kV）	单台容量（kvar）	额定电抗率（%）	结构与接线形式
10	3	$\frac{10.5}{\sqrt{3}}$ $\frac{11}{\sqrt{3}}$ $\frac{12}{\sqrt{3}}$	200/334	1/5/12	框架式 星形接线
	3.6/4		200/334		
	4.8/5		200/334		
	6		334		
	8		334	5/12	
	10		417		
	3	$\frac{11}{\sqrt{3}}$ $\frac{12}{\sqrt{3}}$		1/5/12	集合式 单星形接线
	3.6				
	4.8				

注　变电站中 10kV 并联电容器成套装置采用框架式安装，采用内熔丝保护。成套装置采用户外安装时，串联电抗器采用干式空心电抗器；当采用户内安装时，串联电抗器采用干式铁芯电抗器，均采用前置布置方式。

表 C-12　　部分金属氧化物避雷器关键数据

标称放电电流（kA）	系统标称电压（kV）	避雷器额定电压（kV）	避雷器持续运行电压（kV）	直流 1mA 参考电压 ≥（kV）	操作冲击电流残压峰值（kV）	雷电冲击电流残压峰值（kV）	陡波冲击残压峰值（kV）	备注
5	10	13	7.0	19.0	30.6	36.0	41.4	电站型
	10	17	13.6	24.0	38.3	45.0	51.8	
	20	34	27.2	48	75	85	95	
	35	51	40.8	73	114	134	154	
10	110	102	79.6	148	226	266	297	
	110	108	84	157	239	281	315	
	220	204	159	296	452	532	594	
	220	216	168.5	314	478	562	630	
1.5	110	72	58	103	174	186		变压器中性点用
	220	144	115	204	300	320		

注　Y—瓷套式，YH—复合外套式。

附录D　部分电力导体线缆技术数据

表 D-1　矩形铝导体 LMY（铜 TMY）长期允许载流量与集肤效应系数 K_s　A

母线尺寸（宽×厚）(mm×mm)	单条			双条			三条		
	平放	竖放	K_s	平放	竖放	K_s	平放	竖放	K_s
40×4	480	503				1.01			
40×5	542	562				1.02			
50×4	586	613				1.01			
50×5	661	692				1.03			
63×6.3	910	952	1.02	1409	1547	1.07	1886	2111	
63×8	1038	1085	1.03	1623	1777	1.10	2113	2379	1.20
63×10	1168	1221	1.04	1825	1994	1.14	2381	2665	1.26
80×6.3	1128	1178	1.03	1724	1892	1.18	2211	2505	
80×8	1174	1330	1.04	1946	2131	1.27	2491	2809	1.44
80×10	1427	1490	1.05	2175	2373	1.30	2774	3114	1.60
100×6.3	1371	1430	1.04	2054	2253	1.26	2633	2985	
100×8	1542	1609	1.05	2298	2516	1.30	2933	3311	1.50
100×10	1728	1803	1.08	2558	2796	1.42	3181	3578	1.70
125×6.3	1674	1744	1.05	2446	2680	1.28	2079	3490	
125×8	1876	1955	1.08	2725	2982	1.40	3375	3813	1.60
125×10	2089	2177	1.12	3005	3282	1.45	3725	4194	1.80

注　(1) 环境温度+25℃，最高允许温度+70℃、无风、无日照。
(2) 同截面铜导体的载流量是铝导体的1.27倍。

表 D-2　常用钢芯铝绞线单位长度电阻与长期允许载流量　A

导线截面积 铝/钢 (mm^2)	直流电阻 (Ω/km)	最高允许温度下的载流量(A)		导线截面 铝/钢 (mm^2)	直流电阻 (Ω/km)	最高允许温度下的载流量(A)	
		+70℃	+80℃			+70℃	+80℃
50/30	0.569	234	263	210/25	0.138	543	616
70/40	0.414	250	275	210/35	0.136	549	623
95/15	0.306	332	374	210/50	0.138	548	623
95/20	0.302	335	378	240/30	0.118	598	680
95/25	0.299	349	394	240/40	0.121	592	672
120/7	0.242	379	427	240/55	0.120	599	682
120/20	0.250	377	425	300/15	0.097	726	833
120/25	0.235	393	444	300/20	0.095	679	773
120/70	0.236	404	458	300/25	0.094	672	764
150/8	0.199	428	484	300/40	0.096	680	774
150/20	0.198	433	490	300/50	0.096	681	776
150/25	0.194	441	499	300/70	0.095	694	792
150/35	0.196	441	499	400/20	0.071	812	927
185/10	0.157	495	561	400/25	0.074	795	909
185/25	0.154	506	574	400/35	0.074	782	892
185/30	0.159	498	565	400/50	0.072	796	909
185/45	0.156	508	576	400/65	0.072	814	930
210/10	0.141	530	601	400/95	0.071	831	951

注　计算条件按环境温度+25℃、日照1kW/m^2、风速0.5m/s、导线表面黑度0.93。

表 D-3　**LGJ 型钢芯铝绞线单位长度电阻和电抗参考值**　Ω/km

导线型号	r_1	x_1			
		6～10kV	35kV	110kV	220kV
LGJ-50	0.630	0.379	0.423	0.452	
LGJ-70	0.450	0.368	0.412	0.441	
LGJ-95	0.332	0.356	0.400	0.429	
LGJ-120	0.223	0.348	0.392	0.421	
LGJ-150	0.210		0.387	0.416	
LGJ-185	0.170		0.380	0.410	0.440
LGJ-210	0.150		0.376	0.405	0.435
LGJ-240	0.131		0.372	0.401	0.432
LGJ-300	0.105		0.365	0.395	0.425
LGJ-400	0.079			0.386	0.416

表 D-4　**常用三芯铝（铜）电力电缆长期允许载流量**　A

电缆电压		1kV		10kV					
绝缘与护套类型		交联聚乙烯绝缘		不滴流纸绝缘		交联聚乙烯绝缘			
						无钢铠护套		有钢铠护套	
缆芯最高工作温度（℃）		90		65		90			
敷设方式		直埋	空气中	直埋	空气中	直埋	空气中	直埋	空气中
环境温度（℃）		25	40	25	40	25	40	25	40
土壤热阻系数(K·m/W)				1.2		2.0		2.0	
缆芯截面（mm²）	35			90	68			105	123
	50	134	146	143	119	125	146	120	141
	70	165	178	178	152	152	178	152	173
	95	195	214	218	184	182	219	182	214
	120	221	246	253	217	205	251	205	246
	150	247	278	284	244	223	283	219	278
	185	278	319	317	281	252	324	247	320
	240	321	378	374	337	292	378	292	373
	300	365	419	419	381	332	433	328	428
	400	—	—	—	—	378	506	374	501

注　1. 表中数据为单根电缆敷设时。
2. 铜芯电缆的载流量约为同等条件下铝芯电缆的 1.29 倍。

表 D-5　　交联聚乙烯绝缘三芯电力电缆单位长度交流电阻和电抗　　Ω/km

缆芯截面积 (mm²)	r_1		x_1	
	铜芯	铝芯	1kV	10kV
35	0.668	1.113	0.080	0.113
50	0.494	0.822	0.079	0.107
70	0.342	0.568	0.078	0.101
95	0.247	0.411	0.077	0.096
120	0.196	0.325	0.077	0.095
150	0.159	0.265	0.077	0.093
185	0.128	0.211	0.078	0.090
240	0.098	0.161	0.077	0.087
300	0.079	0.129	0.070	0.083
400	0.063	0.102	0.068	0.080

表 D-6　　35kV 及以下电力电缆在不同环境温度时的载流量修正系数 (K_θ)

敷设方式		空气中				土壤中			
环境温度 (℃)		30	35	40	45	20	25	30	35
缆芯最高工作温度 (℃)	60	1.22	1.11	1.0	0.86	1.07	1.0	0.93	0.85
	65	1.18	1.09	1.0	0.89	1.06	1.0	0.94	0.87
	70	1.15	1.08	1.0	0.91	1.05	1.0	0.94	0.88
	80	1.11	1.06	1.0	0.93	1.04	1.0	0.95	0.90
	90	1.09	1.05	1.0	0.94	1.04	1.0	0.96	0.92

注　土壤中直埋时，0.7m 深处土壤温度一般取 25℃，其他环境温度下 K_θ 按书中公式计算。

表 D-7　　电力电缆在空气中多根并列敷设时载流量的修正系数 (K_1)

电缆根数		1	2	3	4	6	4	6
排列方式		○	○○	○○○	○○○○	○○○○○○	○○ ○○	○○○ ○○○
电缆中心距离	$S=d$	1.0	0.9	0.85	0.82	0.80	0.80	0.75
	$S=2d$	1.0	1.0	0.98	0.95	0.90	0.90	0.90
	$S=3d$	1.0	1.0	1.0	0.98	0.96	1.0	0.96

注　(1) d 为电缆外径，S 为相邻电缆中心线距离。

(2) 本表不适用于三相交流系统单芯电缆。

表 D-8　　电力电缆直接埋地多根并列敷设时载流量的修正系数 (K_4)

并列电缆根数		1	2	3	4	5	6	7	8
电缆之间净距 (mm)	100	1.0	0.9	0.85	0.80	0.78	0.75	0.73	0.72
	200	1.0	0.92	0.87	0.84	0.82	0.81	0.80	0.79
	300	1.0	0.93	0.90	0.87	0.86	0.85	0.85	0.84

参 考 文 献

[1] 罗毅．电气工程基础［M］．北京：高等教育出版社，2020.

[2] 鞠平．电力工程［M］．2版．北京：机械工业出版社，2014.

[3] 许珉．发电厂电气主系统［M］．4版．北京：机械工业出版社，2021.

[4] 国网能源研究院有限公司．国内外电网发展报告2019［R］．北京：中国电力出版社，2019.

[5] 舒印彪．配电网规划设计［M］．北京：中国电力出版社，2018.

[6] 程浩忠．电力系统规划［M］．2版．北京：中国电力出版社，2014.

[7] 孟遂民，孔维，唐波．架空输电线路设计［M］．2版．北京：中国电力出版社，2015.

[8] 张保会．电力系统继电保护［M］．北京：中国电力出版社，2022.

[9] 中国电力工程顾问集团有限公司，中国能源建设集团规划设计有限公司．电力工程设计手册．电力系统规划设计［M］．北京：中国电力出版社，2019.

[10] 中国电力工程顾问集团有限公司，中国能源建设集团规划设计有限公司．电力工程设计手册．变电站设计［M］．北京：中国电力出版社，2019.

[11] 中国电力工程顾问集团有限公司，中国能源建设集团规划设计有限公司．电力工程设计手册．火力发电厂电气一次设计［M］．北京：中国电力出版社，2018.

[12] 中国电力工程顾问集团有限公司，中国能源建设集团规划设计有限公司．电力工程设计手册．架空输电线路设计［M］．北京：中国电力出版社，2019.

[13] 中国电力工程顾问集团有限公司，中国能源建设集团规划设计有限公司．电力工程设计手册．电缆输电线路设计［M］．北京：中国电力出版社，2019.

[14] 国网北京经济技术研究院．电网规划设计手册［M］．北京：中国电力出版社，2015.

[15] 夏泉．城市户内变电站设计［M］．北京：中国电力出版社，2016.

[16] 宋继成．220～500kV变电站电气接线设计［M］．2版．北京：中国电力出版社，2014.

[17] 国家电网公司科技部，国网北京经济技术研究院．新一代智能变电站典型设计110kV变电站分册［M］．北京：中国电力出版社，2015.

[18] 刘振亚．国家电网公司输变电工程通用设备：110（66）～750kV智能变电站一次设备［M］．北京：中国电力出版社，2013.

[19] 国家电力调度通信中心．国家电网公司继电保护培训教材（上、下册）［M］．北京：中国电力出版社，2009.

[20] 唐忠．现代电力工程与技术基础（上、下册）［M］．北京：中国电力出版社，2012.

[21] 陈慈萱．电气工程基础（上、下册）［M］．3版．北京：中国电力出版社，2016.

[22] 尹克宁．电力工程［M］．北京：中国电力出版社，2008.

[23] 刘天琪，邱晓燕．电力系统分析理论［M］．3版．北京：科学出版社，2017.

[24] 苗世洪，朱永利．发电厂电气部分［M］．5版．北京：中国电力出版社，2015.

[25] 孙丽华．电力工程基础［M］．3版．北京：机械工业出版社，2016.

[26] 刘宝贵，叶鹏，马仕海．发电厂变电站电气部分［M］．3版．北京：中国电力出版社，2016.

[27] 赵莉华，曾成碧，苗虹．电机学［M］．北京：中国电力出版社，2019.

[28] 吴广宁．过电压防护的理论与技术［M］．北京：中国电力出版社，2015.

[29] 林福昌．高电压工程［M］．3版．北京：中国电力出版社，2016.

[30] 张一尘．高电压技术［M］．3版．北京：中国电力出版社，2015.

[31] 赵建文，付周兴．电力系统微机保护［M］．北京：机械工业出版社，2016.

[32] 韩笑．电力系统继电保护［M］．北京：高等教育出版社，2022.

[33] 邵玉槐．电力系统继电保护原理［M］．2版．北京：中国电力出版社，2015.

[34] 莫岳平，翁双安．供配电工程［M］．2 版．北京：机械工业出版社，2015.
[35] 杜松怀，张筱慧．电力系统接地技术［M］．北京：中国电力出版社，2011.
[36] 江日洪．交联聚乙烯电力电缆线路［M］．2 版．北京：中国电力出版社，2009.
[37] 刘东，张沛超，李晓露．面向对象的电力系统自动化［M］．北京：中国电力出版社，2009.
[38] 中国电力工程顾问集团有限公司，中国能源建设集团规划设计有限公司．电力工程设计手册．职业安全与职业卫生［M］．北京：中国电力出版社，2019.
[39] 中国电力工程顾问集团有限公司，中国能源建设集团规划设计有限公司．电力工程设计手册．环境保护与水土保持［M］．北京：中国电力出版社，2019.
[40] 颜湘莲，高克利，郑宇，等．SF_6混合气体及替代气体研究进展［J］．电网技术，2018，42（6）：1837-1844.